炼油化工技术新进展

（2021）

何盛宝　主编

石油工业出版社

内 容 提 要

本书介绍了近年来国内外炼油、化工、新能源、新材料领域相关主体技术的发展现状与最新进展，包括催化裂化、汽油加氢、柴油加氢、渣油加氢、润滑油加氢异构、催化重整、烷基化、低硫船用燃料油生产、延迟焦化、乙烯、丙烯、芳烃、聚乙烯、聚丙烯、合成橡胶、制氢、储氢与储能、燃料乙醇、生物航煤、新能源汽车、可降解塑料、废塑料回收利用、3D打印技术及材料共23项技术，分析了各种技术的发展趋势、生产装置布局、行业最新态势，并结合我国炼油化工行业转型升级与高质量发展提出了有关建议。

本书可供国内炼油化工、新能源及新材料领域广大科研人员、生产技术人员和管理人员使用，也可作为高等院校相关专业师生的参考书。

图书在版编目（CIP）数据

炼油化工技术新进展.2021／何盛宝主编.—北京：

石油工业出版社，2021.6

    ISBN 978-7-5183-4680-6

    Ⅰ.①炼… Ⅱ.①何… Ⅲ.①石油炼制-技术发展-

中国-2021 Ⅳ.①TE62

    中国版本图书馆 CIP 数据核字（2021）第 111956 号

出版发行：石油工业出版社

      （北京安定门外安华里 2 区 1 号楼　100011）

      网　　址：www. petropub. com

      编辑部：（010）64523546　图书营销中心：（010）64523633

经　　销：全国新华书店

印　　刷：北京晨旭印刷厂

2021 年 6 月第 1 版　2021 年 6 月第 1 次印刷

787×1092 毫米　开本：1/16　印张：22.25

字数：550 千字

定价：180.00 元

前言

　　2021 年是"十四五"开局之年，当前我国社会经济发展仍然处于重要战略机遇期，但面临的国内外环境正在发生深刻复杂变化。从国际看，世界百年未有之大变局进入加速演变期，新型冠状病毒肺炎疫情影响广泛深远，经济全球化遭遇逆流，全球发展格局深刻调整，我国发展的外部环境日趋错综复杂。从国内看，我国经济转向高质量发展阶段，构建以国内大循环为主体、国际国内双循环相互促进的新发展格局不断提速。从能源行业发展看，电动革命、市场革命、数字革命、绿色革命叠加而至，以清洁、多元、智能、低碳为特征的能源产业变革正在加速演变，新能源、可再生能源备受关注，加快能源结构调整、温室气体减排、清洁低碳发展成为包括中国在内的多个国家应对全球气候变化的共同行动。

　　炼化行业是技术密集型产业，处于石油产业链的中游，与能源行业密切关联，技术创新在推动炼化行业高质量、可持续发展中发挥着关键作用。尤其在当前石油市场波动、需求增速放缓、能源结构加快转型、低碳减排任务艰巨、市场竞争持续加剧的新形势下，技术进步受到石油石化公司的更多关注和投入，成为各大公司高效利用资源、最大化产品利润、应对市场需求变化、提升竞争力、实现可持续发展的有力支撑。

　　中国石油石油化工研究院自 2006 年组建成立以来，以加快我国炼化技术自主创新为己任，坚持自主开发为主，坚持开放合作、互利共赢，不断发展壮大，在炼油化工新技术、新工艺、新产品开发与应用方面取得了一系列重要成果，并实现大规模工业应用，有力支撑了中国石油的炼化技术进步和主营业务发展，也为我国炼化技术进步和行业发展做出了重要贡献。作为中国石油直属炼化技术研究院，石油化工研究院的科研工作涉及清洁油品生产、重油加工、催化裂化、加氢裂化、润滑油及石蜡加氢、乙烯裂解系列馏分加氢、聚烯烃催化剂及工艺、合成树脂、合成橡胶、清洁生产、生物燃料、碳一化工、新能源及新材料等多个专业领域。15 年来，在中国石油的大力支持下，石油化工研究院合作建设 1 个国家重点实验室，建成 4 个行业重点实验室、1 个评价中心、5

个集团公司重点实验室和 5 个关键领域中试基地，累计荣获国家科技进步奖一等奖 1 项、二等奖 6 项，省部级科技奖励 300 余项；中国专利金奖 1 项，优秀奖 18 项；制修订国际标准、国家标准、行业标准共计 135 项；申请专利 3552 项，授权 1948 项。

2021 年是中国共产党成立 100 周年，也适逢中国石油石油化工研究院成立 15 周年。在这一重要的时间节点上，为全面总结分析国内外炼化行业发展动向和技术新进展，向党的生日献礼，我们组织编写了这本《炼油化工技术新进展 (2021)》。为了使之常态化，拟以后每年将我们当年编写的炼化行业有关发展研究报告汇编成册并公开出版，供业内同行分享参考，提高研究报告的水平和使用价值。

本书内容涵盖炼油、化工、新能源、新材料四个领域的主体技术新进展，共计 23 篇主体技术报告，其中，炼油领域包括催化裂化、汽油加氢、柴油加氢、渣油加氢、润滑油加氢异构、催化重整、烷基化、低硫船用燃料油生产、延迟焦化技术共 9 篇报告；化工领域包括乙烯、丙烯、芳烃、聚乙烯、聚丙烯以及合成橡胶生产技术等共 6 篇报告；新能源和新材料领域包括制氢、储氢与储能、燃料乙醇、生物航煤、新能源汽车、可降解塑料、废塑料回收利用、3D 打印技术及材料共 8 篇报告。围绕这些技术领域，本书全面总结了国内外行业发展现状、原料(资源)和市场供需情况，对国内外主要技术供应商及其关键技术特点进行对比分析，详细介绍了国内外主要石油石化公司在技术研发、产品开发、装置建设、业务调整等方面的新进展，综合分析未来技术和产品发展趋势，并对行业发展提出相关看法、建议。

在本书编写过程中，石油化工研究院战略与信息研究室、相关研究室(所)密切配合，高效开展书稿编写与修改工作，多位专家参与审稿把关，在此，对所有编写人员和审稿专家的辛勤劳动一并表示诚挚感谢！

本书涉及专业面宽、跨度大，加之时间仓促、水平有限，尽管我对全书进行了几轮系统的修改把关，书中难免存在不妥之处，敬请读者指出并批评指正。

何盛宝

2021 年 6 月

目录

新能源和新材料篇

综述篇

新形势下我国炼化行业的创新与发展

◎何盛宝

受新型冠状病毒肺炎疫情（简称新冠疫情）冲击、贸易摩擦、地缘政治等因素影响，2020年以来世界经济整体衰退，石油需求创历史最大跌幅，原油价格暴跌甚至出现负油价，世界炼油工业遭受重创，化工产品市场表现低迷。我国炼化行业受新冠疫情的影响，2020年营业收入、利润总额和进出口总额大幅下降。随着新冠疫苗逐渐广泛接种以及经济生产的复苏，全球经济有望走出低谷，但面对国际政治格局重构、经济发展的不稳定性增加、能源结构加快转型、碳达峰、碳中和约束等多重挑战，我国炼化行业优化升级和绿色低碳发展任务艰巨，迫切需要坚持科技创新驱动，加快炼化科技自立自强，引领炼化行业实现低碳可持续和高质量发展。

1 全球炼化行业发展面临的新形势

1.1 世界经济整体衰退使石油消费创历史最大降幅

新冠疫情全球大流行导致世界经济遭遇自20世纪30年代以来的最大衰退，2020年全球GDP下降3.5%。我国在党中央的坚强领导下，率先控制住疫情，率先复工复产，成为世界唯一经济正增长的主要经济体。2021年世界经济有望低位复苏，GDP增速预计将回升至5.2%，但由于全球疫情形势依然严峻，未来经济发展依然存在很大的不确定性和下行风险。

疫情蔓延导致的全球性封锁和经济衰退使得石油需求大幅下跌。据国际货币基金组织（IMF）统计，2020年全球石油消费量降幅达8.8%，是20世纪80年代石油危机以来的最大降幅。预计2021年全球石油需求将增长6%左右，但无法恢复到疫情前2019年的水平。

此次疫情将对未来世界经济和民众生活产生深远影响，能源结构将加速向低碳和可再生能源转型，石油、天然气、煤炭等化石能源的份额将持续下降。相关能源机构对于未来世界中长期石油需求的增长前景均不乐观，对炼油化工在内的整个石油产业链构成了巨大的挑战。

1.2 炼油化工市场经受巨大冲击

新冠疫情全球大流行、油品需求大幅下降、叠加原油价格波动加剧，全球炼厂开工率和炼油毛利大幅下降。炼厂开工率从2019年的81%下降到2020年的72%，是有记录以来的最低点。美国炼厂开工率全年平均为79%，较2019年下降11个百分点，我国炼厂开工

率为75%，与2019年基本持平。世界最大的炼油中心美国墨西哥湾地区，炼油毛利较2019年下降48%，西北欧下降69%，亚太新加坡下降56%。世界主要石油公司炼油业务也出现大幅减利甚至亏损。

受疫情冲击叠加行业周期性调整等多重因素影响，2020年全球化工产品市场表现低迷。据美国化学理事会（ACC）数据，全球化工产品产量同比下降2.2%，创40年来最大降幅，其中北美下降4.5%，拉丁美洲下降5.7%，欧洲下降1.2%，亚太下降2.3%，中东增长2.9%。从类别来看，专用（特种）化学品产量下降幅度最大，同比下滑9.1%，其中涂料下降19.7%；基本有机化学品下降0.7%；合成橡胶和合成纤维产量基本与2019年持平；由于防疫物资、医疗卫生物资以及包装材料等的大量需求，塑料脱颖而出，产量增长2.7%。随着新冠疫苗的上市和接种，ACC预计2021年所有地区化工产品产量都将有所上升，亚太增长4.4%，北美增长4.1%，拉丁美洲增长4.6%，欧洲增长3.1%。

2020年，我国炼油化工市场也遭遇挑战和冲击，主要指标有增有降。炼油板块营业收入同比下降15.5%，化工板块同比下降3.6%。炼油板块利润同比下降45.6%，化工板块同比增长25.4%。

1.3　炼化一体化继续向纵深发展

当前全球炼油能力尤其是亚太等地区的产能已经明显过剩，油品需求增速下降。同时，由于发展中国家经济增长和民众生活水平的提高，石化行业仍有较大发展空间，乙烯、丙烯、芳烃等基础有机化工原料需求旺盛，化工产品尤其是高端化工新材料需求持续增长。炼油企业将从生产交通运输燃料为主向多产石化原料和材料转型。

从世界范围看，近年来投产和新建的炼化项目绝大部分为大型炼化一体化项目，单独的炼油项目很少。例如：在建的$1600×10^4$t/a盛虹炼化一体化项目调整了设计方案，成品油收率由37%降低到31%，乙烯、芳烃等基础化工原料收率可提高到50%以上；$2000×10^4$t/a的恒力石化可将42%的原油转变成芳烃、乙烯等石化产品，其余生产汽油、柴油等副产品。浙江石化的$4000×10^4$t/a项目全部建成后将实现$4000×10^4$t/a原油加工、$280×10^4$t/a乙烯、$1040×10^4$t/a芳烃的"小炼油—大乙烯—大芳烃"纵深一体化，成品油收率降低到29%，化工原料收率高达40%以上。可以看出，炼化一体化已经向纵深发展，呈现减油增化、化主油辅、加速向化工产品链转移的特征。

1.4　碳达峰、碳中和迫使炼化行业加快低碳转型

碳达峰、碳中和已成为世界各国经济社会发展的重要目标。美国、欧盟、英国、加拿大、日本等主要国家和地区均设立了2050年实现碳中和的目标。我国作为最大的发展中国家，做出"力争2030年前二氧化碳排放达到峰值，努力争取2060年前实现碳中和"的庄严承诺，进一步加快了世界碳减排步伐。包括勘探开采、炼油、石化全产业链在内的整个石油工业是二氧化碳排放的主要行业之一，面临的减排压力和挑战巨大。

全球越来越多的石油公司也积极响应碳中和目标，很多国际大石油公司都提出了明确的低碳发展规划。壳牌、BP、道达尔等公司提出到2050年实现碳中和目标及转型为综合

性能源公司的战略，普遍集中在调整或缩减油气业务，拓展天然气发电和可再生能源业务，加快进入氢能、生物燃料、储能、新材料等低碳无碳领域。国内的石油公司也在为实现国家碳达峰、碳中和目标积极部署开展碳减排行动。中国石油 2020 年将"绿色低碳"纳入公司战略体系，成为公司"五大发展战略"之一，提出到 2050 年实现近零排放的目标，按照"清洁替代、战略接替、绿色转型"的总体部署，规划了建设"世界一流综合性国际能源公司"的蓝图。中国石化提出了打造"世界领先洁净能源化工公司"的发展目标，近期又提出了成为国内最大的氢能供应商的目标。中国海油提出了坚持绿色低碳战略，稳妥发展海上风电等新能源业务，加大氢能、地热能、天然气水合物研究力度，建设国际一流能源公司。

2 我国炼化行业面临的挑战

历经半个多世纪的发展，我国已成为世界炼油和石化大国。炼油能力从 1978 年的不到 1×10^8 t/a 上升到 2020 年的 8.9×10^8 t/a，成为仅次于美国的世界第二炼油大国。全国千万吨级炼厂已达 32 家，中国石化、中国石油的炼厂平均规模分别达 1025×10^4 t/a 和 797×10^4 t/a，超过世界平均规模（770×10^4 t/a）。常压蒸馏、催化裂化、催化重整、蜡油加氢裂化等炼油主体装置规模已经接近或达到世界先进水平。2020 年成品油产量达 3.3×10^8 t/a。

我国合成树脂、合成橡胶和合成纤维产能均居世界第一位，2020 年合成树脂、合成橡胶产量分别为 1.04×10^8 t/a、740×10^4 t/a；单套规模达到 80×10^4 t/a 以上的蒸汽裂解乙烯装置有 13 套。同时我国化工产品消费量也居世界首位，2019 年聚乙烯消费量达到 3020×10^4 t，约占世界总消费量的 29.5%；乙二醇消费量为 1647×10^4 t，占世界总消费量的 54.9%；聚丙烯消费量为 2571×10^4 t，占世界总消费量的 32.6%。未来世界化工产品需求增长绝大部分来自发展中国家，其中我国占到了世界增量的 50% 以上。

尽管我国炼油化工行业发展非常迅速，产业链齐全，并且在不断完善成熟，但也面临诸多挑战。

2.1 炼化产品结构性问题愈加突出

近年来我国炼油能力过剩问题日益突出，2020 年原油加工量为 6.74×10^8 t，交通运输燃料占炼油产品结构的 70% 左右。国内成品油市场供过于求，出口量从 2014 年近 3000×10^4 t 迅速增长到 2019 年的 6000×10^4 t 以上，2020 年受新冠疫情影响出口量有所回落。在汽车燃油效率提高、替代能源加快发展、在线办公兴起、智能化出行等因素影响下，预计我国成品油需求在 2025 年左右达峰。

我国化工产业结构低端化、同质化已成为向石油化工强国跨越的瓶颈。由于我国高端产品研发能力有限，且国外技术拥有者又限制转让，高端聚烯烃、高性能橡胶、工程塑料等高端产品严重依赖进口，2019 年总体自给率约为 61%，其中高端聚烯烃自给率仅为 39%，特别是茂金属聚乙烯、超高分子量聚乙烯、辛烯共聚聚乙烯等高端聚乙烯进口量达 640×10^4 t，约占我国聚乙烯进口量的 40%。

2.2 竞争主体多元化趋势更加显著

在国家政策的支持以及巨大市场空间的吸引下，民营企业和外资企业加速进入我国炼化行业。从炼油能力分布来看，中国石化占 30.9%，中国石油占 23.7%，中国海油占 5.9%，民营及其他企业占 39.5%。以恒力石化、浙江石化为代表的大型民企大举向聚酯产业链上游进军，打通原油—对二甲苯—对苯二甲酸—聚酯—涤纶长丝—化纤制造全产业链，在行业中的影响力和竞争力不断提升。这些新建项目起点高，机制体制灵活，建设周期短，适应市场能力强。与此同时，埃克森美孚、巴斯夫、北欧化工等国外资本也陆续宣布在中国独资建厂，以低成本和高品质的产品争夺中国的市场份额。总体来看，我国炼化市场呈现参与主体增多、竞争更加激烈的格局。

2.3 低成本进口产品的冲击仍将继续

中东地区特有的资源优势使其拥有世界最低的乙烯生产成本，其下游产品在世界保持着明显的竞争优势。2019 年我国从中东共进口 $882 \times 10^4 t$ 聚乙烯，占中国聚乙烯总进口量的 54%；进口 $546 \times 10^4 t$ 乙二醇，约占中国乙二醇总进口量的 60%。

页岩气的发展使美国化工产品在世界市场的竞争力得到大幅提升。2017 年以来有多套新建裂解装置投产，新增产能超过 $1000 \times 10^4 t/a$，将带来下游衍生物产能的快速增长。预计到 2023 年新增聚乙烯产能 $650 \times 10^4 t/a$ 左右，约占世界新增产能的 1/3。面对本土已经饱和的消费市场，美国聚乙烯生产商只能依靠出口，而需求不断增长的中国成为最大的出口目标。

2.4 重大核心炼化技术依赖引进

我国炼化工业在过去几十年里实现了快速发展。清洁燃料生产、劣质重油加工、大型炼厂成套技术、炼油系列催化剂等领域形成了一批具有优势的炼油技术，推动我国炼油工业顺利完成了油品质量升级，攻克了国内外劣质重油加工难题，并具备大型炼厂自主设计和建设能力。乙烯、芳烃等成套技术和装备已基本实现自主化，百万吨级对二甲苯（PX）、对苯二甲酸（PTA）、甲醇制烯烃（MTO）等技术也取得重大突破，已实现规模化工业应用。但在催化剂、助剂、原材料、设备、装置、软件等领域均有重大核心技术需要突破。目前我国聚乙烯生产装置约 46% 采用 Univation 公司的 Unipol 气相工艺，17% 采用利安德巴塞尔公司的淤浆法工艺，严重依赖进口。行业整体上仍处于依靠引进技术、进行大规模投资建设的阶段。企业对技术的资金投入主要用于产品开发和升级改造，在成套技术开发方面尚处于起步阶段。此外，高端化学品（材料）核心技术亟待突破，主要包括高端聚烯烃、特种工程塑料、高性能合成橡胶、高性能合成纤维、全降解塑料和以集成电路电子化学品为标志的专用化学品（材料）。

2.5 炼化行业绿色低碳转型任务艰巨

习近平总书记在中央财经委员会第九次会议上指出，实现碳达峰、碳中和是一场广泛而深刻的经济社会系统性变革，要把碳达峰、碳中和纳入生态文明建设整体布局，拿出抓铁有痕的劲头，如期实现 2030 年前碳达峰、2060 年前碳中和的目标。石化行业二氧化碳排放约占我国二氧化碳总排放的9%，是第四大排放源。针对石化行业碳排放的主要来源，碳减排需要从源头、过程、终端三个方面发力，采取原料替代、用能替代、节能和提高能效、产品结构调整、实施 CCUS（CO_2 捕集、利用与封存）等措施。

塑料污染治理和废塑料循环利用也是当前及未来一段时间的热点和行业面临的重要难题。2020 年 1 月，国家发展和改革委员会（简称国家发改委）、生态环境部印发《关于进一步加强塑料污染治理的意见》，以 2020 年、2022 年和 2025 年为时间节点，明确规定了控制"塑料污染"的禁限范围，构建起覆盖生产、流通消费和末端处置全生命周期的政策体系。2020 年 4 月，国家发改委发布《禁止、限制生产、销售和使用的塑料制品目录（征求意见稿）》。全国各省积极响应，纷纷出台相关实施意见或征求意见稿。2020 年 12 月 1 日，海南正式以立法形式开始实施全域"禁塑"。2021 年 1 月 1 日，国家开始正式实施"限塑令"。随着禁塑政策在全国大范围铺开，炼化行业开展塑料全生命周期综合治理的必要性和紧迫性进一步提升。

3 我国炼化行业的创新与发展

面对百年未有之大变局和新发展阶段，我国炼化行业大而不强、结构性短缺和过剩的问题更加突出。一方面我们有着巨大的市场，另一方面产品同质化竞争激烈、高端产品高度依赖进口、产能扩张下技术依赖引进，同时炼化企业又面临日益严峻的低碳环保挑战，提升科技创新能力，推动高质量发展迫在眉睫。

3.1 国家和行业层面

3.1.1 把科技自立自强作为国家发展的战略支撑

党的十九届五中全会提出，"坚持创新在我国现代化建设全局中的核心地位，把科技自立自强作为国家发展的战略支撑"，并提出科技创新驱动需要坚持"面向世界科技前沿、面向经济主战场、面向国家重大需求、面向人民生命健康"。2021 年 3 月，习近平总书记在《求是》杂志发表重要文章《努力成为世界主要科学中心和创新高地》，再次强调科技创新对于国家复兴、经济安全、社会进步的重要作用。文章指出，要全面深化科技体制改革，坚持科技创新和制度创新"双轮驱动"，优化和强化技术创新体系顶层设计，深度参与全球科技治理。2021 年 3 月发布的《中华人民共和国国民经济和社会发展第十四个五年规划和 2035 年远景目标纲要》中，在重大科技基础设施、制造业核心竞争力提升、现代能源体系建设工程、数字化应用、能源和环境等方面提出了高端新材料、关键设备、新能源、低碳减排等与炼化行业相关的科技创新方向。

3.1.2 强化基础研究和应用基础研究对炼化行业科技创新的引领作用

近年来，国家非常重视基础理论研究、底层平台性技术研究。国家重点实验室是国家科技创新体系的重要组成部分，是国家组织高水平基础研究和应用基础研究、开展高层次学术交流的重要基地，实验室实行"开放、流动、联合、竞争"的运行机制。实验室的依托单位以中国科学院各研究所、重点大学为主体。经优化调整和新建，目前我国重点实验室

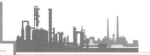

数量稳中有增，总量保持在 700 个左右，整体水平、开放力度、科研条件和国际影响力显著提升。其中化工领域已成立精细化工、高分子、材料复合新技术、硅材料、催化材料等国家重点实验室 46 个，在共性技术攻关和前瞻性、战略性技术储备，促进化工重大科研成果的产出和引领行业发展方面，发挥了不可替代的重要作用。

3.1.3 制定规划推动炼化领域科技创新和产业化发展

"十三五"期间，国家相继出台《石化和化学工业发展规划（2016—2020 年）》《石化产业规划布局方案（修订版）》《"十三五"材料领域科技创新专项规划》《新材料产业"十三五"发展规划》等行业发展规划。结合当前行业现状及热点问题、未来行业特征及发展趋势，"十四五"确定了"以去产能、补短板为核心，以调结构、促升级为主线，推进供给侧结构性改革进入新阶段"的发展思路，中国石油和化学工业联合会已于 2021 年 1 月发布《石油和化学工业"十四五"发展指南》，石化行业"十四五"发展规划即将出台。与此同时，为支持碳达峰、碳中和目标的实现，2020 年中央经济工作会议把做好碳达峰、碳中和工作列为 2021 年八项重点任务之一，2021 年 4 月的中央政治局会议强调要有序推进碳达峰、碳中和工作，国家相关部门、行业和企业都在推动和积极制定碳达峰、碳中和实施路线图及规划方案。此外，为引导行业健康有序发展，相继印发了《关于促进化工园区规范发展的指导意见》《关于推进城镇人口密集区危险化学品生产企业搬迁改造的指导意见》《关于促进石化产业绿色发展的指导意见》等系列文件，要求新建项目必须入园，区外企业搬迁入园，推进化工园区建设。优化资源配置，加强产业链完整性建设与配套，高效利用副产物，降低公用工程、安全环保和管理服务等成本，实现集约化经营，提升抗风险能力。

3.2 企业层面

3.2.1 把创新作为我国炼化行业未来发展的核心驱动力

中国石油积极响应国家政策法规要求，在 2020 年中召开的领导干部会议上，戴厚良董事长首次提出把"创新"放在中国石油发展战略的首位，强调要把提质增效的基点牢固建立在技术创新上。近年来，中国石油发挥企业创新主体作用，着力完善创新体系，针对制约产业发展的千万吨级炼油、百万吨级乙烯等关键技术设立"重大科技专项"，依托重大工程项目，组建业主和设计、研究、装备制造等单位一体化联合攻关科技团队，采用自主研发技术设计建设，取得了显著的创新效果。炼油方面，国Ⅵ标准清洁汽柴油生产成套技术有效推进油品质量升级，具备千万吨级大型炼厂的拿总设计和主要工艺装置的工程设计能力，炼油系列催化剂国际影响力显现。化工方面，首次实现国内大型乙烯成套技术工艺包不再依赖引进，掌握 1-己烯、1-丁烯/1-己烯灵活切换、1-辛烯、1-癸烯等 α-烯烃系列化成套技术。在新产品开发方面，实施"提档创优创品牌"的技术攻关行动，组建"产学研用管"的一体化攻关模式，以客户需求为导向，持续对标找差距，稳定产品质量，提升产品品质。2015 年以来开发出 150 余个牌号新产品，形成管材料、白色家电专用料等长期生产的高效及重点产品牌号约 42 个，IBC 桶专用料等拳头产品 16 个，医用聚丙烯专用料等标杆产品 7 个，化工产品质量和高端化取得明显进展。此外，中国石化的"十条龙"攻关、烟台万华的 MDI 技术国产化攻关等做法都对化工生产企业依靠科技创新推动高质量发展有借鉴作用。

3.2.2 加速推进以科技创新为核心的全面创新

一是创新发展模式，加强政策制度建设，建立行业高质量发展体系。从产业布局合理性、本质安全和环保可靠性、技术先进性和产品高端性以及经济效益、创新能力、国际竞争力等方面，进行系统全面的评估，严格把握产业准入条件，严格园区化管理，严控新建项目，从源头避免低水平重复建设。规范市场秩序，鼓励公平竞争，以真正市场化的手段调控企业科学发展。

二是创新发展手段，加快数字化转型、智能化发展，助力炼化行业转型升级。随着 5G 和人工智能(AI)技术的快速推进，必将带来炼化行业的科技创新模式和产业发展模式的创新。云平台、物联网、5G、大数据、人工智能等新一代信息技术与实体经济的深度融合将成为推动炼化行业高质量发展的重要驱动力。

三是创新研发模式，加强应用基础研究，提倡学科交叉和官—产—学—研—用有机联动机制。加快科技管理部门职能的转变，把更多的精力从分钱、分物、定项目转到定战略、定方针、定政策和创造环境、搞好服务。炼化科技创新和产业发展需要顶层设计，应认真规划"十四五"乃至未来 10 年炼化科技和行业产业发展规划。应统筹发挥好我国世界最大炼化科技队伍的作用，大学、科学院和企业科研院所需要协同创新，共同发力。

3.2.3 通过技术创新推动我国炼油化工技术升级换代

在炼油方面，车用燃料需求今后呈逐年递减之势，炼油企业产品结构将向多产化工原料、材料方向转型。围绕产业转型升级所需，应加快炼油技术升级换代进程，开发应对更高油品标准的汽柴油加氢技术和烷基化技术，多产化工原料型催化裂化、加氢裂化、催化重整技术，提高资源利用率、多产高附加值产品的渣油加氢、低硫船用燃料油生产、润滑油加氢异构等技术，加强研发分子炼油及精细分离、原油直接制烯烃等化学品、氢气的制取及高效转化利用等战略性技术。

在化工方面，要加快推动化工产品走向高端化、差异化、特色化。例如茂金属聚烯烃、聚烯烃弹性体(POE)等高端聚烯烃、乙烯—乙烯醇(EVOH)共聚树脂等高端合成树脂；溴化丁基橡胶等高性能合成橡胶；聚氨酯橡胶、丙烯酸酯橡胶、氯醇橡胶等特种橡胶；聚酯弹性体(TPEE)等热塑性弹性体材料；PLA、PBAT、PBS 等生物可降解材料，以及新能源用膜(光伏、锂电、燃料电池用)、光学膜等功能性膜材料，苯基氯硅烷、乙烯基氯硅烷等新型有机硅单体，石墨烯、3D 打印材料、纳米材料、生物高分子材料等其他材料。

围绕新基建所需，研发布局基站天线振子、天线罩材料、印刷电路等化工新材料。还要围绕国家发展战略目标、加强关键核心技术攻关。在重点基础材料技术提升与产业升级、战略性先进电子材料、材料基因工程关键技术与支撑平台、纳米材料与器件、先进结构与复合材料、新型功能与智能材料等方面持续发力，通过材料的创新与发展，支撑我国

在以"智能化"为特征的工业革命中有所作为。

3.2.4 通过科技创新加快构建清洁低碳、多能互补能源格局

要坚持立足行业及企业角度，加强顶层设计，认真研究炼化行业碳达峰、碳中和目标和路径，加快构建清洁低碳安全高效能源体系。围绕炼化科技创新以及新能源新材料、绿色低碳要求，立足科技自立自强，进一步明确炼化结构调整和转型方向，加快关键核心技术攻关，坚持炼油化工、新材料、新能源业务融合一体发展。

在碳达峰、碳中和约束下，石油等高碳原料在炼化原料和能源消耗结构中的占比将下降，应加快炼化与生物质等低碳能源产业的融合，充分利用风、光、气、氢、地热等低碳和无碳属性，大力发展可再生电力和氢能产业，发展生物质能源，努力构建多能互补新格局。氢能与炼化行业契合度高，推进氢能产业既可对炼化行业的发展形成有益补充，更可促进油气公司向综合性能源公司转型。我国氢能产业目前还处于培育阶段，石油公司在氢能产业的发展中面临巨大机遇，应积极在制氢环节、氢气储存和输送环节、氢气的利用环节加快技术创新布局，在氢能发展上走出一条传统能源向新型能源有序接替、跨越转型的道路。

在炼化企业生产运营过程中，把节能作为第一能源，强化能源资源节约利用和效率提升。炼化企业能耗和二氧化碳排放量较大的工艺装置有催化裂化、常减压蒸馏、制氢、乙烯裂解等，对于工艺装置可以采取提高换热效率、减少结垢、优化控制等措施来降低能耗。此外，热电（汽电）联产技术（CHP）和气化联合循环一体化发电技术（IGCC）已广泛应用，低成本的碳捕集新技术已规模化示范或应用，还应加强二氧化碳回收利用技术、节能减排技术的创新，这些技术将成为炼化行业综合利用资源、节能减排的重要手段。

4 结语

为应对碳达峰、碳中和目标和能源转型，需要从产业价值链、创新链上来分析炼化行业的转型升级，炼油产品结构将从以生产清洁油品为主向生产清洁油品和化工原料及材料为主转变，在未来油品市场需求增速下降并达峰、低碳发展任务艰巨的挑战下，炼化企业必须在保障国家能源安全、为社会发展提供优质石油化工产品的前提下，及早明确转型发展路径。一方面，加快技术创新，走产品高端化、差异化、高附加值的路线，加强特色炼油产品、高端化工产品及新材料技术研发和生产，延伸产业链。另一方面，增加可再生能源在业务中的比重，加强氢能及 CCUS 技术研发，实现低碳发展。但无论如何发展，石油作为能源化工产业发展的重要基础是无法替代的。

参 考 文 献

[1] 何盛宝. 新形势下我国化工行业的创新与发展[J]. 化工进展，2021，40(1)：1-5.

[2] 何盛宝，黄格省，李雪静. 低油价对炼油化工行业的影响及应对措施[J]. 石化技术与应用，2020，38(4)：223-228.

[3] 何盛宝，李庆勋，王奕然，等. 世界氢能产业与技术发展现状及趋势分析[J]. 石油科技论坛，2020，

39（3）：17-24.

［4］ International Monetary Fund. World economic outlook update，October 2020：a long and difficult ascent［EB/OL］.（2020-10-16）［2020-12-23］. https：//www.imf.org/en/Publications/WEO/Issues/2020/09/30/world-economic-outlook-october-2020.

［5］ EIA. Short-term energy outlook［EB/OL］.（2020-9-9）［2020-12-23］. https：//www.eia.gov/outlooks/steo/pdf/steo_full.pdf.

［6］ 李雪静. 暴风眼中的世界炼油工业［N/OL］.（2021-02-19）［2021-03-18］. 中国石化报，http：//enews.sinopecnews.com.cn/zgshb/html/2021-02/19/content_8637528.htm.

［7］ 王红秋. 聚乙烯：高端化差异化是大势所趋［N/OL］.（2020-02-11）［2021-03-18］. 中国石化报，http：//enews.sinopecnews.com.cn/zgshb/html/2020-02/11/content_843765.htm？div=-1.

［8］ EIA. Natural gas weekly update［EB/OL］.（2019-12-19）［2020-09-08］. https：//www.eia.gov/naturalgas/weekly/#tabs-prices-4.

［9］ Platts J F. Petrochemical landscapes：the blessing and curse of the shale revolution［C］. AFPM AM-14-34，2014.

［10］ 中华人民共和国工业和信息化部.《石化和化学工业发展规划（2016—2020 年）》正式发布［EB/OL］.（2016-10-18）［2020-09-09］. https：//www.miit.gov.cn/search-front-server/visit/link？url=/jgsj/ghs/gzdt/art/2020/art_b4961e6d51f24f70a1a6d2be559db7f5.html&websiteid=110000000000000&q=.

［11］ 中华人民共和国国家发展和改革委员会. 关于进一步加强塑料污染治理的意见［EB/OL］.（2020-01-16）［2020-09-09］. https：//www.ndrc.gov.cn/xxgk/zcfb/tz/202001/t20200119_1219275.html.

［12］ 王震，张安. 落实国家创新驱动发展战略　推动油气行业高质量发展［J］. 石油科技论坛，2020，39（2）：6-12.

［13］ 何盛宝. 关于我国炼化产业结构转型升级的思考［J］. 国际石油经济，2018，26（5）：20-26.

［14］ 中国电力报. 能源经济新亮点丨我国电气化水平持续加速提升！［EB/OL］.（2021-01-29）［2021-04-26］. https：//xw.qq.com/cmsid/20210125A0560K00.

［15］ 中国新闻网. 2020 年中国可再生能源发电量达到 2.2 万亿千瓦时.［EB/OL］.（2021-03-30）［2021-04-26］. http：//www.chinanews.com/cj/2021/03-30/9443384.shtml.

炼油篇

催化裂化技术

◎鲜楠莹　李雪静　刘宏海

催化裂化(FCC)是炼厂改质重质油和渣油生产清洁燃料的核心技术,具有原料适应性强、轻质产品收率高等优点。可根据市场需求和为不同装置提供原料等目的,灵活调整产品结构。作为调整产品结构生产主要油品的主要手段,国内外大型石油公司相继开发催化裂化在深度降低汽油烯烃含量同时多产丙烯的新技术。随着全球化学品需求增长、更高等级汽油标准的实施,除生产汽柴油和丙烯外,催化裂化也进一步向多功能化方向发展,如生产低芳中间馏分油、多产丁烯等工艺和催化剂的开发,同时在设备设施(卸剂系统、进料喷嘴等)方面不断地推陈出新。另外,随着我国表观消费柴汽比的逐年下降,利用催化裂化技术在降低柴油产量、多产汽油方面同样发挥了极其重要的作用。催化裂化技术在工艺、催化剂、设备等方面持续取得研发突破,带动技术的升级换代,推动炼油工业持续发展。

1　催化裂化发展现状

截至2020年初,全球共有炼厂763座,平均规模为$644×10^4t/a$,总炼油能力约$51.02×10^8t/a$,由于转型升级和淘汰落后产能,较最高峰减少0.6%。其中,催化裂化能力约$9.2×10^8t/a$。规模化、一体化是炼化产业发展的趋势,全球催化裂化装置单套最大规模($1000×10^4t/a$)位于印度信实公司贾姆纳加尔炼厂,国内则是惠炼二期$480×10^4t/a$。按照《烃加工》期刊统计,截至2020年初,全球至少有56个催化裂化在建项目,其中亚太地区最为活跃,有21个在建项目,其次是中东(10个在建项目)和美国(8个在建项目)。近年来我国炼油工业快速发展,炼油能力逐年增长,2020年底,炼油能力达到$8.9×10^8t/a$。据初步统计,全国有180余套催化裂化装置在运行,加工能力达到$2.16×10^8t/a$。按照目前在建、已批准建设和规划的项目测算,2025年我国催化裂化能力将达到$2.56×10^8t/a$。

2　技术现状与新进展

2.1　技术现状

常规催化裂化技术已然非常成熟,主要用于生产汽柴油等轻质油品。国外常规催化裂化的工艺技术主要有KBR/ExxonMobil公司的FCC和RFCC工艺、Axens/Shaw公司的FCC

和 R2R RFCC 工艺、Shell 公司的 FCC 和 RFCC 工艺以及 CB&I Lummus 公司的 FCC 工艺等。中国石油和中国石化等都开发了催化裂化系列工艺技术及配套催化剂生产技术。国内外大型石油公司相继开发催化裂化在深度降低汽油烯烃含量同时多产丙烯的新技术。国外关于催化裂化多产低碳烯烃的工艺技术主要有 UOP 公司的 LOCC、PetroFCC 和 RxPro 工艺；ExxonMobil 公司的双提升管工艺，KBR 与 MT 公司合作开发的 Maxofin 工艺，CB&I Lummus 公司的 I-FCC 工艺，Arco Chemical 公司的 Superflex 工艺，NesteOy 公司的 NEXCC 工艺，Axens 公司的 PetroRiser、R2P 和 HS-FCC 工艺等。我国开发的催化裂化增产低碳烯烃工艺主要有中国石化开发的 DCC 技术、CPP 技术、MIP 技术、MIO 技术等，以及中国石油开发的 TSRFCC、TMP 技术等。

由表 1 可见，国外技术供应商占据了全球主要市场份额。国内中国石油和中国石化催化裂化技术也具备相当强的市场竞争力。在常规催化裂化方面，中国石化催化裂化系列技术实现了约 60 套工业应用；中国石油 FCC 技术系列（TSRFCC 等）也有约 20 套工业应用装置。在多产低碳烯烃方面，中国石油深度降烯烃催化裂化新工艺 CCOC，在庆阳石化、宁夏石化等 4 套装置实现应用；重质柴油分区反应催化裂化工艺 DCP，在辽河石化、兰州石化等 4 套装置实现应用。中国石化 DCC 技术自首次应用以来，截至 2020 年运行 11 套，其中国内 6 套，国外 5 套。

表 1　国内外主要催化裂化技术工业应用情况

催化裂化技术类型	技术供应商	应用情况
常规催化裂化	KBR/ExxonMobil 公司 FCC 和 RFCC 工艺	170 多套
	Axens/Shaw 公司 FCC 和 R2R RFCC 工艺	190 多套
	UOP 公司 FCC 和 RFCC 工艺	225 多套
	Shell 公司 FCC 和 RFCC 工艺	约 108 套
	CB&ILummus 公司 FCC 工艺	约 55 套
	中国石化 FCC 技术系列	约 60 套
	中国石油 FCC 技术系列（TSRFCC、FDFCC 等）	约 20 套
多产低碳烯烃催化裂化	UOP 公司 LOCC、PetroFCC 和 RxPro 工艺	—
	Axens 公司 PetroRiser、R2P 和 HS-FCC 工艺	—
	KBR 与 MT 公司 Maxofin 工艺	—
	CB&I Lummus 公司 I-FCC 工艺	—
	中国石化 FCC 多产低碳烯烃技术系列（DCC-Ⅰ、DCC-Ⅱ、MIO、CPP 等）	约 35 套
	中国石油 TMP 工艺	3 套

1990 年以后，几大公司的常规催化裂化技术发展已相对成熟，近年来基本围绕设备和催化剂进行改进。在常规催化裂化技术的基础上，国内外许多大石油公司和科研单位相继开发出重油裂解制乙烯、丙烯等低碳烯烃工艺，多数已实现工业化应用。下面对几种较有代表性的典型多产低碳烯烃技术进行简要描述。

2.1.1 UOP 公司 PetroFCC 工艺

PetroFCC 工艺采用一种双提升管反应器共用一套再生器的结构。第一个提升管在高温、高剂油比的条件下操作，采用掺有高浓度的择形沸石添加剂的高裂化活性、低氢转移活性催化剂，最大限度地将重质原料直接转化为轻烯烃或汽油和轻柴油馏分。第二个提升管在比第一个提升管更苛刻的条件下操作，将第一个提升管裂化生成的部分石脑油馏分进一步裂化为更轻的组分，以利于低碳烯烃的生成。

该技术打破了原有提升管反应器型式和反应—再生系统流程，用两段提升管反应器取代原有提升管反应器，构成具有两路催化剂循环的新的反应—再生系统流程，实现了催化剂接力、分段短反应时间、大剂油比等工艺特点。该项技术可使乙烯收率达到 6%～9%，丙烯收率达到 20%～25%，丁烯收率达到 15%～20%，汽油馏分富含芳烃，通过分离可以得到 50% 以上的对二甲苯和 15% 的苯，非芳烃循环返回作原料。

2.1.2 Axens 公司/Shaw 公司联合开发的 PetroRiser 工艺

PetroRiser 工艺是法国 Axens 公司和 Shaw 公司联合开发的一种多产丙烯等低碳烯烃的催化裂化技术。该工艺的特点是在 RFCC 装置中添加第二提升管，第一提升管产生的轻质裂化汽油进入第二提升管进行再裂化，使每个提升管能够在最佳操作条件下独立运行，既可以提高丙烯产率，又可以降低生焦（再生后催化剂上焦炭量）。PetroRiser 工艺可以得到 12% 的丙烯收率。另外，如果回炼轻质催化裂化石脑油，可以进一步提高丙烯产率 2～3 个百分点。

2.1.3 新日本石油公司/沙特阿美公司的高苛刻度催化裂化（HS-FCC）技术

该工艺接触时间短，高剂油比以减少热裂化反应和氢转移等不利的二次反应和热裂化反应，达到生产高质量汽油并增产丙烯的目的。

HS-FCC 工艺采用下流式提升管反应器和专有催化剂，在 550～650℃、0.1MPa、短接触时间和高剂油比条件下操作，增加催化裂化反应，减少热裂化反应和积炭的生成。在 600℃ 时以未精制的减压瓦斯油为原料，丙烯收率约为 20%；以减压渣油和减压瓦斯油为原料，丙烯收率约为 13%。工艺特点主要有：（1）采用下流式反应器，改善催化剂停留时间分布，抑制返混；（2）优化工艺条件，采用高温、大剂油比和短接触时间（小于 1s）操作方式，实现高苛刻度催化裂化操作，以减少热裂化反应和氢转移反应；（3）使用含 10% ZSM-5 的低氢转移活性的 HUSY 超稳分子筛。在反应温度为 550～650℃、反应压力为 0.1MPa、高剂油比（大于 15）和短接触时间（小于 0.5s）操作条件下，可将催化裂化装置丙烯收率提高到 18% 以上。

2.1.4 CB&ILummus 公司 I-FCC 工艺

I-FCC 工艺是 Lummus 公司开发的将包括沥青在内的重油选择性地转化为丙烯及其他低碳烯烃（乙烯和丁烯）的技术，高达 45% 的原料油可以转化为低碳烯烃，液化气中丙烯和干气中乙烯含量均可达到 50%。该技术结合了 Lummus 公司的 FCC 工艺、专有 Indmax 催化剂，以及印度石油公司研发中心的工艺条件。反应器温度为 560～600℃，剂油比为

12~20，相比传统 FCC 操作烃分压较低。Indmax 催化剂采用多组分专有配方，可针对原料和产品不同设计不同的催化剂，催化剂具有较强的金属耐受性、低的焦炭差和干气产率，尤其适用于加工渣油进料。与传统 FCC 工艺类似，I-FCC 工艺仅采用了短接触时间提升管反应器，但更加灵活，具有很强的灵活性，可多产丙烯、多产汽油，或者联合生产乙烯和丙烯，又或丙烯和汽油。

2.1.5　中国石油 TMP 工艺

两段提升管催化裂解多产丙烯技术（TMP）以重油为原料，在高收率、高选择性生产丙烯的同时，能够兼顾生产柴油和高辛烷值汽油。通过采用轻重组合进料、低温大剂油比、对不同进料采用适宜的反应时间以及高催化剂流化密度等技术手段，解决多产丙烯与少产高氢含量干气的矛盾，从而优化原料中氢的分配，保证多产丙烯时的轻油质量。焦炭、干气产率总和不超过 15%（质量分数），丙烯产率不低于 20%（质量分数），汽油辛烷值不低于 93。与国内外催化裂化工艺相比，该技术具有分段反应、催化剂"接力"、短停留时间和大剂油比等特点，丙烯选择性高，液化气、汽油、柴油总收率高，汽油辛烷值高。

2.1.6　中国石化 DCC 工艺

DCC 工艺是重质原料油的催化裂解技术，原料包括减压瓦斯油（VGO）、减压渣油（VR）、脱沥青油（DAO）等，产品包括可作为化工原料的轻烯烃、液化气（LPG）、汽油、中间馏分油等。DCC 装置的反应系统有提升管加流化床（DCC-Ⅰ型，最大量丙烯操作模式）或提升管（DCC-Ⅱ，最大量异构烯烃操作模式）两种形式，可加工多种重质原料，并特别适宜加工石蜡基原料，丙烯产率可达 20%（质量分数）。所产汽油可作高辛烷值汽油组分，中间馏分油可作燃料油组分；使用配套的、有专利权的催化剂，反应温度高于常规FCC，但远低于蒸汽裂解；操作灵活，可通过改变操作参数转变 DCC 运行模式；该工艺过程虽有大量气体产物，但仍可采用分馏/吸收系统，实现产品的分离回收，而不需用蒸汽裂解制乙烯工艺中所使用的深冷分离；烯烃产品中的杂质含量低，不需要加氢精制。

2.2　工艺技术新进展

2.2.1　UOP 丙烯生产 RxPro™技术

RxPro™工艺是 UOP 丙烯生产的最新技术，采用多级反应器，包括一段烃类原料反应器、二段循环反应器，在两个反应器之间共用一个再生器实现催化剂的连续循环。相比于PetroFCC 技术，RxPro™技术以 VGO 和渣油为原料，将成熟的 PetroFCC 技术丙烯收率由15%（质量分数）提高到 20%（质量分数）以上。收率的大幅增加主要是通过引入第二段反应器将 C_4 以上烯烃再裂化成丙烯来实现的。RxPro™技术采用传统催化裂化原料最大量生产丙烯，该技术关键的技术特点主要有：

（1）提升管采用 VSS 设计进行密闭。每根提升管反应器出口都采用各自的 VSS 提升管末端设备和高通量汽提器，以使后提升管的气体停留时间降到最低，后提升管反应在有利于丙烯生成的高反应器温度下发生。

（2）高剂油比提升管反应器。反应器装有 VSS 提升管快速分离系统，在非常高的剂油比（15～30）下操作，以减少干气生成和由于流化床反应器大量返混而发生的氢转移反应。

（3）第二段提升管采用 RxCat 技术，允许增加第二段提升管的剂油比而不受热平衡的限制，从而提高了提升管中 ZSM-5 的含量，丁烯转化率和丙烯收率随着剂油比的升高而增加。

RxCat 技术是一种反应器技术，如图 1 所示，将汽提器中积炭但仍有活性的部分催化剂循环回到提升管混合区与再生催化剂混合，以提高转化率和选择性。由于循环催化剂在热平衡方面是中性的，RxCat 技术显著提高了提升管反应器的剂油比，实现了高转化率，从而使更多的轻石脑油烯烃得以转化。RxCat 技术已在多套工业装置上成功进行了应用，结果表明，通过将积炭催化剂回注到提升管底部的方式，可以有效增加催化裂化过程剂油比的调节范围，提高原料转化率并获得理想的产物分布。该技术对于需要定期由汽油转向烯烃或馏分油生产的装置特别有效。传统的催化裂化装置需要通过反应器温度、催化剂流量与活性等操作参数变化来实现。而 RxCat 技术仅仅可以通过改变积炭催化剂的回注比例来实现提升管内催化剂活性的调节，因此可迅速地从汽油模式切换到烯烃模式。

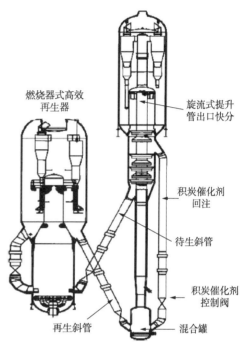

燃烧器式高效再生器

旋流式提升管出口快分

积炭催化剂回注

待生斜管

积炭催化剂控制阀

再生斜管

混合罐

图 1　RxCat 技术反应—再生系统示意图

在传统的 RxCat 设计中，来自再生器的再生催化剂与来自汽提器的含炭催化剂需要在提升管底部的 MxR 混合罐内混合。对于新装置，MxR 混合罐很容易配合催化裂化装置设计。然而，由于 MxR 混合罐的尺寸较大，在现有装置改造中引入 MxR 混合罐难度较大。为了不改变原料喷嘴的位置和提升管停留时间，对现有的装置配置 MxR 混合罐需要挖掘地面，花费巨大的投资和增加后续的复杂性。为了使 RxCat 技术可以更加广泛地应用于现有催化裂化装置改造，UOP 公司重新设计了 MxR 混合罐，提出"双路混合提升管"设计方案，不需要对现有装置结构进行较大的改造，也不会改变进料喷嘴的位置。

2.2.2　巴西国家石油公司催化裂化生产低芳中间馏分油技术

巴西国家石油公司（Petrobras）通过使用自主开发的低酸性或碱性催化剂（B-Cat）可以实现轻循环油收率增加、芳烃含量减少的目标，但反应时间需要延长 3 倍才能达到对比 FCC 催化剂所形成的转化率水平，因而限制了其在催化裂化中的应用。为此，Petrobras 公司进一步进行了技术的改进，在提升管中采用专有的 B-Cat 以及注入 1%～2% 的氧气（或当量的空气）作为自由基引发剂，既利用自由基机理来代替正碳离子机理，对以常压渣油为原料的延迟焦化和采用常规催化剂、B-Cat 的催化裂化进行了详尽对比。试验结果表

明，采用 B-Cat 的催化裂化反应的中间馏分油收率和质量与延迟焦化获得的产品接近，但焦炭产率更低，塔底油转化能力更强；与常规催化剂相比，采用 B-Cat 的催化裂化反应，其轻循环油馏分中的芳烃含量下降了 25%，十六烷指数增加了 15 个单位。通过改变催化剂和向提升管提供氧气，这一技术可使催化裂化由汽油生产模式转化到柴油生产模式。但与传统催化裂化相比，中间馏分油收率和质量改善方面获得的收益将会被转化率损失、汽油收率和辛烷值下降、C_3 和 C_4 烯烃收率下降部分抵消，同时气体产品受到 CO_2 和 N_2 的污染（空气注射情况下）将会给烟气和硫回收系统带来问题。为了消除提升管中烃部分燃烧产生的热量，还必须增加一个取热系统（催化剂冷却器）。因此，将现有催化裂化装置转变为新工艺的经济性还需要进行综合考虑。

2.2.3　GTC 技术公司催化裂化多产芳烃技术

芳烃是最重要的石化原料之一，各国均在采用创新方案来解决供应紧张及生产成本较高的问题。美国 GTC 技术公司开发的 GT-BTX PluS 和 GT-芳构化组合工艺可以利用裂化汽油抽余油中的烯烃增产芳烃。主分馏塔可将高苛刻度 FCC 产物分离为轻馏分、重馏分和汽油。重馏分进入柴油池中，中馏分进入 GT-BTX PluS 装置，将芳烃和硫化物从烯烃中分离，芳烃在加氢脱硫装置中脱硫。由于芳烃馏分中不含烯烃，因此氢气消耗量很小，辛烷值也基本保持不变。裂解汽油进入选择性加氢处理装置和加氢脱硫装置，提高 BTX 产量。芳构化装置加工不含芳烃富含烯烃的抽余油，还有 C_4—C_5 馏分（同样富含烯烃不含芳烃）。来自 GT-BTX PluS 装置加氢处理后的物料和芳构化产物一起进入芳烃联合装置，回收苯和对二甲苯。如果市场汽油供应过剩、芳烃短缺，该联合工艺比常规芳烃生产工艺（催化重整工艺或裂解汽油抽提工艺）更具经济性。

2.2.4　中国石油重质柴油分区反应催化裂化技术

中国石油自主开发的重质柴油分区反应催化裂化技术，分为汽油方案和低碳烯烃方案。该工艺特点是在现有催化裂化装置提升管反应器上设置专门用于柴油转化的重质柴油反应区，在提升管中先进行重质柴油的裂化反应，后进行催化原料的催化裂化反应，实现重质柴油和催化原料的分区反应，将炼厂重质柴油（直馏重柴油、焦化柴油或催化加氢柴油等）一次转化为高附加值的汽油和低碳烃类产品。技术优势在于：一是柴油中的饱和烃组分与催化剂在高温、大剂油比、短反应时间条件下优先进行裂化反应，有利于柴油中的可裂化组分发生裂化反应生成汽油馏分；二是柴油中的饱和烃组分裂化时形成的正碳离子可以引发催化原料的正碳离子反应，促进重油大分子的催化转化反应，提高汽油收率；三是柴油优先与催化剂接触可适当降低催化剂温度，抑制重油分子的热裂化反应，适当提高重油反应的剂油比。工艺流程见图 2。

该工艺已有 4 套装置应用，工业应用结果表明，在催化原料加工量不变的前提下，重质柴油回炼比（占催化原料）提高 10 个百分点，催化汽油产率增加 2 个百分点以上，液态烃中的丙烯体积分数增加 4 个百分点以上，催化汽油 RON 增加 0.5 个单位以上，总液收基本保持不变。适用于迫切需要多产高辛烷值汽油和低碳烯烃的炼厂，可掺炼常减压蒸馏装置直馏柴油、加氢催化柴油、加氢改质柴油、渣油加氢柴油、焦化柴油、饱和烃含量高的催化柴油。

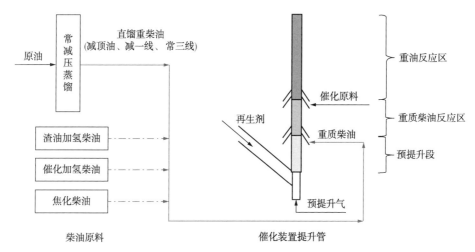

图 2　中国石油重质柴油分区反应催化裂化技术工艺流程

2.2.5　中国石油深度降低汽油烯烃的灵活催化裂化工艺

中国石油深度降低汽油烯烃灵活催化裂化工艺（Catalytic Cracking Olefin Conversion，CCOC）是一种深度降低催化汽油烯烃含量的汽油改质新技术。通过采用新型专用催化剂和工艺优化相结合，将烯烃含量高的催化汽油在催化提升管的特定位置定向转化成低碳烯烃，从而降低催化半成品汽油的烯烃含量，催化产品分布基本不变。该工艺根据炼厂降烯烃需求，有两条技术路线：一是以降烯烃为主的 CCOC-Ⅰ工艺，采用降烯烃专用催化剂与轻汽油在提升管特定反应区反应相结合，强化以氢转移反应为主的二次反应，可以快速灵活地调节汽油烯烃含量，当天使用，次日见效，催化混合汽油（催化轻汽油与加氢重汽油的混合汽油）辛烷值损失小，总液收基本不变，催化混合汽油烯烃下降 3~7 个百分点；二是以增产丙烯为主的 CCOC-Ⅱ工艺，采用增产丙烯专用催化剂与轻汽油在提升管特定反应区反应相结合，强化以 ZSM-5 择型裂化反应为主的二次反应，将轻汽油中的烯烃转化为 C_3—C_4 烯烃，在增加低碳烯烃产率的同时降低催化混合汽油烯烃。

该技术已在庆阳石化、宁夏石化等 4 套装置实现应用，与常规 FCC 工艺相比，采用 CCOC-Ⅰ工艺回炼 2.5%~6% 的轻汽油，催化混合汽油（轻汽油和加氢脱硫重汽油的混合汽油）烯烃含量下降 3~7 个百分点，催化混合汽油 RON 下降 0~1 个单位；采用 CCOC-Ⅱ工艺回炼 2.5%~6% 的轻汽油，丙烯产率可增加 1.4~3 个百分点，催化混合汽油（轻汽油和加氢脱硫重汽油的混合汽油）烯烃含量下降 2~6.5 个百分点，催化混合汽油 RON 下降 0~1 个单位。

2.2.6　中国石油 FCC 再生烟气脱硝催化剂及配套技术

中国石油石油化工研究院针对催化裂化再生烟气特点开发高性能 FCC 再生烟气选择性催化还原脱硝催化剂及工艺成套技术。该技术利用烟气自身温度，在还原剂的作用下将烟

气中的 NO$_x$ 还原为 N$_2$，无二次污染，实现了 FCC 再生烟气中 NO$_x$ 的高效脱除，确保在高效脱硝的同时有效减少氨的逃逸，缓解低温省煤器的堵塞问题，有利于装置长周期运行。2015 年 12 月，该成套技术应用于庆阳石化公司 185×10^{4}t/a 催化裂化再生烟气脱硝装置。装置经标定，脱硝反应器入口 NO$_x$ 浓度为 100~330mg/m^3，出口 NO$_x$ 浓度为 5~80mg/m^3，平均值为 47.9mg/m^3，脱硝率最高可达 97.8%，氨逃逸平均值为 0.28mL/m^3。

2.2.7 中国石化轻循环油（LCO）选择性加氢—催化裂化生产高辛烷值汽油或芳烃料（LTAG）技术

中国石化开发 LTAG 技术（LCO To Gasoline and Aromatics）利用加氢单元和催化裂化单元组合，通过开发 LCO 多环芳烃定向加氢控制技术，实现在过程低氢耗条件下多环芳烃的定向加氢饱和和单元芳烃选择性的最大化；通过设计加氢 LCO 催化裂化转化区或单独的反应器，优化匹配催化裂化工艺和专用催化剂，突破氢化单元芳烃开环裂化反应和氢转移反应的热力学限制，实现催化裂化轻循环油高值利用，进一步降低柴汽比以及增产高辛烷值汽油。LTAG 技术模式Ⅰ汽油辛烷值高（RON 大于 94），烯烃含量低[小于 10%（体积分数）]，采用循环操作时可以实现 LCO 全部转化；LTAG 技术模式Ⅱ与重油单独催化裂化相比，汽油烯烃含量降低 4~5 个百分点，RON 增加 0.5~1.0 个单位，采用循环操作时，基本实现自身 LCO 的全部转化。

该技术提名 2018 年《烃加工》全球最佳炼油技术，目前已在石家庄炼化、青岛石化、长岭石化等共 24 套催化裂化装置成功应用。石家庄炼化工业试验表明，在采用新鲜进料与加氢轻循环油共炼模式时，轻循环油收率降低 15%~20%，其中约 80% 转化为高辛烷值汽油，汽油收率增加 13%~16%，研究法辛烷值增加 0.6 个单位。

2.2.8 中国石化劣质重油高效催化裂解技术

2020 年 9 月，中国石化自主研发的劣质重油高效催化裂解技术开发成功，该技术以劣质重油为原料生产丙烯、乙烯及高辛烷值汽油，破解了利用劣质重油生产丙烯、乙烯的世界难题，与重油催化裂解（DCC）技术相比，劣质重油高效催化裂解（RTC）技术具有更好的乙烯、丙烯选择性和更低的焦炭选择性。

该技术主要特点有：（1）基于对催化裂解过程反应化学、过程强化以及加氢渣油分子水平的新认识，开发了结构独特、可控性优异的反应器，使得以往无法加工的劣质重油得以从容加工；（2）独特结构的反应器使得生产的反应过程选择性大大提高，不仅可提高乙烯和丙烯产率，同时降低了焦炭产率，提升了汽油品质。2020 年 1 月，该技术在中国石化安庆分公司 65×10^{4}t/a 催化裂解装置上一次开车成功，在高掺渣比原料情况下，产物中的乙烯和丙烯产率比现有工艺分别提高 0.5% 和 2% 以上，焦炭产率下降 0.5%，同时汽油烯烃含量也明显降低，辛烷值有所提高。相较于现有工艺，该技术在采用掺混不同比例的劣质重油为原料时，加工每吨原料可增加效益 65~105 元，提高了经济收益。

2.2.9 中国石化渣油固定床加氢—催化裂化组合工艺

中国石化开发了渣油加氢处理和催化裂化深度组合技术（SFI）。在 SFI 工艺过程中，渣油加氢不设分馏系统，渣油加氢生成油直接进入催化裂化装置，催化裂化反应流出物分离出干气、液化气、催化裂化汽油和(或)催化裂化轻柴油馏分，可灵活调节柴汽比，催化裂化重馏分循环回渣油加氢装置与渣油原料混合进行加氢反应。SFI 工艺过程简单，生产高价值汽油、液化气和柴油产品，降低设备投资和装置操作能耗。

2.3 催化剂与助剂技术新进展

催化裂化工艺日渐成熟的今天，催化裂化催化剂更新换代及技术水平已成为炼油企业应对不断变化的油品市场和化工原料需求的关键手段，也因此成为催化裂化技术发展的主流。国外催化裂化催化剂研发生产机构的产能和市场占有率变化不大，基本保持稳定，催化剂国际市场基本被美国 Grace、Albemarle 和德国 BASF 三大公司所垄断，所占市场份额分别为 35%、28% 和 17%，年生产催化裂化催化剂约 90×10^4 t。Johnson Matthey(原 INTER-CAT)和日本 CCIC(日本触媒化成株式会社)也是世界主要的催化剂公司，其中 Johnson Matthey 是全球最大的催化裂化助剂供应商，主要包括烟气脱硫，脱硝助剂，一氧化碳助燃剂，塔底油裂化助剂，汽油脱硫助剂，增产丙烯助剂，提高汽油辛烷值助剂等，市场占有率在 80% 以上。国内主要的催化剂生产厂家以中国石油和中国石化两大公司为主，拥有周村、长岭、兰州 3 个生产基地，中国石油 2019 年在福建长汀新建了 5×10^4 t/a 产能的催化剂生产厂，近年来也出现了多家民营催化剂生产厂家。从 2019 年全球催化裂化催化剂招标来看，多产烯烃、提高辛烷值、增产汽油等依旧是近几年炼厂追求的主要目标(表 2)。总体来看，国内外催化剂研发重点主要集中在中大孔催化材料、抗重金属污染技术、分子筛/基质的稳定性以及酸性控制技术等方面，通过这些技术的应用，实现降低焦炭产率、提高汽柴油收率、增产低碳烯烃、提高汽油辛烷值以及降低污染排放等目的。

表 2　各地区 2019 年催化裂化催化剂功能需求(催化裂化催化剂全球招标功能)

地区	第一需求	第二需求	第三需求	第四需求
北美洲	增产液化石油气中的烯烃	减少塔底油	减少干气	增加辛烷值
拉丁美洲	增加辛烷值	增产汽油	增产液化石油气中的烯烃	减少塔底油
欧洲、中东、非洲	减少塔底油	增产汽油	增产液化石油气中的烯烃	减少干气
亚洲	增产汽油	减少生焦	增产液化石油气中的烯烃	减少塔底油

2.3.1 增产低碳烯烃催化剂

美国 Albemarle 公司采用新基质材料开发了 Granite 技术，并推出包括 Peak、Everest 和 Denali 3 种催化剂的第一条生产线。Peak 系列催化剂采用 ADZT-100 择形分子筛、Action 产品生产线及 ADM-80 基质；与已工业化的 Action 系列产品相比，前者在丁烯收率、汽油辛烷值、塔底油改质能力等方面得到了进一步提高。Everest 催化剂除基质选用 ADM-85 外，其他同上；与配方相似且未采用该基质的催化剂相比，该催化剂的焦炭收率低且分子筛比表面积保持率高；与其他催化剂相比，在达到相同丁烯收率和汽油高辛烷值前提下，Everest 催化剂所用的稀土用量远低于其他催化剂，提高了该催化剂的经济性。Denali 催化剂是目前该公司开发的焦炭选择性最佳、焦炭产率最少的一种催化剂。

美国 Grace 公司开发的新型 Achieve-400 催化剂，采用双沸石技术，利用传统 Y 型和 Pentasi 型沸石，优先裂解汽油中烯烃，促使生成更多丁烯。该催化剂已用于美国 UOP 公司的催化裂化装置上，与该装置基准催化剂加 ZSM-5 助剂相比，采用 Achieve-400 催化剂可同时提高丙烯和丁烯的选择性，尤其有利于丁烯的生成，同时减少了油浆收率，提高了轻质油收率。另外，采用该催化剂无须使用 ZSM-5 助剂，降低了生产成本。

BASF 公司 2018 年采用多骨架拓扑（MFT）技术开发出蜡油 FCC 的 Fourte 催化剂。MFT 技术利用多骨架拓扑选择性来调整催化剂的选择性，强化催化性能，以满足生产需求。Fourte 催化剂在满足提高丁烯选择性的同时，可确保加工减压瓦斯油时具有较高的催化活性。2020 年，BASF 公司在此技术上继续开发 Fourtune™ 系列催化剂，在保持催化剂活性和性能的同时保证高丁烯选择性、高转化率，同时提高馏分油产率。

Rive 技术公司进一步研究利用分子高速通道技术（Molecular Highway™）提高催化裂化装置丁烯产率的可行性。该技术在 FCC 催化剂 Y 型分子筛中引入了介孔结构，介孔（约 4.0nm）均匀分布在分子筛晶体中并相互连接形成庞大的网络结构，与 Y 型分子筛 0.75nm 尺寸的微孔相比，FCC 原料分子进出催化剂中分子筛晶体的扩散系数明显提高。2016 年底，Rive 技术公司和 Grace 公司开发的该新型催化剂在 Motiva 公司美国炼厂催化裂化装置上完成了工业试验。工业试验表明，在操作条件基本不变的前提下，采用新型催化剂，剂油比有所提高，再生温度、干气收率明显降低，C_3 以上总液体收率提高 1.5 个百分点；C_3、C_4 烯烃含量均有所增加，分别提高约 2 个百分点和 4 个百分点，使炼厂液化气价值大幅提高；再生剂碳含量减少 60%，增加了催化剂中有效酸性位的数量。尽管催化剂循环量提高了 10% 以上，但油浆灰分并没有增加。应用结果表明，采用该技术能使装置利润提高 0.40~1.20 美元/bbl❶（折合 2.6~7.8 元/bbl）。

中国石油 LCC 系列增产丙烯催化剂，包括 LCC-2、LCC-300、LCC-A 等催化剂。主要适用于加工重质、劣质原料，要求适当或大幅度提高液化气中的丙烯产率、增加汽油辛烷值的各类催化裂化装置。其中，LCC-1 催化剂具有降烯烃和提高汽油辛烷值功能，可使丙烯产率在 6% 以上，提高 1~2 个百分点。LCC-2 催化剂是一种降烯烃、提高辛烷值、较大幅度增加丙烯产率的催化剂，可使丙烯产率达到 7% 以上。LCC-200、LCC-300 催化剂适用于两段提升管催化裂解装置，丙烯产率分别在 16%~17% 和 20% 以上，丙烯选择性好。

2.3.2　抗重金属污染催化剂

催化裂化装置重要的任务是提高液收、减少油浆，重原料油中的铁、镍和钒等金属污染物是影响催化裂化催化剂使用效果的关键因素。针对镍的钝化，BASF 公司开发了专门用于渣油催化裂化工艺的催化剂技术平台——硼基技术（BBT），其关键是利用在催化裂化反应条件下硼的流动性及对未钝化镍的选择性捕捉。与传统金属钝化技术相比，BBT 提高

---

❶　$1bbl = 158.987dm^3$。

了抗金属性能，改善了催化性能。采用该技术开发的第一代催化剂 BoroCat™，将金属钝化功能与孔道结构相结合，并对重油原料分子的分散限制最小化，目的是使渣油转化最大化。该剂在全球多家炼厂工业应用的结果表明，氢气产量和炭差都有所降低，同时获得了更多的高值汽油及低碳烯烃产物，改善了塔底油质量。与 Flex-Tec 催化剂相比，在相同操作条件下，以常压渣油（康氏残炭质量分数为 12%）为原料，BoroCat 催化剂能够显著降低氢气和焦炭的收率，同时提高汽油和液化石油气（LPG）的收率；在钝化镍离子、降低氢活性方面，该催化剂的性能优于 Flex-Tec 催化剂。相比 BoroCat™ 只能处理含有部分渣油的原料相比，第二代催化剂 Borotec™ 可以处理全渣油的催化裂化原料（镍含量要高于第一代催化剂处理的原料范围），同时可以达到渣油转化最大化的目的。第三代催化剂 Boroflex™ 在满足第二代催化剂所有性能的情况下，经过该剂处理后的塔底油质量得以改善。BASF 公司采用多级反应催化剂（MSRC）制备技术开发重渣油 FCC 催化剂实现效益最大化。MSRC 内层采用多产汽油的 DMS 催化剂，以提高重油大分子的扩散速率，并且在沸石外表面进行选择性预裂化，最大限度地提高汽油产率；催化剂外层也是利用 DMS 技术，但却富含特殊氧化铝以捕获镍金属，使其沉积于催化剂表面。镍捕获技术类似于 Flex-Tec 催化剂所采用的技术，但其对特殊氧化铝的空间分布进行了改进，可提高材料的利用率且改善反应性能。BASF 公司使用 MSRC 制备技术开发出第一款牌号为 Fortress 的产品，专为重质原料油设计，适用于需要高度金属离子钝化、降低氢气和焦炭收率的催化裂化装置。该催化剂工业试验表明，在原料金属离子含量较高时，使用该催化剂依然可以钝化多种金属离子，最大限度降低氢气和焦炭收率，还可降低油浆产率及提高液体收率。

Grace 公司最新通过引入特殊 Ni 捕集组分开发了抗重金属污染能力强、焦炭选择性好的 MIDASR GOLD 催化剂，并在 Placid 炼油公司催化裂化装置进行了工业应用。应用该催化剂后，在相同原料性质、操作条件和焦炭产率条件下，转化率提高了 3%~4%（体积分数），油浆产率降低 1.5%（体积分数），汽油产率提高了 2.2%（质量分数），氢气产率降低 20%。该催化剂已在多家炼厂得到推广应用。

中国石油 2020 年开发了高柴油选择性抗钒 RFCC 催化剂 LMC-900 和抗重金属提高柴汽比催化裂化催化剂 LZR-30。该系列催化剂以低晶胞超稳 Y 型分子筛为主活性组分，采用特殊元素优化催化剂酸性强度和密度，构建了催化剂梯级孔道分布，降低了装置柴汽比。适用于加工重质、劣质原料，要求提高汽柴油收率的重油催化裂化装置。催化剂原料成本可降低 20% 以上，已在宁夏宝利石化公司和格尔木炼油厂进行工业应用。中国石油开发的低生焦重油催化裂化催化剂 LB 系列原位晶化抗重金属催化裂化催化剂包括重油催化剂 LB-1、高选择性重油催化剂 LB-2、抗重金属重油催化剂 LB-5、超高活性重油催化剂 LB-6 和高性能重油催化剂 LB-7 等 5 个产品。其中，LB-1 催化剂在重金属含量较高的条件下，可使重油产率下降 1.0 个百分点以上；LB-2 催化剂在 LB-1 催化剂的基础上，干气+焦炭产率降低 1.0 个百分点以上，汽油辛烷值提高 0.5 个单位以上；LB-5 催化剂与常规催化剂复合使用，当平衡催化剂上的重金属含量（镍+钒含量在 15000μg/g 以上）超高

时，装置总液体收率提高 0.8%（质量分数）以上；LB-6 催化剂与 LB-5 催化剂相比，可使焦炭产率下降 0.5 个百分点以上，总液收增加 1 个百分点以上；LB-7 催化剂与 BASF 公司 Converter 催化剂相比，总液收提高 1 个百分点以上。

2.3.3 多产汽柴油催化剂

ART 公司开发了一种用于催化裂化进料加氢预处理的 ApART™ 催化剂体系，该催化剂体系采用高活性 Ni-Mo 和 Co-Mo 催化剂的分段床层设计，通过优化催化剂装填量和固定床加氢反应器的操作条件，可显著改善催化裂化进料质量，提高催化裂化转化率、增加汽油收率；也可生产低硫催化裂化产物，提高催化裂化 LCO 收率，以满足超低硫柴油生产的原料需要。ART 公司考察了 100% Ni-Mo 催化剂至 Co-Mo 催化剂占主导的系列催化剂体系，在相同的加氢处理反应器苛刻度下，改变催化剂体系使得催化裂化产物收率发生变化。增加 Co-Mo 催化剂含量可提高 LCO 收率，并相应地降低汽油收率，可实现 LCO 收率最大化。

为了满足部分用户对于催化裂化高效多产柴油催化剂的需求，Grace Davison 公司和 Albemarle 公司相继推出了最新的 MIDAS 系列催化剂和 MD 系列催化剂。BASF 公司开发了一个多产柴油的新型催化裂化催化剂技术平台——Prox-SMZ。该技术平台主要有两个特点：一是基质具有高稳定性和焦炭选择性；二是 Y 型分子筛的结晶和 Prox-SMZ 基质的形成可以在一个步骤中实现，使它们之间形成紧密的接触（图 3），Y 型分子筛的超微晶粒与 Prox-SMZ 基质接触非常密切。基于 Prox-SMZ 基质材料制备的新型渣油多产柴油催化剂 Stamina™ 在盐湖城炼油厂催化裂化装置成功进行了工业试验。结果表明，与装置之前使用的催化剂相比，塔底油产率减少 50%，而柴油和汽油收率增加，同时焦炭产率减少 20%，由此带来的利润增加值为 1.56 美元/bbl（折合约 10.1 元/bbl）。

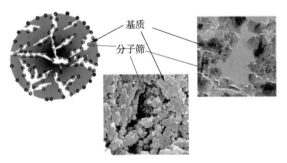

基质
分子筛

图 3　Prox-SMZ 技术制备的催化裂化催化剂

2.3.4　助剂

添加助剂是一种根据市场需求快速调整催化裂化产品分布的技术手段，从而使装置获得最大利润。近年来在催化裂化催化剂发展的同时，助剂也有了很大的发展。Grace 公司开发了 4 种多产丙烯的 OlefinsUltra 系列助剂（OlefinsMax、OlefinsUltra、OlefinsUltra HZ 和 OlefinsUltra MZ）。其中，后二者分别用于丙烯生产装置及对丙烯收率要求更高的装置。该公司开发的 GBA 助剂，更有利于生成 C_4 烯烃且提高汽油的辛烷值。工业试验表明：与

OlefinsUltra HZ 助剂相比，GBA 助剂每年能够增加盈利 200 万 ~ 500 万美元（折合 1294.68 万 ~ 3236.7 万元）。在达到相同丙烯收率的情况下，采用 GBA 助剂的丁烯收率更高；在 LPG 收率相同的条件下，采用 GBA 助剂的汽油辛烷值高。

Johnson Matthey 公司开发了一种能大幅减少焦炭差的新助剂 Lo-Coker，Lo-Coker 助剂内置的捕集金属官能团，即使在常压原料油金属含量较多的情况下，也能得到相同或更高的转化率。Lo-Coker 的边界效应同时还可以吸附催化裂化催化剂在完全燃烧或部分燃烧时放出的 SO_x，降低 SO_x 排放。提高焦炭处理能力的常用方法是采用催化剂冷却器，在催化裂化装置中安装一台催化剂冷却器，而 Lo-Coker 无须安装冷却器即能达到同样的效果。除了减少焦炭差 10% 和减少 SO_x 40% ~ 60%（在完全燃烧时）以外，助剂 Lo-Coker 还可以减少干气产率。

BASF 公司 2020 年推出了 Evolve 助剂，在保证装置原料油的总转化率或其他液体产品（包括汽油和轻循油）收率的同时，可以显著提高丁烯产量。与传统 ZSM-5 助剂相比，Evolve 助剂的丁烯选择性高于丙烯。该助剂适用于最大化生产烷基原料或对 LPG 有限制的炼厂，在给定 LPG 限制范围，Evolve 助剂可生产更多富含丁烯的 LPG 产品。

中国石油开发了多种助剂，增产汽油的重油转化型催化裂化助剂 LPG-A 于 2016 年实现工业化应用。与常规催化剂相比，转化率提高 0.97 个百分点，汽油增加 1.60 个百分点，轻油增加 1.15 个百分点，重油降低 0.63 个百分点；同时在辛烷值不降低的前提下，降低汽油烯烃含量 6.9 个百分点，具有提高汽油产率、降低汽油烯烃含量、不降低辛烷值的功能。PCA-OD 丙烯辛烷值助剂，应用结果表明，助剂加注量为 4.1%（质量分数）时，液态烃收率增加 1.41 个百分点，丙烯收率增加 0.72 个百分点，汽油研究法辛烷值提高 1 个单位。LHP-A 丙烯辛烷值助剂已在多家炼厂实现工业应用，工业应用结果显示，在助剂藏量 5% 的情况下，丙烯收率平均提高 1 个百分点以上，汽油辛烷值平均提高 0.5 个单位以上。LCC-A 高辛烷值催化剂裂化助剂是国内第一个采用硅溶胶基质的工业助剂，通过硅溶胶阻聚技术，提高了胶体的稳定性，克服了工业生产中水玻璃和酸一旦混合就形成凝胶而不是胶体的工程难题，填补了国内空白。在催化装置中添加 5% ~ 10% 的该助剂时，丙烯产率增加 0.8 个单位以上，汽油辛烷值提高 0.5 个单位以上。PCA-OCT 辛烷值助剂应用结果表明，在助剂藏量 5%、液化气基本不增加的情况下，汽油辛烷值提高 1 个单位。

2.4 设备新进展

催化裂化的发展伴随着高活性催化剂的开发、反应机理与动力学的研究以及气固多相反应器的进步，国内外许多石油公司和专利商围绕提高转化率、改善产品分布和产品质量、延长催化裂化开工周期等方面相继开发了多项新的反应器以及提升管端口技术，由此推动催化裂化新设备研究革新，如卸料系统、设备的喷嘴、汽提器等，已取得较大技术进展。

2.4.1 MPC 公司连续式催化剂卸料系统（CWS）

由于催化裂化装置反应器与再生反应器中旋风分离器不能 100% 实现催化剂和油气（烟

气)分离,因此在装置运行过程中存在催化剂跑损,需要连续注入新鲜催化剂和助剂。但是随着催化剂的不断加入,催化剂藏量逐渐增加,致使再生反应器床层增高,需卸出部分催化剂,以保持藏量维持在合理范围。

美国MPC公司最早提出用催化剂连续卸料方式替代间歇卸料以解决上述问题,并独创了CWS系统。该系统包括隔离阀、容积式风机、管式换热器(冷却催化剂)和收集罐(接收冷却催化剂),同时设有平衡催化剂取样口(无须接触高温催化剂)。2016年,在美国Garyville炼厂进行了首套装置的安装使用。将整个卸料系统直接接入现有的卸料管道中,此外还装有DCS系统,使操作具有最大可视性。结果表明,该系统实现了催化剂的连续卸料,能够精确控制卸料率,并且平稳地控制催化剂床层高度,以及更有效地冷却卸出催化剂。若卸料速度过快也不会形成高温催化剂,这样不仅避免了潜在的安全风险,使装置高效平稳运行,还能提升经济效益,投资回报期在1年之内。

2.4.2　Shell公司进料喷嘴改进技术

进料喷嘴改进技术是Shell公司系列催化裂化装备技术之一。多年来,该公司一直对侧线进料和底部进料喷嘴持续进行改进。

雾化油气中大液滴会对催化裂化装置操作的可靠性产生负面影响,如导致反应器内壁、气体管线上部、主分馏塔入口处等结焦。因此,为减少大液滴的生成,Shell公司开展了蒸汽分布器和进料喷嘴喷头槽口的研发工作,最终开发出改进型进料喷嘴。2016年,改进型喷嘴在两套催化裂化装置的工业应用表明:产品结构得到改善,产物收率有所提高;提升了装置的操作灵活性,同时减少了反应系统因结焦而产生的不利影响。以美国Deer Park炼厂催化裂化装置为例,选用改进型进料喷嘴后,转化率提高了1.1个百分点,分馏塔塔底油收率下降了1.2个百分点,汽油和轻循环油收率增加了1.5个百分点。

2.4.3　中国石油大学(北京)汽提器新技术

目前,国内外催化裂化较多采用内置挡板的汽提器和填料结构的汽提器。随着原料的重劣质化,待生剂夹带进入汽提器的油气不断变重,对于汽提技术提出了更高的要求。中国石油大学(北京)开发了环流汽提器技术,该汽提器通过控制导流筒区和环隙区底部分布器的气体通入量,使两个区域的床层密度产生差异,进而在床层底部产生压力差,推动催化剂在内外环之间流动。基于催化剂间隙、内孔中油气的存在形式及汽提过程的特点,中国石油大学(北京)将错流汽提挡板技术与环流汽提技术相结合开发出MSCS(Multi Stage Circulation Stripper)汽提器。该汽提器上部设置高效错流挡板,通过蒸汽和催化剂在挡板上错流接触,快速置换出催化剂间隙夹带的油气;汽提器下部为环流结构,通过汽提蒸汽和催化剂的多次接触,实现催化剂内孔中油气的快速高效汽提。目前,该技术已应用于扬子石化、燕山石化、大庆石化等公司。以扬子石化催化裂化装置为例,选用MSCS汽提器后,提高残渣比0.78个百分比,在汽提蒸汽用量降低0.36t/h的条件下,轻油收率提高0.46个百分点,焦炭收率降低0.14个百分点。

3 小结

催化裂化作为传统燃料型炼厂的最核心装置，在产品结构调整、提高炼厂效益方面发挥了极其重要的作用。随着技术的发展、替代能源的兴起、市场需求的变化，促使催化裂化技术在提高现有技术水平的基础上，加快技术更新换代与转型升级步伐，以适应炼化一体化和减油增化的发展需求。在炼化一体化大趋势下，催化裂化技术也与时俱进，在现在和未来仍将承担起炼化转型升级、高质量发展的重任。

（1）原料来源多样化对催化裂化装置灵活性提出更高要求。原油重劣质化趋势将使得催化裂化装置原料密度和金属含量越来越高，催化裂化将继续在提高掺渣比、开发抗重金属污染等系列催化剂方面进行完善和升级。此外，生物质原料也一直是近年来国外催化裂化的研究热点，在催化裂化装置中增加生物质原料备受研发关注，近期研发集中在常规和生物质原料共处理方面，例如生产高辛烷值汽油组分工艺，高辛烷值汽油可通过催化裂化装置中 VGO 和生物质原料共处理获得。

（2）催化裂化多产丙烯是重要方向，发展催化裂解技术成为催化裂化延伸技术发展的重要趋势。除多产丙烯外，催化裂化将进一步进行其他高附加值化工品的联合生产，如生产低芳中间馏分油、多产丁烯等，以提升催化裂化装置盈利能力。

（3）绿色生产是行业生存发展的基础。随着环保要求越来越高以及全球碳中和迎来加速期，催化裂化装置及催化剂产业需要加快实现低排放、绿色生产的相关技术研究。

（4）汽油质量标准的提高，特别是对烯烃含量的限制，将促使降低汽油烯烃含量的催化裂化工艺和催化剂获得新的研发进展和实现更广阔的推广应用。

（5）随着我国消费柴汽比的逐渐下降，催化裂化在降低柴油产量、多产汽油方面将发挥愈加重要的作用。

参 考 文 献

[1] 龚建议. 催化裂化催化剂产业发展面临六大挑战[J]. 中国石化，2020(10)：27-29.

[2] 刘彪. 组合式汽提器挡板结构的优化[D]. 北京：中国石油大学(北京)，2019.

[3] 赵旭. 2020 石油炼制技术进展与趋势[J]. 世界石油工业，2020，27(6)：68-74.

[4] 王育梅，张莉，刘宏海，等. 催化裂化多产异构烃的催化剂研究进展[J]. 应用化工，2020，49(9)：2393-2396.

[5] 鲜楠莹，朱庆云，郑丽君，等. 催化裂化技术进展[J]. 石化技术与应用，2019，37(6)：367-370.

[6] Caeiro G. Changes in RFCC optimization with IMO global cap's sweet-sour disruption[C]. Lisbon, Portugal：Galp Presentation at BASF FCC Conference，2019.

[7] Chau C. Residue conversion enhances the pulse of Asia-Pacific refining[C]. ARTC，2019.

[8] 闫建军. 重油催化裂化工艺的新进展[J]. 化工设计通讯，2018，44(1)：116.

[9] 程薇. 雅保公司推出新的 FCC 催化剂系列[J]. 石油炼制与化工，2018，49(4)：97.

[10] 杨朝合，陈小博，李春义，等. 催化裂化技术面临的挑战与机遇[J]. 中国石油大学学报(自然科学

版），2017，41（6）：171-177.

[11] 吴文俊. 浅析催化裂化工艺及催化剂的技术进展[J]. 中国石油和化工标准与质量，2017，37（5）：106-107.

[12] 孙志国，高雄厚，马建泰，等. 用于 RFCC 催化剂的 Y 型分子筛的研究进展[J]. 现代化工，2016，36（1）：45-48.

[13] 胡清勋，刘宏海，张莉，等. 重油催化裂化原位晶化型催化剂的开发[A]//甘肃省化学会. 甘肃省化学会第二十九届年会论文摘要集[C]，2015.

[14] 王铃. Rive 技术公司的分子高速通道技术助力 FCC 装置增产丁烯[J]. 石油炼制与化工，2015，46（7）：57.

[15] 任文坡，朱庆云，乔明. 催化裂化技术新进展[J]. 石化技术与应用，2015，33（4）：357-360.

[16] FCC catalyst helps refiners increase liquid product yields[OL]. （2018-08-21）[2019-04-05]. http://www.basf.com/whatsapp-news.

[17] Granite™ new technology from the innovative leader in FCC[OL]. [2019-05-05]. https://www.albemarle.com/storage/wysiwyg/mib_-_granite_final.pdf.

[18] Mastry M C, Hurtado J. The evolution of FCC additives[C]. New Orleans：116th AmercianFuel & Petrochemical Manufacturers Annual Meeting，2018.

[19] Clough M, Pope J C, Lin L. Nanoporous materials forge a path forward to enable sustainable growth：technology advancements in fluid catalytic cracking[J]. Microporous and Mesoporous Materials，2017，254：45-58.

[20] Pan S S, McGuire Jr R, Smith G M, et al. BoroCat™-an innovative solution from boron-based technology platform for FCC unit performance improvement[C]. San Francisco：114th Amercian Fuel & Petrochemical Manufacturers Annual Meeting，2016.

[21] BASF introduces Boroflex FCC catalyst for superior bottoms upgrading[OL]. [2019-05-01]. www.hydrocarbonprocessing.com/news/2018/02/.

[22] Mastry M C, Keeley C. FCC operating flexibility enabled by innovative catalyst technology[C]. NewOrleans：116th Amercian Fuel & Petrochemical Manufacturers Annual Meeting，2018.

[23] BASF introduces RFCC catalyst[J]. Worldwide Refining Business Digest Weekly，2018(2)：44.

[24] Maria L S. Driving FCC units into maximum propylene to increase profitability[C]. Cannes France：ERTC 23st Annual Meeting，2018.

[25] BASF introduces Fourte™ FCC catalyst for refiners targeting an increase to their gasoline pool octane[OL]. （2018-07-25）[2019-05-11]. http://www.basf.com/whatsapp-news.

[26] BASF introduces new FCC catalyst for butylenes production[J]. Worldwide Refining Business Digest Weekly，2018(7)：42.

[27] BASF introduces new FCC additive for boosting butylenes yield[J]. Worldwide Refining Business Digest Weekly，2018(3)：50-51.

[28] Skurka M, Zalewski D, Larsen N, et al. An action plan to improve FCC unit performance at the marathon galveston bay refinery[C]. San Antonio：115th Amercian Fuel & Petrochemical Manufacturers Annual Meeting，2017.

[29] Ludolph A R, VanRoeyen J V, Kunz A K, et al. Performance assessment of feed nozzle upgrades[C].

San Antonio: 115th Amercian Fuel & Petrochemical ManufacturersAnnual Meeting, 2017.

［30］Adrian Humphries, Clint Cooper, Jonathan Seidel. Increasing butylenes production from the FCC unit through Rive's Molecular Highway^{TM} technology［C］. AM-15-32, 2015.

［31］Karthik Rajasekaran, Raul Adarme, Clint Cooper, et al. Motiva unlocks value in the FCCU through an innovative catalyst solution from Rive and Grace［C］. AM-17-47, 2017.

［32］Martin Evans, Kelly Hedges, Rick Fisher, et al. Improvements in FCCU operation through controlled catalyst withdrawals at a Marathon Petroleum Refinery［C］. AM-17-45, 2017.

［33］Melissa Clough Mastry, Juan Hurtado. The evolution of FCC additives［C］. 116th Annual Meeting American Fuel & Petrochemical Manufacturers, 2018.

［34］Kate Hovey, Rick Fisher. Protecting our environment—Soxemissions abatement from the FCCU additives［C］. 116th Annual Meeting. American Fuel & Petrochemical Manufacturers, 2018.

［35］MAXOFIN FCC Revamp Contract. KBR press release［OL］. (2016-03-31). [2020-4-21]. http://kbr.com.

汽油加氢技术

◎朱庆云　兰　玲

随着全球环保要求的不断提高，使用更为清洁的燃料的呼声日渐增强。汽油是目前全球主要的运输燃料，汽油质量升级换代的速度以及汽油生产技术的操作运行成本直接影响着炼油行业。汽油质量升级的重要技术之一——汽油加氢技术的开发及应用成本对炼厂而言至关重要。全球主要炼油技术研发机构、许多大型国际石油石化公司等在过去数年持续投入进行技术的研发，一是满足企业不断增强的汽油质量升级的技术需求；二是开发出成本更低、适应性更强的技术，提升公司自身的科技竞争力，在满足环境及汽车行业用油质量要求的同时降低汽油质量升级的成本，为企业提质增效奠定基础。

1 汽油需求及标准现状

据 BP 公司统计，2019 年全球汽油消费量为 2432.4×10^4 bbl/d，同比增长 1%，主要消费地区为北美和亚太。受新冠疫情影响，2020 年我国汽油表观消费量为 1.14×10^8 t，同比下跌 7.85%。

近年来由于环保及节能要求，促使新能源汽车发展迈入一个新时期，欧美等地区的先进发达国家更是制订长远发展规划，不断降低燃油车的比例。我国作为能源消费和汽车消费大国在发展新能源汽车方面持续发力，据 2020 年 10 月国务院办公厅印发的《新能源汽车产业发展规划(2021—2035 年)》，到 2025 年要求我国新能源汽车的新车销售量达到新车销售总量的 20% 左右。但尽管如此，从有关机构预测来看，未来 10～15 年无论是我国还是全球汽车市场的主体仍然是燃油车。据 Stratas Advisors 咨询公司预测，未来 20 年全球油品需求整体呈现增长态势，汽油和车用柴油仍然是全球油品需求最多的两种油品，其中汽油需求年均增速为 1.3%。到 2025 年全球汽油需求将达到 12.57×10^8 t/a(2923×10^4 bbl/d)；2030 年全球汽油需求将达到 13.11×10^8 t/a(3049×10^4 bbl/d)。

除替代能源增长、燃油经济性不断提高以外，未来"共享式移动服务"、无人驾驶等新消费模式和新技术让交通方式更加多元化，将会影响交通运输能源的需求。据咨询机构 IHS 预测，受汽车颠覆性技术的进展、政府政策以及新业态等因素影响，到 2040 年，石油作为交通燃料的需求将会呈现下降态势，石油将从运输燃料的"垄断地位"转变为"主要参与者"。2040 年，中国、欧洲、印度和美国四大主要市场新车中，汽柴油车市场份额从 2016 年的 98% 降至 62%。

全球对汽油质量的要求不断提高，实施高标准汽油的地区和国家不断增加（表1）。除了汽油硫含量变化，全球汽油的芳烃含量及苯含量都要求进一步降低。到2035年，除了非洲汽油硫含量限制为65μg/g和95μg/g，拉丁美洲汽油硫含量限制为20μg/g，亚太部分地区汽油硫含量限制在15μg/g之外，全球其他地区汽油硫含量均将降至10μg/g以下（表2）。

表1　世界现行汽油标准主要指标

国家或地区	硫含量，μg/g	芳烃，%（体积分数）	苯，%	蒸气压（37.8℃），kPa
美国	10	<50	0.62（体积分数）	44~75
加拿大	15	<25	1（质量分数）	72~107
拉丁美洲	400（部分地区<30）	25~45	2.5（质量分数）	35~90
西欧	10	35	1（体积分数）	60（70）
中东欧	10~1000	35~45	5（体积分数）	45~90
中东/非洲	50	25	5（体积分数）	44~75
亚太	10~50	30~45	1[①]（体积分数）	40~85

① 包括日本、韩国、澳大利亚以及新西兰。

表2　全球汽油质量标准硫含量变化预测　　　　　　　　　　　　单位：μg/g

国家或地区	2020年	2025年	2030年	2035年
美国/加拿大	10	10	10	10
拉丁美洲	130	45	30	20
欧洲	10	10	10	10
中东	75	25	16	10
独联体	35	20	12	10
非洲	245	165	95	65
亚太	65	35	20	15

我国的汽油质量升级进程非常快，质量标准变化较大。汽油国Ⅵ标准与国Ⅴ、国Ⅳ标准相比，研究法辛烷值由93降为92，汽油标号由93号改为92号，硫含量由50μg/g降为10μg/g；锰质量浓度由8mg/L降为2mg/L，汽油升级为国Ⅴ、国Ⅵ标准后不允许添加锰剂以提高辛烷值；车用汽油烯烃体积分数由28%降低为国ⅥB的15%；芳烃体积分数由40%降为35%。车用乙醇汽油调和组分油烯烃体积分数由30%降为国ⅥB的16%；芳烃体积分数由43%降为38%；苯体积分数由1%降为0.8%。

未来汽油可能在烯烃含量、芳烃含量、苯含量等方面有进一步降低的趋势，但因各国汽油调和组分的不同，具体限值仍然会有所不同。面对不断趋严的汽油质量标准，炼油行业采取的主要措施是汽油加氢后处理技术、催化裂化原料预处理技术以及两者综合应用的技术，因此，加氢技术成为汽油质量升级的关键技术，其应用范围和研发水平在不断提高。

2 技术现状和发展趋势

2.1 技术现状

汽油加氢技术最为主要的目的就是脱硫。在汽油调和池中，由于FCC汽油中的硫含量对汽油硫含量的贡献率高达80%~98%，汽油中的烯烃含量几乎来自FCC汽油，因此汽油加氢技术最主要的就是针对FCC汽油开发的降低汽油硫含量和烯烃含量的相关技术。根据已广泛应用的FCC汽油脱硫工艺技术的反应机理特点划分，目前主要有三类技术：一是选择性加氢脱硫降低烯烃的工艺，根据FCC汽油中硫及烯烃的分布特点，通过优化操作条件和选用合适催化剂配方(高加氢脱硫活性、低烯烃加氢饱和活性以及低芳烃饱和活性)，实现脱硫降低烯烃饱和度，从而降低辛烷值损失，具有液体收率高、氢耗低的特点，主要工艺有Axens公司Prime-G/G+、ExxonMobil公司SCANFining、CDTECH公司CDHydro/CDHDS、中国石油石油化工研究院PHG、中国石化石油化工科学研究院RSDS-Ⅰ/RSDS-Ⅱ/RSDS-Ⅲ以及中国石化大连石油化工研究院OCT-M/OCT-MD/OCT-ME等技术；二是加氢改质技术，适用于需要大幅降烯烃、深度脱硫的炼厂，主要工艺有ISAL、OCTGAIN、中国石油M-PHG、GARDES等；三是临氢吸附脱硫技术，在临氢情况下将有机硫化物转化后生成H_2S，通过化学吸附的方式予以脱除，主要工艺有S Zorb。截至2019年初的全球工业化汽油加氢主要技术及应用情况见表3。

表3 全球工业化汽油加氢主要技术及应用情况

许可商	工艺技术/内构件	处理原料	工业化情况
Axens	Prime-G/G+	直馏汽油及催化汽油	250多套，目前运行170多套
Axens	Benfree	重整油	许可49套，38套在运行
CLG	ISOTREATING	直馏汽油和催化汽油	60多套运行，12套设计装置
EMRE/KBR	SCANFining, SCANFining Ⅱ	汽油	43套运行装置，合计能力为130×10^4bbl/d(5590×10^4t/a)
EMRE/KBR	HYDROFINING	汽油	100套汽油加氢装置
EMRE/KBR	EXOMER	汽油	3套
EMRE/KBR	OCTGAIN	催化汽油	1套以上
Haldor Topsoe	焦化石脑油加氢处理	焦化石脑油	16套
McDermott	CD Hydro	汽油、重整油	18套以上
McDermott	CD Hydro/CD HDS, CD HDS+	催化汽油	23套在运行，13套在设计中
中国石化大连石油化工研究院	FRS	全馏分汽油	—
	OTA	高烯烃含量催化汽油	1套以上
	OCT-M, OCT-ME	催化汽油	1套以上
中国石化大连石油化工科学研究院	RSDS系列技术	催化汽油	22套以上
中国石油	PHG	催化汽油	29套
	GARDES, M-PHG	催化汽油	

2.1.1 Axens 公司 Prime-G/G⁺技术

Axens 公司开发的 Prime-G/G⁺工艺广泛应用于全球，在全球许可的 250 多套汽油加氢装置中，125 套用于生产超低硫汽油。该工艺灵活性大，不仅可以处理催化汽油，还可处理焦化汽油或其他含硫馏分；可以根据脱硫要求提供多种不同的方案，灵活满足更加严格的汽油质量标准要求。

Prime-G 是 Axens 公司开发的用于重馏分和中间馏分的催化裂化石脑油、汽油收率可达 100% 的汽油加氢技术。该技术处理的原料可以是直馏汽油、焦化汽油、裂解汽油、减黏汽油等，其升级版技术为 Prime-G⁺工艺。处理不同的原料，装置的运行周期、辛烷值损失等有所不同。Prime-G⁺工艺包括三个主要设备：选择性加氢装置、分离器（将轻组分从中间组分和重组分中分离出来）以及选择性加氢脱硫装置。Axens 公司开发的 HR 800 系列催化剂主要用于 Prime-G⁺工艺，处理催化裂化重汽油。为满足美国 Tier 3 汽油标准要求，该公司开发并工业化催化汽油脱硫催化剂 HR 856，在完成脱硫要求的前提下烯烃含量降低 35 个百分点，与已工业化 HR 806 催化剂相比，辛烷值损失减少 0.5~1.0 个单位，活性的改善可使反应温度降低 10 ℉，延长了装置运转周期，无须改造后处理装置就可满足 Tier 3 汽油标准。Axens 公司有关汽油加氢催化剂的类型及特点见表 4。

表 4 Axens 公司汽油加氢催化剂

名称	类型（组成）	催化剂特点
HR 955	镍钼型，中性氧化铝，三叶	用于汽油及中间馏分油的加氢
HR 955S	Ni_2S_2(2.5%~10%)，Al_2O_3(50%~100%)	用于加氢处理之前的双烯烃饱和
HR 965	NiO(2.5%~10%)，MoO_3(2.5%~10%)，Al_2O_3(50%~100%)，中性氧化铝，三叶	焦化石脑油预处理，双烯烃饱和，很强的硅吸附能力，有机硅化物的水解
HR 945	NiO(2.5%~10%)，MoO_3(2.5%~10%)，Al_2O_3(50%~100%)，中性氧化铝，球体[Ni_3S_2(10%~25%)，Al_2O_3(50%~100%)]	
HR 945S		用于加氢处理催化剂之前，防止不饱和现象发生
HR 806	CoO(2.5%~10%)，MoO_3(10%~25%)，Al_2O_3(50%~100%)，球体，专有技术[NiO(10%~25%)，Al_2O_3(50%~100%)，专有技术，中性载体，球体]	裂解汽油的选择性加氢脱硫
HR 841		催化汽油选择性加氢，与 HR 806 一并用于 Prime G⁺工艺
HR 845	NiO(10%~25%)，MoO_3(2.5%~10%)，Al_2O_3(50%~100%)，专有的特殊中性载体保证了装置的长周期运行[Ni_3S_2(10%~25%)，Al_2O_3(50%~100%)]	脱除裂解汽油、催化汽油的轻质硫化物，双烯烃的脱除非常有限
HR 845S		烯烃加氢
Impulse HR 1218		很高的加氢脱氮、加氢脱芳活性，加氢脱硫能力高于以上催化剂

2.1.2 ExxonMobil 与雅保公司联合开发的汽油加氢催化剂

ExxonMobil 汽油加氢处理催化剂主要有 CoMo RT 系列和 CoNiMo TN 系列，在这些系列中最为著名的是 ExxonMobil 开发、雅保公司生产的 RT 225 催化剂，用于其自有技术 SCANFining 工艺，工业应用 10 年以上。此外，该公司开发了用于其石脑油加氢处理工艺 OCTGAIN 的催化剂。

RT 225 催化剂可以在保证最少的烯烃饱和及最小的辛烷值损失情况下选择性地脱除中、重催化石脑油（汽油）中的硫化物，该催化剂在该公司位于法国的 Port Jerome 炼厂的运转结果表明，操作周期在 4 年以上。为了解决生产低硫汽油带来的烯烃饱和问题，在 RT 225 基础上开发减少烯烃饱和的 RT 235 催化剂，采用最优化的载体，金属分散性能好，是一种高活性、高选择性催化剂，且投资小，性能稳定。中试试验结果表明，在脱硫率为 90%~95%时，RT 235 的烯烃饱和范围（5%~12%）比 RT 225（7.5%~17.0%）低 5 个百分点左右。工业装置运转情况表明，RT 235 催化剂的寿命在 5 年以上，能够处理更劣质的原料，提高研究法辛烷值 1 个单位以上。RT 235 已用于 20 多套汽油加氢处理的工业化装置，应用结果表明，研究法辛烷值损失在 0.1~1.0 个单位之间，具体取决于炼厂装置结构及原料的苛刻度。应用该催化剂的某套工业化装置，原料为轻催化裂化石脑油（LCN）、重催化裂化石脑油（HCN）、轻直馏汽油、焦化汽油以及戊烷，硫含量在 350~400μg/g 之间，目标产物为硫含量小于 10μg/g 的汽油。该装置在第一个循环周期使用 RT 225 催化剂，在第二个循环周期使用 RT 235，可将原料脱氮率从之前的 5%提高至 20%~25%，同时原料处理量提高 20%~25%，将重催化裂化石脑油 90%馏出温度提高 22~28℃，原料中的硫醇和苯并噻吩的含量分别从 1%和 39%增至 3%和 80%。尽管处理的原料中有更多难以处理的苯并噻吩，采用 RT 235 后装置在满足汽油产物硫含量要求的情况下，辛烷值的损失限定在 2~3 个单位，装置的总盈利水平得到提高。应用 RT 235 催化剂的第二家企业，处理轻催化裂化石脑油和重催化裂化石脑油的混合原料，其平均硫含量为 2700μg/g。该炼厂希望将 RT 225 催化剂更换为 RT 235 后，一是能够处理硫含量更高的原料（从 2700μg/g 增至 3300μg/g）；二是在同样生产硫含量小于 10μg/g 汽油产物的情况下装置处理量提高 15%。即使在处理量提高以及原料硫含量增加的情况下，RT 235 催化剂的高稳定性保证了装置的正常运行，每年为该应用企业盈利 1200 万美元。

ExxonMobil 公司开发的 FCC 汽油加氢改质技术 OCTGAIN，主要特点是在降低 FCC 汽油烯烃含量的同时达到深度脱硫目的，特别适宜于既要降低汽油硫含量又要降低汽油烯烃含量，且液化气市场好的炼厂。该技术工艺过程为先加氢脱硫再进行辛烷值恢复，自 1991 年首次实现工业化以来现已发展到第三代。采用第三代技术处理硫含量为 2800μg/g、烯烃含量为 24.8%（体积分数）的 FCC 汽油原料，可将硫含量降至 57μg/g，烯烃含量降低 11.6 个百分点，研究法辛烷值损失 6.6 个单位，C_{5+} 汽油液体收率为 96.6%（体积分数）。

2.1.3 Haldor Topsoe 公司汽油加氢催化剂

Haldor Topsoe 公司焦化石脑油处理的研发水平全球领先，现已设计 16 套以上焦化石脑油原料的加氢处理装置。根据焦化汽油处理的不同阶段目标，该公司开发了 TK-431、TK-437 和 TK-439，其中 TK-431 为镍钼催化剂，用于主反应器，与 TK-437 相比具有更好的加氢脱硫及加氢脱氮活性，但是捕硅能力略低；TK-437 为镍钼催化剂，具有金属含量低和比表面积高的特点，特别适于低温保护反应器，同时该催化剂的烯烃饱和活性很好；TK-439 为镍钼催化剂，在上述 3 个催化剂中比表面积最大，脱硅能力最强，但脱硫性能不高。当加工杂质含量较高[需要脱硫和(或)脱氮]的原料时，TK-439 可以作为保护剂与 TK-431、TK-437 一起使用。

Haldor Topsoe 公司催化汽油选择性加氢处理用的 HyOctane 新系列 3 种催化剂，专门用于催化汽油加氢脱硫但不损失辛烷值，都是为了满足美国环保局 Tier 3 汽油标准的要求而开发的。其中 TK-703 是镍钼型⅙in 四叶形催化剂，TK-710 是钴钼型⅙in 四叶形催化剂，TK-747 是高镍含量⅙in 四叶形催化剂。HyOctane 催化剂有很高的加氢脱硫活性，能够达到超低硫水平，辛烷值损失很少，长周期运行，产品收率 99.9%（质量分数）以上，经济效益好。

2.1.4 McDermott 鲁姆斯公司汽油加氢技术

McDermott 鲁姆斯公司开发的 FCC 汽油加氢脱硫技术由 CD Hydro 和 CD HDS（及其改进版 CD HDS+）两部分组成，是对全馏分 FCC 汽油进行处理，其中 CD Hydro 技术全球应用超过 18 套装置，CD Hydro/CD HDS、CD HDS+工艺全球有 23 套装置在运行，另有 13 套在设计中。催化汽油首先进入 CD Hydro 塔，在进行蒸馏切割的同时完成轻质硫化物的重质化反应及二烯烃饱和反应；塔底的中汽油/重汽油作为 CD HDS 塔的原料，从中部进入 CD HDS 塔，氢气以逆流的方式从塔底进入，富硫的重汽油在塔底进行较高苛刻度的反应，而富烯烃的中汽油在塔顶缓和条件下脱硫，从而在获得高脱硫率的同时将辛烷值损失降低到最小。改进后的 CD HDS+将 CD HDS 产物重汽油脱除 H_2S 和干气后送至固定床反应器，将汽油硫含量进一步降至 $10\mu g/g$ 以下，高硫原料采用两段脱硫工艺后可获得更好的辛烷值保持率。

2.1.5 UOP 公司汽油加氢催化剂

UOP 公司作为炼油技术的主要供应商，近年来加大了汽油加氢催化剂的开发力度。目前开发成功的催化剂主要有 HYT 2018、HYT 2117、HYT 2118、HYT 2119 等。其中，HYT 2018 适用于处理高硫 FCC 汽油，在最小化烯烃饱和情况下降低辛烷值损失，该催化剂运行周期高达 10 年；HYT 2117 可将硫化物和硫醇一类的低硫化合物转化成具有较重沸点的硫化合物，通过双键异构化提高汽油的辛烷值，并可使装置初始运行压降损失最小；HYT 2118 是 HYT 2018 催化剂的升级产品，与 HYT 2018 催化剂相比辛烷值提高 0.9 个单位；HYT 2119 可进一步减少装置初始运行期间压降。

UOP 公司和 Intevep 公司针对 FCC 汽油后处理中辛烷值损失与降低硫含量相互制约的问题开发了 ISAL 工艺，主要特点是在加氢脱硫过程中同步饱和烯烃，而在辛烷值恢复单元使用非贵金属分子筛催化剂以异构化、择型裂化等反应恢复损失的部分辛烷值。自 2000

年工业化以来已许可装置 8 套，其中 4 套工业应用。在处理 C_{7+} FCC 汽油时，C_{5+} 液体收率达 99.7%（质量分数），硫含量从 1450μg/g 降至 10μg/g，辛烷值损失 1.6。从族组成看，汽油中芳烃和环烷烃含量基本无变化，而烯烃含量则从 19.6%（体积分数）降至 1.0%（体积分数），烷烃含量从 17.7%（体积分数）增至 37.2%（体积分数），烷烃中异构烷烃/正构烷烃从 3.0 提高到 3.4，异构烷烃增加较明显。综合分析表明，该工艺适合处理高硫原料，但可能对高烯烃原料适应性不强。

2.1.6　中国石化技术

中国石化石油化工科学研究院（RIPP）开发的选择性加氢 RSDS 技术，是基于 FCC 汽油烯烃含量主要集中在轻馏分，硫化物主要集中在重馏分的特点而开发的。第三代技术仍然沿用了前两代技术的基本原理，将全馏分 FCC 汽油先切割为轻馏分（LCN）和重馏分（HCN），LCN 碱抽提脱硫醇、HCN 选择性加氢脱硫。提高技术选择性的主要方法是提高轻汽油碱抽提单元的脱硫醇效果以及提高重汽油加氢单元的脱硫选择性，以保证在降硫的同时辛烷值的损失最小。产品辛烷值的损失全部来源于重汽油加氢过程所发生的烯烃加氢饱和反应，因此，在进一步提高脱硫率的同时抑制重汽油加氢过程中的烯烃饱和反应是 RSDS-Ⅲ 第三代技术的核心。提高选择性的措施主要有以下 5 个方面：一是加氢脱硫催化剂选择性调控技术的开发；二是具有高选择性和脱硫活性的新型催化剂的开发；三是有助于抑制硫醇硫生成以及烯烃加氢饱和的工业方法；四是碱液固定床深度催化氧化再生技术及高活性的氧化再生催化剂的开发；五是碱液深度反应抽提脱硫技术及反抽提高效管道混合器的开发。中国石化石油化工科学研究院开发的 FCC 汽油选择性加氢系列技术 RSDS 应用已 10 多年，自从该技术的第一代应用于上海石化以来，工业应用已 20 余套。其中，第二代技术的工业化应用装置 10 套以上，按照不同的工况以及产品要求，生产硫含量在 10~150μg/g 的清洁汽油。工业应用结果表明，在 FCC 汽油原料硫含量小于 300μg/g 以下或汽油烯烃含量小于 25%（体积分数）的情况下，第二代 RSDS 技术可以生产硫含量小于 10μg/g 的汽油，且汽油辛烷值损失小于 1.0 个单位。需要处理高硫或高烯烃含量 FCC 汽油，脱硫率要求达到 99%、尽可能减少汽油辛烷值损失的情况下，采用第三代全馏分加氢技术 RSDS-Ⅲ。RSDS-Ⅲ 技术工业应用效果见表 5。

中国石化石油化工科学研究院开发的加氢改质技术 RIDOS 主要将轻汽油与重汽油进行分开处理，轻汽油采用碱抽提脱硫醇，重汽油采用加氢精制及改质处理实现深度脱硫和烯烃饱和，再通过异构化及裂化反应从而达到提高汽油辛烷值的目的。2002 年在中国石化燕山石化工业应用的标定结果表明，汽油产物硫含量为 13μg/g，烯烃含量下降 30.6 个百分点，研究法辛烷值损失 3.2 个单位，汽油收率仅为 90.52%（质量分数）。

中国石化大连石油化工研究院 OCT-M 技术采用轻、重馏分分开处理路线，现已从 OCT-M、OCT-MD 发展到 OCT-ME 第三代，该工艺的首次工业应用时间为 2003 年。最新 OCT-ME 技术主要将 FCC 汽油原料预分馏为轻、重馏分，催化轻汽油无碱脱臭并与柴油混合进吸收分馏塔，塔顶轻汽油硫含量降至 10μg/g 以下可直接调和，塔底柴油去柴油加氢装置，催化重汽油通过新一代 ME-1 催化剂进行加氢脱硫。2013 年中国石化湛江东兴石化的国 V 标定结果如下：FCC 汽油硫含量由 455μg/g 降至 9.9μg/g，研究法辛烷值损失 1.9 个单位。

表5　RSDS-Ⅲ技术工业应用效果

项目	炼厂 A		炼厂 B		炼厂 C
	2012 年 11 月	2014 年 4 月	2014 年 6 月	2014 年 11 月	2014 年 6 月
硫含量，μg/g	845	8	690	9	304	8.1	306	8	126	6
饱和烃，%(体积分数)	44.9	58.3	56.6	60.5	40.0	50.9	48.6	52.6	49.1	51.0
烯烃，%(体积分数)	27.4	16.4	19.4	13.9	34.8	24.2	21.9	16.7	24.9	24.0
芳烃，%(体积分数)	27.7	25.3	24.0	25.6	25.2	24.9	29.5	30.7	26.0	25.0
研究法辛烷值	95.0	93.5	93.2	91.7	93.0	91.5	94.2	93.3	90.2	89.7
马达法辛烷值		82.3		82.3						
脱硫率，%		99.1		98.7		97.3		97.4		92.9
研究法辛烷值损失		1.5		1.5		1.5		0.9		0.5
抗爆指数损失		0.8								

2.1.7　中国石油技术

2.1.7.1　催化汽油选择性加氢脱硫(PHG)技术

中国石油石油化工研究院自主开发的催化汽油选择性加氢脱硫(PHG)技术，解决了深度脱硫、降低烯烃含量和保持辛烷值这一制约 FCC 汽油清洁化的重大技术难题，针对催化重汽油中噻吩类含硫化合物的脱除，发现了金属硫化物的纵向多层堆垛和横向高度分散是实现汽油中含硫化合物高选择性脱除的关键；通过活性组分络合液配制、助剂修饰等，解决了金属活性相纵向多层堆垛和横向高度分散这一催化剂制备难题；研制出高选择性 FCC 汽油加氢脱硫系列催化剂，在国内率先提出了分步脱除 FCC 汽油中各类硫化物的"阶梯"脱硫技术路线，构建了适于深度脱硫的催化剂级配和工艺体系，成功解决 FCC 汽油选择性加氢脱硫技术在深度脱硫过程中烯烃饱和较多的重大难题；根据不同 FCC 汽油性质及产品要求，将分段脱硫、芳构化和醚化等过程有机集成，形成全馏分 FCC 汽油预加氢—轻、重汽油切割—轻汽油醚化—重汽油选择性加氢脱硫—接力脱硫/辛烷值恢复成套工艺，在实现深度脱硫的同时有效保持汽油辛烷值的情况下开发出 $40 \sim 150 \times 10^4 t/a$ 装置工艺设计包，实现了规模化、标准化工业应用。

采用 PHG 技术成果自主设计和建设的工业装置应用结果表明，PHG 技术具有原料适应性强、操作费用低、脱硫率高、辛烷值损失小、液体收率高、能耗低、运转周期长等技术特点。该技术现已在庆阳石化、浙江石化等企业工业应用。PHG 技术在庆阳石化的应用效果见表6。

表6　庆阳石化汽油加氢装置标定结果

项目	原料平均值	产品平均值	考核指标
硫含量，mg/kg	110.7	14.6	≤15
烯烃含量，%(体积分数)	43.2	38.2	—
研究法辛烷值损失	1.1		≤1.5
C_{5+}收率，%(质量分数)	99.85		≥99.5
能耗，kg标准油/t	15.88		≤17.0

2.1.7.2　中国石油催化汽油加氢改质技术

（1）M-PHG技术。

中国石油石油化工研究院、中国石油抚顺石化公司分别成功开发了FCC汽油选择性加氢脱硫（PHG）技术和烯烃芳构化（M）技术，结合这两种技术，中国石油形成了具有自主知识产权的免活化硫化态M-PHG催化汽油加氢改质组合技术，解决了单独PHG技术处理FCC汽油生产超低硫清洁汽油辛烷值损失大、降烯烃功能差的技术难题。PHG技术适用于以降低FCC汽油脱硫为主要需求的炼厂，包括全馏分FCC汽油预加氢—轻、重汽油切割—重汽油选择性加氢脱硫三段加氢脱硫工艺，具有脱硫活性高、烯烃饱和少、辛烷值损失小等特点。

M-PHG技术通过有机结合FCC汽油中含硫化合物的分段脱除和烯烃芳构化定向转化技术，构建了全馏分FCC汽油预加氢—轻、重汽油切割—重汽油辛烷值恢复—选择性加氢脱硫工艺，其工艺流程如图1所示。

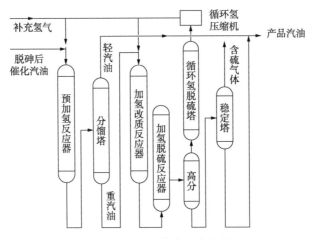

图1　M-PHG技术工艺流程

中国石油石油化工研究院以典型FCC汽油为原料，在200mL加氢评价装置上对PHG技术与M-PHG技术进行了中试评价，评价结果如下：针对高烯烃FCC汽油原料，PHG技术、M-PHG技术对原料的脱硫率分别为97.3%、97.0%，原料烯烃体积分数分别降低9.4个百分点、16.9个百分点，研究法辛烷值分别损失2.5个单位、1.8个单位，且M-PHG技术使芳烃体积分数增加了3.5个百分点。在相同脱硫率下，与PHG技术相比，

M-PHG 技术可使原料的烯烃体积分数多降低 7.5 个百分点，研究法辛烷值少损失 0.7 个单位。这表明处理高烯烃 FCC 汽油原料，M-PHG 技术更容易满足企业在国 V 标准清洁汽油升级过程中对降硫、大幅降烯烃和保辛烷值的需要。中国石油玉门炼化公司先后采用了 PHG 技术、M-PHG 技术，其中前者技术主要用于该企业生产满足国 IV 标准的汽油，后者则是考虑在国 V 标准汽油质量升级过程中针对 FCC 汽油高烯烃的特点以及大幅度降烯烃、保辛烷值的需要而采用的技术。即在原有预加氢、切割分馏、加氢脱硫等单元的基础上，增设了加氢改质单元。高烯烃 FCC 汽油原料采用 M-PHG 技术后，硫含量由 295.4μg/g 降至 11.9μg/g，脱硫率达 96.0%；烯烃体积分数由 37.8% 降至 22.6%，下降 15.2 个百分点；芳烃体积分数由 18.3% 增至 21.1%，增加 2.8 个百分点；研究法辛烷值从 92.3 降至 91.1，损失 1.2 个单位；液体收率为 99.1%（表 7）。这表明采用 M-PHG 技术达到了 FCC 汽油加氢脱硫改质的目的，产品质量满足国 V 标准汽油要求。

表 7　中国石油玉门炼化公司 M-PHG 技术标定结果

分析项目	原料	产品	分析项目	原料	产品
硫含量，mg/kg	295.4	11.9	芳烃变化，百分点		+2.8
烯烃，%（体积分数）	37.8	22.6	研究法辛烷值变化		-1.2
芳烃，%（体积分数）	18.3	21.1	产品液体收率，%（质量分数）		99.1
烯烃变化，百分点	-15.2		能耗，kg 标准油/t		19.58

　　在充分认识催化重汽油烯烃定向转化机理的基础上，中国石油技术团队先后解决了新一代配套催化剂升级、免活化硫化态催化剂制备技术平台构建、快速钝化技术开发等制约催化汽油加氢改质技术国 VI 阶段进一步推广应用的三大难题，新一代 M-PHG 技术已在 10 多家企业应用。

　　（2）GARDES 技术。

　　中国石油石油化工研究院与中国石油大学联合开发的催化汽油加氢改质（GARDES）技术，将高选择性加氢脱硫和烯烃定向转化技术组合，涵盖了催化新材料合成、催化剂制备等多个技术领域，构建了适于高硫、高烯烃含量催化裂化汽油清洁化的工艺技术，形成了自主知识产权的 FCC 全馏分汽油预加氢催化剂与技术、重馏分汽油选择性加氢脱硫催化剂与技术、重馏分汽油辛烷值恢复催化剂与技术及反应工艺与催化剂的优化级配技术等成套工艺设计包。

　　GARDES 系列技术是通过在将烯烃定向转化为高辛烷值组分实现降烯烃的同时保持辛烷值。主要适用于硫含量在 1000μg/g 以下，烯烃含量在 50%（体积分数）以下的 FCC 汽油加氢脱硫，其加氢产品硫含量可以控制在 10μg/g 以下，通过博士实验，烯烃含量降低在 10 个百分点，辛烷值损失 0.3~2.5 个单位。GARDES 系列催化剂中，GDS-10 与 GDS-20/22 和 GDS-30/32 进行复合装填，因此共有预加氢（GDS-10/GDS-20 或 GDS-10/GDS-22）、加氢脱硫（GDS-10/GDS-30 或 GDS-10/GDS-32）和辛烷值恢复（GDS-40 或 GDS-22）3 个反应器，这 3 个反应器的反应温度分别为 90~210℃、190~310℃ 和 290~410℃，反应压力

为 1.5~2.5MPa。

　　按照国 V 标准清洁汽油生产方案，采用中国石油技术处理硫含量为 90.5~101.0μg/g、烯烃体积分数为 34.6%~40.5% 的催化汽油，辛烷值损失在 0.6~1.0 个单位之间。GARDES 技术应用情况见表 8。

表 8　中国石油催化汽油加氢技术典型标定结果

项目		企业 1	企业 2	企业 3	企业 4	企业 5
装置规模，10^4t/a		150	40	80	150	150
FCC 汽油进料性质	硫含量，μg/g	104.0	256.8	540.0	101.0	90.5
	硫醇硫含量，μg/g	17	21	103	21	20
	荧光指示剂吸附法（FIA）烯烃含量 %（体积分数）	33.3	50.0	42.0	34.6	40.5
标定结果	产品硫含量，μg/g	21.0	47.1	48.3	9.0	14.0
	脱硫率，%	79.8	81.7	91.1	91.1	84.5
	研究法辛烷值损失	0.2	0.7	1.0	0.6	1.0

　　GARDES-Ⅱ 技术在不改变工艺流程、不新增过程设备的情况下，仅通过更换催化剂就可从生产国 V 汽油过渡到生产国Ⅵ（A）汽油。截至 2019 年底，中国石油有 6 家炼厂采用 GARDES-Ⅱ 技术用于生产满足国Ⅵ（A）标准的汽油。为了更加环保地生产清洁汽油，中国石油石油化工研究院最新开发的器外完全硫化态 GARDES-Ⅱ 催化剂，开工省去了干燥、硫化等过程，一方面极大地缩短了开工时间，催化剂无须进行活化，开工过程具有简单、高效、无污染等特点，解决炼化企业开工过程安全环保问题；另一方面，开工过程无须硫化，因此无硫化废油的产生，减少了炼厂硫化废油的处理过程，降低了炼厂环保费用。2019 年，GARDES-Ⅱ 技术在大庆炼化、独山子石化成功应用。GARDES-Ⅱ 技术配套催化剂在大庆炼化 $160×10^4$t/a 汽油加氢装置应用中，解决了大庆炼化长期博士实验不通过的问题，加氢汽油满足炼厂调和要求。器外完全硫化态 GARDES-Ⅱ 技术配套催化剂在独山子石化 $80×10^4$t/a 汽油加氢装置上应用成功，与催化剂器内再生相比，节省开工时间 5 天以上，产品质量满足国Ⅵ汽油的要求。GARDES-Ⅱ 技术在企业应用的效果见表 9。

表 9　GARDES-Ⅱ 技术工业应用效果

样品名称		企业 A		企业 B	
		原料	汽油产品	原料	汽油产品
密度（20℃），kg/m³		707.6	712.0	713.8	716.4
馏程，℃	初馏点	31.9	33.2	29.4	32.5
	10%	43.7	45.2	42.3	47
	50%	78.1	79.6	94.4	86.5
	90%	155.7	157.7	173.1	169
	终馏点	186.3	188.9	203.3	207.7

样品名称	企业 A		企业 B	
	原料	汽油产品	原料	汽油产品
烷烃,%(体积分数)	53.5	59.6	44.75	54.6
烯烃,%(体积分数)	33.4	26.3	40.8	29.78
芳烃,%(体积分数)	13.1	14.0	14.45	15.62
硫,mg/kg	68.7	6.9	56.5	8
硫醇硫,mg/kg	16	5	12.3	2
铜片腐蚀		1		1b
博士试验		通过		通过
研究法辛烷值	90.0	88.7	91.5	90.3
饱和蒸气压,kPa	72	70	74	62
装置液体收率,%	99		99	
能耗,kg 标准油/t	12.35		17.42	

2.2 技术发展趋势

(1)催化剂的不断改进是汽油加氢技术发展的主要方向之一。

汽油质量升级以加氢技术为主,因此,加氢技术的优劣以及经济性影响着炼油企业的经济效益。成本更低、适应性更强、运行周期更长的汽油加氢新技术的开发将引领加氢技术的发展方向。汽油加氢技术已经非常成熟,但加氢催化剂的研发步伐未曾停止。针对单项催化剂的活性和选择性的改进,以及系列催化剂的更新换代、复合催化剂的针对性开发等是汽油加氢催化剂发展的主要方向。

(2)不断严格的汽油标准使加氢改质技术的挑战增加。

从我国汽油质量标准的升级步伐来看,不会止步于国Ⅵ。随着我国环保法规趋严,特别是为了 2022 年冬奥会用油的需求,未来可能执行的汽油标准在大幅降低烯烃含量的同时对汽油馏程等提出更高要求。未来烯烃含量将由国Ⅵ B 标准 15%(体积分数)降至10%~12%(体积分数),T90 从 190℃降到 168℃,终馏点从 205℃降至 199℃,将会要求汽油馏分更轻,这也限制了 C_{9+} 重芳烃组分的含量。提高内燃机效率促使汽油的辛烷值限值不断提高,即高辛烷值汽油组分的需求量会不断增加。

未来市场对汽油组分的要求将迫使炼油企业从分子炼油角度确定选择清洁油品的生产路线。炼油企业需依据现有炼厂装置结构及汽油池组成配置,统筹全局规划,根据催化裂化、加氢改质、高辛烷值组分装置对不同类型、不同碳数烯烃分子的转化规律,结合催化轻汽油烯烃转化生产化工原料技术的突破,进行合理分工集成优化开发,高质量、低成本地满足未来汽油标准的各项限值要求。

3 小结

许多炼油技术开发公司及大型炼油企业都开发了汽油加氢技术,在汽油的质量升级过

程中发挥了重要作用，但随着汽油标准的进一步提高，仅有加氢处理已经无法满足不断升级的汽油质量标准要求。不同的炼厂装置结构与不同的原油类型，造成各炼厂的汽油池组成不同，加上不断提高的汽油辛烷值要求，需要针对具体的炼厂开发出相应的组合技术方案。从催化裂化原料预处理、催化汽油后处理、异构化、芳构化以及高辛烷值汽油组分生产等工艺出发并依靠科学模拟确定出最为经济、最为有效的方案，才能为炼厂汽油的质量升级提供科学有效的技术支撑。

针对不断严格的汽油标准，研发单位与炼厂应尽早做好相应的技术储备和方案研究。如针对汽油烯烃含量进一步降低的标准，建议目前烯烃含量过高的企业从两个方面着手进行：一是上游催化裂化装置采取降低烯烃含量，同时结合汽油后处理装置的方案；二是提高改质催化剂异构化/芳构化选择性，提高 $C_6—C_8$ 芳烃收率，降低 C_{9+} 重芳烃组分收率，解决干点后移问题，提高汽油的轻质组分比例。

参 考 文 献

[1] Global Refining Forecast[EB]. The United States：HART ENERGY COMPANY，2017：16.

[2] Hydrotreating, and catalytic reforming plus latest refinging technology developments & licensing[EB]. The United States：Hydrocarbon Publishing Company，2017：15.

[3] Hydrocracking, and catalyst reforming plus latest refining technology developments & licensing[EB]. The United States：Hydrocarbon Publishing Company，2020：6-7.

[4] Adrienne Blume. Technology, adaptability are key to keeping US industry on top[C]. AFPM：116th Amercian Fuel & Petrochemical Manufacturers Annual Meeting，2018.

[5] Melissa A. Manning. IHS Markit：oil's eroding monopoly as transport fuel redefining refiners' future[C]. AFPM：116th Amercian Fuel & Petrochemical Manufacturers Annual Meeting，2018.

[6] Hydrocracking, and product treating and blending plus latest refining technology developments & licensing[EB]. The United States：Hydrocarbon Publishing Company，2019：6-7.

[7] 郑丽君，朱庆云，李雪静，等. 欧盟汽柴油质量标准与实际质量情况[J]. 国际石油经济，2015，23（5）：43-45.

[8] Hydrotreating and solvent deasphalting plus latest refinging technology developments & licensing[EB]. The United States：Hydrocarbon Publishing Company，2018：47-48.

[9] Largeteau D，Laborde M，Wisdom L. Challenges and opportunities of 10 ppm sulfur gasoline：part1[J]. Petroleum Technology Quarterly，2012，3Q：29.

[10] 郑丽君，朱庆云，李雪静. 我国汽柴油质量升级步伐加快[J]. 中国石化，2017（3）：39-42.

[11] Geoffrey Dubin，Delphine Largeteau. Advances in cracked naphtha hydrotreating[C]. AM-14-38，2014.

[12] Topsoe offers new FCC gasoline post treatment catalyst[EB]. World Refining Business Digest Weekly，2017（1）：44.

[13] Kalyanaraman M，Greely J，Smyth S，et al. Optons for octane[J]. Hydrocarbon Engineering，2014（3）：59-64.

[14] 朱庆云，曾令志，鲜楠莹，等. 全球主要炼油催化剂发展现状及趋势[J]. 石化技术与应用，2019，

37(3)：155.

［15］鞠雅娜，梅建国，兰玲，等. 催化裂化汽油选择性加氢脱硫改质组合技术的工业应用［J］. 石化技术与应用，2019，37(2)：112.

［16］Unity™ hydrotreating catalysts［EB/OL］.（2017-12-23）［2021-05-23］. https：//www.uop.com/wp-content/uploads/2017/06/SPM-UOP-130-UNITY-Hydrotreating-Brochure_LoRez.pdf.

［17］Hydrotreating and solvent deasphalting plus latest refining technology developments & licensing［EB］. The United States：Hydrocarbon Publishing Company. 2018：138，157.

［18］朱庆云，任文坡，乔明，等. 全球炼油加氢技术进展［J］. 石化技术与应用，2018，36(4)：217-218.

［19］高晓冬，张登前，李明丰，等. 满足国 V 汽油标准的 RSDS-Ⅲ 技术的开发及应用［J］. 石油学报（石油加工），2015，31(2)：482-486.

［20］于长青. RSDS-Ⅲ 催化汽油全馏分加氢脱硫技术的应用［C］//2019 年中国石油炼制科技大会论文集. 北京：中国石化出版社，2019.

［21］杨晓宇，刘燕来，李志然，等. FCC 汽油加氢改质单元工艺过程组分变化分析［C］//2019 年中国石油炼制科技大会论文集. 北京：中国石化出版社，2019.

［22］王廷海，李文涛，常晓昕，等. 催化裂化汽油清洁化技术研究开发进展［J］. 化工进展，2019，38(1)：196-207.

柴油加氢技术

◎朱庆云 兰 玲

目前全球 90% 以上运输燃料供应仍然来自炼油行业，尽管为了满足不断严格的环保要求，电动车等的发展对以石油为原料生产的常规汽柴油的需求造成影响，但常规汽柴油在未来一二十年仍将作为运输燃料。柴油一半以上作为车用燃料使用，同时随着船用燃料油硫含量限值的影响，未来以柴油替代船用燃料油的比例也会有所增长。源于不断严格的柴油质量标准升级的要求，柴油加氢技术才得以不断地开发及应用，并向着更加高效、成本更低、运行周期更长的方向发展。

1 柴油需求及标准现状

柴油主要用途为车用，随着船用燃料油硫含量限值的不断严格，船用柴油需求呈现增长态势。据 BP 公司统计，2019 年全球柴油需求为 2795.5×10^4 bbl/d，同比增长 1.3%，主要消费地区包括亚太、北美和欧洲。据 Stratas Advisors 咨询公司 2020 年 3 月发布的研究报告预测，2020—2040 年全球柴油需求年均增速为 0.41%，其中车用柴油的需求仍然是最多的。到 2025 年全球车用柴油需求量为 9.48×10^8 t/a（1896×10^4 bbl/d），占总柴油需求的 60.5%；2030 年全球车用柴油需求量为 10.16×10^8 t/a（2031×10^4 bbl/d），占总柴油需求的 60.2%；2035 年全球车用柴油需求量为 10.82×10^8 t/a（2164×10^4 bbl/d），占总柴油需求的 59.9%。虽然目前全球范围内的液化天然气汽车以及电动汽车等新能源车辆使用比例在逐步增加，但以常规汽油、柴油为运输燃料的态势至少在未来 15 年之内不会发生根本性的改变。

为了减少柴油使用过程中污染物的排放，越来越多的国家和地区加入柴油质量升级的进程。降低柴油硫含量和芳烃含量的限值是柴油质量升级的关键（表 1），但全球各地区柴油硫含量降低进程有所不同（表 2），到 2035 年大约只有非洲地区的硫含量限值仍然在 $95\mu g/g$ 之外，全球其余地区均为 $20\mu g/g$ 以下，绝大多数地区的柴油硫含量限值都在 $10\mu g/g$ 以下。颗粒物排放与多环芳烃相关，降低多环芳烃就是减少空气中颗粒物的排放。我国在多环芳烃限值方面走在世界前列，国Ⅵ柴油多环芳烃限值仅为 7，低于欧Ⅵ限值 8。

表 1　世界现行柴油标准主要指标

国家或地区	硫含量，μg/g	芳烃含量 %（体积分数）	国家或地区	硫含量，μg/g	芳烃含量 %（体积分数）
美国	10~15	10~35	中东欧	50	—
加拿大	15	30（最大）	中东/非洲	50~5000	—
拉丁美洲	2000（部分地区10~50）	—	亚太	10~350	10~35
西欧	10	35（西欧10）			

表 2　全球柴油硫含量变化预测　　　　　　　　　单位：μg/g

国家或地区	2025 年	2030 年	2035 年
美国/加拿大	10	10	10
拉丁美洲	40	35	20
欧洲	10	10	10
中东	70	20	10
原苏联地区	15	10	10
非洲	420	175	95
亚太	45	25	15

2　技术现状和发展趋势

2.1　技术现状

柴油质量标准不断严格促使柴油加氢处理技术不断更新换代。全球许多炼油技术开发机构以及全球大型石油公司一直在不断研发新型低成本柴油加氢系列催化剂及工艺，目前在全球范围内应用较为广泛的技术见表3。在满足硫含量要求的前提下同时满足芳烃含量、十六烷值、氮含量以及密度要求的超低硫柴油生产技术包括 Axens 公司 Prime-D、Haldor Topsoe 公司 HDS/HAD 以及同时可以改善低温流动性的 UOP 公司 MQD Unionfining 与国内中国石化大连石油化工研究院 FHI 等技术。

表 3　全球主要工业化柴油加氢处理技术

许可商	工艺技术/内构件	处理原料
EMRE/KBR	HYDROFINING，MIDW	中间馏分油
	DODD	柴油
Dupont	Iso Therming	柴油、汽油、催化裂化原料
Axens	Prime-D	柴油
CB&I	Hydrotreater	石脑油、柴油
SGS	Hydrotreating Process	粗柴油及减压瓦斯油

续表

许可商	工艺技术/内构件	处理原料
Haldor Topsoe	ConventionalHydrotreating	柴油
	HDS/HAD	中间馏分油
	Diesel dewaxing	柴油
雅保	CFI，HDAr	柴油
	UD-HDS	中间馏分油
UOP	MQD Unionfining，Unicracking/DW	中间馏分油、减压瓦斯油
	Unisar	汽油、煤油、柴油
中国石油	PHF	柴油
	PHD	催化柴油、焦化柴油等
中国石化	FHI	柴油、轻减压瓦斯油、轻循环油
	RDS	柴油

用于超低硫柴油加氢脱硫的催化剂比较有代表性的有 Axens 公司 HR 系列、雅保公司 STARS（KF 系列）和 NEBULA 系列、Haldor Topsoe 公司 TK 系列、Criterion 公司 CENTERA 系列、中国石化石油化工科学研究院 RS-1000 系列、中国石化大连石油化工研究院 FH-UDS 系列以及中国石油石油化工研究院 PHF 系列以及 PHD 等。

2.1.1　Axens 公司柴油加氢技术

Axens 公司用于柴油深度或超深度加氢处理的 Prime-D 技术全球工业化装置超过 127 套，而且大多数装置配有该公司开发的 Equiflow 反应器内构件。Prime-D 技术拥有双催化剂系统和多催化剂系统，采用缓和氢分压和较高空速，适用于多种原料处理。成套的单段或两段 Prime-D 技术，不仅用于柴油脱硫，同时可以脱氮、脱芳烃及提高十六烷值。可根据不同的原料性质和所需达到的产品要求选择适当的催化剂，如果仅以加氢脱硫为目的，可选用其 Co-Mo 型柴油深度脱硫催化剂 HR-416 和 HR-426；如果以提高油品稳定性、提高十六烷值或降低芳烃含量为目的，可选用新开发的 Ni-Mo 型柴油超深度脱硫/脱氮催化剂 HR-448。Axens 公司采用其特有的先进催化工程（Advanced Catalytic Engineering，简称 ACE）技术开发了很多催化剂。ACE 要求这类催化剂量控制在亚微米级，可满足在减少催化剂用量的情况下改善催化剂的性能及延长运行周期。采用 ACE 开发的 HR 500 系列催化剂中，Co-Mo 型 HR 526 是满足柴油低硫含量要求的理想催化剂，可用于含有一定数量裂化组分原料的处理，与 HR 426 催化剂相比可使反应温度降低 5℃；Ni-Mo 型 HR 548 催化剂在脱硫和脱氮方面性能优良，特别适宜处理高沸点、高氮含量或裂化的难以处理的原料。Impluse HR 系列催化剂可提高加氢脱硫/加氢脱芳烃性能，在提高十六烷值和最大化体积增量、密度降低的情况下，仍然具有稳定性和低失活速率的性能。Impluse HR 1246 是以高纯度铝作为支撑的 Co-Mo 型催化剂，与 HR 626 超低硫柴油催化剂相比，根据装置处理原料与操作条件的不同，可使反应温度降低 6.0～10.0℃，在延长运转周期的同时可最大化处理裂化原料，稳定性和失活速率优于 HR 626 催化剂。BP 公司澳大利亚 Kwinana 炼厂超低硫柴油生产装置采用该催化剂，在降低装剂成本的同时可生产满足要求的超低硫柴油。不同的 Prime-D 工艺方案成本对比见表 4。

表 4　不同配置的 Prime-D 工艺及相关经济性

项目	2000 年加氢脱硫装置	超深度加氢脱硫	单段加氢脱硫/加氢脱芳烃	两段加氢脱硫/加氢脱芳烃
产品质量				
硫，$\mu g/g$	350	<10	<10	<5
相对密度	<0.845	<0.840	<0.834	<0.825
多环芳烃，%（质量分数）	11	<2~3	<2	<1~2
十六烷值	51	55	58	58
经济性				
压力（相对）	1	1.7	2.5	1.7
液时空速 LHSV（相对），h^{-1}	1	0.4	0.25	0.4+贵金属
ISBL（相对）	1	1.65	2.1	2.7

2.1.2　Haldor Topsoe 公司柴油加氢技术

Haldor Topsoe 公司在超低硫柴油加氢处理催化剂领域拥有 6 类加氢脱硫和加氢脱氮的催化剂，以及 6 类用于改善冷流动性能的催化剂。目前全球约 220 多套柴油加氢装置采用该公司技术，其中约 80% 装置生产超低硫柴油。

Haldor Topsoe 公司最新开发的超高活性、可使产物体积最大化的铝基超低硫催化剂 TK-6001HySwell™，在脱除原料中 99.9% 的氮的同时提高柴油收率，实现更多的芳烃饱和、密度降低以及体积增大的目标。该催化剂可作为加氢裂化装置原料预处理的催化剂，脱除在减压馏分油范围内的直馏馏分或裂化组分中的氮，并降低组分密度；也可用于中、高压超低硫柴油生产装置，使装置处理更多难以处理的原料（从直馏柴油到裂化组分），并延长装置运转周期；该催化剂尤其适于高压超低硫柴油装置的芳烃饱和，达到十六烷值改进、低芳烃含量或高体积容量目标。在对硫含量为 1.91%（质量分数）、氮含量为 1500$\mu g/g$、相对密度为 0.9206 的减压瓦斯油原料加氢裂化预处理时，反应温度 359℃、反应压力 140bar，可将原料氮含量降至 5$\mu g/g$。Haldor Topsoe 公司最新开发的超低硫柴油催化剂 TK-580HyBrim 是一种 Co-Mo 型催化剂，与上一代同类剂相比，不但加氢脱硫活性提高 20%，而且具有同样的高稳定性和低氢耗。

用于低、中压加氢处理装置的具有高活性和高稳定性、低氢耗的催化剂为 TK-568、TK-570 以及 TK-578 三种 Brim 系列催化剂，可在低至 20bar 反应压力下操作，柴油硫含量降至 7$\mu g/g$ 以下。与 TK-568 和 TK-570 催化剂相比，TK-578 催化剂的活性提高 20%。用 TK-578 代替 TK-576，反应温度降低 4~7℃。用两种催化剂处理 75% 直馏瓦斯油和 25% 轻循环油的混合原料中试试验结果表明，采用催化剂 TK-578 产物的硫含量明显低于

TK-576 催化剂。

对于高压超低硫柴油生产装置，有 TK-563Brim、TK-607Brim 及 TK-609HyBrim 三种催化剂可以选用，其中后者是一种改进的 Co-Mo 型和 Ni-Mo 型加氢处理催化剂，在比常规催化剂活性高 40%的情况下稳定性仍然很好，初期运行温度降低，硫氮转化率更高。与 TK-607 催化剂相比，因活性金属的有效利用，加氢活性更好。在不改变工艺情况下更多的单环芳烃被饱和使得产物体积增大，生产超低硫柴油反应温度降低 7℃。无论用于加氢裂化原料油加氢预处理，还是用于加氢处理生产超低硫柴油，催化剂的活性提高和反应温度的降低可以延长装置运转周期，改进产品质量和提高装置处理量，均能达到提高炼厂经济效益的目的。目前全球 20 多套超低硫柴油加氢处理装置和加氢裂化原料油预处理装置选用该催化剂。采用其第二代 HyBrim 催化剂平台技术开发的第二代催化剂 TK-611，脱硫和脱氮活性比第一代深度加氢处理催化剂 TK-609 提高 25%左右，用于超低硫柴油生产装置或加氢裂化原料油加氢预处理装置。处理硫含量为 0.6%（质量分数）、氮含量为 700μg/g、相对密度为 0.864 的柴油原料的柴油加氢处理装置，用 TK-611 催化剂生产的柴油硫含量小于 10μg/g。处理硫含量为 1.9%（质量分数）、氮含量为 1400μg/g、相对密度为 0.92 的减压瓦斯油原料的加氢裂化原料预处理装置，经过 TK-611 催化剂处理后的加氢裂化原料硫含量小于 193μg/g、氮含量为 26μg/g。TK-611 催化剂相比 TK-609 产物体积收率增大 20%。

2.1.3 雅保公司柴油加氢技术

雅保公司开发的柴油加氢处理技术主要有 UD-HDS、HDAr 工艺，是在其前身 MAKfining 技术基础上发展而来，而且这些技术都是雅保公司与 Fina、ExxonMobil 以及 KBR 等公司共同开发的。同时雅保公司与 UOP、日本 Nippon Ketjen 合作开发了很多柴油加氢技术。

UD-HDS 工艺既可用于新建装置，也可用于装置改造。用以生产硫含量小于 10μg/g 的超低硫柴油，可选用的系列催化剂有 STARS 或 Nebula 催化剂，典型运行周期为 1~3 年，操作压力为 3~8MPa，操作温度为 300~400℃，液时空速为 0.5~2h^{-1}。同时该工艺可降低多环芳烃、提高十六烷值。该技术在全球 60 多套装置应用，其中 13 套用于生产超低硫柴油。

HDAr 工艺（最初由 Fina 研究中心开发，现该研究中心归属道达尔）通过饱和芳烃以及降低柴油的硫含量和氮含量提高柴油的质量，在特定操作条件下，可以降低 90%芳烃含量并可完全脱除多环芳烃。该工艺配套的 KF 200 催化剂（由 Fina 研究中心开发、雅保公司生产的一种贵金属催化剂）可以用在 UD-HDS 工艺反应器的后续工艺部分，也可与埃克森美孚的中压加氢裂化工艺联合应用。采用该工艺可以实现饱和 10%芳烃、密度降低 4~6kg/m³、十六烷值提高 3.0~3.5 的目标。

为提高加氢处理装置效益，雅保公司开发了动力学模型和优化设计催化剂系统的工艺 STARS（Super Type Ⅱ Active Sites），现已用于比传统加氢处理催化剂稳定性及活性更高的 7

种工业化催化剂的开发，催化剂活性的增加主要是源于催化剂中易于分散的加氢脱硫及加氢脱氮活性中心数量的大幅增加。该技术用于一般超低硫柴油中-高压和高压加氢处理装置，将不同催化剂分三层级配装填在反应器中。用于低压和中压加氢处理装置则把不同催化剂分两层级配装填。第一层的主要反应是烯烃加氢和直接加氢脱硫，将硫醇、硫醚和噻吩转化，同时多环芳烃开始转化，含氮物进行加氢。对于低压和中压加氢处理装置，第一层催化剂最好选用中等加氢活性的 Co-Mo 催化剂。对于高压加氢处理装置，最好选用加氢活性和吸附生焦不太高的 Ni-Mo 催化剂。第二层催化剂选择主要考虑活性和运转稳定性，如果氢分压低或在加氢反应时出现热力学限制，最好选用直接脱硫活性高的催化剂，通常为加氢活性居中的 Co-Mo 催化剂。第三层催化剂的选择主要取决操作目标和限制因素，因第三层没有有机氮存在，可以选用高加氢相对体积活性的催化剂，氢气消耗不受限制，Ni-Mo 催化剂或 Nebula 催化剂更加可行。在考虑氢气消耗或稳定性限制的情况下，选用中-高加氢活性的 Co-Mo 催化剂。STARS 技术级配装填催化剂的优点已在许多装置运行实践中得以证实。Co-Mo 型 KF 757 催化剂特别适宜处理馏分油或裂化原料，Ni-Mo 型催化剂 KF 860 特别适宜处理密度较大、氮含量较高的原料。采用该技术级配装填催化剂的一套中—高压加氢处理装置生产超低硫柴油，原料油是直馏瓦斯油和裂化组分（催化轻循环油和减黏瓦斯油）的混合油，已成功运行两个周期。炼厂选用 KF-757 的主要原因是要得到更高的稳定性，因为反应器出口的氢分压是中压，而且对氢气用量有限制。第二周期为优化催化剂装填，换用高性能的 STARS Co-Mo/Ni-Mo/Co-Mo 催化剂，在加工相同的混合原料时运转周期延长。两个周期操作参数非常类似，原料性质基本一样。催化剂系统优化后借助足够高的氢分压和可用的氢气量提高总的加氢能力，同时提供足够的稳定性实现运转周期最长。换用高性能的 STARS Co-Mo/Ni-Mo/Co-Mo 催化剂系统的运转结果表明，运转初期加权平均反应温度（WABT）下降 38 ℉，催化剂失活速率降低（即提高了稳定性），运转周期延长约 1 倍，从 11 个月延长到第二周期的 24 个月。KF 880 STRAS 催化剂是用于超低硫柴油生产的催化剂，特别适用于中高压加氢处理装置，而且该炼厂必须拥有充足的氢气供应。该催化剂的加氢脱硫、加氢脱氮以及芳烃饱和活性是该公司提供的所有 Ni-Mo 催化剂中水平最高的，并因该催化剂具有减少芳烃的性能，所以使用该催化剂后柴油产品的十六烷值提高、体积增大。此外，该催化剂在能够满足超低硫柴油标准的前提下可以处理更多劣质原料，提高装置处理量以及延长装置运行周期。

雅保公司近期开发的 KF787 PULSAR Co-Mo 型催化剂是基于该公司最新开发成功的 XPLORE 催化剂开发平台开发的第一个催化剂，可以处理高氮含量的裂化原料，适用于炼厂氢气供应受限、从低压到中压范围（氢分压在 10～55bar 范围内）操作的清洁柴油生产装置。通过该公司开发的 REACT™ 再生工艺处理，KF787 PULSAR 的催化剂活性可以恢复 90% 以上。由于该催化剂活性金属相的形态及大小可以得到严格的控制，因此该催化剂具有很高的分散性特点，进一步提高了单位反应器体积内的反应活性。采用缩小金属板坯的方式可使该催化剂提高直接脱硫路线的选择性，为低中压装置操作带来以下效果：即使在

反应器中段和最难操作的区域仍然可以保证催化剂具有很高的加氢脱硫活性；耐氮能力的提高允许该催化剂可以处理终馏点很高、裂化原料组分比例更大以及氮含量很高的原料，从氢分压 20bar 以下的直馏蜡油到氢分压 25~35bar 的取暖用油与裂化原料，均可生成超低硫柴油；由于催化剂表面形成的焦炭非常少，且因其具有很高的金属分散性及直接脱硫选择性，该催化剂的稳定性很好，尤其在应用于反应器中段和最难操作的区域时稳定性很好。因其具有特别高的直接脱硫活性浓度，其单位体积活性与该公司前期催化剂 KF787 相比提高了 50%；同时其金属板坯要远远小于该公司之前的催化剂 KF780 和 KF757。在减少同等硫含量的情况下该催化剂消耗的氢气量要低于其他同类催化剂，同时因该剂优良的稳定性以及开工初期较低的 WABT 延长了装置运转周期，有助于降低装置在催化剂换剂和停工期间的损失。

2.1.4　杜邦公司 IsoTherming 技术

由过程动力学公司开发、杜邦公司授权的 IsoTherming 工艺，采用雅保公司提供催化剂，用于催化裂化原料油的缓和加氢裂化、加氢处理生产超低硫柴油和瓦斯油加氢处理。雅保公司与杜邦公司于 2018 年 4 月签署合作协议，成为该工艺催化剂的唯一许可商。该工艺改进了加氢处理过程，而非调整工艺参数，可以加工重瓦斯油、焦化瓦斯油、脱沥青油以及催化裂化循环油，生产出低硫、低氮的催化裂化原料油以及低硫汽油、煤油等。优势是氢气在原料油进入反应器前就溶解在原料油中，因此在气相中不需要用大量氢气；使用常规催化剂在常规加氢处理条件下进行反应，较常规的加氢工艺操作费用低。在常规系统中，氢气与液体进行混合，并通过分配器进入催化剂床层。随着反应发生，氢气从液体中消耗，必须从气相补充。反应速率受到氢气从气相到液相传质的制约。

先用氢气使混合进料和先前已被加氢处理的液体循环物流饱和，混合进料和循环物流与反应所需的全部氢气一起进入催化剂床层。当氢气在液相以溶解氢形式进入反应器时，整个反应受到内在反应速率的控制。加氢时发生的绝大多数反应为高放热反应，加氢处理后的循环物流不仅可向反应器释放出更多氢气，而且也作为热阱，有助于吸收反应热量，使反应器在更为等温的模式中运行。

该技术可大幅减少催化剂结焦。如果使用的氢气不够，则结焦会在催化剂表面上发生，减少催化剂的结焦就可延长催化剂寿命。新工艺可使用常规的现用催化剂，且可在装置改造后采用。工艺使用新的加氢脱硫反应器系统，投资成本和操作费用较低，可减少工艺过程中硫的排放。据估计，用于生产超低硫柴油时进行预处理，可脱硫 90%~98%，氢耗仅为 70%~90%，与常规加氢处理相比，催化剂总用量仅为 15%~30%。目前全球获得许可的装置 27 套，其中 16 套在运行，在我国转让 8 套装置（表5）。其中，在中海油惠州石化建成的 IsoTherming 装置可以生产国Ⅵ柴油，其能耗仅为 181MJ/t，远低于传统滴流床装置的单位能耗。该装置处理直馏柴油[密度为 853kg/m³，硫含量为 10860μg/g，氮含量为 150μg/g，芳烃含量为 30.7%（质量分数），铁含量在 1μg/g 以下]，包括 5 个催化剂床层，操作温度为 342~368℃、操作压力为 9.22~9.38MPa，WABT 为 365~392℃、液时空速为 0.7h⁻¹，运转周期为 36 个月。但根据我国部分企业采用该技术的应用效果，该技术不太适合加工纯催化柴油、焦化柴油，甚至难以加工掺炼二次柴油质量分数超过 20% 的混合柴油，这或许是该技术需要进一步提高完善的方向。

表5 杜邦公司液相加氢技术在国内转让情况

公司名称	装置用途	规模, 10⁴t/a	原 料	投产日期
长庆石化	加氢精制	60	催化柴油、直馏柴油	2013 年 7 月
中化泉州	加氢精制	375	直馏柴油、催化柴油、轻焦化蜡油、渣油加氢柴油、重焦化石脑油	2014 年 4 月
湖北金奥	加氢精制	100	焦化蜡油、焦化柴油、催化柴油、直馏柴油	2012 年 4 月
扬州置年	加氢改质	40	100% 催化柴油	2011 年 5 月
中海油惠州石化	加氢精制	260	FCC 蜡油	2019 年
中海油惠州石化	加氢精制	340	直馏柴油、蜡油、加氢柴油、渣油加氢柴油	2019 年
美福石化	加氢精制	30	100% 催化柴油	2011 年 5 月

2.1.5 标准催化剂公司柴油加氢技术

标准催化剂公司开发的第二代 Centera™ 钴钼—镍钼级配催化剂，相比于上一代催化剂，性能大幅提高。与上一代催化剂 DN-3630 相比，Centera DN-3636 镍钼催化剂在低压和中压加氢处理装置中应用，催化剂活性提高 15%~20%。与上一代催化剂 DC-268 相比，DC-2635 钴钼新催化剂在比较宽泛操作条件下生产超低硫柴油时，加氢脱硫和加氢脱氮活性都得以提高。美国西得克萨斯州 Alon Big Spring 炼厂柴油加氢装置为了生产超低硫(8~10μg/g)柴油，在投资有限及氢气受限情况下，采用第二代钴钼(DC-2635 钴钼)—镍钼(DN-3636 镍钼)—钴钼催化剂级配装填体系，不仅扩大了装置原料范围，而且在氢耗略增情况下降低了反应温度，同时提高了催化剂的活性和使用寿命。

2.1.6 ART 公司催化剂

为满足平衡原料油灵活性、运转周期和产品灵活性需要，ART 公司开发了 ICR316 和 548DX 两种高活性、高稳定性柴油加氢处理新催化剂。这两种催化剂的开发充分利用了 ART 公司表面化学方面的创新和新的孔结构，使催化剂在加氢脱硫、脱氮和脱芳烃方面的活性得到很大提高(约 20%)。其中 ICR316 催化剂用于柴油加氢处理装置，可以处理直馏原料油和裂化原料油，在低压/高压条件操作都很成功。与其前身 425DX 催化剂相比，用在含 15% 裂化组分的超低硫柴油生产装置中，无论是低压还是高压操作，活性均有明显提高，因此装置运转周期得以延长，为炼厂处理更多类型的原料提供了机会。548DX 催化剂则是利用 ART 公司的最新技术和氧化铝表面改性，使加氢脱硫、脱氮和脱芳烃的活性达到很高，无论用于超低硫柴油装置还是其他装置，都非常理想，已用于全球多套装置。相同的超低硫柴油生产试验结果表明，与其前身 545DX 相比，548DX 催化剂芳烃饱和活性提高很多，超低硫柴油的 API 度增加，十六烷指数提高，体积收率和经济效益都有所提高。

2.1.7 UOP 公司催化剂

UOP 公司推出一种生产超低硫柴油的脱硫脱氮新催化剂 ULTIMet。该催化剂特点如下：一是可以处理现有催化剂不能处理的硫含量更高的劣质原料，其原理是通过富集反应活性中心的数量提高催化活性，由于比原有催化剂每立方米有更多的活性中心，因此该催化剂可以处理更具挑战性的劣质原料，并可以生产硫含量 10μg/g 的清洁柴油；二是采用强度更高的材料生产，避免颗粒破碎，同时提高了抗磨性能，延长催化剂使用寿命 50%~75%。该催化剂既可替代现有加氢处理催化剂，也可与常规催化剂一起使用改善加氢处理性能，提高装置处理能力。

2.1.8 中国石化柴油加氢处理技术

2.1.8.1 石油化工科学研究院柴油加氢技术

石油化工科学研究院柴油深度加氢脱硫工艺 RTS 采用的是一种或两种非贵金属加氢脱硫催化剂，将柴油的超深度加氢脱硫通过两个反应区完成。RTS 技术的特点如下：第一反应器在高温、高空速情况下脱除大部分硫化物、多环芳烃和几乎全部的氮化物；第二反应器在低温、高空速的情况下脱除剩余的硫化物并改善油品颜色。与传统工艺相比，在得到超低硫产品情况下，RTS 工艺具有空速高、产品质量好等特点，而且由于该工艺空速高，对现有装置改造而言，只需增加一台容积较小的反应器，即可在不降低处理量条件下通过改造流程生产超低硫柴油产品。

通过考察加氢反应活性高的 Ni-Mo-W 型催化剂、直接脱硫反应活性高的 Co-Mo 型催化剂以及具有轻微加氢改质活性的 Ni-W 型催化剂的不同级配方式对柴油超深度加氢脱硫反应的影响，结果表明：采用催化剂级配时与单独使用 Ni-Mo-W 型催化剂时的超深度加氢脱硫效果相当；在第一反应器采用 Ni-Mo-W 型催化剂、第二反应器采用 Ni-W 型催化剂时，可有效降低加氢柴油产品的密度与多环芳烃含量；在第一反应器采用 Ni-Mo-W 型与 Co-Mo 型催化剂等体积比级配、第二反应器采用 Co-Mo 型催化剂的级配方案时，可有效降低柴油加氢反应氢耗。

柴油加氢改质 MHUG 技术通过选择性开环加氢，打破芳烃加氢饱和的热力学平衡，达到降低多环芳烃含量、提高十六烷值的目的。该技术具有流程简单、投资和操作费用相对较低以及操作灵活性高等特点，是以催化柴油、焦化柴油、直馏柴油、减压轻馏分油或其混合油为原料，采用两剂单段串联一次通过或部分循环流程，在中压下可生产低硫低芳烃柴油、高链烷烃含量的乙烯裂解料，同时副产高芳烃潜含量石脑油，在条件适宜的情况下还可兼产部分航空煤油产品。福建联合石化公司柴油加氢装置应用该技术的结果表明，该装置在实际满负荷运行下，设备运行稳定，各项指标达到设计值，柴油产品质量满足国 Ⅵ 标准。柴油产品十六烷值达到 63.5，较改造前产品提高 3.5 个单位并结构性地解决了催化柴油后路问题。柴油改质裂解原料 BMCI 值降低到 18.5，较改造前降低 8 个单位，同时通过裂解模拟评价，目标产品乙烯和丙烯收率分别达到 23%（质量分数）和 14%（质量分数），较改造前分别提高了 1.5 个百分点和 1 个百分点。

针对劣质催化柴油组成特点,石油化工科学研究院开发了由 LCO 生产高辛烷值汽油调和组分或 BTX 原料的加氢裂化 RLG 技术。作为重油轻质化主要手段,催化裂化技术在我国得到了广泛应用,导致我国柴油池中 LCO 比例达 30% 以上。LCO 的典型特点是硫和氮等杂质含量高、芳烃含量高、十六烷值低,尤其是当催化裂化装置采用降烯烃的多产异构烷烃工艺时,LCO 中芳烃质量分数明显增高,总芳烃质量分数超过 80%,从而导致柴油密度显著增大、十六烷值大幅度降低。该技术以高芳烃含量的劣质 LCO 为原料,通过优化氢分压、体积空速、反应温度及氢油比等工艺参数,控制加氢精制段芳烃的适度加氢饱和,同时促进单环芳烃在加氢改质段的侧链断裂反应,将 LCO 中的芳烃转化为汽油馏分中的芳烃,达到生产高辛烷值汽油调和组分或生产苯、甲苯、二甲苯原料目的,既可以达到压减柴油、降低柴汽比,同时还可以实现 LCO 的高效经济利用。催化柴油混氢后经过加氢精制反应器进行多环芳烃饱和、脱氮脱硫;经加氢精制的产品进入加氢裂化反应器,进行裂化并进一步脱硫、脱氮(反应初温为 390℃,反应初压为 7.0MPa)。产物经分馏后分为轻石脑油、重石脑油、柴油及循环馏分。一般将轻重石脑油混合进行汽油组分调和,柴油组分进行调和,生产时可根据需要将循环油部分返回至加氢精制入口与原料 LCO 混合进料。

石油化工科学研究院开发的 LCO 选择性加氢饱和—选择性催化裂化组合生产高辛烷值汽油或轻质芳烃 LTAG 技术(LCO to Aromatics and Gasoline),通过加氢与催化裂化组合将 LCO 馏分中的芳烃先选择性加氢饱和后再进行选择性催化裂化,同时优化匹配加氢和催化裂化的工艺参数,最大化生产高辛烷值汽油或轻质芳烃。在加氢单元通过专用催化剂和工艺条件优化,将 LCO 中的多环芳烃定向加氢转化为特定结构的环烷基单环芳烃,同时控制其进一步加氢生成非目标产物的副反应。然后,在催化裂化单元强化特定结构的环烷基单环芳烃的环烷环开环裂化反应,同时抑制氢转移反应,最大限度将 LCO 转化为高辛烷值汽油或轻质芳烃。该工艺有两种操作模式,其中模式Ⅰ:高辛烷值(研究法辛烷值>94),汽油烯烃含量低,采用循环操作时可以基本实现 LCO 全部轻质化。模式Ⅱ:汽油烯烃含量降低 4~5 个百分点,研究法辛烷值增加 0.5~1.0 个单位,采用循环操作时可以基本实现自身 LCO 全部轻质化。该技术在中国石化石家庄炼化工业应用表明,采用 LCO 单独加工模式时,汽油收率达到 60.55%,辛烷值最高为 96.4;采用重油与 LCO 共炼模式时,汽油收率增加 13~16 个百分点,LCO 减少 15~20 个百分点,LCO 转化为汽油的选择性为 79%~85%。在锦州石化应用结果表明,加氢柴油转化率为 62.3%,汽油辛烷值下降,但装置能耗有所上升。工业应用结果表明,该技术操作灵活,LCO 转化率高,汽油选择性高、辛烷值高。

2.1.8.2 大连石油化工研究院柴油加氢技术

通过对直馏柴油、催化柴油及焦化柴油的硫化物分布、硫形态及芳烃等精细组成分析,针对不同原料油性质及其反应途径的不同,通过优化活性金属、制备有利于大分子吸附的高有效孔道比例新型载体、改进活性金属负载方式等多种措施,增加催化剂活性中心数及其本征活性，提高催化剂脱除大分子硫化物的活性，中国石化大连石油化工研究院分别开发了适合直馏柴油、二次加工柴油及直馏柴油与二次加工柴油混合油超深度脱硫的 FHUDS 系列催化剂。FHUDS-5、FHUDS-6、FHUDS-7 和 FHUDS-8 等催化剂已在国内外柴油加氢装置上成功应用 100 多套次。

Co-Mo 型 FHUDS-5 催化剂：烷基转移直接脱硫活性好、氢耗低、高温下稳定性好，生产欧 V 标准柴油时的性能优于 Haldor Topsoe、雅保以及标准催化剂等公司的催化剂。现已在英国 BP、挪威 STATOIL、意大利国家碳化氢公司、匈牙利 MOL 公司等公司的 4 套装置工业应用，工业应用效果好。Co-Mo 型 FHUDS-7 催化剂：具有更为优异的超深度加氢脱硫活性和稳定性，较上一代 FHUDS-5 催化剂，加氢脱硫反应温度降低 5~10℃，并于 2018 年工业应用。镇海炼化分公司低压柴油加氢装置生产国 VI 柴油的长周期运行结果表明：装置在氢分压为 6.2MPa、体积空速为 1.2h^{-1}、平均反应温度为 364.5℃ 的条件下满负荷处理直馏柴油、焦化汽油、催化裂化柴油及催化裂化柴油混合油（硫质量分数为 1.2%，95% 回收温度为 350℃，密度为 860.3kg/m^3），可以生产硫含量小于 8μg/g 的超低硫国 VI 标准柴油。装置进入稳定期后催化剂失活速率为 0.7℃/月，仅为国外某催化剂失活速率的一半（上周期使用的国外催化剂的失活速率为 1.4℃/月）。

Ni-Mo 型 FHUDS-6 催化剂：大连石油化工研究院推出的超低硫柴油生产催化剂，芳烃饱和及加氢脱氮性能强，十六烷值增加及密度降低幅度大，与国外公司最新催化剂对比评价达到世界一流水平。Ni-Mo 型 FHUDS-8 低成本催化剂：通过采用新型助剂调变金属浸渍液及活化方式，提高了催化剂的有效活性中心数量，简化了催化剂制备流程，降低了堆积密度。不仅活性略优于 FHUDS-6 催化剂，单位体积节约金属用量 18.3%，装填密度及金属含量等指标不高于国外同类催化剂，可有效降低催化剂成本。FHUDS-8 的应用结果表明：反应进料量 290t/h（体积空速 1.22h^{-1}），反应器入口氢分压为 6.9MPa，氢油比为 450，反应器入口温度为 332℃、出口温度为 381℃，原料硫含量为 12500μg/g（柴油密度为 865.3kg/m^3、初馏点为 201℃、终馏点为 369℃），精制柴油密度为 836.55kg/m^3，硫含量为 3.09μg/g，反应器床层压差约为 133kPa。平均反应温度升温速率不超过 1.0℃/月。已在镇海炼化、天津石化及金陵石化等炼厂的 18 套装置应用。

FD2G 催化柴油加氢裂化专有技术旨在充分利用催化柴油中富含的芳烃，将其部分转化并富集在石脑油馏分中，控制加氢深度，在石脑油中尽可能保留更多的单环芳烃，避免单环芳烃进一步加氢饱和为环烷烃，从而生产高附加值的汽油调和组分和清洁柴油调和组分。高芳烃催化柴油生产高辛烷值汽油加氢裂化技术可以生产研究法辛烷值大于 89 的高辛烷值清洁汽油调和组分，同时生产硫含量小于 10μg/g 的清洁柴油，柴油十六烷值较原料提高 8~14 个单位。催化裂化柴油通过加氢转化可以生产部分高辛烷值汽油调和组分。一是压减催化柴油总量，降低柴汽比；二是生产高附加值产品，同时大幅降低柴油的密度和硫含量。催化柴油混氢后经过加氢精制反应器进行多环芳烃饱和、脱氮脱硫；经加氢精制的产物进入加氢裂化反应器，进行裂化并实现进一步脱硫、脱氮。产物经分馏后分为轻石脑油、重石脑油、柴油及循环馏分。一般将轻重石脑油混合进行汽油组分调和，柴油进柴油池调和，生产时可根据需要将循环油部分返回至加氢精制入口与原料 LCO 混合进料。根据处理的原料性质以及操作条件的不同，产品的性质收率有所不同：(1)汽油收率为26%~51%，汽油研究法辛烷值≥89，硫含量≤10μg/g；(2)柴油密度降低 50~70kg/m³，十六烷值提升 8~14 个单位。工业化应用装置 3 套，分别为金陵石化 100×10⁴t/a、茂名石化 90×10⁴t/a、长岭石化 100×10⁴t/a 的柴油加氢转化装置。

为了生产高十六烷值、高收率的清洁柴油，大连石油化工研究院开发了 MCI 柴油加氢改质技术，第一代采用加氢精制/改质一段串联组合工艺及催化剂，催化剂为 FH-98 加氢精制催化剂和 3963 加氢改质催化剂；第二代使用 FC-18 加氢改质催化剂。MCI 技术采用单段单剂或单段两剂一次通过的工艺流程，主要生产石脑油和柴油，柴油收率 95%(质量分数)以上。在反应压力为 6.0~10.0MPa 下加工催化裂化柴油，可以使柴油产物十六烷值提高 10 个单位以上，柴油收率达到 95%(质量分数)以上，并兼顾脱除柴油中的硫、氮等杂质，加氢改质过程中使柴油密度降低，并改善氧化安定性。以最大量生产柴油产物为目的，氢耗不大于 1.8%，液体收率在 99%(质量分数)以上。MCI 技术与 PHU-201 柴油加氢改质催化剂技术相比，液体收率低 0.5 个百分点，氢耗高 0.2~0.5 个百分点，以 100×10⁴t/a 柴油加氢装置为例，采用 PHU-201 技术可以比同类技术装置新增经济效益 1000 万元/年。MCI 技术在广州石化 60×10⁴t/a 柴油加氢改质装置应用结果表明：处理十六烷值为 33.9 的混合柴油，在体积空速为 1.0h⁻¹、平均反应温度为 360℃、氢分压为 6.9MPa 的条件下，柴油十六烷值提高 10.9 个单位，达到 44.8，硫含量降至 5.8μg/g；柴油收率为 96.6%(质量分数)。

针对焦化柴油特点以及焦化柴油加氢中存在问题，大连石油化工研究院开发了 FHI 焦化柴油加氢改质异构降凝技术，典型操作条件如下：反应压力为 6.0~18.0MPa，氢油体积比为 400~1200，体积空速为 0.8~2.0h⁻¹，反应温度为 340~430℃。可用于处理直馏柴油、直馏轻蜡油、催化柴油、焦化柴油及其混合油，可生产符合不同质量标准要求的柴油产品，同时兼产部分硫氮含量低、芳烃潜含量较高的汽油产品。该技术具有很大的操作灵活性，通过调整反应温度可使装置按加氢精制(脱硫脱氮)、MCI(降低密度和提高十六烷值)、异构降凝(降低凝固点)或加氢改质(降低 95% 馏出温度和增产汽油)等不同方案运行。用户选用该技术将有很大的生产操作灵活性，可以很好适应市场对产品需求的季节性变化，因而将可取得很好的经济效益。该技术已在国内多家企业应用，其中在延安石化 240×10⁴t/a 柴油加氢装置应用后，不仅显著降低了柴油的硫含量、氮含量，大幅度降低柴油凝固点，而且大幅改善了油品密度、干点及十六烷值等指标，提高了柴油收率。

FHIDW 加氢改质降凝技术是为进一步扩大加氢改质降凝工艺加工原料范围，增产优质低凝柴油组分而开发的技术。该技术采用加氢一段串联工艺流程，采用加氢精制、加氢降凝和异构改质降凝的催化剂级配体系，可加工直馏柴油、催化柴油、焦化柴油、减压轻蜡油或其混合柴油馏分等原料，通过加氢降凝催化剂和异构改质降凝催化剂的协同降凝作

用，可以在大幅度降低柴油产品凝点的同时，保持很高的低凝柴油产率，并进一步改善柴油产品质量，装置操作条件可进一步优化，在较低温度下灵活生产不同牌号的优质低凝柴油产品。该技术 2014 年在某炼厂实现首次工业应用，初步工业结果表明采用 FHIDW 工艺技术能够实现加氢精制、加氢改质、降凝和产品轻质化等功能，适合于加氢改质装置加工原料油种类复杂和产品种类多的工况，解决了该类装置存在的柴油产率低和柴油密度损失大等问题，大幅提高了装置效益。此外，采用该技术应用一次通过工艺流程，加氢尾油无须循环模式操作，精制催化剂和改质催化剂活性匹配更加合理，减少了床层间冷氢用量，装置能耗降低 20% 以上。

2.1.9　中国石油柴油加氢处理技术

中国石油自主开发的超低硫柴油加氢精制系列技术取得成功，包括 PHF 系列加氢技术和 FDS 系列加氢技术，整体达到国际先进水平。开发的柴油加氢催化剂的加氢性能完全可以满足硫含量小于 $10\mu g/g$、多环芳烃含量小于 7%（质量分数）的国 VI 柴油生产需求。

PHF 系列技术可在超深度脱硫的同时实现氮、多环芳烃同步深度脱除，抗结焦能力强，产品收率高，可适应硫含量为 $1000\sim10000\mu g/g$、氮含量为 $100\sim3000\mu g/g$ 的混合原料，大幅度改善柴油产品质量。在中国石油辽阳石化进行的国 V 柴油工业试验标定结果表明：加工硫含量为 $1852\mu g/g$ 的直馏柴油、催化柴油、焦化汽柴油混合原料，加氢柴油硫含量为 $5.4\mu g/g$，柴油收率为 99.63%。2020 年 7 月，大连石化 $400\times10^4 t/a$ 和 $200\times10^4 t/a$ 两套柴油加氢装置同时应用 PHF 催化剂，产品硫含量均在 $5\mu g/g$ 以下。从 2010 年至今，PHF 技术已在中国石油的大庆石化、大港石化、玉门炼化等炼厂的 17 套柴油加氢装置成功应用 32 次，累计为企业创效近 20 亿元。

FDS 系列技术具有制备简单、生产成本低、开工过程无须预硫化、操作简便等特点，可使开工周期由 96h 缩短为 24h。适用于炼厂老装置升级改造、大修时间短、柴油加氢催化剂再生后短时间开工的工况。工业标定结果表明，采用硫含量为 $1061\mu g/g$、氮含量为 $822\mu g/g$ 的催化柴油/直馏柴油混合原料，生产出硫含量为 $6\mu g/g$、氮含量为 $4\mu g/g$ 的柴油，达到国 V 标准柴油的生产技术要求。FDS 催化剂在大港石化 $50\times10^4 t/a$ 柴油加氢精制装置已经连续平稳运转 5 年，FDS-1 催化剂在长庆石化 $60\times10^4 t/a$ 液相加氢装置上配套自 2013 年 7 月使用至今，FDS-2 催化剂 2013 年在长庆石化 $20\times10^4 t/a$ 柴油液相加氢装置完成 6 个月的满负荷国 V 运行试验。该技术现已在 4 套柴油加氢装置工业应用。

中国石油等单位共同攻克 DAY 分子筛有机配位法改性、DQ-35 分子筛超浓体系法合成、载体材料复配和加氢裂化催化剂制备等关键技术，解决了加氢裂化催化剂加氢和裂化的双功能协同难题，开发出活性稳定性好、催化剂活性及中间馏分油收率高和异构性能强的加氢裂化催化剂 PHC-03，实现保证目的产品质量和灵活调整产品分布的双重目标。PHC-03 催化剂在中油选择性、异构裂化能力和降低装置能耗等方面具有明显优势，同比柴油和航空喷气燃料收率提高约 3%，柴油凝点降低 5℃ 以上，加氢裂化尾油 BMCI 值降低 2 个单位。PHC-03 催化剂在大庆石化 $120\times10^4 t/a$ 加氢裂化装置工业应用成功，中间馏分油收率提高 3~4 个百分点、柴油凝点降低 4℃以上、尾油 BMCI 值降低 2 个单位。

针对催化柴油加氢改质提高柴油十六烷值、增产重石脑油的需求，中国石油石油化工研究院攻克催化柴油中芳烃加氢饱和、选择性开环等技术问题开发出 PHU-201 柴油加氢改质催化剂技术，可根据炼厂不同柴油改质转化需求提供"量体裁衣式"技术支持。PHU-201 催化剂技术适用于一次通过或部分循环等工艺流程，可以加工直馏柴油、催化柴油、焦化柴油以及混合柴油，也可根据炼厂需求掺炼直馏汽油或轻蜡油，实现最大量生产柴油、最大量生产石脑油等不同生产目的。此技术操作灵活，可通过调整反应温度，灵活调变柴油和石脑油产品的收率，满足市场需求。加工催化柴油时，采用柴油部分循环工艺，液体收率>99%（质量分数），重石脑油收率>25%（质量分数）、芳烃潜含量>55%（质量分数）；加工直馏柴油时，采用一次通过工艺，液体收率>99%（质量分数），重石脑油收率>25%（质量分数）、芳烃潜含量>50%（质量分数）。以最大量柴油产物为目的时氢耗不大于1.5%，以最大量石脑油产品为目的时氢耗不大于 1.8%。PHU-201 催化剂与国内外同类技术相比，液体收率提高 0.5 个百分点，氢耗降低 0.2~0.5 个百分点，以 100×10⁴t/a 柴油加氢装置为例，采用 PHU-201 技术比同类技术新增效益 1000 万元/年。该催化剂于 2016 年在乌鲁木齐石化 180×10⁴t/a 柴油加氢改质装置应用，标定结果表明，采用 PHU-201 催化剂生产的柴油十六烷值在 53 以上，硫含量小于 1.0μg/g，满足国Ⅵ车用柴油标准要求，而且通过调整反应条件控制石脑油收率在 25%（质量分数）以上，芳烃潜含量 55% 以上，可有效降低柴汽比。

为了应对车用柴油质量升级以及炼化转型需求，中国石油开发了 PHD 系列柴油加氢精制技术。该技术主要是在柴油加氢催化剂设计理念上取得了重大突破，通过深入研究柴油中特征反应物的吸附、反应机理以及过渡金属催化作用机理，成功开发了"催化剂络合制备平台技术"及"晶种诱导及靶向刻蚀联合制备技术"。利用该技术开发的柴油加氢催化剂可实现柴油馏分中硫、氮、芳烃同步加氢精制，大分子氮化物、多环芳烃的强化反应。针对劣质柴油开发的负载型 PHD-112 精制催化剂，完成新型大孔载体制备技术、活性金属络合制备技术等关键技术攻关，形成了活性金属络合制备的技术路线，提高了活性相分散度、形成更多Ⅱ类加氢活性中心。该催化剂具有原料适用性广、脱氮活性高的特点。针对在苛刻条件下加工劣质柴油所开发的非负载型 PHD-201 柴油加氢精制催化剂，通过活性相筛选，得到了最佳的非负载型催化剂晶型结构；通过电负性改性法、晶种诱导法，调变非负载型催化剂的化学性能；通过靶向刻蚀技术，提升了非负载型催化剂的表面结构，结合尾液配方设计，打通了催化剂安全环保的生产流程，成功开发出高活性非负载型催化剂。该催化剂能够在低压力等级下加工高催化裂化柴油比例原料，生产主要指标达到国Ⅵ标准的柴油组分。在呼和浩特石化公司 70×10⁴t/a 柴油加氢精制装置应用表明：加工近 90%催化裂化柴油，产品液体收率 99%（质量分数）以上，柴油产品硫含量不大于 10.0μg/g，多环芳烃含量不大于 8.0%（质量分数），柴油十六烷值提高不小于 3。与国内外同类催化剂相比，PHD 催化剂具有以下特点：一是采用专有的前驱物活性相调控技术，构建Ⅱ类

加氢活性中心，实现催化剂活性和稳定性提升，加氢脱硫和加氢脱氮性能较上一代催化剂提高30%以上，满足柴油加氢脱硫装置高稳定长周期运转需求；二是针对直馏柴油、劣质二次加工柴油以及直馏柴油和二次加工柴油混合油的加氢转化过程，适用于国Ⅵ清洁柴油生产，生产硫含量小于10μg/g的清洁柴油，同时也适用于加氢裂化生产优质乙烯裂解原料和重整预加氢原料；三是通过非负载型催化剂和负载型催化剂组合级配，能够加工高催化裂化柴油比例的原料油，生产满足国Ⅵ标准的柴油调和组分。

柴油加氢精制/裂化催化剂技术（PHD-112/PHU-211）在抚顺石化120×10⁴t/a柴油加氢裂化装置的工业应用表明：加工100%二次加工柴油（65%焦化柴油与35%催化裂化柴油），产品液体收率在98%（质量分数）以上，柴油产品硫含量不大于5.0μg/g，柴油十六烷值大于60。催化剂应用的标定结果表明：在高分压8.0~8.5MPa、精制反应器出入口温度315~358℃时，产品柴油平均硫含量为1.2μg/g、氮含量为1.8μg/g，脱硫率为99.9%、脱氮率为99.7%，柴油多环芳烃含量为2.2%~2.8%（质量分数），多环芳烃脱除率大于90%，柴油十六烷值大于60，液体收率大于99%（质量分数），产品性质均满足国Ⅵ标准柴油调和要求。PHD-112精制剂按照两种模式运行效果见表6。

表6 PHD-112精制剂两种方案的运行效果

项目	精制方案运行	裂化方案运行
原料油组成	65%焦化柴油+35%催化柴油	
入口氢分压，MPa	7.5	6.5
低分油氮含量，μg/g	1.7	0.5
重石脑油收率，%（质量分数）		32~37
芳烃潜含量，%（质量分数）		>46
塔底柴油硫含量，μg/g	1.2	1.3~1.5
柴油十六烷值	61.3	>70
多环芳烃，%（质量分数）	2.5	

2.2 技术发展趋势

柴油加氢处理技术已很成熟，随着我国柴油质量标准的不断变化（如为满足2022年冬奥会用油需求，柴油多环芳烃含量将由目前的7%降至4%，以对柴油馏程等的要求将会进一步严格），加上我国柴油需求已进入一个比较稳定的平台期，仅靠柴油加氢已不能满足炼厂的实际需求。为适应不断变化的汽柴油和化工品市场需求，灵活调整炼厂柴汽比、削减柴油、提高炼厂化工原料生产比例等已成为我国炼油行业持续关注的方向。

（1）柴油加氢催化剂的更新换代成为柴油加氢技术发展的主要方向之一。

柴油加氢处理技术的研发集中在工艺及催化剂级配方案等方面。对于工艺方面的改进，最受关注的是加氢处理与其他工艺的组合应用，如脱蜡、缓和加氢裂化，以提高柴油收率和质量。具体方案包括加氢处理与缓和加氢裂化装置相结合以提高柴油十六烷值，加氢处理与脱蜡装置相结合则是为了改进柴油的冷流动性能。其他的研发方向还包括利用更高质量和更高压力氢气提高柴油产品质量方面。

从目前国内外的研发进展看，采用催化剂级配技术最大化地提高催化剂性能已成为该领域技术发展的主要方向。柴油加氢催化剂改进主要包括提高催化剂的选择性以适应不同原料，提高催化剂的活性以延长催化剂的使用周期，降低催化剂使用成本等。目前 Co-Mo 型与 Ni-Mo 型两类柴油加氢催化剂代表着全球该领域的整体水平，Co-Mo 型催化剂需进一步提高催化剂脱硫活性、稳定性以及降低氢耗和拓宽原料油的处理范围；Ni-Mo 型催化剂需进一步提高加氢脱硫和加氢脱氮活性以及芳烃饱和活性，Ni-Mo 型催化剂氢耗较高，适宜于氢气供应充足的炼厂。

由于柴油加氢脱硫反应受硫化物类型、反应条件和原料性质（多环芳烃、有机氮化物含量）等多因素影响，采用不同功能催化剂级配的装填技术，发挥各催化剂的特有功能并达到事半功倍效果，是目前柴油超深度加氢脱硫技术研究的重点。雅保公司为优化加氢处理反应器开发的 Stax 催化剂装填技术可使反应空速较全部装填 KF-767 催化剂时提高一倍；ART 公司开发的 SmART Catalyst System™ 级配技术将常规 Ni-Mo 和 Co-Mo 型催化剂级配装填，在生产超低硫柴油时不仅可以提高加氢脱硫活性、降低氢耗，而且大幅降低了催化剂的失活速率；中国石化开发了 SRASSG 柴油超深度脱硫级配技术。

加氢精制催化剂中载体起负载活性组分和获得高分散活性组分的作用，对载体进行改性研究以提高催化剂的本征加氢活性成为近年来的研究热点。加氢催化剂载体的研究集中在复合载体和载体改性研究两个方面：复合载体主要有各种氧化物复合氧化铝载体；载体改性主要是各种元素改性，目前主要有钛改性、镁和锌改性、碱金属改性、磷改性、氟改性、镧改性、硅改性等。无论是复合载体还是载体改性，主要是为了降低活性组分与载体间的相互作用力，进而提高活性组分在载体表面的分散度，制备出更多活性中心，充分高效发挥所有活性组分的加氢功能。加氢精制催化剂的活性组分主要是 W、Mo、Ni、Co 这4 种组分的相互组合，最新的研究主要集中在负载方式及助剂的创新。

（2）催化柴油等劣质柴油的综合利用需求会不断增多。

随着我国运输用柴油需求进入瓶颈期以及对化工原料、航空煤油需求的稳步提高，未来柴油供应过剩的炼厂柴油转型技术的需求会稳步增加。针对不同炼厂，过剩柴油的高效利用技术或者联合加工方案研究是未来柴油技术研究机构重点关注的方向。如催化柴油加氢与催化裂化组合多产高辛烷值汽油，催化柴油加氢裂化生产高辛烷值汽油以及催化柴油与重油掺炼工艺，即将催化柴油与重油加氢原料混合后再进行加氢处理，可通过控制重油加氢装置柴油干点或将重油加氢装置柴油组分压至重油加氢装置尾油并送至催化裂化装置，提高催化裂化装置轻油收率。

（3）削减柴油助力油化结合的新技术或者新方案将成为应对油品结构变化的主要举措。

近年来我国炼油行业和油品市场结构变化较大，汽油、煤油和化工产品需求增长较快，柴油需求缓慢，炼厂亟须根据市场需求及时调整装置及产品结构，以实现油品质量升

级、生产柴汽比优化以及炼化转型升级。针对炼厂柴油馏分开展加氢改质转化生产高芳烃潜含量重石脑油、生产航空煤油等将成为未来炼厂削减柴油、提高石脑油及航空煤油收率的主要举措之一，这类技术的开发和应用也将成为未来该领域的一个重要方向。中国石化的 LTAG 技术、中国石油的 PHD 技术等都将为今后炼厂应对削减柴油、提升化工原料生产比例提供技术选择依据。

3　结语

柴油加氢处理技术在柴油质量升级过程中发挥了关键作用，国内外主要炼油技术开发公司以及一些大型炼油公司大都拥有此类技术，但随着全球柴油质量日趋提高以及低碳化发展形势驱动，未来柴油加氢类技术的发展方向会发生改变。结合我国目前柴油质量标准的实施以及低碳化发展需求，未来我国柴油加氢技术将主要从以下三个方面进行：一是需要技术研发单位在催化剂性能的改进、载体新材料以及针对性更强的系列催化剂的开发等方面多下功夫，争取形成可以用于不同原料及不同炼厂的系列催化剂等，即可按照"一厂一策"高效完成企业的柴油质量升级；二是要加大我国自主技术在国外的工业化应用范围，提升我国在炼油技术方面的科技竞争力。三是随着柴油需求的不断降低，未来炼厂降低柴汽比需求的态势会一直延续，在提高柴油质量的同时多产汽油、航煤以及化工原料的综合利用技术的开发，将是未来很长一段时间我国炼油行业不断调整炼厂产品结构、提升经济效益的主要措施之一，应加大此类技术的开发及应用。

参　考　文　献

[1] Hydrotreating, and refinery - petrochemical integration & crude - chemical plus latest refinging technology developments & licensing[EB]. The United States：Hydrocarbon Publishing Company, 2019：6, 313, 314, 230.

[2] Hydrocracking, and catalyst reforming plus latest refinging technology developments & licensing[EB]. The United States：Hydrocarbon Publishing Company, 2020：7.

[3] 郑丽君，朱庆云，李雪静，等. 欧盟汽柴油质量标准与实际质量情况[J]. 国际石油经济, 2015, 23 (5)：43-45.

[4] Global refining forecast[EB]. The United States：HART ENERGY COMPANY, 2017：16.

[5] Impluse HR 1246. Axens company website[EB/OL]. (2018-08-01)[2021-05-23]. http://www.axens. net/products/catalysts-a-adsorbents/impulse-hr-1246.html.

[6] Driving optimal performance worldwide[J]. Hydrocarbon Engineering, 2016(3)：87.

[7] 郑丽君，朱庆云，李雪静. 我国汽柴油质量升级步伐加快[J]. 中国石化, 2017(3)：39-42.

[8] 王丹，宋金鹤，韩志波，等. 柴油加氢精制催化剂的开发及工业应用[J]. 石油化工, 2017, 46(2)：241-247.

[9] Cunningham, J. Achieve longer run lengths through increased activity and improved stability[C]. AFPM：116th Amercian Fuel & Petrochemical Manufacturers Annual Meeting, 2018.

[10] Hydrotreating and solvent deasphalting plus latest refining technology development & licensing[EB]. The

United States：Hydrocarbon Publishing Company，2018：61.

［11］张乐、李明丰、聂红、等. 高性能柴油超深度加氢脱硫催化剂 RS-2100 和 RS-2200 的开发及工业应用［J］. 石油炼制与化工，2017，48（6）：1-6.

［12］Driving optional performance worldwide［J］. Hydrocarbon Engineering，2016，21（3）：87.

［13］Hydrotreating，and catalytic reforming plus latest refinging technology developments & licensing［EB］. The United States：Hydrocarbon Publishing Company，2017：66.

［14］赵婉竹，王晨，施岩，等. Ni-Mo-W 非负载型催化剂加氢脱硫性能的改进及结构探究［J］. 石油炼制与化工，2017（8）：73-78.

［15］方向晨，郭蓉，杨成敏. 柴油超深度加氢脱硫催化剂的开发及应用［J］. 催化学报，2013（1）：130-139.

［16］宋书征，黄伟，张乾，等. P 的添加对柴油超深度加氢脱硫浆状催化剂性能的影响［J］. 石油学报（石油加工），2017（3）：535-542.

［17］Garcia O，Shipman R，Tong C，et al. Analyze abnormal operations of an HDS reactor loop with dynamic simulation［J］. Hydrocarbon Processing，2016（8）：29.

［18］段为宇，郭蓉，卜岩等. 柴油超深度加氢脱硫催化剂研究进展［J］. 炼油技术与工程，2019，49（11）：33.

［19］杜邦公司在中海油惠州石化有限公司的液相加氢装置完成了性能测试［J］. 石油炼制与化工，2019，50（5）：118.

［20］Larsen K L，Carstensen J H. A new generation of catalyst is born：TK-6001 HySwell［C］. ARTC 2019.

［21］Robert Bliss，Andrea Battiston，Bob Leliveld. Kinetic insights drive improved hydrotreater performance［C］. AM-16-06，2016.

［22］葛泮珠，丁石，鞠雪艳，等. 柴油超深度加氢脱硫催化剂级配技术的研究［J］. 石油炼制与化工，2019，50（8）：27.

［23］窦翔，夏民，张宁海，等. 高芳烃催化柴油加氢转化工业应用［J］. 当代化工，2019，48（11）：2639.

［24］吴海生. 催化柴油加氢改质 RLG 技术工业应用［J］. 石油化工技术与经济，2018，34（1）：9.

［25］马守涛，梁宇，郭见芳，等. 液相加氢技术进展［J］. 石化技术与应用，2019，37（6）：429.

［26］Kraus L S，Smegal J A，Krueger K. M. Enhancing catalyst performance［J］. Hydrocarbon Engeering，2014（5）：51-56.

［27］陈勇，刘学. FHUDS-6 和 FHUDS-5 与 FH-UDS 加氢脱硫催化剂工业应用对比［J］. 炼油技术与工程，2017，47（10）：43-47.

［28］孙士可，黄新露，彭冲. 催化裂化柴油加氢转化馏分利用方案研究［J］. 石油炼制与化工，2019，50（8）：10.

［29］方向晨，郭蓉，刘继华，等. 生产超低硫柴油的加氢脱硫催化剂级配技术［J］. 化学反应工程与工艺，2014，30（5）：432-439.

［30］刘丽，汪捷，段为宇，等. FHUDS-8 催化剂在金陵石化柴油加氢装置的工业应用［J］. 炼油技术与工程，2018，48（6）：57-59.

［31］Impulse HR1248. Axens company webisite［EB/OL］.（2013-08-1）［2021-05-23］. http://www.axens.net/products/catalysts-a-adsorbents/impulse-hr-1248.html.

［32］李士才，张斌，蒋学章. FH-UDS 催化剂生产国 V 柴油工业运行结果［J］. 当代化工，2017，46
（11）：2313-2315.

［33］Mike Rogers. Diesel maximization：putting a straw on the FCC feed［C］. AM-15-24，2015.

［34］朱庆云，曾令志，鲜楠莹，等. 全球主要炼油催化剂发展现状及趋势［J］. 石化技术与应用，2019，
37(3)：155.

［35］Kejenfine 880 STARS. Albemarle company website［EB/OL］.［2016-8-22］. http：//www. albemarle.
com.

［36］朱庆云，任文坡，乔明，等. 全球炼油加氢技术进展［J］. 石化技术与应用，2018，36（4）：
218-219.

［37］华炜，宋以常，等. 炼油主要产品标准的发展历程与生产技术进步［J］. 炼油技术与工程，2013，
（43）5：1-8.

［38］陈雷. FHUDS-8 催化剂在柴油加氢改质装置中的应用［J］. 石化技术与应用. 2019，37（3）：
191-193.

［39］陈文奇. FHUDS-5/FHUDS-6 催化剂在柴油深度加氢脱硫装置的工业应用［J］. 石油炼制与化工，
2019，50（5）：12-14.

［40］林铭彬. 柴油加氢装置应用 MHUG 技术优化运行分析［J］. 石油化工应用，2019，38（8）：116-118.

［41］丁贺，牛世坤，李扬，等. FHUDS-8 柴油超深度脱硫催化剂的反应性能和工业应用［J］. 炼油技术
与工程，2016，46（4）：51-54.

［42］孙磊，朱长健，程周全. 催化裂化柴油加工路线的选择与优化［J］. 石油炼制与化工，2019，50
（5）：45-51.

渣油加氢技术

◎乔 明 付凯妹 李雪静 赵愉生

重质劣质原油是全球炼厂加工原料的重要组成部分，在炼厂原料结构中占很大比例。随着重质劣质原油供应量增加，炼厂加工的原料重劣质化趋势进一步加剧。近年来，我国原油对外依存度逐年攀升，炼油企业加工的进口劣质原油占比较大。2020 年我国原油进口量达到 $5.41×10^8$t，对外依存度达到 72%，进口原油中高硫和含硫原油比例超过 80%。同时，随着炼油生产过程和炼油产品向清洁低碳方向转型以及炼油加快向化工转型，重劣质原油的深度转化和高效利用受到越来越多的关注，推动劣质重油加工技术不断进步。渣油加氢技术液体产品收率高，连续操作，产品结构及质量好，已成为劣质重油加工最重要的技术之一。

1 国内外渣油加氢技术现状

渣油加氢主要包括固定床渣油加氢、沸腾床渣油加氢和悬浮床渣油加氢 3 种工艺，据统计，全球渣油加氢能力接近 $1.3×10^8$t/a。其中，固定床渣油加氢技术发展最为成熟，应用也最广泛，主要用于催化裂化原料的加氢预处理，能够加工处理高硫渣油，但不能适应高金属和高残炭渣油的加工。目前全世界固定床渣油加氢能力合计约为 $9790×10^4$t/a，约占渣油加氢总能力的 80%，主要分布在亚太和中东地区。沸腾床渣油加氢裂化技术能够加工高硫、高残炭、高金属劣质渣油，相较于固定床渣油加氢技术具有较高的转化率，但仍有 25%~45% 的未转化尾油，存在装置投资大、操作技术复杂等问题，在工业上的应用不如固定床渣油加氢技术普遍。悬浮床渣油加氢裂化技术由于原料适应性强，适合于高金属、高残炭、高硫、高酸值、高黏度劣质渣油的深加工，具有转化率高、轻油收率高、柴汽比高、产品质量好、加工费用低等优点，已有工业装置投产运行，多套装置正在建设，具有很好的发展前景。全球沸腾床和浆态床渣油加氢裂化装置能力合计约为 $3355×10^4$t/a，主要分布在美国和亚太地区。

1.1 固定床渣油加氢技术

固定床渣油加氢技术可将劣质渣油转化生产轻质产品，实现脱金属、脱氮、脱硫、脱残炭和沥青质，适合于金属含量小于 $120μg/g$、残炭小于 20% 的原料。开发固定床渣油加氢技术的公司主要有 CLG（Chevron Lummus Global）、UOP、Axens、中国石化、中国石油等，其中 CLG 和 UOP 公司的技术应用最多。CLG 公司的 RDS/VRDS 技术在全球有近 30 套装置应用，占全球渣油加氢处理能力的一半，单系列规模为（100~480）$×10^4$t/a。UOP

公司的 Unionfining 技术已授权 28 套，常用于催化裂化原料预处理，工业装置规模为 $(35 \sim 370) \times 10^4$ t/a。Axens 公司 Hyvahl 技术目前已投产的工业装置有 5 套，另有 9 套装置已经获得技术许可，新建能力合计 58×10^4 bbl/d，原料主要是常减压渣油。中国石化石油化工科学研究院开发的渣油加氢处理 RHT 技术采用多种催化剂级配装填，有较强的原料适应性，脱硫率和脱金属率均在 90% 以上，目前已应用于 9 套工业装置。中国石化大连石油化工研究院开发了 S-RHT 渣油加氢处理成套技术，采用催化剂级配体系。保护催化剂颗粒内活性金属分布为外少里多型阶跃式非均匀分布，脱金属催化剂提高催化剂容金属能力，改进型高活性脱硫脱残炭催化剂组合具有更高的加氢性能和残炭加氢转化能力。

开发固定床渣油加氢催化剂的公司包括 Chevron、ART、Criterion、Haldor Topsoe、中国石化和中国石油等，这些公司的催化剂都形成了系列化产品，不断升级换代，提高加氢脱杂质活性。例如，ART 公司的固定床渣油加氢催化剂包括 LS、HSLS、ECAD、DCS 等系列，已应用于 25 套渣油加氢处理装置。最新推出的催化剂有 2018 年工业化的 HSLS-Plus 和 ECAD 催化剂。ART 还专门开发了针对低硫船用燃料油生产的固定床渣油加氢催化剂。Chevron 公司最新的固定床渣油加氢催化剂是高容金属能力的脱金属剂 ICR 187 和脱残炭、高脱硫脱氮活性催化剂 ICR 192，还开发了具有更高的加氢脱钒、对深度转化催化剂具有更好的保护性能的 ICR 196 催化剂。中国石化石油化工科学研究院开发了 RHT 技术配套的系列催化剂，具有脱杂质反应活性高、容金属能力强、降低残炭功效好、加氢反应选择性好和使用寿命长等特点，已在 16 套渣油加氢装置上累计工业应用 60 次。中国石化大连石油化工研究院开发了 FZC 系列渣油固定床加氢处理催化剂，包括 4 大类 60 多个牌号，工业应用 40 余次。中国石油石油化工研究院研发出 12 个牌号 PHR 系列固定床渣油加氢催化剂，包括 4 个牌号保护剂、4 个牌号脱金属剂、3 个牌号脱硫剂和 1 个牌号脱残炭剂，具有活性稳定性好、脱杂质率高、床层压降低、运行周期长等特点，先后在大连西太平洋石油化工有限公司、中国石油大连石化公司成功进行应用，整体技术水平与同类进口剂相当。依托 PHR 系列催化剂，石油化工研究院与中石油华东设计院有限公司合作完成固定床渣油加氢成套技术开发，并应用于锦州石化、锦西石化装置建设。固定床渣油加氢技术比较成熟，但其转化率最高为 50% 左右，对原料的要求也比较苛刻，使该工艺的应用受到一定限制。目前工业运行及在建的部分固定床渣油加氢处理装置见表 1。

表 1　部分运行及在建的固定床渣油加氢处理装置

公司和技术名称	技术特点	应用企业	装置能力，10^4 t/a
CLG 公司 RDS/VRDS	可在主反应器前增加上流式保护床反应器，可处理 Ni+V 含量超过 400μg/g 的原料，保护下游催化剂，提高下游装置处理量；操作成本和氢耗较低；开发了催化剂级配技术和催化剂在线置换技术	科威特国家石油公司 Mina Abdulla 炼厂	462
		中国石油云南石化	400
		越南宜山炼厂	578（世界最大）
		中海油惠州二期	400
		科威特 KIPIC 石油公司	825（在建）

续表

公司和技术名称	技术特点	应用企业	装置能力，10^4t/a
UOP 公司 Unionfining	可以脱除常（减）压渣油或其他重油中的硫、氮、有机金属化合物和沥青质，常用于 FCC/RFCC 原料预处理；选用不同的催化剂，催化剂床层前部负责除去金属，后部负责脱硫	广西石化	400
		浙江石化	500
		Valero 公司 St. Charles 炼厂	313
		西班牙 CEPSA 公司 Huelva 炼厂	227（设计）
中国石化 RHT	有较强的原料适应性，采用催化剂级配技术，运转周期更长，氢气利用合理，降低能耗和加工成本，先进的反应器内构件可改善反应器内物流分布	中国石化上海石化	390
		中国石化安庆石化	200
		中科广东炼化一体化	440
中国石油 PHR 系列渣油固定床加氢催化剂	保护剂采用专利的形状，脱金属剂采用了专利的活性金属非均匀负载技术，脱硫剂具有通畅的孔道结构，脱残炭催化剂采用了专利的催化活性金属负载技术。适用原料为硫含量不大于 5.0%（质量分数）、残炭不大于 18%（质量分数）、Ni+V 不大于 120μg/g 的减压渣油和常压渣油，具有高而稳定的脱硫、脱氮、脱残炭等活性，床层压降更低	中国石油锦州石化	150（拟建）
		中国石油锦西石化	150（拟建）

几种固定床渣油加氢技术的工艺流程、技术特点、关键参数、经济技术指标基本相同，具体工艺技术情况见表 2。

表 2　主要固定床渣油加氢技术的操作条件及结果对比

项目	CLG 公司 RDS/VRDS	UOP 公司 Unionfining	中国石化 RHT	中国石油 PHR
反应温度，℃	350~430	350~450	350~427	350~420
反应压力，MPa	12~18	10~18	13~16	12~18
体积空速，h^{-1}	0.2~0.5	0.2~0.8	0.2~0.7	0.2~0.5
化学氢耗，m^3/m^3	187	130	150~187	120~190
转化率，%	31	20~30	20~50	20~50
脱硫率，%	94.5	92	92.8	80~93
脱氮率，%	70.0	40.0	72.8	40~55
脱金属率，%	92.0	78.3	83.7	70~85
脱残炭率，%	50.0~60.0	59.3	67.1	50~60

1.2　沸腾床渣油加氢技术

沸腾床渣油加氢裂化技术于 20 世纪 60 年代末开发成功。该工艺采用气体、液体和催化剂颗粒返混的三相流化床反应器系统。氢气和原料油由下向上提升催化剂而使催化剂床层膨胀并保持为流化态。沸腾的催化剂床层高度可通过循环油流量来控制。渣油沸腾

床加氢裂化适用于金属含量小于 $800\mu g/g$、残炭小于 25% 的原料，采用活性金属组分是 Ni-Mo 或 Co-Mo 的非均相催化剂，渣油转化率比固定床渣油加氢高。由于工业化的原油直接制烯烃装置的转化率大幅提升，利用渣油加氢裂化技术多产石脑油受到了更多关注。

目前 Axens 和 CLG 两家公司开发的渣油沸腾床加氢裂化技术应用最多。Axens 公司开发的 H-Oil 技术工业运行的装置有 7 套，另有 8 套正在设计/建设中，目前世界规模最大的一套沸腾床渣油加氢装置是大连恒力石化 $640\times10^4t/a$ 渣油沸腾床加氢裂化装置。CLG 公司开发的 LC-Fining 技术已在全球应用于 14 套装置，总能力合计超过 $2900\times10^4t/a$。美国 HTI 公司开发的 HCAT 技术据称渣油转化率能达到 95%，采用液体催化剂，目前已许可 7 套装置。中国石化开发了 STRONG 沸腾床渣油加氢技术，$5\times10^4t/a$ 工业示范装置于 2020 年 6 月在金陵石化投产，开展低硫船用燃料油试生产；$50\times10^4t/a$ 煤焦油沸腾床加氢装置已于 2020 年建成投产。工业运行的渣油沸腾床加氢裂化装置反应器最大内径达到 4.1m，最高进料速度为 $(4.7\sim5)\times10^4bbl/d$。受装置结焦结垢的限制，渣油沸腾床加氢裂化转化率最高可达到 65%，但最新报道显示，通过技术创新，转化率最高可达 85%。CLG 公司提出了将其 ISOSLURRY 催化剂用于渣油沸腾床加氢裂化装置，降低结焦结垢，渣油转化率可提高到 95% 以上。上述三种技术的对比情况见表 3。

表 3　渣油沸腾床加氢裂化技术

技术名称	技术供应商	技术特点	主要技术经济指标
H-Oil	Axens	通常采用 2 台反应器串联，条形催化剂，外置循环泵，外循环操作	反应温度为 $415\sim440℃$，反应压力为 $16.8\sim20.7MPa$，液时空速为 $0.4\sim1.3h^{-1}$，转化率为 $45\%\sim90\%$，脱硫率为 $55\%\sim92\%$，脱金属率为 $65\%\sim90\%$
LC-Fining	CLG	通常采用 3 台反应器串联，条形催化剂，循环泵内置于反应器底部，内循环操作	反应温度为 $385\sim450℃$，反应压力为 $7.0\sim18.9MPa$，转化率为 $40\%\sim97\%$，脱硫率为 $60\%\sim90\%$，脱金属率为 $50\%\sim98\%$
STRONG	中国石化	采用双反应器串联，无须循环泵，全混流反应器，微球催化剂	反应温度为 $410\sim440℃$，反应压力为 $14\sim18MPa$，转化率为 $50\%\sim85\%$，脱硫率为 $50\%\sim95\%$，脱金属率为 $80\%\sim90\%$，脱氮率为 $30\%\sim65\%$，脱残炭率为 $50\%\sim85\%$；典型原料石脑油收率为 13.65%，柴油收率为 29%，VGO 收率为 27.44%，未转化油收率为 19.64%

在催化剂方面，新一代催化剂使装置的操作性能得到较大改进，特别是脱硫、脱残炭和沉积物控制方面，能在渣油转化率高达 $80\%\sim85\%$ 的情况下生产稳定的低硫燃料油。催化剂供应商主要有 Albemarle、Criterion 公司等，开发的催化剂均可用于 Axens 和 CLG 工艺的装置。中国石化针对 STRONG 工艺开发了微球型 Mo-Ni 催化剂，完成了工业试验。目前工业运行及在建的部分渣油沸腾床加氢裂化装置见表 4。

表4　部分工业运行及计划建设的渣油沸腾床加氢裂化装置

公司和技术名称	应用企业	装置能力，10^4t/a
Axens 公司 H-Oil	美国 Motiva enterprises 炼油厂	225
	加拿大 Husky 石油公司改质厂	195
	镇海炼化	260
	恒力石化	两套320
	盛虹石化	320（在建）
CLG 公司 LC-Fining	美国马拉松石油公司	414
	Shell 加拿大油砂沥青改质厂	261
	西班牙石油公司 CEPSA	209
	巴林国家石油公司	374（计划）
	泰国国家石油公司	407（在建）

为了进一步提高转化率，CLG公司和Axens公司都建议将沸腾床渣油加氢裂化与焦化或溶剂脱沥青工艺组合。Axens公司与ExxonMobil公司签署了协议，将Axens公司H-Oil技术与ExxonMobil公司的Flexicoking技术联合推广。CLG公司指出，LC-Fining技术与焦化技术组合可将转化率提高到85%~90%，焦炭产率降至12%~14%。CLG公司称，LC-Fining和溶剂脱沥青技术的组合工艺（LC-MAX）已经在中国、泰国和印度推广了几套装置。

1.3　悬浮床渣油加氢技术

悬浮床渣油加氢工艺也称液相或液体流化工艺，是气、液、固三相反应过程。该工艺中催化剂受运动的气、液推动而呈流化状态。该工艺所用的催化剂颗粒尺寸很小、外表面积很大，单位体积液体介质中的催化剂粒子数很高，催化剂颗粒间的距离很小，这有利于抑制液体的聚合反应，而且需要催化剂的数量可显著减少。悬浮床渣油加氢技术可加工金属含量大于800μg/g、残炭小于40%的劣质含硫原油的渣油、劣质稠油和油砂沥青等劣质原料，转化率通常在90%以上。

目前，国外已经出售技术应用许可的悬浮床加氢工艺有委内瑞拉石油公司（PDVSA）的HDHPlus工艺、BP公司的VCC工艺、CLG公司的LC-SLURRY工艺、加拿大的Canmet工艺、埃尼公司（ENI）的EST工艺和UOP公司的Uniflex-SHC技术等。随着国内外悬浮床加氢技术的工业化进程加快，各项技术之间的竞争也将全面展开。其中ENI公司的EST技术已经工业应用并对外转让3套装置，BP、UOP、CLG等公司也都在加快技术工业化，建设工业装置。中国石油石油化工研究院研发出油溶性浆态床加氢催化剂并完成吨级放大，催化剂在重油中呈纳米级单片层结构，具有优异的渣油加氢转化性能和抑制生焦能力，技术水平国际先进；建成百吨级浆态床加氢中试装置，开展了强化气液传质反应的浆态床加氢工艺技术和新型反应器、新型分离器等关键核心技术攻关，显著提高了浆态床加氢反应效率，降低了投资运行成本，渣油转化率达95%以上。三聚环保公司开发了超级悬浮床技

术（MCT），该技术正被应用于黑龙江省大庆市建设 100×10^4 t/a 悬浮床渣油加氢装置。

2020 年底，中国石化茂名石化公司 260×10^4 t/a 浆态床渣油加氢装置投产，该套装置采用 ENI 公司 EST 技术，以劣质减压渣油和催化裂化油浆为原料，经加氢热裂化反应，生产液化气、化工原料、重石脑油、柴油和减压蜡油。该装置设计轻油转化率为 94%，可将沥青、焦炭等低附加值产品转化为汽油、煤油、柴油等高附加值清洁油品。

表 5 中列出了几种悬浮床渣油加氢技术特点和主要技术经济指标的对比情况。

表 5 悬浮床渣油加氢技术对比

技术名称	技术供应商	技术特点	主要技术经济指标
EST	ENI	油溶性钼催化剂；未转化塔底油经溶剂脱沥青后，沥青/催化剂循环至反应器，排出少量尾油	反应温度为 440~460℃，反应压力为 10~20MPa，转化率大于 97%
HDHPlus	Intevep	粉末型固体催化剂；未转化塔底油经金属回收单元回收金属后与原料油混合进行加氢反应；集成了加氢处理装置，直馏减压瓦斯油循环至连续加氢处理（SHP）部分进行加氢反应	反应温度为 440~470℃，反应压力为 17~20MPa，转化率近 100%
LC-Slurry	CLG	水溶性钼催化剂；多个反应器串联；未转化塔底油一部分返回第 1 个反应器继续进行反应，较重部分经溶剂脱沥青后对其残渣中的催化剂进行再活化循环使用；在第 2 个反应器中引入直馏减压瓦斯油，提高反应原料的胶体稳定性，抵制结焦	反应温度为 413~454℃，反应压力为 14~21MPa，转化率近 100%
UOP	Uniflex	催化剂为高活性 Mo 基 MicroCat 催化剂。加工 100% 减压渣油原料，燃料气/LPG 收率为 9%~12%（质量分数），汽油收率为 15%~18%（质量分数），柴油收率为 49%~54%（质量分数），减压瓦斯油收率为 12%~22%（质量分数），塔底油收率为 2%~5%（质量分数）	转化率可达 95%~98%，总液体收率达到 115%（体积分数）
VCC	BP	粉末固体催化剂；渣油一次通过方案，多个反应器串联；集成了加氢处理装置，直馏减压瓦斯油循环至加氢处理部分	反应温度为 440~470℃，反应压力为 18~23MPa，转化率近 85%~95%

渣油悬浮床加氢催化剂的主要功能是抑制胶质及重胶质热裂解缩合成沥青质和焦炭，使渣油在较高空速下加快反应加氢脱硫，同时生成的微量焦炭可吸附在催化剂上，减少器壁生焦积累量，及时排出反应器。最开始采用固体粉末催化剂，但用量较大且脱硫和脱氮活性不高，反应后分离催化剂也非常复杂，之后又开发了分散型催化剂。各家公司采用的催化剂有所不同，其中 ENI 公司采用油溶性的微晶辉钼矿细粉催化剂，在反应器中在线分解成纳米级无载体的 MoS_2，渣油转化率大于 95%；UOP 公司采用廉价的铁基纳米级固体催化剂，转化率达到 90% 以上。CLG 公司 LC-Slurry 技术采用预硫化的 Ni-Mo 催化剂，转化率能达到 97%。目前部分工业运行及在建的渣油悬浮床加氢裂化装置见表 6。

表6 部分工业运行及在建的渣油悬浮床加氢裂化装置

公司和技术名称	应用企业	装置能力,10^4t/a
ENI 公司 EST	ENI 公司意大利 Pavia 炼厂	126
	中国石化茂名石化	260
	浙江石化	300×2(在建)
	泰国国家石油公司 Sriracha 炼厂	475(在建)
BP 公司 VCC	约旦国家石油公司	660(计划)
CLG 公司 LC-Slurry	瑞典 Preem 公司	250(计划)
UOP 公司 Uniflex	巴基斯坦国家炼油公司 Karachi 炼厂	100(加工阿拉伯轻质原油,2023 年投产)
	山东龙港化工公司	135(2021)
	中谷石化	140(计划)
	俄罗斯 Oil Gas Trade CJSC	40(计划,加工溶剂脱沥青塔底沥青)
PDVSA 公司 HDHPLUS	PDVSA 公司 Puerto la Cruz 炼厂	276(在建)
三聚环保	大庆龙油	100(在建)

2 我国渣油加氢装置情况

我国在固定床渣油加氢技术研究和工业化应用方面起步较晚,但发展较快。1992 年,中国石化齐鲁石化引进 CLG 公司的 RDS/VRDS 技术建成投产了我国第一套渣油加氢装置,改扩建过程中又引进上流式反应器(UFR)专利技术,建成了世界首套采用 UFR-VRDS 联合技术的渣油加氢装置。1999 年,我国自主开发、自主设计的首套国产 SRHT 装置在中国石化茂名石化投运;2006 年,首套国产 RHT 装置在中国石化海南炼化投入商业运行。截至 2020 年 12 月,国内在运行的渣油加氢装置近 30 套(不包括中国台湾省的装置),加工规模约为 8000×10^4t/a,占我国原油加工能力的 9.3%,多采用中国石化自有技术和 CLG 公司的技术。国内主要渣油加氢装置产能及技术来源见表 7。未来几年,盛虹石化、浙江石化等企业还有渣油加氢装置投产,我国渣油加氢生产能力将继续增长。

表7 国内主要渣油加氢装置产能及技术来源

炼厂	规模,10^4t/a	技术来源	投产年份
中国石化齐鲁石化	150	CLG 公司 RDS/VRDS	1992
中国石化茂名石化	200	中国石化 SRHT	1999
	260	ENI 公司 EST	2020
中国石化海南炼化	310	中国石化 SRHT	2006
中国石化长岭石化	170	中国石化 RHT	2011
中国石化金陵石化	180	中国石化 SRHT	2012
	200	中国石化 SRHT	2017
中国石化上海石化	390	中国石化 RHT	2012

续表

炼厂	规模，10^4t/a	技术来源	投产年份
中国石化安庆石化	200	中国石化 RHT	2013
中国石化石家庄石化	150	中国石化 SRHT	2014
中国石化扬子石化	200	中国石化 SRHT	2014
中国石化九江石化	170	中国石化 RHT	2015
中国石化荆门石化	200	中国石化 RHT	2017
中国石化镇海炼化	260	Axens 公司 H-Oil	2019
中科广东炼化一体化	440	中国石化 RHT	2020
中国石油大连西太	220	UOP 公司 Unionfining	1997
中国石油大连石化	300	CLG 公司 RDS/VRDS	2008
中国石油四川石化	300	CLG 公司 UFR-VRDS	2013
中国石油广西石化	400	UOP 公司 Unionfining	2014
中国石油云南石化	400	CLG 公司 RDS/VRDS	2017
中国石油锦州石化	150	中国石油 PHR	2021
中国石油锦西石化	150	中国石油 PHR	2022
中化泉州	330	CLG 公司 UFR-VRDS	2014
中海油惠州炼化	400	CLG 公司 RDS/VRDS	2017
恒力石化	320×2	Axens 公司 H-Oil	2019
浙江石化	500	UOP 公司 Unionfining	2019
盘锦沥青燃料油公司	80	中国石化 SRHT	2013
利华益利津炼化	260	UOP 公司 Unionfining	2015
山东神驰化工	160	CLG 公司 RDS/VRDS	2014

从表 7 中运行的渣油加氢装置情况来看，目前仍以固定床渣油加氢为主，近几年随着我国炼油企业对重油深加工、多产轻质油品的需求更加迫切，以及沸腾床渣油加氢裂化和悬浮床渣油加氢裂化技术的不断进步和成熟，国内相继新建和规划了数套装置。渣油加氢能力主要分布在中国石化和中国石油的炼化企业，中海油、中化以及民营企业近年来也规划和投产了多套装置。中国石化和中国石油在固定床渣油加氢技术方面都开发了自主技术，中国石化的技术应用较为广泛。由于国内沸腾床渣油加氢和悬浮床渣油加氢技术尚未有大规模长周期工业运行的实践，投产和计划的装置主要采用国外技术，尤其是浙江石化、恒力炼化、盛虹石化等大型民营炼化企业在规划项目时都采用了国际领先的技术，使企业在高附加值产品产量和质量方面具有明显的优势，这些民营炼化企业的成品油收率均在 50% 以下，更好地实现了资源高值化利用。与此同时，渣油加氢装置的规模也在不断提升，达到或接近世界最高水平，目前国内固定床渣油加氢装置最大规模为 $500×10^4$t/a（浙江石化），沸腾床渣油加氢裂化最大能力为 $640×10^4$t/a（恒力石化），浙江石化在建的悬浮床渣油加氢裂化装置单套能力达到 $300×10^4$t/a。

3 渣油加氢技术发展方向

劣质重油加工是世界炼油行业长期面临的挑战和难题，主要的炼油技术供应商和石油公司都投入了大量资源，对劣质重油加工技术进行改进和创新。在全球劣质重油加工能力继续增长的情况下，渣油加氢围绕提高渣油深度转化能力，在技术、催化剂、组合工艺、关键设备、应用领域等方面都有创新和突破的空间，国外公司正加紧在这些领域进行技术布局。

在固定床渣油加氢方面，技术创新围绕提高液体产品收率、提高装置运行效率、降低能耗等方面展开。其中，一个重要方向就是开发组合工艺，如生产低硫船用燃料油的组合工艺；与催化裂化组合提高高附加值产品产量，降低能耗；开发重油分离—渣油加氢—催化裂化组合工艺，提高汽油收率。其他创新方向还包括提高原料灵活性、延长装置运转周期、改进反应器设计等方面。催化剂的创新方向如下：一是开发更高脱金属、脱硫、脱氮活性的催化剂，延长使用寿命；二是开展催化剂级配技术研究，其中开发保护剂是一个重要课题，主要的进展集中在催化材料、载体、催化剂制备方法等方面。

在沸腾床渣油加氢方面，技术创新主要如下：沸腾床加氢与溶剂脱沥青、催化裂化等工艺组合；提高原料灵活性，如原油和渣油混合进料，重油/渣油和废塑料的混合原料等；处理劣质重油的沸腾床加氢裂化催化剂制备。CLG 和 Axens 两家公司都开展了将渣油沸腾床加氢裂化与溶剂脱沥青、常规加氢裂化相结合的组合工艺，据报道减压渣油转化率都能达到 85%~90%，其中 CLG 公司的组合工艺已经应用了 5 套工业装置。催化剂的创新重点主要如下：开发新型的高活性脱硫、脱氮、芳烃饱和催化剂，适用于不同的沥青质和沉积物脱除需求；负载型 $NiMoS_2$ 渣油加氢催化剂开发；有机金属磷化物油溶性催化剂开发；研究如何降低催化剂消耗，延长催化剂寿命，降低能耗和排放；开发针对含镍、钼或钴钼等活性金属的催化剂的再生技术，降低催化剂成本；微纳米双金属催化剂开发等。

渣油悬浮床加氢在工艺方面的创新重点如下：将超临界抽提与悬浮床加氢裂化组合以加工沥青质含量高的原油；开发其他组合工艺，以提高加氢效率、降低催化剂失活速率；处理渣油悬浮床加氢裂化装置结焦的工艺；几个反应区间实现串联，每个反应区进行加氢裂化，对重油进行部分改质；提高能效和减排。催化剂方面的创新主要如下：催化剂形态方面的优化改进以增加孔隙体积；油溶性金属催化剂的回收；自硫化油溶性 Ni-Mo 催化剂开发；含二茂铁油溶性减压渣油悬浮床加氢裂化催化剂开发；低成本多功能催化剂开发；多反应器加氢裂化装置中降低催化剂聚集的方法；MoS_2 分散型催化剂在悬浮床加氢裂化反应中的应用；研究催化剂用量对产品分布和催化剂结焦的影响；多功能廉价金属催化剂开发等。

渣油加氢是近年来加氢领域技术创新最活跃的方向之一，相关的专利数量和占比相对较多。从上面的分析可以看出，组合工艺路线是各家公司共同关注的方向，因为组合工艺能结合各种技术的优势，提升炼厂对原油的适应能力，增强炼厂抵抗市场冲击的能力和盈利能力，代表了今后劣质重油加工技术的发展趋势。此外，催化剂的创新也是重点，催化

剂是炼油技术进步的核心，提高渣油加氢催化剂适应性和活性、开展催化剂级配研究、降低催化剂成本等都是各大公司关注的方向。还需要关注的一个方向是在炼油转型升级的背景下，重新定位渣油加氢在炼厂生产中的作用，如 UOP 公司将渣油加氢引入其设计的未来原油制化学品流程，将渣油最大化转化生产石化产品的中间产品，大幅提高重石脑油产量，进而生产对二甲苯，可实现资源高附加值利用。

此外，在渣油加氢技术推广应用方面的一个趋势是，技术领先的公司采取合作扩大技术供应范围的策略来争取更多市场。例如，CLG 公司在渣油加工方面提供全套技术方案，包括渣油悬浮床加氢裂化技术、延迟焦化技术和渣油沸腾床加氢裂化技术，以满足炼厂的不同生产需要；CLG 公司将其加氢裂化催化剂的销售业务许可给 ART 公司，以优化提升催化剂业务和技术服务能力；CLG 公司还与 Neste Engineering Solutions 公司签署了协议，采用 CLG 公司渣油加氢裂化技术的公司可以使用 NAPCON 操作员培训仿真系统。Axens 公司和 HTI 公司合作推广 H-Oil 和 HCAT 渣油沸腾床加氢裂化技术，采用 HCAT 技术专有的液体催化剂前驱体，可提高 H-Oil 技术的转化率，加工更劣质的原料。ENI 公司和道达尔公司签署了研发合作协议，道达尔公司希望有针对性地改进 ENI 公司的浆态床渣油加氢技术，以适应道达尔炼厂的生产需要。大部分技术供应商自行研发/生产相应催化剂，或者与催化剂公司形成联盟，提供与该技术相配套的催化剂。例如，Axens、CLG 等公司都自行开发了适应其渣油加氢裂化工艺的催化剂，而专门的催化剂公司如 ART、雅保等都致力于使自己的催化剂产品能够适应多种原料和工艺。

4　小结

劣质重油加工技术路线的选择对于炼油总流程的确定至关重要，各炼厂加工流程最大的不同点就是渣油加工方案。各种劣质重油加工技术路线各有特点和适用性，炼厂应根据原料性质、产品要求、投资成本、经济效益等因素综合考虑合理选择。

原油来源结构的变化、重劣质化趋势的加剧、油品质量标准的提升、炼油向化工转型加快以及环保要求的趋严都给我国炼油企业带来巨大挑战，未来我国很大一部分新增炼油能力将主要加工劣质重油和含硫原油，而产品结构将从以成品油为主向保证成品油质量、多产化工原料的方向发展，对先进高效的重油加工技术的需求极为迫切，要求重油加工技术更加适应资源特点并提高装置盈利能力，成为炼厂资源高价值利用的关键核心技术。

相比固定床渣油加氢和沸腾床渣油加氢技术，悬浮床渣油加氢技术加工的原料更加劣质，转化率也更高，因而技术开发和应用难度也最大。目前悬浮床加氢技术虽已实现工业应用，但运行和在建的工业化装置不多，仍存在高转化率下装置难以长周期运转的难点问题，在工业化过程中也会出现一些新的问题。随着工艺的不断成熟与完善，悬浮床加氢技术作为先进的渣油加工技术，有更广阔的应用前景。我国炼油企业应加强对渣油悬浮床加氢技术和催化剂的研发，尽快突破核心关键技术，实现工业应用，以提高我国炼油企业渣油深度转化能力，使原油资源得到更高效的利用。

参 考 文 献

[1] 李雪静，乔明，魏寿祥，等. 劣质重油加工技术进展与发展趋势[J]. 石化技术与应用，2019，37（1）：1-8.

[2] 谭青峰，聂士新，程涛，等. PHR 系列固定床渣油加氢催化剂的研制开发与工业应用[J]. 化工进展，2018，37（10）：3867-3872.

[3] 范明，赵元生，王苑，等. 基于 RHDS-SIM 的固定床渣油加氢装置全流程模拟与应用[J]. 化工进展，2021（2）.

[4] 刘雪玲，张喜文，王继锋. 应对油品质量升级的加氢处理催化剂研究[J]. 当代化工，2020，49（7）：1441-1446.

[5] 王廷，侯焕娣，龙军. 分散型渣油加氢催化剂硫化的研究进展[J]. 现代化工，2021，41（3）：68-73.

[6] 张甫，任颖，杨明，等. 劣质重油加氢技术的工业应用及发展趋势[J]. 现代化工，2019，39（6）：15-20.

[7] 黄河，刘娜，王雪峰，等. 悬浮床加氢技术进展[J]. 应用化工，2019，48（6）：1401-1406.

[8] 王祖纲，李颖. 加氢裂化技术发展现状及展望[J]. 世界石油工业，2020，27（4）：12-21.

[9] 姚国欣. 渣油深度转化技术工业应用的现状、进展和前景[J]. 石化技术与应用，2012，30（1）：1-12.

[10] 任文坡，李振宇，李雪静，等. 渣油深度加氢裂化技术应用现状及新进展[J]. 化工进展，2016，35（8）：2309-2316.

[11] 张庆军，刘文洁，王鑫，等. 国外渣油加氢技术研究进展[J]. 化工进展，2015，34（8）：2988-3002.

[12] 方向晨. 国内外渣油加氢处理技术发展现状及分析[J]. 化工进展，2011，30（1）：95-104.

润滑油加氢异构技术

◎付凯妹　李雪静　张文成

　　润滑油是一种液体或半固体润滑剂，主要用于降低材料之间的摩擦系数来保护机械零件，润滑油基础油是润滑油最主要的组成部分，其性能对润滑油品质起着决定性作用。2019年全球润滑油基础油生产能力已达到 $6360×10^4$ t/a，较2018年产能增加7.3%，是继汽油、柴油和煤油之后位列第4位的炼油产品，其附加值远超前3位，因此润滑油基础油的生产是提质增效的关键，也是石油公司塑造品牌形象的重要载体。未来3年，全球润滑油基础油等级将持续升级，全球将新建或扩能建设一批Ⅱ/Ⅲ类基础油生产装置，市场格局将发生如下变化：Ⅰ类基础油的产能份额继续下降；Ⅱ类基础油的份额将达到50%；Ⅲ类基础油份额则有望达到25%~30%，高档基础油将继续推动全球润滑油市场发展。

1　润滑油发展现状

　　当前世界各国广泛采用的基础油分类方法由美国石油学会(API)提出，该方法根据润滑油基础油的饱和烃含量、黏度指数(viscosity index，VI)以及硫含量将基础油分为五类，具体分类见表1。Ⅰ类至Ⅲ类润滑油基础油属于矿物基础油。Ⅰ类基础油主要由溶剂精制("老三套"工艺)生产。因含硫率较高，饱和烃含量低于90%，其稳定性也一般较低，常应用于工业、船舶以及旧式发动机用油。Ⅱ类基础油一般由组合工艺生产获得，热安定性以及抗氧化性能较好，具有更低的硫含量和芳烃含量。Ⅲ类基础油一般通过全加氢工艺生产获得，拥有更高的黏度指数，较Ⅰ类、Ⅱ类基础油品质更高。高黏度指数在较宽的温度范围内使发动机有充分的润滑，同时节省了为提高燃油经济性而使用的多级油所需的黏度指数改进剂，可用于调制高档发动机油、高档工业油等，具有优良的低温性能和稳定性。Ⅳ类基础油黏度指数普遍高于140，可用于飞机、坦克以及高精尖设备。Ⅴ类基础油为上述4种类型以外的基础油，如特种合成油或植物油等。

表1　API基础油分类标准

分类	硫含量，%(质量分数)	饱和烃，%	黏度指数	主要组成
Ⅰ	>0.03	<90	80~120	芳烃、环烷烃、正构烷烃
Ⅱ	≤0.03	≥90	80~120	正构烷烃、异构烷烃
Ⅲ	≤0.03	≥90	>120	异构烷烃
Ⅳ	聚α-烯烃合成油(PAO)，适用温度范围更广，可用于极寒和高热环境			
Ⅴ	所有不包括在Ⅰ类至Ⅳ类中的基础油，包括聚硅氧烷、磷酸酯、聚烷基乙二醇(PAG)、多元醇、生物醇等，酯类也是常见的Ⅴ类基础油			

近年来，润滑油基础油的分类基于不同的黏度指数被非正式地扩充为Ⅰ类+、Ⅱ类+、Ⅲ类+以及Ⅳ类+，见表2。

表2　润滑油基础油扩充后的分类

分类	黏度指数	分类	黏度指数
Ⅰ类+	103~108	Ⅲ类+	130+
Ⅱ类+	111~119	Ⅳ类+	较传统PAO高5~15

润滑油主要包括基础油和添加剂两部分，其中基础油含量一般占润滑油的70%~85%。润滑油的性质主要由基础油决定，随着生产技术的不断发展，基础油品质对成品润滑油的使用性能影响越来越大。

《2019年全球基础油炼油指南》指出，2018年中国基础油产能大幅增加之后，2019年亚太地区基础油产能占全球的49%。2019年全球基础油产能已升至120×10⁴bbl/d，较2018年产能增加7.3%。截至2020年初，全球将新建或扩能建设一批Ⅱ/Ⅲ类基础油生产装置(表3和表4)，市场格局将发生变化。

表3　国外近期拟新建润滑油基础油装置

国家	公司	炼厂	装置规模，10⁴t/a	预计投产年份
美国	菲利普斯66公司	查尔斯湖炼厂	—	2021
沙特阿拉伯	沙特阿美	Ras Tanura 炼厂	—	2022
俄罗斯	卢克石油公司	Nizhny Novgorod	40	2021
	OAO 俄罗斯石油公司	Novokuybyshevsk 润滑油厂	50	2021
印度	印度石油公司	Haldia Odisha 综合炼厂	27	2021
	印度拉贾斯坦公司	Barmer 炼厂	26	—
西班牙	雷普索尔	C-10 Cartagena 炼厂	—	—
委内瑞拉	Pdvsa 公司	Amuay 润滑油炼厂	—	—
伊拉克	伊拉克石油部	Nasiriyah 炼厂	—	—

表4　国内近期拟新建润滑油基础油装置

公司	装置规模，10⁴t/a	预计投产年份	类型
山东清源集团	80	2021	Ⅱ
盛虹石化	70	2022	Ⅲ+
宁波博汇	30	2021	Ⅱ

当前，我国润滑油消费量已跃居世界第一。近5年来，我国基础油总消耗量每年维持在(560~580)×10⁴t，基础油进口整体表现为先升后降走势：以2017年为分界点，2018年开始基础油进口量逐年减少。我国润滑油基础油生产能力约760×10⁴t/a，但据内部资料数据显示，装置平均负荷率仅40%左右，总体呈现产能过剩但结构不合理态势——Ⅰ类基础油及低黏度Ⅱ类基础油过剩，Ⅲ类基础油及高黏度Ⅱ类基础油短缺，依赖进口。因此，需

要进一步开发并应用成熟的Ⅱ/Ⅲ类润滑油基础油生产技术，重塑我国润滑油市场结构，缓解对国外高端润滑油基础油的依赖度。

我国从20世纪90年代末开始采取引进国外技术和国内自主开发两种方式发展润滑油加氢异构脱蜡技术，目前国内装置以应用雪佛龙、埃克森美孚以及中国石化的工艺技术为主，中国石油装置采用自有技术替代了雪佛龙技术（表5）。近年来，随着高档润滑油基础油市场供应紧俏、利润空间广阔，大批润滑油加氢装置陆续上马，截至2020年初，国内已建成投产的润滑油加氢装置共计32套，其中异构脱蜡装置29套，催化脱蜡装置3套，2019年总加工能力达到$1158×10^4$t/a。从各公司润滑油加氢装置加工能力所占比例来看，中国石油占13.8%；中国石化占15.1%；中海油占8.6%；地方炼厂占62.5%。随着国内基础油品质的不断提升，进口资源的需求量或将出现稳中下滑，但高端润滑油行业仍以进口基础油为原料，因此高档润滑油基础油的进口量下降幅度有限。

表5 我国已建成投产的润滑油加氢装置

公司	厂家	原料类型	投产日期	技术来源	装置规模 10^4t/a
中国石油	大庆炼化公司	石蜡基	1999年	中国石油	20
	克拉玛依石化公司Ⅰ套	环烷基	2000年	中国石化（催化脱蜡）	30
	克拉玛依石化公司Ⅱ套	环烷基	2007年	壳牌	30
	克拉玛依石化	环烷基	2019年	—	40
	辽河石化	环烷基	2019年	—	40
中国石化	荆门石化总厂	馏分油、脱蜡油	2001年	中国石化（催化脱蜡）	20
	上海高桥石化公司	加氢裂化尾油	2004年	雪佛龙	30
	金陵分公司	加氢裂化尾油	2005年	中国石化	10
	齐鲁分公司	加氢裂化尾油	2008年	中国石化	20
	燕山石化公司	加氢裂化尾油	未开工	埃克森美孚	40
	荆门石化	中间基馏分油	2019年	中国石化	55
中海油	中海油惠州石化公司	加氢裂化尾油	2011年	雪佛龙	40
	中海油泰州-Ⅰ	环烷基	2015年	壳牌	20
	中海油泰州-Ⅱ	加氢裂化尾油	2015年	雪佛龙	40
地方炼厂	海南汉地阳光	加氢裂化尾油	2010年	中国石化	22
	河北飞天	加氢裂化尾油	2013年	中国石化	8
	盘锦北方沥青-Ⅱ	加氢裂化尾油	2014年	中国石化	40
	盘锦北方沥青-Ⅰ	环烷基	2013年	壳牌	20
	山东亨润德石化	加氢裂化尾油	2014年	中国石化	10
	盘锦北方燃料股份公司	馏分油、含蜡油	2015年	中国石化	20
	南京炼油厂有限责任公司	加氢裂化尾油	2015年	中国石化	15
	山东方宇润滑油公司	馏分油、精制油	2015年	中国石化（催化脱蜡）	40

公司	厂家	原料类型	投产日期	技术来源	装置规模 10^4 t/a
地方炼厂	山东方宇润滑油公司	馏分油、精制油	2016 年	中国石化	60
	辽宁海化	环烷基重质原料	2018 年	—	30
	潞安集团	费托合成油	2019 年	雪佛龙	60
	山东黄河新材料	馏分油、精制油	2019 年	中国石化	15
	海南汉地阳光	减压蜡油	2019 年	UOP 和埃克森美孚联合工艺	150
	大连恒力石化	加氢裂化尾油	2019 年	雪佛龙和中国石化	60
	河南君恒集团		2019 年		28
	潍坊石大	加氢裂化尾油	2019 年		30
	河北飞天		2019 年		35
	清沂山	—	2019 年		80

2 技术现状和发展趋势

2.1 技术现状

润滑油基础油生产技术经历了多次变革。从 1920 年开始，为了提高产品性能，众多润滑油生产商开始利用白土、硫酸以及二氧化硫来脱除润滑油中的硫氮化合物、芳烃以及高极性化合物，但这些方法都对环境有着不同程度的影响。1930 年，溶剂精制作为一种相对安全且可实现连续化的新工艺成功取代了之前的加工方案。其中最为典型的就是传统的"老三套"工艺。随着全球润滑油市场的消费升级以及原料的劣质化，单一的溶剂精制工艺已无法满足高品质润滑油基础油的生产要求，在此背景下，加氢技术逐渐成为高档润滑油基础油的主流生产工艺。此外，许多基础油厂都采用溶剂处理和加氢处理相结合的工艺技术。这些工厂通常最初以生产蜡和Ⅰ类润滑油基础油为主要目标产品，通过增加加氢处理步骤以改善润滑油基础油质量。目前，国内外润滑油基础油生产应用的典型工艺过程见表 6。

表 6 润滑油基础油生产典型工艺

工艺	提高黏度指数	改善低温流动性	改善安定性	产品
"老三套"工艺	溶剂抽提	溶剂脱蜡	溶剂后精制	Ⅰ类
全加氢工艺	加氢处理/加氢裂化	异构脱蜡/催化脱蜡	加氢补充精制	Ⅱ/Ⅲ类
组合工艺	溶剂抽提	加氢处理	溶剂脱蜡	Ⅱ类
	加氢裂化-溶剂精制	溶剂脱蜡	加氢补充精制	Ⅲ类
	加氢裂化/加氢处理	加氢异构/加氢补充精制	溶剂脱蜡	Ⅲ类

2.1.1 传统"老三套"工艺

传统的溶剂精制和加氢处理技术在黏度指数升级和脱蜡步骤中的分子转化方面截然不同，在溶剂精制过程中主要是物理分离过程，不会发生任何化学反应和分子转化。在黏度

指数升级步骤中应用相似相溶的原理，利用溶剂[如 N-甲基吡咯烷酮（NMP）、苯酚或糠醛]萃取低黏度指数分子（芳烃、多环芳烃）。提纯后的馏分油称为抽余油（或蜡质基础油），高度芳香的副产物称为抽出油。萃余液在溶剂混合物[甲基乙基酮（MEK）—甲苯和甲基乙基酮—甲基异丁基酮（MEK-MIBK）最常见]的存在下冷却并真空过滤脱除蜡，以满足倾点指标要求。由于成品基础油中残留了大量芳族化合物和杂原子化合物，因此溶剂精制仅适用于生产Ⅰ类基础油。

2.1.2 全加氢工艺

与"老三套"工艺有明显的区别，加氢法润滑油基础油生产主要通过氢气参与的反应单元过程，将馏分油中低黏度指数的组分和影响安定性的物质（含硫化合物、含氮化合物等）通过加氢方式脱除。主要包含的反应单元有加氢处理/加氢裂化、催化脱蜡/异构脱蜡、加氢精制。

加氢处理/加氢裂化的目的是提高润滑油基础油原料的黏度指数，同时通过加氢处理脱除馏分油中的含硫、含氮化合物和实现芳烃饱和。催化脱蜡/异构脱蜡单元将蜡状高倾点加氢裂化产物转化为无蜡产品，降低产品的倾点，提高其低温流动性。加氢精制单元通过饱和痕量芳烃和残留的极性烃改善颜色、氧化稳定性和光安定性。

全加氢处理路线生产润滑油基础油为炼厂提供了更大的操作灵活性，也可以处理更多种类的原料油。此外，通过全加氢法生产获得的润滑油基础油的性能普遍优于使用"老三套"工艺生产获得的润滑油基础油。全加氢路线生产的Ⅱ类润滑油基础油产品几乎不含硫和氮，芳烃含量低于1%（质量分数）。更低的杂质含量可以使润滑油的使用寿命更长，而更多的饱和烃含量可以将灰分更好地分散并使其他添加剂更好地发挥作用。全加氢路线也可以生产Ⅲ类基础油，较Ⅱ类基础油拥有更好的氧化稳定性。利用汽油发动机在高温高负荷条件进行台架试验结果显示：Ⅲ类基础油的性能更稳定，接近 PAO 的性能，因此在某些润滑油配方中用Ⅲ类基础油替代 PAO。

2.1.2.1 加氢裂化/加氢处理

加氢裂化是将重质原料（VGO、DAO、UCO、蜡等）转化为高质量的燃料和高含蜡的尾油。加氢裂化过程中发生两大类反应：（1）加氢处理，利用非贵金属硫化态催化剂通过加氢处理脱除氮、硫、氧和金属；（2）加氢裂化，碳碳键在双功能金属—酸性催化剂完成加氢裂化反应，生产具有高黏度指数的润滑油基础油原料。加氢裂化反应过程主要完成以下作用：（1）将原料的黏度指数提高至目标黏度指数；（2）脱除原料中的硫和氮，生产高品质加氢裂化产物进入脱蜡反应器；（3）饱和芳烃。

加氢裂化催化剂体系由加氢处理（预处理）催化剂和加氢裂化催化剂组成。加氢处理催化剂通常由负载在氧化铝上的Ⅷ族金属（镍或钴）的氧化物和Ⅵ族金属（钼或钨）的氧化物组成。金属氧化物在硫化过程中被还原并转化为金属硫化物。表7中列出了金属硫化物的不同组合及其功能。加氢裂化催化剂是双功能催化剂，加氢功能由金属硫化物提供，主要是镍和钨的硫化物。裂化或酸功能通常由催化剂载体中的固体酸组分提供，可以是无定形硅铝、结晶沸石分子筛或它们的混合物。需要选择适当的加氢处理与加氢裂化组分配比，从而实现在达到目标黏度指数值的同时深度脱除硫、氮和芳烃，并保证最大量润滑油基础油原料收率的目标。

表7　加氢处理/加氢裂化催化剂组分

功能	组分	活性	功能	组分	活性
加氢处理	Co-Mo 硫化物	加氢脱硫	加氢裂化	氧化铝	很低
	Ni-Mo 硫化物	加氢脱硫、脱氮		无定形硅铝	中等
	Ni-W 硫化物	芳烃饱和		分子筛	很强

2.1.2.2　催化脱蜡/异构脱蜡

加氢裂化反应器出口产品，即含蜡润滑油基础油，作为原料通过脱蜡单元进一步降低倾点，以满足成品润滑油基础油的低温性能指标。脱蜡过程分为两类：蜡加氢裂化（又称催化脱蜡）和蜡加氢异构化。

与溶剂脱蜡不同，催化脱蜡不会产生副产品蜡，其副产物主要是液化气和石脑油。催化脱蜡工艺已经商业化，使用最广泛的是埃克森美孚公司的催化脱蜡（MLDW™）工艺。埃克森美孚公司在20世纪70年代中期开发了此技术，以替代溶剂脱蜡技术。MLDW™催化剂使用ZSM-5沸石，该沸石允许某些轻支链烷烃的直链部分进入孔道，这些高倾点分子在沸石孔内的酸位上裂化为较小的烃分子。虽然该反应过程可以起到降低倾点的目的，但是裂化会副产气体，同时伴随目标产品液体收率下降。ZSM-5沸石具有择形特性，氮化物和硫化物无法深入ZSM-5孔内使其失活，因此该催化剂可以承受原料中的高氮含量和高硫含量，从而可用于溶剂抽提后抽余油以及加氢裂化尾油的脱蜡反应。与溶剂脱蜡相比，当达到相同的倾点时，ZSM-5对去除微晶蜡的选择性更高。

20世纪90年代初期，雪佛龙公司发明了一项突破性技术，名为ISODEWAXING®。ISODEWAXING®技术不是将蜡单独裂解成附加值较低的液化气和轻质石脑油，而是通过加氢异构将蜡转化为更高附加值的润滑油基础油和石脑油。雪佛龙公司于1993年在其位于加利福尼亚州里士满的炼油厂将ISODEWAXING®技术首次商业化。埃克森美孚公司随即也开发了加氢异构脱蜡技术MSDW™，并于1997年在新加坡裕廊润滑油厂成功应用。壳牌公司的加氢异构化脱蜡技术，在卡塔尔的GTL珍珠工厂成功应用。加氢异构脱蜡催化剂由专有的沸石或分子筛材料和至少一种贵金属组成。沸石或分子筛通常利用一维孔几何形状，与ZSM-5相比具有更好的选择性。长链烷烃分子进入分子筛孔并通过添加一个或两个甲基支链或添加乙基支链，异构化为较低熔点的异链烷烃分子。在分子筛孔道内可以形成带支链结构的异构体。分支越多，则倾点越低。然而，随着倾点的降低，黏度指数也会随着侧链的增加而降低。支链的数量和侧链长度必须达到平衡，才可以兼顾基础油的倾点和黏度指数。因此，加氢异构催化剂的异构化和加氢两个功能需要平衡地发挥作用，以实现优异的低温流动性并具有较高的润滑油收率和更高的黏度指数。

加氢异构催化剂中的异构化和加氢位点对含氮和硫的分子敏感，含氮化合物会使分子筛上的酸性部位中毒，从而导致催化剂失活。氮中毒大部分是可逆的，催化剂活性可以通过热氢气气提或通过引入更清洁的液体进料来恢复。含硫化合物则会导致催化剂中的贵金属钝化并抑制脱蜡反应。进料中的硫含量必须严格保持在低水平，以防止贵金属中毒。

2.1.2.3 加氢补充精制

生产优质润滑油基础油最后的加工步骤是补充精制。如果不进行补充精制，基础油中残留的芳烃将被氧化，从而导致机油变黑形成油泥，并在发动机和工业用油应用中产生腐蚀性化合物。加氢补充精制反应器通常置于异构脱蜡反应器后，形成一个加氢异构脱蜡/补充精制串联装置。补充精制步骤还脱除了多环芳烃，从而得以显著改善润滑油基础油产品的颜色以及高温氧化安定性。

早期的补充精制步骤是独立的反应单元，通常以Ⅰ类或Ⅱ类基础油为原料。催化剂是非贵金属催化剂，如负载在氧化铝上的镍和钼。由于催化剂加氢活性较低，基础油的芳烃、硫和氮含量与全加氢处理Ⅱ类和Ⅲ类基础油相比更高，因此无法满足其脱除剩余杂质的需求。目前补充精制催化剂采用贵金属负载，较非贵金属催化剂具有更高的反应活性，补充精制反应可以在反应温度为230℃左右下进行操作，该温度下芳烃饱和反应达到热力学平衡，从而可以完全脱除芳烃，生产的产品具有水白色和较高的氧化安定性。雪佛龙公司的 ISOFINISHING® 催化剂和埃克森美孚公司的 MAXSAT™ 催化剂都是高活性的补充精制催化剂，催化剂寿命可以长达10年以上。

2.1.3 组合工艺

目前许多基础油厂都采用溶剂处理和加氢处理相结合的工艺技术。这些工厂通常最初以生产蜡和Ⅰ类润滑油基础油为主要目标产品，通过增加加氢处理步骤以改善润滑油基础油质量。在溶剂精制后添加加氢处理步骤，可得到更饱和的抽余油，具有更高的黏度指数，同时通过溶剂精制和加氢处理，可以进一步优化工况。

组合工艺的特点是可以在高收率及高选择性条件下脱除非理想组分，后续加氢处理装置操作条件比一般加氢处理工艺条件缓和。加氢工艺和抽提工艺协同，提供较大的操作灵活性。壳牌公司的混合加氢处理(Hybrid)工艺以加氢异构化或加氢处理过程配合溶剂脱蜡过程，生产低倾点、高黏度指数润滑油基础油产品。埃克森美孚公司的 RHC 溶剂脱蜡组合工艺是将抽余油加氢转化过程(RHC)与溶剂脱蜡组合，该工艺可以有效地将Ⅰ类基础油转化为Ⅱ类基础油，可兼顾基础油和蜡的生产。第一套工业装置于1999年底在得克萨斯州 Baytown 炼油厂投产。中国石化石油化工科学研究院的 RLT 工艺技术将润滑油溶剂精制和中压加氢处理相结合，将原料经过溶剂精制，降低进料中氮化物和稠环芳烃含量，使加氢处理在较缓和的温度和压力(氢分压为10~12MPa)下进行。原料经过加氢补充精制后再进行溶剂脱蜡，不但提高了基础油的黏度指数，同时产品收率高、黏度损失少、氧化安定性好，还可以兼产高质量蜡产品。日本三菱石油公司将加氢裂化装置与传统润滑油精制装置工艺相结合，生产低、中等黏度的超高黏度指数润滑油基础油。加氢反应器进料为重减压瓦斯油(HVGO)，并向其中加入软蜡。加入软蜡将有利于生产超高黏度指数的基础油。此工艺路线主要针对软蜡、合成蜡及蜡含量高的原料，用于生产超高黏度指数润滑油基础油。

2.2 技术进展

目前，全球 Ⅱ 类润滑油基础油的主要供应商为雪佛龙鲁姆斯全球公司（Chevron Lummus Global，简称 CLG）、埃克森美孚公司和 Motiva 炼厂（隶属于沙特阿美公司）；Ⅲ 类润滑油基础油的主要供应商为壳牌卡塔尔天然气合成油厂、SK、S-Oil 和 Bapco-Neste 公司。上述公司采用的工艺技术主要来自 CLG 公司 IDW 技术、埃克森美孚公司 MSDW 技术以及 SK 公司 UCO 处理技术，前两种技术水平居全球领先地位，全球大部分装置采用上述技术。

2.2.1 CLG 公司 IDW 技术

雪佛龙公司是世界上第一个采用包括润滑油加氢裂化（ISOCRACKING）—异构脱蜡（ISODEWAXING）—加氢后处理全加氢工艺路线生产基础油的公司。加氢裂化技术提高黏度指数及热稳定性，异构脱蜡技术降低产品倾点，加氢后处理技术改善氧化稳定性。CLG 公司 IDW 工艺技术在世界异构脱蜡技术市场中发展最快。1993 年以来，异构脱蜡技术已经转让给 PetroCanada、Excel、SK、Neste 和中国石油（大庆炼化）、中国石化（高桥石化）等近 20 家公司。CLG 公司开发的异构脱蜡催化剂有三种：贵金属/SAPO-11；贵金属/SSZ-32；贵金属/SAPO-11+贵金属/ZSM-23 或 ZSM-5 组合催化剂。目前工业应用的有四代：第一代 ICR-404 和第二代 ICR-408 催化剂，分别于 1993 年和 1996 年在 Richmond 润滑油厂首次工业化；第三代 ICR-418、ICR-422、ICR-424、ICR-426 和第四代 ICR-432。国内的大庆炼化和高桥石化均采用过该公司的第三代异构脱蜡催化剂 ICR-422。

近年来，CLG 公司对催化剂不断进行升级改进，推出的最新一代 ICR-432 和 ICR-424 牌号催化剂于 2016 年首次应用于全球 Ⅲ 类基础油主要生产商之一的 Bapco-Neste 炼厂。2016 年 3 月，中海油泰州石化引进石蜡基润滑油加氢技术建设 40×10^4 t/a 工业生产装置，异构段催化剂采用 CLG 公司最新一代 ICR-432 和 ICR-425，以中海油西江原油减压蜡油为原料，生产 Ⅱ +类润滑油基础油。以减三线蜡油为原料生产 4cSt Ⅱ +产品收率可达到 64%，以减四线蜡油为原料生产 8cSt Ⅱ +产品收率可达到 54%，原料和产品性能见表 8，低温性能和其他各项理化指标优异。

表 8 中海油泰州石化润滑油加氢异构装置原料及产品性质

项目	原料		产品	
	VGO3	VGO4	API Ⅱ +4cSt	API Ⅱ +8cSt
100℃运动黏度，mm²/s	5.4	10.9	4.0~4.5	7.5~8.0
黏度指数	115	103	≥115	≥115
硫含量，μg/g	669	1077	—	—
氮含量，μg/g	297	996	—	—
倾点，℃	45	54	≤-18	≤-15
浊点，℃	—	—	≤-10	≤-10

在长周期运行方面，中国石化高桥石化采用 CLG 公司 IDW 工艺技术从 2009 年开工运行 9 年，远超催化剂设计寿命，达到 CLG 公司润滑油加氢催化剂运行之最。在原料拓展方面，2019 年 6 月，CLG 公司 IDW 技术成功应用于潞安集团 35×10⁴t/a 煤基合成Ⅲ+基础油装置，以费托合成中间油品为原料，产品性能接近 PAO，黏度指数可达 140，倾点为 −35℃，具有优异的氧化安定性和光安定性。

在专利保护方面，CLG 公司申请了具有 MTT 结构的新型分子筛 SSZ−95 以及具有 ZSM−48 结构的分子筛 SSZ−91 的合成方法，用于制备润滑油异构脱蜡催化剂；此外，还申请了处理含有重焦化汽油、重循环油、渣油加氢裂化油、芳烃提取物等原料生产重质润滑油基础油的两级加氢裂化工艺。从 CLG 公司近期专利保护情况看，未来技术将向开发新型分子筛以及处理重质原料两个方向发展。

2.2.2　埃克森美孚公司 MSDW 技术

埃克森美孚公司在雪佛龙公司推出 IDW 技术后，在其催化脱蜡（MLDW）工艺的基础上开发了选择性脱蜡（MSDW）工艺。埃克森美孚公司目前开发的润滑油脱蜡技术包括润滑油催化脱蜡技术（MLDW）、选择性脱蜡技术（MSDW）和蜡异构化技术（MWI）。

埃克森美孚公司的选择性脱蜡技术所处理的原料是加氢处理过的溶剂精制油，通过加氢裂化除去其中的杂质和含硫化合物、含氮化合物等化合物，并使部分多环、低黏度指数化合物选择性加氢裂化生成少环长侧链高黏度指数化合物，经汽提和蒸馏除去轻质燃料油馏分，将含蜡的润滑油馏分进入选择性脱蜡装置，其生成物再通过二段加氢补充精制反应器，使生成油性质进一步加氢稳定。该技术允许原料油含有相对较高的碱性氮和硫，可使原料油加氢裂化或加氢处理的操作条件更有利于提高黏度指数和总收率。

埃克森美孚公司的选择性脱蜡技术于 1997 年首次在新加坡 Jurong 炼油厂工业化，可年产Ⅱ类轻中性油（J150）和重中性油（J500）40×10⁴t。其中 90% 的Ⅱ类 J500 基础油，由设在我国天津、太仓、香港的调和厂调制成高档油进入中国市场。

埃克森美孚公司共开发了三代 MSDW 催化剂。值得注意的是，埃克森美孚公司的异构脱蜡和加氢后精制催化剂都有相对较好的抗氮、抗硫性能，反应压力可以降低。MSDW 催化剂主要采用 Pt/MTT 催化剂，使长链正构烷烃进行加氢异构化反应的同时发生选择性加氢裂化反应。产品收率和黏度指数较 MLDW 催化脱蜡工艺均有改善。第二代催化剂 MSDW−2 提高了异构化的选择性，降低了非选择性的裂化活性，使异构化油的收率和黏度指数分别提高 2 个百分点和 3 个单位，同时使用范围从只能生产 100℃ 黏度小于 15mm²/s 的中性油扩大到能生产 100℃ 黏度为 20~40mm²/s 的光亮油。第三代催化剂 MSDW−3 与第一代、第二代催化剂相比，提高了原料适应性和处理量，并且催化剂被原料污染后活性可有效恢复，能在保持较高的收率和选择性的同时，大幅提高催化剂的活性和稳定性。

根据相关文献及埃克森美孚宣传材料报道，由于 MSDW 工艺具有异构选择性好、抗硫、氮中毒能力强（硫含量 50μg/g，氮含量 5μg/g）、运转寿命长等优点，已经逐渐取代 IDW 技术成为国际市场主导。在长周期运行方面，有两套装置运行周期超过 12 年，其中一套仍在运行中。近期，在埃克森美孚公司鹿特丹炼厂的加氢裂化装置完成扩能，并生产重质Ⅱ类润滑油基础油。2018年3月，海南汉地阳光 $30×10^4$ t/a 润滑油基础油生产装置采用埃克森美孚公司 MSDW 技术，产品液体收率高达99%以上，产品黏度指数为112，倾点为-25℃，产品性能优异。

在专利保护方面，埃克森美孚公司近期申请了连续模式生产高质量Ⅱ/Ⅲ类润滑油基础油馏分的工艺，加氢处理和加氢异构步骤根据处理原料的不同可在不同的反应器中进行，也可集成于1个反应器中。此外，还申请了以脂肪酸等生物质为原料生产高档润滑油基础油的工艺；在反应器中填入有机硅以分离润滑油基础油中的有机芳烃化合物，从而提高润滑油基础油的品质。从埃克森美孚公司近期专利保护情况来看，未来技术改进将从工艺过程优化以及原料拓展两个方向发展。

2.2.3　韩国 SK 公司 UCO 润滑油生产技术

韩国 SK 公司和 S-Oil 公司是全球Ⅲ类润滑油基础油的主要生产商。S-Oil 公司采用埃克森美孚公司 MSDW 技术生产高档润滑油基础油。SK 公司则采用自主研发的润滑油生产技术以 UCO 为原料生产中低黏度、超高黏度指数润滑油基础油，牌号为 YUBASE®，产品性质见表9。主要工艺流程如下：通过分馏得到的 UCO，经减压蒸馏后部分循环至加氢裂化单元，部分馏分油进入加氢异构装置和补充精制装置，最后经汽提后得到产品。该工艺针对润滑油脱蜡单元，通过分区加工应用不同的加氢脱蜡工艺工况，提高了目标产物的选择性。SK 公司生产润滑油基础油的装置最早于1995年10月在 SK 公司的 ULSAN 炼厂投产，生产能力约为 $17.5×10^4$ t/a。处理的原料为科威特原油或减压馏分油，加氢裂化段采用 UOP 技术催化剂，脱蜡段最初采用埃克森美孚公司的 MLDW 催化剂，而后采用雪佛龙公司的 IDW 催化剂。

表9　SK 公司 UCO 工艺生产的润滑油基础油产品性质

项目	YUBASE 3	YUBASE 4	YUBASE 6	YUBASE 8
100℃运动黏度，mm^2/s	3.1	4.2	6.5	7.6
黏度指数	112	122	131	128
倾点，℃	-24	-15	-15	-12

在专利保护方面，SK 公司近期申请了利用生物质衍生脂肪酸制备钻井液和润滑油基础油的方法。通过生物质脂肪酸混合物氢化生成脂肪醇混合物，经脱水得到 C_{16} 和 C_{18} 烯烃混合物，低聚后生成烯烃型润滑油基础油，加氢精制后最终得到高品质润滑油基础油。从 SK 公司近期专利保护情况看，未来技术改进将聚焦处理生物质原料方向发展。

2.2.4　中国石化 RIW 技术

中国石化石油化工科学研究院开发的异构脱蜡 RIW 技术于2016年4月在某炼厂 $15×10^4$ t/a 加氢异构装置上实现工业应用，原料为加氢裂化尾油，采用异构脱蜡—后精制流程，催化剂为异构降凝催化剂 RIW-2 以及补充精制催化剂 RLF-20，生产出Ⅱ类、Ⅲ类润滑油基础油，基础油总收率大于80%，原料及产品性质见表10。

表 10　某炼厂 $15×10^4t/a$ 润滑油加氢异构装置原料及产品性质

项目	原料		产品	
	原料 1	原料 2	产品 1	产品 2
100℃运动黏度，mm^2/s	4.6	4.9	5.2	5.4
黏度指数	136	130	122	116
凝点，℃	39	39	—	—
倾点，℃	—	—	−18	−18

在原料拓展方面，中国石化石油化工科学研究院开展了以中间基馏分油生产 4cSt、6cSt Ⅱ类润滑油基础油，以费托合成油为原料生产 4cSt、6cSt 和 8cSt Ⅲ+基础油的研究，其中针对费托合成油为原料的研究于 2012 年在 3000t/a 装置上完成了工业试验，生产的 4cSt、6cSt Ⅲ+基础油性质可与 PAO 媲美。在工艺研究方面，中国石化工程建设公司通过在全加氢型润滑油生产装置中引入高压氢气气提技术，将传统的加氢处理—加氢异构脱蜡—补充精制整合为一段串联系统，避免了加氢处理反应产物先降压、后升压进入加氢异构脱蜡反应器造成的能耗，该工艺已应用于某炼厂 $20×10^4t/a$ 环烷基高压加氢润滑油基础油装置，与传统流程相比可节省装置投资 8% 左右，能耗减少 12% 左右。

2.2.5　中国石油润滑油加氢异构 PHI 技术

中国石油石油化工研究院从 1999 年开始进行异构脱蜡催化剂和补充精制催化剂的研发。目前，中国石油开发的异构脱蜡系列催化剂包括 PIC-802、PIC-812、WICON-802 和最新一代 PHI-01，补充精制催化剂有 PHF-301。其中 PIC-802 于 2008 年 10 月在大庆炼化 $20×10^4t/a$ 异构脱蜡装置替代雪佛龙异构脱蜡催化剂实现首次工业应用，催化剂稳定运行 4 年，应用结果表明，催化剂各项性能指标明显优于进口催化剂，重质基础油收率提高 15~21 个百分点。2012 年，改进型异构脱蜡催化剂 PIC-812 在大庆炼化实现二次应用，配套开发的补充精制催化剂 PHF-301 也替代原进口催化剂实现了首次应用，结果表明，第二代异构脱蜡催化剂活性更高、产品结构和收率方面也得到了全面提升，气体和石脑油收率降低 3~5 个百分点，基础油收率提高 4~6 个百分点。2017 年，全新一代异构脱蜡催化剂 PHI-01 在大庆炼化实现第三次应用，原料及产品性质见表 11。应用结果表明，重质基础油收率在原有基础上提高约 10 个百分点，且催化剂稳定性得到进一步提升。

表 11　大庆炼化 $20×10^4t/a$ 润滑油加氢异构装置产品性质

项目	原料		产品	
	200SN 原料	650SN 原料	6cSt 基础油	10cSt 基础油
100℃运动黏度，mm^2/s	6.761	12.03	6.310	9.427
黏度指数	103	133	110	132
倾点，℃	0	59	−21	−24
浊点，℃	—	—	−21	−5

2.3 技术发展趋势

润滑油加氢异构技术已趋于成熟，随着我国交通工具及工程机械的不断发展，对高端润滑油基础油的需求不断提升。从目前国内外润滑油基础油生产技术进展来看，未来的发展趋势主要围绕催化剂升级、工艺优化以及原料拓展三个方面。

（1）催化剂升级。

催化剂的升级改进主要集中在提高催化剂的活性、稳定性以及降低催化剂成本，特别是在处理高含蜡原料时提高异构选择性，提高重质润滑油基础油收率，改善产品低温流动性能，重质基础油产品倾点、浊点达到指标要求。由于异构催化剂大多使用贵金属负载，成本较高、抗硫氮能力差，因此未来的催化剂研发工作也包括开发类贵金属催化剂，以达到与贵金属催化剂相同的反应活性，同时提高抗污染能力。

（2）工艺优化。

2020年9月，习近平主席在第七十五届联合国大会上郑重宣布，中国"二氧化碳排放力争于2030年前达到峰值，努力争取2060年前实现碳中和"。在"双碳"的目标下，需要围绕炼厂实际运行情况开展工艺条件优化试验，如中国石化通过在全加氢型润滑油生产装置中引入高压氢气气提技术，将原有反应系统整合为一段串联系统，降低能耗达12%。诸如此类降低反应系统能耗、达到碳减排目标的工艺优化将是未来的发展方向之一。

（3）原料拓展。

国内外广泛采用全加氢工艺或组合工艺生产Ⅱ类、Ⅲ类润滑油基础油，处理的油品主要为VGO、HTO、蜡等矿物原料。由于世界上适宜生产润滑油基础油的矿物油数量有限，因此开展了多种替代能源的研究。由费托合成的润滑油基础油因具有黏度指数高，饱和烃含量高，不含硫、氮和芳烃，可生物降解等优点而成为高质量基础油的研究热点。此外，我国每年有大量废塑料产生，废塑料能源化处理是能源回收和扩大能源供给的重要措施。将废塑料裂解生产燃料油的同时还可以通过加氢异构过程生产附加值更高的润滑油基础油。

3 展望

近年来，以中国石油、中国石化为代表的石油化工企业在润滑油加氢异构技术研发方面取得了长足的进步，但与国外公司仍存在一定差距，未来该领域的发展应聚焦以下三个方面：

（1）催化剂升级和成套工艺技术优化，进一步提升催化剂活性稳定性，确保在催化剂使用周期内重质产品收率稳定；降低装置能耗、提高装置操作灵活性，助力炼厂达到提质增效和碳减排的目标。

（2）扩大Ⅲ类及Ⅲ类+基础油的生产规模，优化国内润滑油基础油产业结构，开发配套的润滑油添加剂，形成全产业链协同发展，才能从根本上缓解我国润滑油市场对国外高端润滑油基础油的依赖度。

（3）除石油基Ⅲ类及Ⅲ类+基础油外，高档润滑油基础油还包括由 α-烯烃聚合得到的Ⅳ类基础油 PAO，因其具有良好的热氧化安定性、低挥发性和高黏度指数，在高端制造领域已广泛应用，需求增加明显。因此，除Ⅲ类及Ⅲ类+基础油外，还应大力发展 PAO 润滑油基础油生产技术，推动润滑油行业发展，加速我国润滑油基础油的升级换代。

参 考 文 献

[1] 张霞，白振民，吴子明，等. 生产润滑油基础油的加氢裂化技术[J]. 石油化工，2020，49（3）：224-230.

[2] 付凯妹，李雪静，郑丽君，等. 润滑油基础油技术研究进展[J]. 石化技术与应用，2021，39（2）：138-142.

[3] 宁召宽，孔珊珊. 润滑油基础油的生产工艺及发展趋势[J]. 炼油与化工，2018，29（4）：5-7.

[4] 黄卫国，方义秀，郭庆洲，等. 润滑油异构脱蜡催化剂 RIW-2 的研究与开发[J]. 石油炼制与化工，2019，50（5）：6-11.

[5] Lei G D, Adeola F O, Zhang Y H, et al. Molecular sieve ssz-95, method of making, and use：US 20190001312 A 1[P]. 2019-01-03.

[6] 王鲁强，黄卫国，郭庆洲，等. 加氢异构降凝催化剂 RIW-2 的开发及工业应用[J]. 石油炼制与化工，2019，50（6）：1-6.

[7] 薛楠. 高压氢气汽提在全加氢型润滑油生产流程中的应用研究[J]. 石油炼制与化工，2019，50（10）：57-61.

[8] 谷云格，徐亚明. 润滑油加氢装置运行末期的生产状况分析[J]. 石油炼制与化工，2019，50（3）：68-71.

[9] 煤基合成Ⅲ+基础油在潞安成功产出[EB/OL].（2019-03-21）[2021-04-21]. http://www.chinalubricant.com/news/show-99530.html.

[10] 卜岩，贾丽，侯娜. 韩国Ⅲ类及Ⅲ~+类润滑油基础油生产技术[J]. 当代化工，2017，46（9）：1845-1847.

[11] Brown S T. Base oil groups：manufacture, properties and performance[J]. Tribology & Lubrication Technology, 2015, 71（4）：32.

[12] 任建松，郭春梅，张光. 西江蜡油全氢法生产 API Ⅱ⁺类基础油先导试验[J]. 石油炼制与化工，2016，47（6）：20-24.

[13] 王娟. 润滑油加氢装置的工艺改进及效果[J]. 石化技术与应用，2019，37（5）：340-344.

[14] 卜岩，贾丽，侯娜. 高黏度指数润滑油基础油生产技术进展[J]. 炼油技术与工程，2017，47（11）：1-4，17.

[15] Lei G D, Adeola F O, Xie D, et al. Processes using molecular sieve ssz-91：US 20170058209 A 1[P]. 2017-03-02.

[16] Bhattacharya S. Two-stage hydrocracking process for making heavy lubricating base oil from a heavy coker gas oil blended feedstock：US 20150068952 A 1[P]. 2015-03-12.

[17] David C C, James W G, Kaul B, et al. Methods of separating aromatic compounds from lube base stocks：US 20160168484 A 1[P]. 2016-06-16.

［18］Chen F R, Michael C C, Richard D A, et al. Hydrocracking process for high yields of high quality lube products：US 20160298038 A 1［P］. 2016-10-13.

［19］Michel D, Bradley R F, Patrick L H, et al. Process for making lube base stocks from renewable feeds：US 20140171700 A 1［P］. 2014-06-19.

［20］Jung E H, Kim Y H, Kim Y W, et al. Method of preparing drilling fluid and lube base oil using biomass-derived fatty acid：US 20150368537 A 1［P］. 2015-12-24.

［21］Jung E H, Kim Y W. Lube base oil comprising x-type diester acid dimer and method for preparing the same：US 20160097014 A 1［P］. 2016-04-07.

［22］Chung Y M, Jung E H, Kim H S, et al. Method for producing hydrocarbons from biomass or organic waste：US 20130210106 A［P］. 2013-08-15.

催化重整技术

◎乔　明　宋倩倩　李雪静　潘晖华

催化重整是炼厂的关键装置，主要生产高辛烷值汽油调和组分、高附加值芳烃以及氢气，重整汽油在全球汽油池中的占比约为27%。随着全球汽油需求增速放缓及需求量接近峰值、化工产品需求长期内将快速增长，催化重整作为炼化一体化的重要装置，其重要性愈加突出。从不同地区来看，美国页岩油繁荣使乙烯裂解装置的原料轻质化，裂解产物中的芳烃数量减少，重整装置补充芳烃供应的重要性增强；欧洲在汽油需求下降、芳烃需求上升的预期下，重整装置的操作向增产芳烃转变；亚洲市场对芳烃需求的快速增长使很多新建的重整装置以生产芳烃为主要目的；中东通过在新建大型炼化一体化项目中布局重整能力满足芳烃的需求。此外，随着世界主要地区清洁燃料标准的进一步严格，炼厂对氢气的需求也持续上升。催化重整是炼厂工艺装置副产低成本氢气的主要来源，在制氢方面，重整装置的重要性也逐渐增强。

1　催化重整发展现状

自2010年以后，全球催化重整能力一直比较平稳。据《Oil & Gas Journal》统计，截至2020年1月，全世界重整能力为$5.89×10^8$t/a，约占原油一次加工能力的12.82%，主要集中在美国、亚太和西欧。除亚太和中东地区以外，美国、加拿大、拉美、西欧等国家和地区的重整能力均比2019年有所下降，亚太地区重整能力增幅较大，增长11.18%。我国重整能力约为$1.3×10^8$t/a，重整在我国炼油装置结构中占一次加工能力的比例由2000年的7.6%上升到2020年的14%。

在我国近年来新建和规划建设的主营大型炼化项目中，大多数都包含催化重整装置，如中海油惠州（二期）$180×10^4$t/a重整装置、中科湛江$180×10^4$t/a重整装置以及正在建设的中国石油广东石化$300×10^4$t/a重整装置等。随着原油进口权、进口原油加工权、成品油出口配额对地方炼厂的放开，我国地方炼厂重整能力也在提升，地方炼厂催化重整装置能力占一次加工能力的比例达到10%以上，以生产高辛烷值、优质清洁的重整汽油为主。部分地方炼厂为实现由燃料型炼厂向燃料—化工型炼厂转型升级，将重整装置作为产业链延伸的重要装置。国内民营资本投资新建的很多大型炼化一体化项目也都包含重整装置，如浙江石化、恒力石化、盛虹石化等项目建设的重整装置都达到世界级规模。从装置水平来看，近年新建的重整装置从工艺到设计建设都直接瞄准世界先进水平，选择国际领先的技术，且由央企具有资质的专业公司承接施工。

在新建产能方面，据统计，当前全世界炼厂重整新建/扩能/改造项目至少有 46 个，合计新增能力超过 2600×10⁴t/a。这些项目主要分布在亚太、欧洲和中东地区。

2 技术现状和趋势

根据催化剂再生技术的类型，催化重整技术分为半再生、连续再生(CCR)、循环再生三种，全球超过 97% 的重整能力都应用这三类技术。半再生催化重整要求装置必须停工然后进行催化剂的再生；连续再生重整则可在正常操作时完成催化剂的再生，使催化剂保持高活性，在低压条件下可以获得较高的产品收率；循环再生重整则介于这两者之间，除了常规的反应器，还有一个反应器交替切换使用。连续重整发展速度较快，已经是半再生重整规模的 1.69 倍，全球连续铂重整装置已经超过 380 套，未来重整技术的发展重点也是连续重整。

当前全球连续重整装置采用的技术主要来自 UOP 和 Axens 公司，这两家公司的技术应用范围最广。随着汽油需求增速放缓、芳烃需求持续上升，两家公司都调整了技术研发重点，推出了多产芳烃的重整技术，如 Axens 公司的 Aromizing、UOP 公司的 RZ 铂重整技术等。

2.1 技术发展现状

2.1.1 UOP 公司技术

UOP 公司主要有 CCR 铂重整(CCR Platforming)和 RZ 铂重整(RZ Platforming)两大技术。

(1) CCR 铂重整技术。

该技术采用垂直分布式反应器设计。加氢精制石脑油进料与循环氢气混合，并与反应器出口物料进行换热。混合进料随后在进料加热炉中加热至反应温度，并送至反应器。主反应是吸热反应，因此在每个反应器之间使用一个中间加热炉将物料重新加热到反应温度。最后一个反应器的出口物料与混合进料进行换热，冷却后在分离器中分离成气体和液体产品。气相产物富含氢气，一部分气体被压缩并再循环回反应器。其余富氢气体被压缩并与液相产物一起进入回收装置。催化剂在重力作用下向下流动通过反应器。随着反应的进行，催化剂逐渐积炭失活。失活催化剂从第四反应器底部提升至再生器。

该技术已在全球超过 300 套装置中应用，近年来在一些新建大型炼化项目中有新的应用进展，如印度尼西亚 Balikpapan 炼厂采用该技术建设的重整装置生产 120×10⁴t/a 苯和 PX；浙江石化一期建成 2 套连续重整装置，单套规模 400×10⁴t/a；中国石油广东石化在建 2 套连续重整装置，单套规模 300×10⁴t/a；粤湾石化(珠海)正在建设 300×10⁴t/a 连续重整装置。

(2) RZ 铂重整技术。

该技术以轻质链烷烃为原料，以多产苯、甲苯和氢气为目的。UOP 公司常规连续铂重

整技术将 C_6—C_7 链烷烃转化为芳烃的转化率通常小于 50%，相比之下 RZ 铂重整技术利用 RZ-100 催化剂比常规连续重整催化剂的芳烃收率高 25%~30%（质量分数）。使用 RZ-100 催化剂的氢气收率也是使用其他催化剂的两倍。

该技术采用并列式反应器设计，反应器间有加热炉提供必要的反应热。石脑油原料和循环氢的混合进料与最后一个反应器出口物料进行热交换，反应器出口物料经冷却后分为气液两相，部分富氢气体循环进入反应段，其余去产品回收装置。

RZ 铂重整装置可与常规重整装置同时使用，以加氢处理后的石脑油为原料，最大量生产苯、甲苯和二甲苯。分馏后重馏分经催化重整得到高收率的二甲苯，轻馏分则在 RZ 铂重整装置中转化为苯和甲苯。

2.1.2 Axens 公司技术

Axens 公司连续重整技术包括以生产高辛烷值汽油调和组分为主的 Octanizing 技术和以生产芳烃为主的 Aromizing 技术。当前，全球超过 100 套装置采用 Octanizing 技术，50 多套装置采用 Aromizing 技术。

（1）Octanizing 技术。

该技术采用并列式反应器，在低压（345kPa）和低氢烃比条件下，实现氢气和较高辛烷值的 C_{5+} 收率最大，投资和运行成本较低。原料进入第一个反应器，高稳定性和选择性的催化剂从上到下流动与原料接触，然后氢气将催化剂提升到下一个反应器的顶部。这种运输系统降低了催化剂的磨损，催化剂经过 4 个并列的移动床反应器后，由氮气提升至再生器顶部。Axens 公司开发了 RegenC 再生工艺，在再生器中催化剂经过烧焦、氧氯化和焙烧，以恢复催化剂活性并实现 Pt 的再分散。

近年来该技术许可的装置主要位于泰国、埃及、马来西亚等发展中国家，这些国家正处于汽油质量升级阶段，对清洁汽油生产技术有较大需求，新建装置规模都不超过 100×10^4 t/a。

（2）Aromizing 技术。

该技术采用并列式反应器设计，在低压（低于 451kPa）、高苛刻性（研究法辛烷值大于 104）、低氢烃摩尔比条件下运行。通过汽提将催化剂从一个反应器输送到下一个反应器直至最后一个反应器，然后氮气将结焦催化剂输送到再生器中进行再生，再生后的催化剂再进入第一个反应器。从最后一个反应器流出的产物经冷却后进入回收系统，将富芳烃产品与富氢气体进行分离，富芳烃液体产品进入稳定塔脱除轻馏分，再将稳定塔底的重整生成油进行芳烃回收。

Axens 公司 Aromizing 技术在沙特阿美 Jazan 炼厂和恒力石化等大型炼化企业应用，装置达到世界级规模，其中恒力石化连续重整装置包含 3 个系列，单系列加工能力为 320×10^4 t/a。

2.1.3 中国石化

中国石化石油化工科学研究院开发了石脑油超低压连续重整成套技术，可依据装置生产目标进行芳烃型和汽油型装置设计。反应器采用两两重叠布置，催化剂输送采用"新型无阀输送"，减少磨损，再生器内实现催化剂连续流动。据介绍，采用该技术建设的装置

C_{5+}液体产品收率、氢气产率和能耗等指标与国外技术相当。已在中国石化广州石化、九江石化等 12 套装置应用，最大规模为 $150×10^4t/a$。

中国石化工程建设公司(SEI)开发了反应物料和催化剂逆流流动的连续重整工艺。这一改进可使反应速率较低的重整反应在新鲜催化剂上进行，使催化剂的使用更为合理。经过不断改进优化，调整了催化剂进入反应器的顺序，解决了连续重整后两套反应器催化剂活性偏低的问题，又避免了催化剂积炭偏高。2013 年工业应用后相继建设了几套装置。

中国石化洛阳工程公司开发了超低压连续重整工艺(SLCR)，该技术采用两两重叠反应器布置，改善了反应器内物流及催化剂分布，Z 形径向反应器改善了反应器出入口管道的布置；再生循环气体采用"干冷"循环流程，有效抑制了催化剂比表面积降低。该技术在中国石化扬子石化工业应用。

2.2 催化剂发展现状

全世界重整催化剂的消费量占炼油催化剂消费总量的 8%，重整催化剂是位于催化裂化、加氢处理之后的第三大催化剂品种。目前通常使用的石脑油重整催化剂由负载在含氯氧化铝载体上的铂(及其他金属)组成。这些催化剂的金属组分提供加氢和脱氢功能，含氯氧化铝提供酸性功能，负责异构化、环化和加氢裂化反应。

目前重整催化剂的研发主要集中在 UOP、Axens、中国石化、中国石油等公司。

2.2.1 UOP 公司重整催化剂

2.2.1.1 连续重整催化剂

UOP 公司的 CCR 催化剂可用于该公司连续重整装置，也可用于其他公司的连续重整装置。每一代催化剂通常包括高铂型(R-××2)和低铂型(R-××4)两类。UOP 公司连续重整催化剂的特点是通过降低压力、氢烃比，提高辛烷值或提高产量来提高装置的盈利能力。

1992 年，UOP 推出了用于 CCR 装置的 R-130 系列催化剂(R-132 和 R-134)。该催化剂在活性、收率和表面积稳定性等方面性能优异，R-134 催化剂寿命更长、持氯能力更强。R-132 和 R-134 催化剂已在 130 多套装置中应用。

随后，推出了 R-170 系列催化剂(R-172 和 R-174)，该系列在保留 R-130 系列的高表面积稳定性、强持氯能力和低积炭能力的同时，收率更高。通过改变催化剂载体的酸性中心强度分布，增加烷烃环化反应，降低加氢裂化活性。与 R-130 系列相比，该系列催化剂的液体收率提高 1%(体积分数)、C_{5+}和氢气收率增加。

R-160 系列催化剂(R-162 和 R-164)是一种高密度 CCR 催化剂。该系列催化剂的活性、选择性以及表面积稳定性与 R-130 系列相当，但机械强度要优于 R-130 系列。该系列催化剂密度($670kg/m^3$)比 R-130 系列($560kg/m^3$)高，因此有利于防止贴壁导致结焦。因此，在较高的处理量下，可以保证反应器与再生器间的催化剂连续循环。

1999 年，UOP 公司推出了 R-230 系列催化剂(R-232 和 R-234)。开发该系列催化剂的主要目的是降低催化剂的结焦速率，同时改进催化剂的选择性、提高 C_{5+} 和氢气收率。

与 R-130 系列相比，除了密度一致，该系列催化剂在产品收率、表面积稳定性、机械强度等方面均有改善，最重要的是降低了结焦速率。为了降低结焦速率，UOP 公司对催化剂的酸性和氧化铝载体结构进行了改进。

R-254 是 2010 年推出的 R-234 催化剂的下一代产品，已被应用于 10 套工业装置。首套工业化装置应用后，与原有操作相比，氢气产量增加了 $7.08m^3/bbl$，每年增加盈利 310 万美元。

R-260 系列催化剂（R-262 和 R-264）以其高活性或高收率的操作灵活性为主要特征。2004 年推出的 R-264 催化剂，其密度比 R-130、R-230 和 R-270 催化剂高出约 20%，因此原料加工量可提高 10%~20%。尽管 R-264 和 R-134 的密度有差别，但 Pt 含量大体相同。此外，该催化剂的其他优点包括抗磨强度高、持氯能力强和表面积稳定性高。与 R-130 系列相比，R-264 采用了较高密度的氧化铝载体，同时对载体的孔结构进行了调整，减少了细微孔占比并重新优化了催化剂金属和酸性功能的平衡。在高收率情况下操作，与 R-130 系列相比，R-264 的 C_{5+} 收率可增加约 0.6%（体积分数）、氢气收率提高 $7m^3/m^3$、积炭量减少 10%。在活性方面，达到同样活性所需的反应温度，该催化剂比上一代系列催化剂降低约 3℃，同时减少 10% 的积炭。R-264 对因积炭而导致加工量下降的炼厂尤为重要。继 R-264 后，UOP 于 2007 年推出了高 Pt 含量的 R-262 催化剂，该催化剂主要为高苛刻度操作和原料中杂质含量较高的装置设计。

2000 年 UOP 推出的 R-270 系列催化剂（R-272 和 R-274）具有与 R-130 系列相同的配方，但在金属/酸性中心方面进行了改性，在低压、高苛刻度操作下有利于限制积炭。该系列催化剂在产品收率方面优于 R-130 和 R-230 系列，在催化剂失活速率方面比 R-130 系列低。以 $2×10^4bbl/d$ 连续重整装置为例，R-270 系列催化剂比 R-130 系列催化剂 C_{5+} 收率提高 1.1%（体积分数）、H_2 产量增加 $12m^3/m^3$。尽管 R-270 系列催化剂在选择性上有明显提高，积炭速率也低于 R-130 系列，但其活性低于 R-130 系列和 R-230 系列，导致其推广应用受到了限制，目前仅有 7 套装置采用该系列催化剂。

R-284 具有高收率、高稳定性、低积炭和较高活性等特点，除了含有与 R-254 和 R-274 相同的金属助剂，R-284 采用高密度氧化铝为载体，最适于生产芳烃和二甲苯，且可提高处理量。与 R-264 相比，据估计 R-284 总芳烃产量增加 0.5%（质量分数）、C_8 收率提高 0.9%（用于生产 PX）、C_9 收率提高 1.7%（可转化成 C_8 和苯）。

2013 年，R-334 催化剂实现工业应用，该催化剂是一种低铂、低密度催化剂，具有低裂化、更好的选择性和高收率特点，可用于多产汽油组分和氢气或者多产芳烃和氢气。该催化剂工业应用的装填次数已超过 140 次。

2017 年，UOP 公司最新的重整催化剂 R-364 在日本富士石油公司千叶县东京湾袖浦（Sodegaura）炼油厂应用。该催化剂是一种高活性催化剂，可用于将石脑油原料催化转化为芳烃，并将连续重整装置产量提高 10%。富士石油公司表示，该公司之所以选择 R-364 催化剂，是因为其可通过提高现有连续重整装置的产量来增加炼油厂的芳烃产量，并满足公司由生产汽油转向高价值芳烃生产对催化性能、产品质量以及经济性的要求，且无须改造或投资新装置。R-364 是 R-264 催化剂的新一代产品，其保留了 R-264 催化剂的所有性能，并且具有更好的活性和更低的焦炭产量，从而可提高催化反应的效率。

2.2.1.2　固定床催化剂

1992 年，UOP 推出了 Pt-Re 催化剂 R-56，目前已在超过 200 套装置中使用。与前一代催化剂 R-62 相比，R-56 的反应温度降低了 4℃，稳定性增加 15%。1994 年，R-72 半再生催化剂实现工业化，R-72 使用单 Pt 金属代替 Pt-Re 组合，其金属功能在增加烷烃脱氢环化反应的同时，也限制了五环环烷烃的开环反应。与含 Pt-Re 催化剂（如 R-56 和 R-62）相比，R-72 的 C_{5+} 和氢气收率分别提高 1%~2%（体积分数）、10%~15%。

R-86 是一种平均堆积密度比 R-56 低的 Pt-Re 催化剂。自 2001 年推出以来，已在全球超过 100 套装置中使用。R-86 的稳定性与 R-56 相当，但产品收率更高、积炭更少，从而降低了运营成本和提高了利润。

2005 年，推出了含有助剂的 Pt-Re 催化剂 R-98，该催化剂具有高活性、高收率以及很好的稳定性等特点。第一套工业化应用装置位于美国亚拉巴马州的 Hunt 炼厂，以加氢处理后的焦化石脑油为原料，其 C_{5+} 收率提高 2%（质量分数）。目前，该催化剂在世界各地超过 25 套固定床装置中应用。

2010 年，UOP 推出了新一代催化剂 R-500，与上一代固定床催化剂相比，在一个周期内其稳定性、活性和收率更高。R-500 和上一代 UOP 固定床催化剂相比，在 C_5 收率、氢气收率、稳定性等方面性能更优异。最新一代催化剂是 2015 年推出的三叶草形 Pt/Re 催化剂 R-560，该催化剂能处理杂质含量更高的原料，利用炼厂级氢气即可再生。目前应用已超过 20 套工业装置。

2.2.2　Axens 公司重整催化剂

2011 年 3 月，Axens 北美公司收购了 Criterion Catalysts & Technologies 公司位于美国西弗吉尼亚州的柳树岛催化剂生产厂及其重整催化剂的知识产权。Axens 公司的 CR 系列催化剂在生产高辛烷值汽油和芳烃方面具有优势，而 Criterion Catalysts & Technologies 公司用于固定床和移动床的几种单金属和双金属催化剂则加强了 Axens 公司在重整催化剂领域的地位。

2.2.2.1　连续重整催化剂

该系列催化剂包括 AR、CR、PS、Symphony 等。

AR 701 和 AR 707 是专为 Aromizing 技术设计的多金属 Pt-Sn 催化剂，具有高 C_6—C_8 芳烃的选择性，最大量多产芳烃，催化剂活性高，机械强度、持氯能力较好。

Pt-Sn 催化剂 CR-600 和 CR-700 系列具有较低的密度，可有效降低 Pt 和催化剂的总用量。CR-600 系列主要用于生产高辛烷值汽油，而 CR-700 系列则用于生产芳烃。CR 601 和 CR 607 两种催化剂 C_{5+} 和氢气收率高，焦炭少，机械强度、持氯能力较好，CR 601 用于低压装置，CR 607 用于中压和高压装置；CR-702 专为压力低于 1.1MPa 下非 Axens

公司的连续重整工艺研发，可使 C_{5+} 产量增加 2%。

PS 系列催化剂具有高水热稳定性、耐磨性、良好的持氯能力和活性高等特点。PS-40 是一种球形、低 Pt-Sn 重整催化剂，可减少烷烃裂化，增加氢气以及 C_{5+} 产量。PS-80 的 Pt 含量与堆密度与 PS-40 相同，但活性更高，在达到同样辛烷值情况下反应温度可降低 5.5℃，产品收率不低于 PS-40，且持氯能力明显提高。

Symphony 催化剂是 Axens 公司最新一代高性能重整催化剂，将先进的催化剂载体和多金属活性组分配方技术结合。Symphony 催化剂在连续重整反应过程中的水热稳定性得到改进，还可延长固定床重整反应器的循环周期。与上一代催化重整催化剂相比，Symphony 催化剂还可以提高芳烃或汽油产量，提高氢气收率和纯度，并且其较低的贵金属含量使催化剂装填成本降低。Symphony PS 100 催化剂在低密度氧化铝上负载 Pt-Sn，主要生产 C_{5+} 产品及氢气。Symphony CR 157 催化剂使用高密度 Pt-Sn，生产 C_{5+}、氢气以及芳烃。Symphony AR 151 催化剂也采用高密度 Pt-Sn，但其主要生产 C_6—C_8 芳烃。近来，Axens 公司又研发了新一代 PR 系列催化剂 Symphony PR-150 和 Symphony PR-156。这两种催化剂在提高持氯能力的同时，能增加重整油和氢气的收率。此外，还开发了用于循环再生工艺和高硫进料的单金属催化剂 Symphony P-152，与之前所列的两种 Symphony PR 系列催化剂效果相似。

2.2.2.2　固定床催化剂

Axens 公司的固定床催化剂为 RG 系列，包括含 Pt 单金属的 RG-412、RG-532，含 Pt、Re 的双金属 RG-482、RG-492，含 Pt、Re 和第三种助剂的多金属 RG-582、RG-682、RG-586、RG-686。

在性能方面，多金属催化剂优越性更加明显。与 RG-482 相比，RG-582 的活性和稳定性基本相当，C_{5+} 和氢气产率分别提高 0.90%~0.95%（体积分数）和 0.10%~0.15%（质量分数），接近 Pt-Sn 催化剂。RG-682 催化剂的 Pt/Re<1 且采用纳米技术优化贵金属和助剂的相互作用，其 Pt、Re 含量通常为 0.3%（质量分数）和 0.4%（质量分数），可用于半再生和循环再生工艺。与 RG-482 和 RG-582 相比，RG-682 在稳定性、活性和可再生方面均得到改进，C_{5+}、氢气和芳烃收率都有所提高。为了降低 Pt 含量，Axens 公司又开发了 RG-582A 和 RG-682A 催化剂，将 Pt 含量降低到 10%（质量分数）以下，但其活性和稳定性均与前一代催化剂相当。

Criterion Catalysts & Technologies 公司（被 Axens 公司收购）的固定床重整催化剂包括含有 Pt 的 P 系列和含有 Pt、Re 的 PR 双金属系列。载体改性的 P-93（Pt 的质量分数为 0.3%）和 P-96（Pt 的质量分数为 0.6%）在耐硫性能上较之前含 Pt 催化剂有较大提高。单金属催化剂 P-15，与 P-93 相比，虽然其 Pt 含量降低了 17%（质量分数），但耐硫性能没有降低，该催化剂可用于半再生或循环再生工艺，生产汽油和（或）芳烃。最新一代催化剂是 P-252。

双金属催化剂包括 PR-15、PR-29、PR-30、PR-33 和 PR-36。PR-15 的 Pt、Re 含

量相当，有较高的汽油和芳烃选择性。PR-29 和 PR-30 的 Pt/Re<1，具有更高的稳定性，氢气和重整生成油的收率更高。该系列中稳定性、氢气、重整生成油收率最高的催化剂是 PR 36。

此外，Axens 公司新开发的 AxTrap 867 氯化物保护催化剂已经工业应用。Axens 公司称，这种新催化剂既可用于固定床催化重整装置，也可用于连续催化重整装置，可以防止氯化物引起重整装置中出现结垢和腐蚀问题。AxTrap 867 是一种添加助剂的氧化铝型吸附剂，有 1.5～3.0mm(7×14 目)和 2.0～5.0mm(4×8 目)小球两个品种。与其他氯化物保护催化剂相比，AxTrap 867 催化剂由于吸附能力提高，因此能减少更换频次 30%。由于氧化铝型吸附剂固有的高稳定性，因而也能减少绿油的生成并减小压力降。此外，还能简化装卸工序。自从 2016 年年初应用以来，AxTrap 867 已用于 30 多套重整装置。

2.2.3 中国石化重整催化剂

2.2.3.1 连续重整催化剂

中国石化用于连续重整的催化主要有两种工业牌号——GCR 系列和 RC 系列，用于处理各种馏分汽油，如直馏石脑油、加氢裂化重石脑油、FCC 汽油、热解汽油、焦化汽油、冷凝油等。包括早期的高活性、高选择性催化剂 3861，低 Pt 含量的 GCR-10 催化剂。

为适应连续重整工艺条件向高苛刻度发展的趋势，又相继开发了下一代具有高水热稳定性的 GCR-100A 和 GCR-100 催化剂，较 3861 和 GCR-10，其运转周期翻一番，且持氯能力增强。工业运行结果表明，与同期国外推出的某催化剂相比，在相同原料和反应条件下，GCR-100A 和 GCR-100 在液体收率和芳烃产率方面均高于国外参比催化剂。

在 GCR 系列基础上，通过引入助剂并改进制备方法，开发了低 Pt 含量的 RC-011 和高 Pt 含量的 RC-041 催化剂，工业数据显示，在苛刻的反应条件下积炭量降低约 20%。相较于 RC-011，RC-041 抗杂质污染能力较强，更适用于进料杂质含量较高的、高苛刻操作条件的装置。此外，在选择性、重整油收率、机械强度和持氯能力方面均与 GCR 系列催化剂相当。

截至 2019 年 6 月底，第三代催化剂 RC-011 已累计使用 110 套次装置。

2.2.3.2 半再生重整催化剂

中国石化的 CB 系列为以 γ-Al$_2$O$_3$ 为载体含 Pt 和 Re 的固定床催化剂，可用于半再生催化重整装置。催化剂分为氧化态或还原态；根据形状，分为球形催化剂(CB-6、CB-7 和 CB-9)和条形(挤条成形)催化剂(CB-60 和 CB-70)。CB-6 和 CB-60 的 Re/Pt = 1，CB-7 和 CB-70 的 Re/Pt>1；CB-7 的 Pt 含量比 CB-6 少 30%；CB-60 的 Pt 含量比 CB-6 少 20%。因采用加压"干法"再生过程，再生时间缩短，并可回收大量的催化剂，整个过程可在装置运行时或者停工时进行。此外，中国石化又陆续研发了 4 种 CB 系列新产品——CB-5、CB-5B、CB-8 和 CB-11。CB 系列催化剂已在全球至少 60 家工厂应用。

包含 PRT-A、PRT-B、PRT-C 和 PRT-D 的 PRT 系列为条形多金属催化剂，具有孔分布良好、载体纯度高、机械强度好和持氯能力强的特点。PRT-A 和 PRT-C 的 Re/Pt = 1，

而 PRT-B 和 PRT-D 的 Re/Pt>1。与 CB 系列相比，PRT 系列催化剂芳烃转化率提高了 5%、C_{5+} 液体收率增加了 1%、积炭减少了 18%。PRT-A/PRT-B 和 PRT-C/PRT-D 的运转周期分别为 29 个月和 30 个月。目前，全球至少 10 套装置应用 PRT 系列催化剂。

SR-1000 半再生重整催化剂是中国石化石油化工研究院开发的第四代半再生重整催化剂。研究开发了新型拟薄水铝石粉体、独特孔结构专用载体生产及优化、催化剂制备、催化剂开工及再生等技术，形成了从催化材料到应用工艺的 SR-1000 重整催化剂制备和应用成套技术。该催化剂 2015 年首次工业化应用，具有较好的活性、选择性、稳定性及再生性能，有助于提高产品液体收率、氢气产率和辛烷值。这种催化剂应用于半再生重整装置无须预硫化技术，使用方法简单。催化剂的比表面积和孔体积均高于烷氧基铝水解方法制备的氧化铝载体和催化剂。工业应用结果表明，在运转时间基本相当、原料的环烷烃与芳烃质量分数之和高 1.49 百分点、催化剂质量空速高 21% 的情况下，SR-1000 催化剂的活性及选择性均优于国外对比剂。该催化剂已在中国石化青岛石化、哈萨克斯坦炼厂应用。SR-1000 催化剂工业标定结果见表 1。

表 1　SR-1000 催化剂工业标定结果

项目	新鲜催化剂(反应初期)	新鲜催化剂(反应中期)	催化剂再生后	对标催化剂(反应初期)
运转时间，d	36	352	69	45
催化剂寿命，t/kg	1.04	10.50	2.04	1.33
重整进料量，t/h	28.0	32.0	33.5	29.0
质量空速，h^{-1}	1.13	1.29	1.33	1.19
重整进料芳烃潜含量，%	46.88	46.21	46.71	47.62
稳定汽油研究法辛烷值	94.9	92.1	94.5	93.6
稳定汽油收率，%	91.53	92.90	89.07	90.79
芳烃收率，%	52.42	49.31	53.42	50.22
纯氢收率，%	2.53	2.18	2.80	2.41

从上表结果可以看出，与对比催化剂相比，该催化剂能得到较高的芳烃收率、汽油收率和纯氢收率，具有较好的再生反应性能，可以实现长周期稳定运转。

2.2.4　中国石油重整催化剂

2.2.4.1　连续重整催化剂

PCR-01 连续重整催化剂是中国石油自主开发的一种低铂常规堆密度连续重整催化剂，可将低质量石脑油转化成高辛烷值汽油组分或 BTX 芳烃及氢气，其主要特点是高活性、高芳烃产率和氢气产率。先进制备技术实现贵金属在载体表面"原子簇"级高分散。A2 类活性中心的定向合成提高了产品的选择性。催化剂中氯含量得到精准控制。高效清洁的制备工艺可降低催化剂的生产成本。

2018 年 PCR-01 催化剂在抚顺石化公司催化剂厂完成了工业放大生产，并在庆阳石化 $60×10^4$ t/a 连续重整装置上成功开展了补剂试验。2020 年，高活性、高氢产连续重整催化剂 PCR-01 在乌鲁木齐石化 $60×10^4$ t/a 连续重整装置开展了催化剂补剂试验,在该试验中催化剂实现了贵金属原子簇级高分散,催化剂的金属功能与酸性功能实现了优化匹配,催化剂具有较高的活性、选择性和稳定性,相同工况下装置的芳烃产率增加约 0.5 个百分点,纯氢产率增加约 0.2 个百分点。2021 年 PCR-01 催化剂在乌鲁木齐石化连续重整装置开展整体换剂工业试验。

2.2.4.2　重整预加氢催化剂

重整预加氢催化剂能对重整原料石脑油中所含的微量杂质进行加氢处理,具有保障贵金属重整催化剂的活性和长周期稳定运转的作用。中国石油自 1996 年开始,通过小试、中试和工业试验全过程研究,开发了具有国内先进水平的重整预加氢催化剂 DZF-1,拥有 2 项国家发明专利,能够根据用户需求提供氧化型与预硫化型催化剂。该催化剂适用于直馏汽油,或直馏汽油、催化汽油和焦化汽油的混合汽油为原料,生产符合重整装置进料要求的加氢汽油。

2000 年、2007 年和 2012 年,氧化型催化剂在大庆石化 $30×10^4$ t/a 重整预加氢装置实现工业应用。2014 年和 2015 年,氧化型催化剂分别在哈尔滨石化 $60×10^4$ t/a、独山子石化 $50×10^4$ t/a 重整预加氢装置工业应用,工业标定结果表明,加氢精制油满足重整进料要求,催化剂达到国内先进水平。

2.3　技术发展趋势

据文献报道,2017 年三季度到 2020 年二季度,全球共有 53 项重整相关的专利发布,从专利内容来看,重整技术的创新主要围绕增产芳烃、节能降耗、多产氢气、提高原料灵活性等方向,包括设备设计创新、多产芳烃工艺和催化剂创新、过程模拟和优化、原料处理等。其中,工艺和设备创新专利数量最多,多产芳烃的工艺和催化剂最受关注,其次是节能相关专利。

在多产芳烃工艺方面,重整与其他工艺组合是研究热点,技术供应商将重整与上下游技术进行整合与优化,为客户提供一整套解决方案。例如,UOP 公司的 MaxEne 一体化工艺可提高乙烯裂解装置的乙烯、丙烯产量,同时提高铂重整装置的芳烃和重整油产量。MaxEne 工艺通过优化裂解装置和重整装置的进料来提高目的产品收率,裂解装置的原料来自铂重整装置的原料石脑油中提取的正构烷烃,乙烯和丙烯收率可提高 30%。Axens 公司推出 ParamaX 成套技术,包括 Axens、伍德公司、埃克斯美孚在芳烃生产方面的优势技术,如 Aromizing 石脑油连续重整、Elusyl-PX 分离、Morphylane-BT 芳烃抽提等技术,从芳烃生产、芳烃抽提、芳烃重组到生产纯二甲苯异构体,针对用户需求定制工艺流程,实现整个联合装置经济效益最优化。

多产氢气也是重整工艺创新的一个重要方向。Advanced Fuel Tech 公司开发的工艺采用一座分割塔,分离的 C_6 烃去异构化,C_7 重质烃类去重整。与常规催化重整相比,氢气产量提高 28%~48%。

未来重整催化剂的研发主要围绕提高液体收率、延长循环周期、提高产物选择性、提

高辛烷值等方面。研发方向如下：创新催化剂组分，以提高活性、稳定性和目的产物（主要是芳烃）的选择性；提高高温下催化剂的性能；改进催化剂以提高装置处理量和运行周期；提高催化剂处理原料的灵活性和适应性。由于一些发展中国家汽油需求快速上升，连续再生催化剂的研发重点从提高产物汽油辛烷值转向提高收率。发达国家和地区由于基本完成了油品质量升级，且汽油消费增速放缓或者已达峰值，因此催化剂的研发目的是提高原料灵活性和适应性。对于半再生重整，延长装置连续运转的时间是关键，其带来的经济效益要高于提高辛烷值或提高氢气收率获得的收益。

3　小结

未来我国催化重整仍将在两个方面发挥重要作用，一是为清洁燃料生产提供高辛烷值、低硫、低烯烃的重整汽油组分，二是为满足下游化工原料需求最大量增产芳烃。随着炼油生产重心改变和产品结构调整，我国炼化企业重整装置原料来源将扩大，在新建的炼化一体化项目中，加氢石脑油在原料中的占比可达40%以上。催化重整技术研发将围绕催化剂创新，提高选择性、活性和水热稳定性，同时针对多产芳烃、提高氢气收率需求开发适应不同原料、装置或目的产品需求的催化剂。此外，面向未来碳达峰、碳中和要求，要研究降低重整装置能耗的有效措施，减少二氧化碳排放。

参　考　文　献

［1］Hydrocracking and catalytic reforming［R］. Hydrocarbon Publishing Co.，2020.

［2］寿建祥. 连续催化重整装置大型化探讨［J］. 石油炼制与化工，2020，51（6）：79-85.

［3］王嘉欣，姜石，臧高山，等. 重整催化剂 SR-1000 在哈萨克斯坦炼油厂的应用［J］. 石油炼制与化工，2020，51（3）：27-31.

［4］中国石化有机原料科技情报中心站. 日本富士石油公司采用霍尼韦尔 UOP 公司的新型重整催化剂 R-364 增产芳烃［J］. 石油炼制与化工，2018（11）：85.

［5］杨启业，徐承恩. 砥砺奋进四十年　炼油工业换新颜［J］. 石油学报（石油加工），2019，35（5）：825-829.

［6］曹东学. 催化重整技术的发展趋势及重要举措［J］. 当代石油石化，2019，27（10）：1-8.

［7］中国石化石油化工科学研究院技术支持与服务中心. 先进炼油化工技术［J］. 石油炼制与化工，2020，51（11）.

［8］杨娜娜，唐小刚. 连续重整 PS-Ⅵ催化剂工业应用性能评价［J］. 石化技术，2018，25（4）：20.

［9］Kumar K S，Shukla S，Shreya K. Continuous catalytic regeneration reformer optimization：A result of change in mindset［J/OL］. Hydrocarbon Processing，2017，12［2018-05-16］. https://www. hydrocarbon-processing.com/magazine/2017/december-2017.

［10］郑宁来. 中石化重整催化剂出口美国［J］. 炼油技术与工程，2017（11）：26.

［11］李金，潘晖华，胡长禄. 连续重整催化剂的最新技术进展［J］. 现代化工，2015，35（5）：30-33.

［12］王基铭. 中国炼油技术新进展［M］. 北京：中国石化出版社，2017.

［13］徐洪君，张海峰. 半再生催化重整催化剂 SR-1000 的首次工业应用［J］. 石油炼制与化工，2019，

50（11）：40-44.

[14] 朱永红，淡勇，王莉莎，等. 煤基石脑油半再生催化重整制芳烃的工艺[J]. 化工进展，2018，37（3）：947-955.

[15] 董晨，刘佳康，王春明，等. 连续重整催化剂 PS-Ⅴ与 PS-Ⅵ的对比研究[J]. 现代化工，2017，37（6）：146-149.

[16] 张阳. 催化重整研究进展[J]. 当代化工，2016，45（4）：863-864.

[17] 邢彬彬. 催化重整技术与我国炼油业发展的研究[D]. 北京：中国石油大学(北京)，2016.

[18] 姚伟. 连续重整催化剂 CR401 的工业应用及装置的运行优化[D]. 青岛：中国石油大学(华东)，2016.

[19] 杨永佳，李金. 国内连续重整催化剂专利现状[C]// 中国化工学会，全国工业催化信息站. 第十二届全国工业催化技术及应用年会论文集. 陕西：工业催化杂志社，2015.

[20] 杨敏. 连续催化重整工艺技术进展[J]. 化工管理，2015(3)：199-201.

[21] 王玲玲，李琰，曹凤霞，等. UOP 公司催化重整催化剂专利技术分析[J]. 工业催化，2014，22（1）：25-28.

[22] 胡德铭. 国外催化重整工艺技术进步[J]. 炼油技术与工程，2012，42(4)：1-10.

[23] 徐承恩. 催化重整工艺与工程[M]. 2 版. 北京：中国石化出版社，2014.

烷基化技术

◎朱庆云　张学军

烷基化油具有硫含量极低、低烯烃、低芳烃、低雷德蒸气压以及高辛烷值等特点，成为炼厂清洁汽油调和的理想组分，在汽油质量升级过程中的作用越发重要。美国催化裂化装置能力约占其炼油能力的30%，与我国的催化裂化能力占比近似，但美国烷基化油比例约占其汽油池组成14%，远高于我国。随着我国不断加快的清洁汽油质量升级进程，对高辛烷值汽油调和组分的需求会更加迫切，烷基化技术的应用需求将不断增加。现有液体酸烷基化技术的应用已非常广泛，技术改进也未曾停止；新型固体酸烷基化技术、离子液烷基化的研发及应用逐步突破，第一套工业化装置已投产。不断多元化发展的烷基化技术对我国烷基化装置的新建及改扩建提供了更多的技术选择。

1　烷基化发展现状

烷基化装置以硫酸烷基化、HF 酸烷基化为主，固体酸烷基化及离子液烷基化技术都已工业化，但固体酸及离子液烷基化的装置能力无法与硫酸烷基化及 HF 酸烷基化的装置能力相提并论。20 世纪 60 年代，全球烷基化能力以硫酸烷基化为主，约为 HF 酸烷基化能力的 3 倍。之后全球烷基化能力建设转向 HF 酸烷基化，2014 年全球 204 套烷基化装置中 HF 酸烷基化能力稍高于硫酸烷基化。但随着全球环保要求的不断提高，由于 HF 酸烷基化技术存在泄漏风险等原因，其应用受到一定限制。

2020 年，全球烷基化能力约 1.11×10^8 t/a(257.15×10^4 bbl/d)，开工率约为 74.3%。北美烷基化能力为 6287.9×10^4 t/a(146.23×10^4 bbl/d)，约占全球总烷基化能力的 56.9%；开工率约为 74.3%，高于世界平均开工率。汽油需求量最大、炼油能力全球第一的美国烷基化能力全球第一。据美国 Stratas Advisors 咨询公司预测，2019—2050 年全球烷基化油需求将以年均 0.07% 的速度增加，主要增加地区是亚洲、中东以及拉丁美洲。我国烷基化能力在近几年有了明显的提高，已建烷基化装置中硫酸烷基化装置能力占绝大多数，全球第一套固体酸烷基化装置、第一套离子液烷基化装置均建于我国。

我国的汽油池组成中催化汽油占比过高，炼油企业汽油质量升级付出的努力要远高于美国等欧美先进国家，提高优质汽油组分比例是我国汽油质量升级的关键举措之一。随着国 Ⅵ A 汽油标准的实施，对优质汽油组分的需求会更加旺盛。烷基化油是理想的汽油调和组分，烷基化油生产原料主要由异丁烷以及 C_3—C_5 烯烃组成，要求原料中烷烃与烯烃的比例在 20~40(外比)之间。催化裂化装置副产的混合 C_4 中异丁烷含量高达 45.5%,因此,由催化裂化装置出来的混合 C_4 可以作为烷基化反应的原料充分利用,以提高炼厂汽油池中优质汽油比例。

2 技术现状和发展趋势

2.1 技术现状

烷基化技术的研发成功始于 1935 年,到 1939 年底美国已有 6 套硫酸烷基化装置,为美国及其盟军提供辛烷值为 100 的航空汽油。首套 HF 酸烷基化装置建于 1942 年。液体酸烷基化技术的研发及应用已经非常成熟,但是随着环保法规的不断趋严,加之炼厂安全清洁生产要求的不断提高,硫酸烷基化因其废酸处理造成的环境污染以及 HF 酸烷基化装置 HF 酸泄漏等带来的安全隐患,促使全球许多炼油技术研究机构投入安全环保的烷基化技术的研发,更加环保清洁的固体酸、离子液烷基化技术的工业化应用为全球烷基化能力的不断提高奠定了基础。全球主要烷基化工艺技术情况见表 1。

表 1　全球主要烷基化工艺技术汇总

工艺类型	工艺名称	专利商
硫酸法	Stratco 工艺	杜邦
硫酸法	CDAlky 工艺	鲁姆斯
硫酸法	SINOALKY 工艺	中国石化石油化工科学研究院
HF 酸法	HF 工艺	UOP
HF 酸法	HF 工艺	菲利普斯
HF 酸法	增强型烷基化工艺(ReVAP)	康菲
固体酸法	AlkyClean 工艺	鲁姆斯
固体酸法	K-SAAT 工艺	KBR
固体酸法	FBA 工艺	托普索
固体酸法	Alkylene 工艺	UOP
固体酸法	异丁烷—丁烯超临界工艺	中国石化
离子液烷基化	复合离子液体催化碳四烷基化技术(CILA)	中国石油大学
离子液烷基化	ISOALKY	UOP

2.1.1 硫酸烷基化工艺新进展

全球硫酸烷基化工艺技术的开发商主要有杜邦公司、鲁姆斯公司、埃克森美孚公司、中国石化、中国石油、炼油技术公司(RHT)等,前 3 家公司技术都已工业化,其中杜邦公司硫酸烷基化技术应用最为广泛。

2.1.1.1 杜邦公司硫酸烷基化技术

由杜邦公司授权的硫酸烷基化工艺 Stratco 采用多台反应器,分级利用酸浓度,从而实现在相同进料的情况下烷基化油辛烷值最高的目标;反应器内全液相操作,实现酸、烃内部循环的同时充分混合接触。Stratco 工艺已授权装置 500 余套,产量占世界硫酸烷基化油

总量的 60%。国内装置主要有中国石油大连西太平洋石化有限公司（10×10⁴t/a）、锦西石化（24×10⁴t/a）、四川石化（25×10⁴t/a），中国石化镇海炼化（30×10⁴t/a）和天津石化（30×10⁴t/a），以及辽宁恒力石化（35×10⁴t/a）、中海油惠州炼化（16×10⁴t/a）、安徽安庆泰发能源科技有限公司（40×10⁴t/a）、广东珠海中冠石油化工有限公司（20×10⁴t/a）、山东东营亚通石化（20×10⁴t/a）等。2010 年投产的中海油惠州炼化烷基化装置应用情况见表 2。

表 2　中海油惠州炼化烷基化装置指标

项目名称	数值	项目名称	数值
原料		烷基化油	
丙烷，%	0.002	研究法辛烷值	97.1
正丁烷，%	9.746	马达法辛烷值	94.35
异丁烷，%	48.711	干点，℃	193.6
1-丁烯，%	2.859	雷德蒸气压，kPa	34.45
2-丁烯，%	38.556	密度，kg/L	0.7
异丁烯，%	0.113		
C₅₊，%	0.013		

杜邦公司在 Stratco 工艺基础上开发了将液化天然气中的丙烷和丁烷转化为烷基化油的技术，即 BTA（Butane To Alkylate）&PTA（Propane To Alkylate）技术，这些技术可与 Stratco 工艺配套使用。BTA 技术是将正丁烷通过异构化转变为异丁烷，再经过脱氢反应转变为异丁烯，进而进行烷基化反应生成烷基化油。该技术采用正丁烷含量为 70%（体积分数）、异丁烷含量为 30%（体积分数）的原料，通过异构化反应，产物异丁烷的含量可以达到 97%；接下来 45% 异丁烷通过脱氢作用可以生成异丁烯；55% 的异丁烷与 45% 的异丁烯反应后生成目标产物烷基化油；过量的正丁烷则返回到异构化部分，几乎所有的丁烷都能生成目标产物，只有极少量副产物生成。PTA 技术将丙烷通过脱氢反应转化为丙烯后进行烷基化反应生成目标产物烷基化油，生成的烷基化油辛烷值低于 BTA 技术所生成的烷基化油，但因丙烷价格比丁烷价格低很多，因此 PTA 技术的经济性要高于 BTA 技术。

2.1.1.2　CDAlky 低温硫酸烷基化新工艺

美国鲁姆斯公司开发的 CDAlky 工艺是一种先进的低温硫酸烷基化工艺，将来自典型炼厂催化裂化或蒸汽裂解装置的轻质烯烃与异构烷烃反应，生成烷基化油。烷基化反应的关键是不互溶的酸与烃液相之间实现有效的接触，较低的反应温度有利于生成需要的高辛烷值三甲基戊烷产品，同时副反应最少。常规工艺是利用直接机械搅拌实现液相之间的传质接触，但由于酸相的黏度高，在常规工艺中使用的旋转混合器限制温度要求不低于 7～8℃，而且旋转叶轮需要的动力在低于 8℃ 时明显增加。CDAlky 工艺的关键是其新颖的、可大幅改进传质效果的立式反应器系统设计，专有的反应器静态内构件设计代替传统机械搅拌，实现烃和酸的高效直接接触，改善了反应器酸烃相的分离效果，减少了装置下游部分的酸洗及碱洗过程。这种新型的反应系统在明显低于常规烷基化反应温度（在 0℃ 下）的情况下进行，比常规硫酸烷基化反应温度低 7~8℃，减少了非理想副反应发生，使烷基化反应向着利于生成高辛烷值的三甲基戊烷方向进行，同时反应酸耗得以降低。由于减少了许多酸洗及碱洗设备，工艺流程比常规同类工艺简单，装置投资成本减少，操作可靠性提高，该工艺与常规硫酸烷基化工艺对比情况见表 3。与常规硫酸烷基化工艺相比，该技术具有酸耗大幅降低、可省去碱洗和水洗步骤、产品辛烷值高（研究法辛烷值>98）等特点，同时该技术能极大改善传统硫酸烷基化装置存在的腐蚀问题。

表 3　CDAlky 工艺与常规硫酸烷基化工艺比较

项目	常规硫酸烷基化技术	CDAlky 工艺
操作温度	7℃以上	0℃以下
酸烃分离效果	采用大型酸沉降器，难以从烃类中分离出酸滴	使用聚结器，分离效果大为改善
碱洗和水洗过程	有	无
操作可靠性	低	高
维护费用	较高	较低
安全性	存在酸泄漏等安全风险	安全风险较低
腐蚀情况	分馏塔腐蚀问题	不存在分馏塔腐蚀问题
辛烷值	基准	比基准辛烷值提高 2 个单位
酸耗	基准	低于基准酸耗
反应器	多个水平式反应器（占地面积大），采用混合器、动力设备、机械密封	单个立式反应器（占地面积小），反应器系统内不存在可活动部件

现有常规的硫酸烷基化装置和 HF 酸烷基化装置要改造为 CDAlky 工艺装置，需新增 1 个反应部分，包括反应器、酸泵、烃泵、过滤器、压缩机等设备。现有装置的换热器既可继续使用，也可更新，这取决于具体的设计及当地气候等因素。现有硫酸烷基化装置的分馏部分和废酸处理系统，在绝大多数情况下均可继续使用。对于 HF 酸烷基化装置，分馏部分也可继续使用。CDAlky 工艺的第 1 套工业化装置于 2013 年 5 月在山东东营运行，处理能力为 21.5×10^4 t/a（5000bbl/d），自开工至今已安全平稳运行 7 年多，生产的烷基化油产品研究法辛烷值在 98 以上。该装置可处理来自炼厂不同装置的混合液化石油气，同时能脱除原料中的丁二烯、MTBE、甲醇、DME、甲基乙炔等。另有 2 套 CDAlky 装置于 2014 年在我国开工运行，烷基化能力分别为 21.5×10^4 t/a 和 54.5×10^4 t/a。

2.1.1.3　降低操作成本的先进硫酸烷基化工艺

由炼油技术公司（RHT）开发的硫酸烷基化工艺利用一种特殊混合设备，需要的能量和维护都比替代工艺少，且反应温度较低，实际上是在等温条件下进行操作。低温操作利于生成所需的高辛烷值产品三甲基戊烷和二甲基己烷，同时可使叠合、歧化、裂化和生成不稳定的硫酸酯等副反应减至最少。

该工艺酸耗为常规工艺的 50% 左右，采用能强化酸油分离的先进聚结器设计和操作条

件，无需常规硫酸烷基化工艺所需的中和工序，成为一种"干法工艺"，可减少腐蚀。此外，RHT 公司改进了吸收重烃/循环烷基化油中 C$_4$ 组分自动冷冻的蒸汽，替代成本更高的压缩工序。这些改进与常规技术相比，装置投资降低 33%～40%，生产成本减少 40% 左右。该工艺现已完成中试，正在准备工业化。

2.1.1.4　中国石化硫酸烷基化技术

中国石化开发的 SINOALKY 技术由特殊结构的多级多段静态混合烷基化反应器、自汽化酸烃分离器以及高效汽化内构件集成，达到酸烃相充分混合、反应温度易于控制的目标。该技术采用多点进料降低了反应器内烯烃黏度，提高了内部烷烯比，抑制了副反应的发生；采用特殊的聚结分离材料与结构，强化了流出物酸烃分离效果，可取消传统工艺的碱洗、水洗工艺，大幅降低装置废水排放和碱液消耗，实现了清洁化生产；采用一种硫酸添加剂 XH-01，增加了异丁烷在硫酸中的溶解度，降低了酸烃充分混合所需的动力消耗，降低了装置运营成本。

采用该技术生产的烷基化油研究法辛烷值在 96.5 以上，酸耗大约为 60kg/t。第一套工业化装置建于中国石化石家庄炼化分公司，于 2018 年开工，处理能力为 20×10^{4}t/a。

2.1.1.5　中国石油硫酸烷基化技术

中国石油寰球工程有限公司开发的 LZHQC-ALKY 烷基化工艺，原料 C$_4$ 经脱甲醇、选择性加氢脱丁二烯、脱轻组分、脱水等工序脱除杂质后与硫酸混合进入烷基化反应器，烷烯比为 8～10，酸烃比控制在 1.0～1.2 之间，在反应温度为 4～10℃、反应压力为 0.5～0.6MPa 的条件下进行烷基化反应。该工艺采用卧式反应器，内部配有搅拌桨强制酸烃两相混合流动，最大规模为 8×10^{4}t/台。反应所需冷量由异丁烷循环压缩、闪蒸提供，反应热由反应产物部分汽化带走。反应产物经过酸洗、碱洗脱除其中残余硫酸酯及硫酸后，通过精馏塔分馏，得到产物烷基化油。该烷基化工艺在 2012—2015 年处于设计阶段的装置就有 20 余套，反应器专利许可 75 台。该技术在兰州石化的烷基化装置运行情况见表 4。

表 4　兰州石化烷基化装置指标

项目名称	数值	项目名称	数值
硫酸(质量分数)，%	90～98	马达法辛烷值	93.4
反应温度，℃	7～9	雷德蒸气压，kPa	50
反应压力，MPa	0.45～0.5	终馏点温度，℃	185.5
烯烃转化率，%	100	硫含量，μg/g	3
烷基化油指标		实际酸耗，kg/t 烷基化油	76
研究法辛烷值	97.2	装置能耗，kg 标准油/t 烷基化油	90

2.1.2　固体酸烷基化技术

在环保和安全两方面，固体酸烷基化技术都是替代 HF 酸烷基化和硫酸烷基化较为理想的技术。随着工业化应用和技术的逐渐成熟，应用范围也会有所增加。

2.1.2.1 AlkyClean 固体酸烷基化工艺

由雅宝、CB&I 和 Neste 石油公司共同开发的 AlkyClean 固体酸烷基化工艺,其原理与液体酸烷基化工艺基本类似,不同点是其新型的固定床反应器以及特殊的固体酸烷基化。配套以铂作为活性组分,在催化剂载体上形成酸性中心的 AlkyStar™ 固体酸催化剂。该工艺主要由原料预处理、反应、催化剂再生及产品分离 4 部分组成,原料预处理部分采用固定床分子筛去除杂质,高温再生使用电加热器。烯烃原料进行预处理后与循环异丁烷一起进入反应器。反应器操作为液相操作,温度在 50~90℃,多级反应器保证了烷基化反应的持续进行。该工艺与液体酸烷基化工艺的对比情况见表 5。

表 5　AlkyClean 固体酸烷基化与硫酸烷基化、HF 酸烷基化工艺特点对比

项目	硫酸烷基化	HF 酸烷基化	AlkyClean 固体酸烷基化
反应温度,℃	4~10	32~38	50~90
原料烷烯体积比	(8~10):1	(12~15):1	(8~15):1
产品研究法辛烷值	95	95	95
产品马达法辛烷值	91.5	92.5	92.5
烷基化油产出	基准	基准	≤基准
建设总费用(界区内)	基准	0.85×基准	0.85×基准
建设总费用[界区外、再生、废物处理和(或)安全装置]	基准	0.7×基准	0.5×基准
预处理	基准	>基准	基准
后处理	是	是	否
酸溶性油收率,%	≤2		无
废催化剂产量	基准	100 倍	1000 倍
维护要求	高	高	低
腐蚀	高	高	无
可靠性	中	中	高
安全性	装置特殊,需采取预防措施	需采取预防措施	与其他工艺相比无特殊要求
环境影响			对空气、水或土壤无排放

采用该技术的全球第 1 套工业装置($10×10^4$ t/a)在山东汇丰石化公司投产运行,生产的烷基化油研究法辛烷值在 96~98 之间。

2.1.2.2 K-SAAT 固体酸烷基化工艺

KBR 公司开发的 K-SAAT 固体酸烷基化工艺,采用 Exelus 公司 ExSact-E 的固体酸催化剂。该催化剂是为解决大多数固体酸催化剂快速失活的问题专门开发的沸石催化剂,这种催化剂可使异丁烷与各种轻烯烃(包括用液体酸催化剂不能进行烷基化反应的乙烯)在不同的条件下易于反应,比传统的硫酸及 HF 酸催化剂更安全可靠和环境友好,投资较低,烷基化油产量也较高(表 6)。该催化剂比常规的沸石催化剂稳定性好,可以在简单的固定

床反应器中使用，具有优化的活性中心和创新的孔结构，可使因结焦造成的催化剂失活减至最少，运行周期远高于其他固体酸烷基化催化剂，同时不产生酸溶油，催化剂可使用氢气再生。K-SAAT 固体酸烷基化工艺具有以下特点：投资成本低于硫酸烷基化工艺；收率高于液体酸催化剂工艺；对原料的适应性强；对污染物的容忍度相对较高；可以用于现有液体酸烷基化装置的改造。

表 6 K-SAAT 与硫酸烷基化工艺比较

项目	硫酸烷基化	K-SAAT 固体酸烷基化	项目	硫酸烷基化	K-SAAT 固体酸烷基化
投资成本	基准	硫酸法的 60%	电，kW/t	160	53
烷基化油产量	1.78	1.82	冷却水，m^3/t	830	83
异丁烷消耗	1.17	1.23	碱，kg/t	0.2	
公用工程			氢气，kg/t		0.09
蒸汽，t/t	0.89	0.97			

KBR 公司将其 K-SAAT 固体酸烷基化技术首次对外转让，许可中国东营海科瑞林化学公司在东营港经济开发区建设 $10×10^4$t/a 固体酸烷基化装置，这将是中国建设的第 2 套固体酸烷基化装置。该公司又向中国 3 家企业许可了该项技术。

2.1.3 离子液烷基化技术

离子液是一种在常温状态下的盐类，因其特殊的物理性能而受到关注。离子液技术是一种非常新的技术，自 2004 年德国巴斯夫公司第一次将离子液应用于工业化装置以来，目前离子液的应用范围已拓宽至工业溶剂、润滑剂、添加剂、催化剂等。因离子液同时拥有液体酸高密度的反应活性位和固体酸的不挥发性，作为烷基化反应的催化剂近年来受到广泛关注。

离子液烷基化催化剂一般分为常规氯铝酸离子液、改性氯铝酸离子液、复合离子液、非氯铝酸离子液。常规氯铝酸离子液催化剂活性虽好，但选择性较差。改性氯铝酸离子液催化剂虽然提高了产品质量，但改性离子液的添加剂与离子液本身不互溶影响催化剂寿命。复合离子液解决了催化剂选择性及互溶问题，提高了产品辛烷值，但因存在氯铝酸，油品中会混有有机氯，容易腐蚀发动机，且催化剂对烯烃原料的要求比较苛刻。非氯铝酸型离子液相对温和，不挥发、无腐蚀，具有极大的应用潜力。

全球研究离子液烷基化的公司和机构很多，但目前工业化技术只有中国石油大学一家拥有。全球离子液烷基化技术的主要研究机构及其催化剂材料见表 7。

表 7 全球主要离子液烷基化研究机构及催化剂材料

催化剂组成材料	开发公司
氯铝酸离子液（$Et_3NHCl-xAlCl_3$）	中国石油大学
N-丁基吡啶鎓氯铝酸盐离子液	Chevron 公司
四氯铝酸基离子液	Chevron 公司

催化剂组成材料	开发公司
三氟代乙醇、季磷卤素铝盐离子液	中科院
咪唑、吡啶季铵盐离子液	中科院
三氟甲磺酸与质子铵基离子液	中科院/南京大学
SbF_6^- 阴离子强酸离子液	中科院/天津大学
氯化铝和氯化亚铜或氯化铜酸性离子液	壳牌公司
三氟甲磺酸离子液	UOP 公司
酸性咪唑类离子液[1-丁基-3-甲基咪唑、1-己基-3-甲基咪唑、1-辛基-3-甲基咪唑、3-甲基-1-(3-磺丙基)-咪唑和3-甲基-1-(3-磺基丁基)-咪唑]	Kansas 大学

2.1.3.1 中国石油大学离子液烷基化技术

中国石油大学在离子液烷基化的研究及应用走在世界前列。该技术已在山东德阳化工有限公司运行多年，为全球第一套离子液烷基化工业化装置。该技术主要具有以下三大特点：一是开发出高活性和选择性的具有双金属复合阴离子的离子液体催化剂——复合离子液（$Et_3NHCl-xAlCl_3$ 氯铝酸离子液呈超强酸性并且酸性可调），通过双金属或多金属配位中心的协同作用，抑制了聚合和裂解副反应，实现了对 C_4 烷基化反应的精确调控；二是开发出复合离子液体催化活性监测方法和催化活性再生工艺，通过对复合离子液体催化剂 B 酸和 L 酸的深入研究，实现了对连续反应过程中复合离子液体催化剂活性的实时检测；三是优化集成开发了复合离子液体催化 C_4 烷基化工艺包，集成了原料预处理、离子液体再生、流出物致冷、产物分离及氯代烃循环。

该技术的工业运行结果表明，烯烃转化率为 100%，烷基化油研究法辛烷值高达 97 以上。目前，该技术已转让多套装置，烷基化油处理能力在 $5×10^4t/a$ 和 $40×10^4t/a$ 之间，其中 4 套生产能力为 $30×10^4t/a$ 的离子液烷基化装置建在中国石化和中国石油的炼厂。

2.1.3.2 UOP 公司 ISOALKY 离子液烷基化技术

雪佛龙公司开发的离子液烷基化技术 ISOALKY 许可权已由 UOP 公司获得。该技术采用离子液催化剂，在操作温度 100℃以下将来自催化裂化装置的典型原料转化为高辛烷值的烷基化油，同时大幅降低了烷基化过程中对环境造成的污染。该离子液体催化剂可以现场再生，而且不会出现催化剂挥发的现象。该技术具有以下特点：可以忽略的催化剂蒸气压；与硫酸烷基化相比，酸耗大幅降低；无重油副产物；提高了 C_3—C_5 烯烃原料的灵活性；较低的装置安全风险。与已工业化应用的液体酸烷基化技术相比，在达到同样烷基化油液体收率及辛烷值的情况下，离子液烷基化技术的经济性更好，催化剂用量也较少。该技术已在雪佛龙公司美国盐湖城炼厂的小型示范装置运行 5 年，可用于新建炼厂或对现有液体酸烷基化装置的改造(图 1)。雪佛龙公司计划将其盐湖城炼厂的 $22×10^4t/a$ HF 酸烷基化装置改造为 ISOALKY 离子液烷基化装置。

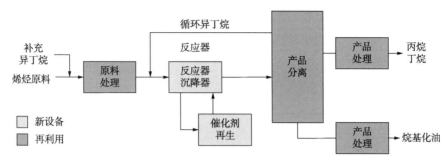

图 1 将液体酸烷基化改造为离子液烷基化的工艺流程

2.2 技术发展趋势

（1）硫酸烷基化、HF 酸烷基化技术的研究主要集中在降低酸耗、提高装置操作安全性、减少酸溶性油生成、反应器内部结构的改进等方面。

（2）固体酸烷基化技术的发展优势是投资成本低于硫酸烷基化工艺、收率高于液体酸催化剂，同时对原料的适应性强，对污染物的容忍度高，可用于现有液体酸烷基化装置的改造。未来固体酸烷基化技术的研发重点是固体酸烷基化催化剂的再生及延长使用寿命等方面。

（3）各类离子液烷基化催化剂中，非氯铝酸型离子液相对温和，不挥发、无腐蚀，具有极大的应用潜力，是离子液烷基化技术发展的主要方向。此外，该工艺在简化流程以及降低成本方面尚有改进空间。

（4）原料范围更广、酸耗更低、烷基化油辛烷值更高以及可用于硫酸烷基化装置改造的新型烷基化技术是未来发展的主要趋势。由中国石油石油化工研究院与北京化工大学等合作开发的超重力液体酸烷基化技术，是在传统硫酸烷基化工艺基础上开发的强化物料混合程度与独特撤热结构的超重力反应器及配套工艺流程，在低温、高黏条件下，强化了异丁烷与浓硫酸的混合传质过程，提高了烷基化反应选择性，产物辛烷值提高 1~3 个单位、酸耗降低 10%~20%，同时可将含异丁烯的混合 C_4 原料直接烷基化，产品质量与现有醚后 C_4 烷基化水平相当。

3 小结

我国炼厂汽油池中催化汽油比例远高于欧美等地区国家，从根本上改变我国汽油池的组成难度很大，加之我国汽油标准实施基本上为全国一盘棋，实施区域大，使得我国的汽油质量升级进程要难于欧美等地区国家。随着我国汽油标准的不断严格以及实施进程的不断加快，烷基化油的需求必会增加。液体酸烷基化技术的开发及应用已经非常成熟，但随着环保要求的不断提高，对环境影响较大的技术应用受到一定限制，如 HF 酸烷基化。固体酸以及离子液烷基化技术的工业应用范围正在不断扩大，技术水平也在不断提高。利用新型烷基化技术，做好烷基化装置原料的优化配给，提高烷基化装置的运营水平，将是我国持续改善汽油池组成的重要举措。

"吃干榨尽"并实现分子炼油是炼油业追求的目标，是提升炼油企业经济效益的根本。

炼油行业已进入微利时代，在满足市场需求的油品结构及满足环保法规的前提下最大化提高经济效益是炼厂可持续发展的关键。炼厂许多装置都副产石油气，石油气中 C_4 组分的充分利用也是提升炼油企业效益的举措之一。来自催化裂化装置的 C_4 原料，既可作为烷基化装置原料，也可作为 MTBE 以及生产异丁烯的主要原料。异丁烷作为烷基化原料，不仅可以解决催化裂化装置 C_4 的出路，而且可以解决我国汽油池中高辛烷值汽油组分不足的难题。

参 考 文 献

[1] Hydrotreating, and alkylation plus latest refining technology developments & licensing[EB]. The United States：HYDROCARBON PUBLISHING COMPANY. 2014：510.

[2] Stephen W, Arvids J, Jr J M. Advances in alkylation-breaking the low reaction temperature barrier[C]. AM-15-18, 2015.

[3] 朱庆云，郑丽君，任文坡. 烷基化油生产技术新进展[J]. 石化技术与应用，2016，34(6)：511-514.

[4] 王基铭. 中国炼油技术新进展[M]. 北京：中国石化出版社，2017：227-234.

[5] 刘大江. 烷基化装置的标准化设计[J]. 石油工程建设，2018，44(S1)：23-25.

[6] 朱庆云，丁文娟，郑丽君. C_4 烷基化助力油品质量升级[J]. 中国化工信息，2017(3)：36-38.

[7] 张学军，高卓然，蔡海军. 异丁烷丁烯烷基化工艺技术应用进展[J]. 应用化工，2020，49(3)：741-748.

[8] KBR signs first license for new solid-acid alkylation technology[EB/OL]. [2016-2-19]. http://www. digitalrefining.com/news/1003932.

[9] Hydrocarbonprocessing[EB/OL]. (2016-09-23)[2021-05-23]. http://www.hydrocarbonprocessing. com/news/2016/09/honeywell-uop-introduces-ionic-liquids-alkylation-technology.

[10] Gerald Ondrey. Chemical engineering. this alkylation process uses an ionic liquid catalyst[EB/OL]. (2016-11-01)[2021-05-23]. http://www.chemengonline.com/alkylation-process-uses-ionic-liquid-catalyst/.

[11] 董明会，宗保宁. SINOALKY 硫酸法烷基化工艺技术及其工业应用[J]. 石油炼制与化工，2019，50(5)：29-31.

[12] Chevron's Salt Lake City refinery plans alkylation unit revamp[EB/OL]. (2016-10-04)[2021-05-23]. http://www.ogj.com/articles/2016/10/chevron-s-salt-lake-city-refinery-plans-alkylation-unit-revamp. html.

[13] 国内首套硫酸烷基化技术通过技术鉴定[J]. 石油炼制与化工，2019，50(1)：11.

[14] Ionic liquids create more sustainable processes[J]. Chemical Engineering, 2015(10)：18.

[15] 万辉. 烷基化工艺技术经济比较[J]. 石油炼制与化工，2018，49(11)：91-95.

[16] 新型离子液烷基化技术投用[J]. 硫酸工业，2018(12)：42.

[17] Jackeline Medina, Zhao Chuanhua, Emanuel van Broekhoven. Successful start up of the first solid catalyst alkylation unit[C]. AM-16-22, 2016.

[18] 杨英，肖立桢. 固体酸及离子液烷基化生产工艺进展[J]. 石油化工技术与经济，2018，34(4)：50-54.

[19] 钱伯章. 新型烷基化技术在中国加快应用[J]. 流程工业，2016，21：44-45.

[20] 世界首套固体酸烷基化工业装置在山东淄博投产[J]. 石油炼制与化工，2016，47(3)：81.

低硫船用燃料油生产技术

◎郑丽君　谭青峰

全球不断趋严的环保法规促使清洁油品的使用日渐广泛，在继汽柴油等大宗油品清洁化之后，低硫清洁的船用燃料油成为炼油业未来几年重点关注的主要油品之一。2020年前的船用燃料油普遍以高硫燃料油为主，燃烧过程中会产生硫氧化物、氮氧化物和颗粒物等污染物。为控制污染，国际海事组织（IMO）宣布于2020年1月1日起强制执行新的硫排放限制法规。这将对国内外船用燃料油市场产生重大影响，也会对炼油业产生一定影响。我国作为IMO成员国，同时也出于对自身环保的要求，近几年对船用燃料油硫含量要求愈发严格。国内炼油企业应抓住船用燃料油市场变化的契机，加快调整布局船用燃料油生产、销售，优化部分炼厂油品生产结构，在保障国内船用燃料油安全供应的同时，提升炼厂经济效益。

1　国内外船用燃料油标准及相关政策的历史沿革

1.1　国外标准及相关政策

1.1.1　国际标准化组织船用燃料油产品标准（ISO 8217）

国际标准化组织（ISO）制定了第一个有关船用燃料油的分类标准，即 ISO 8216-1-1986。为进一步规范船用燃料油产品质量，提供统一的全球范围内的评价指标，ISO 在1987年又制定了第一个船用燃料油的产品标准，即 ISO 8217-1987《船用燃料油规范》。随着经济增长，船舶保有量快速增长带来了严重的大气污染，为控制气体污染物排放，ISO分别于1996年、2005年、2010年、2012年和2017年对 ISO 8217做了修订，规范提高船用燃料油质量指标，尤其是硫含量限值逐步降低，形成了现行有效的 ISO 8217-2017 版本。

ISO 8217-2017 主要规定了馏分型燃料油和残渣型燃料油的分类及代号、产品技术要求和试验方法等，对4种馏分型燃料油、6种残渣型燃料油给出了具体的产品指标要求，包括运动黏度、密度、硫含量、闪点、硫化氢、酸值、总沉淀物、残炭、水分、灰分、润滑性以及残渣燃料油的钒、钠、铝和硅含量等技术指标，其中馏分型燃料油的硫含量不大于 1.0%~1.5%（质量分数），残渣型燃料油的硫含量符合当地法规。

1.1.2　防止船舶污染国际公约（MARPOL）

联合国环境与发展组织于1995年提出增加 MARPOL 73/78 附则Ⅵ《防止船舶造成空气污染规则》，已于2005年5月对所有协议签署国（共136个）的船舶正式生效，其中第14

条对燃料油的硫含量进行了规定，对全球硫排放控制区和其他地区的硫含量有不同要求（图 1）。

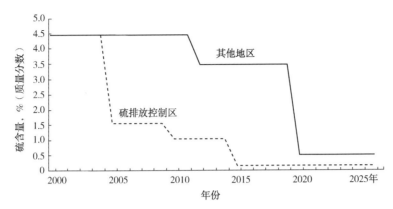

图 1　MARPOL 公约附则Ⅵ关于船用燃料油硫含量执行时间

硫排放控制区（SECA）：波罗的海、北海、美国和加拿大沿海地区、美国加勒比海地区

2008 年开始，IMO 采用了 MARPOL 附则Ⅵ中的一系列修正条款。2016 年 10 月，IMO又进一步讨论通过自 2020 年起，全球范围内船用燃料油硫含量将由不大于 3.5% 降至不大于 0.5%。

1.1.3　其他标准

除 ISO 8217 和 MARPOL 73/78 附则Ⅵ等国际性标准或公约外，美国、欧盟等国家或地区有各地方标准。

例如，美国材料与试验协会（ASTM）于 1978 年首次制定了石油产品燃料油标准，即 ASTM D396《燃料油标准规范》，该标准主要规定了燃料油产品的一般要求、详细要求、试验方法以及具体性能指标。该标准适用于所有工业和民用燃料油的生产和销售，但没有单独对船用燃料油做出规定。该标准自发布至今进行了 28 次修订，尤其是对产品中硫含量进行了严格限定，该标准的现行版本 ASTM D396-15b 中规定硫含量不大于 0.5%

在 MARPOL 73/78 附则Ⅵ的基础上，欧盟立法规定：自 2010 年起，进出欧盟所属海域、特定经济区及污染控制区域的客轮、摆渡船或巡航船均执行燃料油硫含量不超过 0.1% 的规定。

总体而言，随着 IMO 全球船用燃料油硫含量新规的实施，全球船用燃料油低硫化进程加快。表 1 中列出了全球船用燃料油硫含量最新法规要求。

表 1　全球船用燃料油硫含量最新法规要求

世界法规	区域	实施时间	硫含量，%（质量分数）
MARPOL 公约附则Ⅵ	排放控制区	2015 年 1 月 1 日	≤0.1
	排放控制区外	2020 年 1 月 1 日	≤0.5
欧盟法规	欧盟港口	2010 年 1 月 1 日	≤0.1
美国加州法规	加州沿线 24 海里内水域	2014 年 1 月 1 日	≤0.1

1.2 我国船用燃料油标准及相关政策

中国拥有丰富的港口资源，随着经济的发展，港口和航运业规模不断扩张。为控制船舶污染物排放，改善沿海和沿河区域特别是港口城市的空气质量，中国对船用燃料的质量要求也越来越严。

1.2.1 GB 17411—2015《船用燃料油》

中国现行的 GB 17411—2015《船用燃料油》标准于 2016 年 7 月 1 日正式实施，标准由推荐性改成强制性，结束了我国船用燃料油无强制性标准的现状。该标准将船用燃料油分为两类——一类是馏分型船用燃料油（D 组），另一类是残渣型船用燃料油（R 组）。对不同类型燃料油中的硫含量进一步限定，适用于船用柴油机及锅炉燃料。不同类型的船用燃料油硫含量指标见表 2。

表 2　不同类型的船用燃料油硫含量指标

燃料油类型	阶段	硫含量，%（质量分数）			
		DMX	DMA	DMZ	DMB
馏分型	I	≤1.00	≤1.00	≤1.00	≤1.50
	II	≤0.50	≤0.50	≤0.50	≤0.50
	III	≤0.10	≤0.10	≤0.10	≤0.10

燃料油类型	阶段	硫含量，%（质量分数）			
		RMA/RMB	RMD/RME	RMC 系列	RMK 系列
残渣型	I	≤3.50		≤3.50	
	II	≤0.50		≤0.50	
	III	≤0.10		—	

注：标准中馏分型燃料油的硫含量限值规定了 3 个等级，其中 I 级与 ISO 8217-2015 船用馏分燃料硫含量要求一致，II 级符合 IMO 确定 2020 年船舶行驶在普通区域对燃料油硫含量的要求，III 级符合目前船舶行驶在 SECA 内对燃料油硫含量的要求。

为进一步规范完善我国船用燃料油标准，2019 年 1 月，GB 17411—2015《船用燃料油》第 1 号修改单发布实施，主要修订内容如下：（1）标准使用范围由"适用于海（洋）船用柴油机及其锅炉用燃料"改为"适用于海（洋）和内河船用柴油机及其锅炉用燃料"；（2）"馏分燃料按照硫含量分为 I、II、III 3 个等级"修改为"海洋船用馏分燃料按照硫含量分为 I、II、III 3 个等级"；（3）增加内容"内河船用燃料分为 DMA（S10）和 DMB（S10）两个等级"。至此，我国船用燃料油质量标准得到进一步完善。

1.2.2 船用燃料油低硫化相关政策

为进一步有效实施 IMO 全球船用燃料油硫含量限制的规定，2019 年 10 月 23 日，中华人民共和国海事局发布了《2020 年全球船用燃油限硫令实施方案》（简称《方案》），对船舶使用及装载燃油和替代措施、船舶使用和装载燃油信息报送、船舶装载不合规燃油处置、供油单位备案、监督管理等提出了具体要求。《方案》指出，自 2020 年 1 月 1 日起，国际航行船舶进入我国管辖水域应使用硫含量不超过 0.5% 的燃油，进入我国内河排放控制区则硫含量不超过 0.1%，2022 年起，进入海南排放控制区则硫含量不超过 0.1%；2020 年 3 月 1 日起，国际航行船舶进入我国管辖水域，不得装载硫含量超过 0.5% 的自用燃油。同时自 2020 年 1 月 1 日起，船舶不得在我国船舶大气污染物排放控制区内排放开式废气清洗系统洗涤水。

早在 2015 年 12 月，交通运输部就发布了《珠三角、长三角、环渤海（京津冀）水域船舶排放控制区实施方案》，提出到 2019 年 1 月 1 日，上述 3 个水域内的船舶应使用硫含量不超过 0.5% 的燃油。而 2018 年 12 月交通运输部发布的《船舶大气污染物排放控制区实施方案》，将上述 3 个水域的船舶排放控制扩大到全国沿海 12n mile 内的所有海域及港口，要求船舶自 2019 年 1 月 1 日起在指定区域内，应使用硫含量不超过 0.5% 的燃油，在特定区域内应使用硫含量不超过 0.1% 的燃油。

《方案》既符合 IMO 关于船用燃料硫含量的要求，又符合我国大气污染排放控制区使用船用燃料的要求。同时对国际航行船舶无法获取合规燃油导致船舶使用或者装载不合规燃油的，提供了《合规燃油不可获得报告》，对不合规燃油起到监管作用。

在惩罚措施方面，对于违反规定的船舶，海事管理机构应当按照《中华人民共和国大气污染防治法》等有关法律法规和《方案》的要求予以处理。其中，《中华人民共和国大气污染防治法》规定，使用不符合标准或者要求的船舶用燃油的，由海事管理机构、渔业主管部门按照职责处 1 万元以上、10 万元以下的罚款。

从以上政府制定的相关政策法规方面看，我国政府在控制船舶硫排放、响应 IMO 2020 船用燃料油新规方面，提供了切实可行的政策保障。

1.3　新规执行情况预测

在法规执行方面，受成本、低硫船用燃料油供应及监督难度等因素影响，IMO 新规在全球范围内的执行率是各方关注的焦点之一。但需看到，全球航运业务主要集中于十大航运公司，这些公司垄断了全球超过 70% 的海上运力。由于大公司较注重声誉，这将有利于 IMO 新规的执行。BP 公司预测，将有逾 90% 的航运公司会执行新法规，但更多公司预测新法规的执行率可能在 70%。近期有个别媒体报道，包括俄罗斯、哈萨克斯坦等在内的 5 个欧亚经济联盟国家及阿联酋、菲律宾等多个国家决定在不同程度上推迟或暂缓执行 IMO 新规，这引发了人们对该新规执行率的担忧。事实上，即使推迟，对象应该只是针对国内航线或内河船舶，在国际航行船舶水域仍应遵守 IMO 新规，并且上述区域的船用燃料油用量除在阿联酋的富查伊拉港口较大外，其余用量相对全球用量非常小，不会影响船用燃料油低硫化的大趋势。

2　国内外船用燃料油市场分析

2.1　国际船用燃料油市场需求变化

全球船用燃料油需求近几年一直维持在约 450×10^4 bbl/d（2.5×10^8 t/a）。其中，高硫燃料油因为价格优势约占 70%，馏分油约占 25%，剩余为低硫燃料油和少量液化天然气。

目前，主要有三种方法可以满足 IMO 的新要求：一是使用低硫船用燃料，包括低硫燃料油、低硫馏分油（船用柴油和船用瓦斯油等）；二是在船舶加装尾气脱硫装置；三是使用液化天然气。选用低硫船用燃料可以减少硫氧化物和颗粒物的排放，达到 IMO 减排的初衷，但价格高，并且目前使用高硫残渣油的船舶发动机如果要使用低硫燃油还需改造；加装船舶脱硫装置无需对发动机和供油系统改造，可继续使用低价高硫燃油，但装置费用高、所需空间大、废液需要后处理；使用液化天然气能显著降低硫氧化物、颗粒物排放，但液化天然气动力设备及配套系统价格昂贵，目前世界范围内港口加注设施不完善，并且液化天然气续航能力低，储罐所需空间为等量柴油舱的 3～4 倍，占地面积大，建设成本高。三种方法各有利弊，选用何种方法，需要从市场、经济性、可操作性等多方面考虑。

据英国德鲁里航运咨询公司对船东或船舶管理企业的一项调查显示，基于加装尾气脱硫装置和使用液化天然气的缺点或可操作性等因素，现有船舶中 66% 会选择使用低硫重质船用燃料油。图 2 显示了 2000—2050 年全球船用燃料油的需求变化（数据源自美国 IHS Markit 公司）。可见，2020 年 IMO 新规实施后，高硫船用燃料油需求量骤减，低硫船用燃料油和船用柴油需求量剧增。虽然此后随着安装洗涤器的船舶数量增多等因素影响，高硫船用燃料油的需求逐渐回升，但低硫船用燃料油和船用柴油的需求将一直保持在较高水平。IMO 2020 新规将导致船用燃料油结构发生长期性和根本性的变化，但最终各类油品将达到供需平衡。

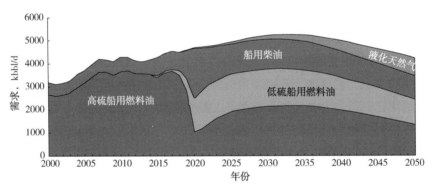

图 2 2000—2050 年全球船用燃料油需求变化

分区域而言，随着航运业不断发展，亚太地区在全球船用燃料油需求市场的份额持续增长，在全球市场中的占比超过 40%。整个亚欧地区的船用燃料油需求约占全球的 70%，且亚欧航线上近 90% 的船舶靠泊我国港口装卸作业，因此，我国港口的低硫船用燃料油市场需求巨大。

2.2 国内船用燃料油市场供需情况

经过长期发展，我国船用燃料油市场经历了从国营垄断到逐步开放，从市场混乱无序到向规范化、标准化转变，在亚太地区已经成为仅次于新加坡的第二大船用燃料油市场。但与新加坡等国外市场有所不同，中国船用燃料油按用户不同可分为保税油和内贸完税油（简称内贸油）。保税油是指经国务院批准享受保税政策，由海关实施保税监管，未缴纳进口关税、进口环节增值税和消费税、不占进口配额的国际航行船舶用油品。内贸油是指为普通内贸航线船舶供应的燃料油，供油商需要缴纳各类税费。在 2020 年初的保税低硫燃料油出口退税政策出台前，保税油市场和内贸油市场基本各成体系，关联相对较小；之后由于低硫燃料油调和组分的原因，两个市场开始有联系。

2.2.1 保税油

在保税油市场规模方面，中国近些年的保税船用油销量一直维持在 (800~1200)×10^4t/a。具体而言，从 2012 年开始，随着全球经济增速放缓以及航运市场的持续低迷，中国船用燃料油需求量开始下降，2015 年基本止住连续下滑的势头，开始企稳回暖。2018年，我国船用燃料油供应总量为 2090×10^4t，同比上涨 10%；2019 年受航运市场需求低迷及高低硫船用燃料油转换影响，我国船用燃料油总量为 1910×10^4t，其中保税油供应总量 1060×10^4t，比上年降 8.6%，但仍高于同期内贸油需求量(图 3)。虽然同期新加坡船用燃料油供应量也有所下降，但仍达 4750×10^4t (图 4)。据世界航运公会(World Shipping Council)公布的 2019 年统计数据，依照集装箱吞吐量计算，世界上 10 大集装箱港口有 7个在中国，中国集装箱吞吐量占全世界总吞吐量的近 70%，但 2019 年船用保税油量不到新加坡的 1/4。船用燃料油税费高导致的销售价格高、保税油供应业务实施特许经营、港口服务设施不完善等成为主导原因。

图 3   2015—2019 年我国船用燃料油市场需求

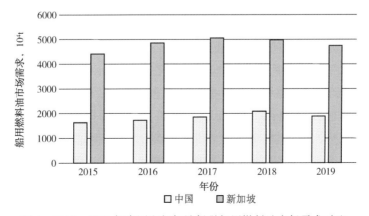

图 4   2015—2019 年中国和新加坡保税船用燃料油市场需求对比

在保税油经营资质方面，得益于我国保税区船供油市场的进一步开放，具有保税区船供油经营资质的企业由 2006 年前的中国船舶燃料有限责任公司（简称中国船用燃料油）1 家增加至 2006 年 7 月之后的 5 家。随着自贸区保税油业务的发展，舟山市于 2017 年和 2019 年分别为自贸区内多家企业颁发经营牌照，目前在舟山开展保税油供应的企业达 14 家，使得舟山成为我国保税油供应企业最集中的地区。同时伴随港口服务设施进一步完善，虽然 2019 年受全球航运市场低迷的影响，我国全年保税油供应量同比下滑约 10% 至 1060×10^4t，但舟山地区保税油供应量同期达 385×10^4t 的水平，同比增加 7%，占全国供应量的 36%，成为带动我国船用燃料油市场快速发展的重要动力。

在税费方面，2020 年初市场期待的燃料油出口退税政策终于落地。1 月 22 日，财政部、国家税务总局、海关总署联合发布的《关于对国际航行船舶加注燃料油实行出口退税政策的公告》指出，对国际航行船舶在我国沿海港口加注的燃料油，实行出口退（免）税政策，增值税出口退税率为 13%。此前由于燃料油出口税费高，导致我国炼厂没有生产船用燃料油的积极性，保税船用燃料油基本靠从周边国家进口，因此价格明显高于周边国家港口。今年落地的燃料油出口退税政策可降低国内炼厂低硫船用燃料油生产成本，促进炼厂多产船用燃料油，有望打破长期以来船用燃料油需要依靠进口的局面，从而降低船燃料油销售价格，吸引更多国际船舶进入我国港口加注燃油，提升我国船用燃料油需求量。

总体而言，随着保税油经营资质逐步放开、港口服务能力进一步提升，主要是燃料油出口退税政策带来的保税油价格下降的利好兑现，我国港口保税油需求量大幅提升。同时叠加 IMO 2020 新政实施的影响，2020 年上半年，我国保税船用重质燃料油港口消费量约为 724×10^4t，同比增加 116×10^4t，增幅为 19%，实现逆势增长，其中国产低硫船用燃料油在保税船用燃料油领域的资源补充上起到了重要作用。5 月，低硫燃料油期货交易在上海国际能源交易中心开展，低硫燃料油期货价格逐步受到市场参与者认可，也促进了我国保税船用燃油市场的发展，区域定价中心的雏形显现。

此外，对外而言，我国港口加油服务覆盖范围大，能辐射的主要港口有东京湾、韩国釜山、中国香港等，上述 3 个港口的船用燃料油需求量每年近 2000×10^4t。随着我国燃料油期货市场完善和政策红利逐步释放，未来燃料油供应和消费规模会出现大幅度增长，中国有望成为整个东亚地区的燃料油生产中心、供应中心和定价中心，有望吸引上述周边国家或地区港口的船只来我国港口加油。因此，我国船用燃料油市场发展潜力巨大。

2.2.2　内贸油

近几年，由于经济增速放缓，航运业持续低迷，我国内贸油需求量逐年下降，从 2011 年的 850×10^4t 降至 2016 年的 640×10^4t，2017 年才止跌略升至 655×10^4t，近几年我国内贸油的需求量如图 3 所示。中国内贸船供油行业一直市场化程度高、准入门槛低、油品标准少、管理规范薄弱，从事内贸船加油业务的企业超过 500 家，船用燃料油新规出台前，重质船用燃料油比例远高于轻质船用燃料油。

目前，我国内贸船用燃料油基本都是由调油商和供应商混调而成。据隆众资讯相关数据，在中国船用燃料调和原料中，渣油/沥青、水上油的比例均大于 20%，页岩油、煤柴油、蜡油的比例均大于 10%，其余为洗油、酚油、乙烯焦油、塔底油等诸多品质不高的原料。目前，内贸油调和厂商使用的渣油、沥青主要来自中海油炼厂及部分地炼企业。各地调油商的情况存在差异，如对船用 180cSt 燃料油而言，调油商多以当地便利资源为基础，采用周边资源作为补充和调整，资源丰富的地区一般有固定的调和习惯，而对于资源相对匮乏的地区，利用多种资源来达到质量标准并获利是调和策略。

随着中国对船舶排放控制越来越严格，高硫劣质船用油逐渐被低硫船用油所取代；随着成品油消费税收缴的进一步规范，变票空间被挤压，传统的小型调油商将面临巨大挑战。

在 IMO 2020 新规之前，内贸油与保税油基本没有联系，随着新规实施，低硫燃料油调和组分成为两者都需要的资源，因此两个市场间开始产生关联。但总体而言，内贸油行业的管理规范相对薄弱、市场参与主体众多，未来发展空间相对较小；而保税油市场更为规范、准入门槛相对较高、参与国际竞争、发展潜力大，是生产和销售企业重点竞争的市场，也是中国石油目前及未来重点参与竞争的市场。

3 主要生产技术及技术现状

3.1 主要生产技术

新标准实施后低硫船用燃料油需求将上升，因此，低硫船用燃料油生产技术会成为关注的焦点之一。目前，主要有 3 种方法可以生产出合规低硫船用燃料油：一是使用低硫原油常减压工艺生产；二是使用低硫燃油和高硫重质燃油进行混兑、调和生产；三是通过脱硫装置将高硫燃油中的硫含量降低用于生产船用燃料油。其中，方法 1 技术简单，加工成本低，但低硫原油资源有限，远不能满足市场需求；方法 2 简单直接，是新加坡作为全球船舶加油中心的核心优势之一；方法 3 原料来源广，脱硫方式主要分加氢和非加氢两种，成本均较高，目前加氢脱硫属于主流技术，成熟度高，很多炼厂都有固定床渣油加氢装置。炼厂选择何种生产路线，应基于炼厂实际情况，统筹总流程，尤其是综合考虑原料及加工过程的成本。

3.1.1 调和

从目前低硫船用燃料油的生产情况来看，多数企业采用了调和方式。常用的油品调和工艺可分为油罐批量调和和管道连续调和两种。目前，国内残渣船用燃料油生产以间歇式罐式批量调和为主，根据购入的组分油，人工计算调和配比方案，然后通过手动调节组分油泵的输出功率，把待调和的组分油按规定的比例分别送入调和罐内，再用泵循环、电动搅拌等方法均匀混合成一种产品。该方法的优点是操作简单、不受组分油质量波动影响；缺点是组分罐多、调和周期长、易氧化、比例不精确，油品稳定性有待提高。英国 JISKOOT 公司报道了船用燃料油管道连续调和工艺及设备，该工艺采用喷射混合器，对于组分油黏度差异大的油品难以取得较好的混合效果。目前，残渣型燃料油连续调和工艺的

应用国内还未见报道，只有少部分企业在开展相关研究。

中国石油石油化工研究院围绕降低成本、提高品质开展低硫船用燃料油生产技术研究，解决了高黏重油改质降黏与产品稳定性的技术难题，开发形成了化学改质耦合原位调和生产清洁船用燃料油新工艺（MIB）。中试结果表明：通过原料优选和切割点调控，采用MIB工艺技术，实现渣油降黏率达到95%以上，倾点等关键指标可直接达到RMG380#船用燃料油产品要求。

中国石化大连石油化工研究院辽宁省船用燃料油重点实验室针对船用残渣型燃料油在线调和工艺要求，开发了船用燃料油连续调和管理系统，设计了新型高效静态混合器，并在此基础上开发了残渣型燃料油连续调和工艺，并建立了处理能力为240L/h的残渣船用燃料油在线调和小试装置。图5为船用残渣型燃料油在线调和工艺流程示意图。

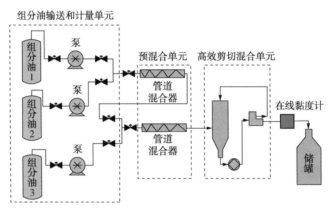

图5　船用残渣型燃料油在线调和工艺流程示意图

该在线调和工艺是集合燃料油调和管理软件、燃料油调和控制器、燃料油检测装置、静态管道混合器以及高效剪切单元形成的工艺流程。燃料油调和管理软件根据组分油性质、价位和调和油性质，采用低成本优化调和方法进行计算和预测，形成调和方案，并将方案中各组分的比例输出给调和控制器，控制器对调和组分油的油泵开度进行控制。调和组分从组分油储罐中输出后经阀门系统输出到下一步调和工艺，其中根据监测油品温度，来控制油品是否需要经过换热器来调整温度，若不需要调整温度，则直接进入管道混合器，经管道混合器出来后的油品送入高效剪切单元处理后进入调和油罐。其中在静态混合器出口和剪切混合单元出口设置在线黏度监测装置，根据黏度在线监测结果，在调和管理系统对各组分油的比例进行调整，以达到调和方案要求。为验证上述工艺，建立了残渣型燃料油在线调和小试装置，能够实现调和方案生成、连续在线生产，试验表明，采用小试装置生产的船用燃料油产品与搅拌法生产的产品性能接近，稳定性更好，比传统残渣型燃料油生产方式效率提高。未来的调和技术也将向规模化、专业化和互联化发展。

调和生产中除了需要解决连续调和生产的问题外，还需要重视调和油品的清洁度和相容性。重质燃料油的调和组分复杂，不同原料调和生产的燃料油混在一起，兼容性、分散性和稳定性较差，使用时易导致船上燃油系统沉渣和油泥堵塞，造成事故。无论是在荷兰、新加坡等国际港口还是国内港口，均出现过船用燃料油淤积以及燃油喷射泵故障，甚至一些船舶出现停航事故。因此，调和生产的船用燃料油除了要符合硫含量要求，不能忽视其他指标，摒弃"合标不合规"的做法，充分保证质量。

3.1.2 脱硫

3.1.2.1 加氢脱硫

渣油加氢脱硫生产低硫燃料油或低硫调和组分将是未来的主流技术路径之一。目前固定床渣油加氢脱硫技术成熟，应用广泛，脱硫率在85%~90%，一般加氢渣油的硫含量可以控制在0.5%(质量分数)以内，但减压渣油残炭高、黏度大，需要掺炼一定比例的稀释油(蜡油、催化裂化油浆等)作为固定床进料，而且装置和操作成本高，因而很少有炼厂用渣油加氢脱硫直接生产低硫燃料油，但减压渣油加氢脱硫(VRDS)渣油常作为低硫燃料油的一种重要调和组分。

沸腾床和悬浮床/浆态床加氢技术近年来发展很快，但目前应用较少。其技术成熟度与应用广泛性目前尚不如固定床加氢，脱硫率也略逊于固定床加氢，其与固定床加氢组合，无须稀释油，还可扩展生产船用燃料油的原料范围，值得关注和研究。

3.1.2.2 非加氢脱硫

非加氢脱硫技术主要包括氧化脱硫、吸附脱硫、萃取脱硫、生物脱硫和活性金属脱硫，能够在温和条件下进行燃油脱硫反应，而且对加氢脱硫难以脱除的噻吩类硫化物具有良好的脱除效果。几种非加氢脱硫方法对比情况见表3。

表3　几种非加氢脱硫方法对比

方法	用料	优点	缺点
氧化脱硫	O_3、NO_2、H_2O_2等	选择性好、反应条件温和、原料适应性强	脱硫剂难再生
吸附脱硫	分子筛、金属氧化物、活性炭、黏土类	操作简单、投资少、适合深度脱硫、无污染	对烷烃类吸附弱
萃取脱硫	萃取剂	反应条件温和	能耗大、油品收率低
生物脱硫	菌落	彻底脱除噻吩硫、条件温和	反应时间长、效率低
活性金属脱硫	活性金属	脱硫效率高、选择性好	金属难再生

总体而言，渣油氧化脱硫方法在工业化应用中具有低能耗、避免使用氢气、操作条件温和、对反应设备没有严苛要求等明显优势，因此具有更好的工业应用性；活性金属脱硫由于其高效的选择性，研究价值较高。未来，非加氢脱硫技术仍值得关注。

3.2 国内外生产现状

3.2.1 国外生产现状

全球范围内，包括美国埃克森美孚、荷兰壳牌、英国BP、法国道达尔和美国雪佛龙等主要国际石油公司均曾宣布在2019年底之前提供或生产低硫船用燃料油，但大部分公司并未公布具体的生产工艺及供应数量。

从全球不同地区的现有炼油装置和资源情况来看，北美和亚洲（主要是中国）有机会依托现有装置加工高硫燃料油。随着近年来美国加工原油变轻，约有 $85×10^4$ bbl/d（$4675×10^4$ t/a）的焦化和渣油加氢裂化闲置能力；而中国近几年炼油能力过剩加剧，也会有足够的闲置能力加工高硫燃料油。在低硫燃料油生产方面，伍德麦肯兹预计，2020 年北美和亚洲将分别提供全球 28% 和 32% 的低硫燃料油。此外，北美是传统的馏分油出口地区，目前船用馏分油市场份额已占 20%，随着 2020 年馏分油需求大量增长助推价格上涨，北美炼厂将生产更多的船用馏分油。

欧洲地区的炼厂则更倾向于新建或重启装置来生产符合标准的船用燃料。自 IMO 宣布将于 2020 年实行新规以来，埃克森美孚计划在 Antwerp 炼厂运行一套延迟焦化装置，俄罗斯天然气工业石油公司（Gazprom Neft）、波兰 Grupa Lotos 公司等都宣布将进行焦化项目装置的建设。预计未来 3 年欧洲将新增焦化能力 $1000×10^4$ t，用于生产符合要求的船用燃料油。此外，耐思特（Neste）和壳牌则计划新建溶剂脱沥青装置，将减压渣油转化为脱沥青油，脱沥青油经过加氢裂化和加氢处理生产低硫燃料油。西班牙炼油商 Cepsa Alberto Martinez-Lacaci 则计划新建渣油加氢裂化装置，加工重燃料油来生产满足要求的船用馏分油。

总体而言，北美和亚洲有足够的闲置能力加工高硫燃料油，并可提供全球约 60% 的低硫燃料油，同时美国还可提供大量馏分油。欧洲则更多通过新建或重启焦化、渣油加氢裂化等装置消耗高硫燃料油，生产符合要求的低硫燃料油和馏分油。随着 2020 年新冠疫情对全球船用燃料需求的影响，此前计划的部分项目或生产计划受到不同程度影响，因此各地区炼厂应关注不断变化的市场动态，调整生产，以求在新环境、新法规下获取利润。

3.2.2 国内生产现状

国内低硫船用燃料油生产商主要分两类：一类是中国石化、中国石油等大型企业下属的炼厂，这类企业拥有常减压蒸馏、催化裂化及各类加氢装置，可直接生产低硫船用燃料油或其调和组分；另一类是如中国船用燃料油等不具备生产装置，通过外购调和组分，实现低硫船用燃料油调和生产的企业。

第一类生产商以中国石化、中国石油为代表，早在限硫令到来前提前布局了低硫船用燃料油生产计划。中国石化布局旗下 10 家沿海炼厂生产低硫船用燃料油，计划到 2020 年底，低硫船用燃料油产能达到 $1000×10^4$ t，2023 年计划超过 $1500×10^4$ t；中国石油则布局旗下辽河石化、大连石化、广西石化等炼厂生产低硫船用燃料油，计划到 2020 年产能达到 $400×10^4$ t。在实际生产方面，截至 2019 年 12 月，国内共有 15 家沿海炼厂试生产低硫燃料油，除中海油惠州炼化公司和中化泉州石化有限公司外，其余均为中国石油和中国石化旗下炼厂，合计产量近 $11×10^4$ t。2020 年 1 月底燃料油出口退税政策落地后，2 月就有辽河石化、青岛石化和齐鲁石化等炼厂生产的低硫船用燃料油进入保税监管仓口报关，落实了出口退税；之后有更多主营炼厂投入低硫船用燃料油生产中。目前低硫船用燃料油的生产工艺则基本都为调和方式，原料包括 VRDS 渣油、减压蜡油组分、油浆、催化柴油等，各炼厂因工艺的不同，调和料及比例也有所区别。

第二类生产商以中国船用燃料油为代表。中国船用燃料油在 2017 年就成为国内首家开展保税低硫、超低硫船用燃料油供应的企业；2018 年 8 月起尝试低硫船用燃料油供应，10 月在上海洋山港开展常态供应，12 月在宁波舟山港正式开展业务；2019 年扩展至环渤海、华南地区的主要港口，并实现低硫保税油大陆主要港口和中国香港的全覆盖供应。2019 年 6 月，中国船用燃料油完成国内首单利用国内炼厂低硫调和料和含硫深加工调和料进行不同税号油品调兑成低硫的业务，打通了国内原料进入保税油市场的调兑渠道。

总体而言，随着燃料油出口退税政策和出口配额管理政策落地，我国低硫船用燃料油产量快速增长，2020 年产量明显上升，全年共生产保税低硫重质船用燃料油约 765×10^4 t，首次超过进口量。低硫船用燃料油生产厂商也在积极布局生产，抢占市场。

4 小结

目前，我国炼油业面临炼油能力过剩、结构性不合理等问题。长久以来，为满足汽煤柴供应，炼厂规划和设计都以提高轻油收率为主，追求"吃干榨净"，生产的重质燃料油较少，再叠加燃料油税费因素，炼厂生产燃料油意愿较为薄弱，导致汽柴油供大于求，但燃料油仍需进口。而 2020 年出台的燃料油出口退税政策对低硫燃料油供应保税区是重大利好，将在很大程度上促进炼厂开启低硫燃料油资源常规生产流程。炼厂应抓住契机，加快调整布局，抢占市场。

（1）结合炼油产品结构调整，合理利用资源、区位等优势，量身定制不同生产方案，做到"一企一策"。

近年来，我国成品油产量增速加快，需求增速放缓。2019 年成品油实际产量为 4.36×10^8 t，消费量为 3.84×10^8 t，过剩 5200×10^4 t，2020 年成品油过剩形势将进一步加剧。出口退税政策放开后，如沿海炼厂稳定生产低硫燃料油，将减少催化裂化原料，进而降低汽油和柴油产量，在一定程度上能缓解我国汽柴油过剩的形势。

有低硫原油资源优势的企业应充分利用资源优势，如大庆、辽河、克拉玛依等油田的原油和海洋原油炼制出产的渣油硫含量一般在 0.4%~1.0%，焦化、催化裂化原料、催化油浆、焦化蜡油硫含量也较低，非常适合调和低硫燃料油。由于沿海炼厂离销售终端近，更适合生产低硫船用燃料油，因此，这些企业应充分利用区位优势，在深入分析原油资源及各装置产物的基础上，如有充足的低硫调和原料，则可通过直接调和方案生产低硫船用燃料油，有利于降低生产成本，增加企业灵活性；如低硫调和原料不足，则可从全厂总流程角度优化工艺技术路线，研发多途径生产低硫船用燃料油的方案。

（2）开展新型连续调和技术研究，切实提高调和技术水平，合理利用渣油加氢装置，实现低硫船用燃料油的高效率低成本生产。

整体而言，调和是未来几年低硫船用燃料油的主要生产途径。调和技术的水平不仅决定了燃油质量，也体现了生产企业的核心竞争力。目前，国内普遍采用的罐式间歇性调和技术人工操作误差大、生产周期长、方案试验费时费力，若能从方案设计、指标预测、生

产控制、高效调和运行等方面实现连续调和生产，不仅能提高低硫船用燃料油的质量，也能实现高效率低成本生产。炼厂应与科研单位合作，开发针对不同炼厂的调和技术，并可配合开发调和软件，尽快占领调和技术制高点。

因使用渣油加氢装置成本相对较高，针对有固定床渣油加氢装置的炼厂，在经济测算基础上可根据装置具体运行情况，生产部分调和原料。同时，应开展低成本脱硫技术研发，进一步降低脱硫成本。研究院可与炼厂紧密合作，根据炼厂实际情况调整固定床渣油加氢装置的运行目标，将装置原来的全面脱杂质（脱硫、脱金属、脱残碳）目标，调整到突出强化脱硫单一目标，降低运行操作成本，同时研究院改进催化剂与工艺技术方案，实现低成本脱硫。

（3）布局国内外重要港口，与大型航运公司、船供油公司提前签订长约协议，保证未来产出的低硫燃料油顺利供应。

在利用优势资源、加快低硫船用燃料油生产技术研发的同时，应提前布局低硫船用燃料油销售网络。国际大石油公司的低硫船用燃料油销售都已在全球重要港口布局，如埃克森美孚公司目前可在安特卫普、鹿特丹等 7 个港口供应低硫船用燃料油；BP 公司公布的燃料供应图显示，公司先期可在西雅图、新加坡等 12 个港口提供超低硫船用燃料油、船用轻柴油以及重质船用燃料油；壳牌公司从技术和供应链方面已在全球 13 个港口具备提供低硫船用燃料油的能力。

中国石化从 2020 年 1 月起在国内主要港口全面供应合规低硫重质船用燃料油，并将在全球 50 多个重点港口具备供应能力。中国石油等综合性能源公司也应充分发挥炼销一体化优势，在全国主要港口布局销售网点。在海外港口布局上，有能力的石油公司可提前与中国远洋海运集团、丹麦马士基集团等知名航运公司及一些大型船供油企业签订长约协议，与国内外港口布局相结合，明确航运公司和船供油企业的需求，提前绑定供需，以确保未来产出的低硫船用燃料油顺利供应。

（4）加强润滑油研发，提高润滑油产量和质量，并针对不同船用燃料提供不同系列润滑油。

2019 年，全球船用润滑油需求量约 $250 \times 10^4 t$，近半数来自亚太地区。IMO 新规实施后，低硫燃料油和船用柴油需求量增加，将对润滑油的产量和质量提出新要求。一方面，由于硫具备一定润滑性，含硫量较低的燃料油和船用柴油在黏度、密度、润滑性等方面不如高硫燃料油，因此更换为低硫燃料油或船用柴油后需调整燃油泵并增加润滑油使用量，使润滑油需求量增加；另一方面，由于不同厂商生产的低硫燃料油使用的调和组分不同，加注不同低硫燃料油后会对润滑油的清净性、分散性和兼容性提出更高要求。

在润滑油系列方面，使用不同方法满足 IMO 新规将使用不同系列润滑油。因此国际大润滑油公司乘势推出不同系列润滑油，如埃克森美孚推出的不同产品中，使用低硫燃料油的船舶可选用美孚佳特 TM 540，安装洗涤塔的船舶可选用埃克森美孚高碱值汽缸油，能吸引不同需求的船用润滑油客户。

中国石化、中国石油等对润滑油有一定研究基础的企业应抓住此次新规契机，针对船用燃料油变化对润滑油提出的新要求，有针对性地加强研发，生产出更高品质的不同系列润滑油，并充分利用与现有航运公司的合作关系，进一步扩展销售网络，抢占全球尤其是亚太地区船用润滑油市场。

参 考 文 献

[1] 郑丽君，朱庆云，丁文娟. 船用燃料油新法规对其市场的影响及中国石油应对建议[J]. 石化技术与应用，2020，38(2)：71-75.

[2] Devika Krishna Kumar. BP expects strong compliance for marine sulfur emissions caps[EB/OL]. (2018-0-14)[2021-05-23]. https://www.hydrocarbonprocessing.com/news/2018/03/bp-expects-strong-compliance-for-marine-sulfur-emissions-caps.

[3] Sandeep S. On the water IMO：Ripples or rip tides for fuel relationships[C]. San Antonio：AFPM Annual Meeting, 2019.

[4] 田明. 中国船舶燃油供应低硫化之路[J]. 国际石油经济，2018，26(12)：51-57.

[5] 王天潇. 典型炼油企业低硫重质船用燃料油生产方案研究[J]. 当代石油石化，2019，27(12)：27-34.

[6] 孔劲媛，丁少恒. 国内外船燃标准提高的市场机遇及相关建议[J]. 石油商技，2019，10(5)：64-67.

[7] 朱元宝，辛靖，侯章贵. 船用燃料油标准变化背景下的挑战与机遇[J]. 无机盐工业，2019(11)：1-5.

[8] 刘名瑞，李遵照，王海波，等. 船用燃料油连续调合技术现状与展望[J]. 当代石油化工，2018，26(11)：33-36.

[9] 李遵照，徐可忠，薛倩，等. 残渣型船用燃料油连续调合工艺研究[J]. 石油炼制与化工，2018，49(5)：92-96.

[10] 商务部. 原油成品油流通管理办法(征求意见稿)[EB/OL]. (2017-07-19)[2021-04-18]. http://www.mofcom.gov.cn/article/h/zongzhi/201707/20170702612770.shtml.

[11] 薛倩，王晓霖，李遵照，等. 低硫船用燃料油脱硫技术展望[J]. 炼油技术与工程，2018，48(10)：1-4.

[12] 郎岩松，刘初春，秦志刚. 中国燃料油市场格局变化及发展建议[J]. 国际石油经济，2017，25(8)：88-93.

[13] 宋艳媛，杨全茂. 船用燃料油及其标准分析[J]. 船舶标准化与质量，2015(2)：23-25.

[14] 薛倩，王晓霖，李尊照，等. 低硫船用燃料油脱硫技术展望[J]. 炼油技术与工程，2018，48(10)：1-4.

[15] 宋红艳，何静，李春喜. 燃料油深度脱硫的技术策略及研究进展[J]. 石油化工，2015，44(3)：279-286.

[16] Adrienne Blume. Refiners to see enhanced competition from IMO 2020[C]. San Antonio：AFPM Annual Meeting, 2018.

[17] Hydrocarbon Publishing Company. European refiners rely on BOB to meet upcoming IMO standards[EB/OL]. (2017-12-4)[2021-05-23]. World Refining Business Digest Weekly, https://www.hydrocarbonpublishing.com/？topics=login&subtopics=digestdisp.

[18] 郑丽君. 三重保障为低硫燃油"出海"护航[N]. 中国石化报，2019-12-31(5).

延迟焦化技术

◎周笑洋　乔　明　王路海

焦化是劣质重油的主要加工路线之一，具有技术成熟度高、原料适应性强、投资少、转化率高等优点，主要包括延迟焦化、灵活焦化和流化焦化三种技术。其中，延迟焦化是目前工业应用最广泛的焦化技术，在重油深加工和劣质重油改质领域发挥了重要作用，占重油加工能力的30%以上。近年来，随着全球原油市场、原油性质、石油产品需求结构、清洁生产要求的变化，延迟焦化技术不断进步，在安全环保生产、工艺优化、产品质量提升等方面持续改进。在碳达峰、碳中和目标下，延迟焦化作为炼厂耗能和二氧化碳排放的主要装置之一，未来还需要重视节能减排，推进清洁生产，同时为满足能源转型和材料需求发挥其在生产高品质针状焦等碳材料方面的作用，实现低碳可持续发展。

1　延迟焦化发展现状

截至2020年底，全球共有206套延迟焦化装置在运行，总加工能力为$3.84×10^8$ t/a，主要分布在北美和亚太地区，其中美国延迟焦化能力为$1.32×10^8$ t/a，占全球的34.4%。美国焦化能力大的主要原因是炼厂加工重质原油（包括拉美重油、加拿大油砂沥青等）的量较大。未来延迟焦化装置的建设计划主要集中在亚洲和中东地区，预计2022年，亚洲焦化装置新增产能将占全球焦化新增产能的38%。

表1　亚洲和中东地区主要计划投产装置

炼厂	装置能力，10^4t/a	计划
中国北方工业公司盘锦Ⅱ期炼厂	390	2021年投产
阿曼Duqm炼厂	260	2021年投产
印度斯坦石油公司（HPCL）Barmer炼厂	235	2022年投产
土耳其SOCAR公司STAR炼厂	220	
埃及Assiut炼油公司	137.5	

我国目前运行的焦化装置均采用延迟焦化工艺，截至2020年底，国内延迟焦化装置共90多套，产能超过$1.1×10^8$ t/a，仅次于美国，居世界第二位。其中，中国石化有39套延迟焦化装置，加工能力超过$5000×10^4$ t/a；中国石油有15套延迟焦化装置，加工能力为$2175×10^4$ t/a。

2 国内外技术现状与发展趋势

2.1 技术现状

在国内外焦化工艺供应商中，Foster Wheeler、BECHTEL、Lummus 和 KBR 等公司的延迟焦化技术居于领先地位，市场占有率居前。国内中国石油和中国石化都拥有成套延迟焦化技术，开发的延迟焦化技术不仅在国内炼厂实现了应用，在海外市场推广方面也取得了一定进展，可以适应委内瑞拉超重油、稠油等多种劣质原料，装置规模、技术水平也在逐渐提高。世界上先进的延迟焦化装置都具有大型化、先进的双面辐射加热炉、焦化操作周期短、低压低循环比、在线清焦等特点。我国延迟焦化装置采用的技术主要有 Foster Wheeler、中国石化、中国石油等公司的技术。

2.1.1 Foster Wheeler 公司 SYDEC 延迟焦化技术

Foster Wheeler 公司 SYDEC 延迟焦化技术是工业应用最广、技术最成熟的焦化技术。工艺流程如下：(1)原料进入分馏塔底部与循环油混合。混合物料预热后，进入焦化加热炉热裂化生成气体、轻质产品和固体焦炭。(2)当生成的焦炭量在一座焦炭塔里达到预先设计的最高限值，物料就进入另外一座塔，保证连续操作。(3)充满焦炭的塔通入蒸汽将轻质烃汽提进入分馏塔，再通入大量蒸汽汽提重质烃进入放空冷却塔，回收重油和水。待包含在焦炭内的大量油分被吹出后再通入冷却水使焦炭冷却，然后采用高压水除焦。(4)从焦炭塔底部排出焦炭，在焦池中脱水回收。焦炭塔重新预热准备再运行。

SYDEC 工艺的主要特点包括：双面辐射加热炉平均热通量高，管内介质速度快，加热炉在线清焦，运行周期长；独特的焦炭塔设计，拥有专利权的板材化学、焊接和抛光技术，大型化锻造焦炭塔，全自动控制；拥有先进的双面辐射加热炉、独特的分馏塔除焦系统等先进设计能力；采用低压和超低循环比操作模式，提高液体收率。

为提高液体产品收率，Foster Wheeler 公司提出了延迟焦化超低循环比和零循环比两种操作模式。当循环比从低循环比 0.10 降到 0.05 时即为超低循环比。缩短延迟焦化循环周期可大幅提高焦化处理能力。Foster Wheeler 公司设计的新一代延迟焦化装置，整个循环操作周期多为 32~36h。当双塔操作时，一个塔的生焦周期为 16h，另一个塔的除焦周期为 16h。

采用 Foster Wheeler 公司 SYDEC 技术的部分工业装置见表 2，该公司在全球许可的装置中 30 多个焦炭塔直径超过 8.5m，约有 9 个项目为大型 6 塔设计。

我国部分大型延迟焦化装置也采用了 SYDEC 工艺，包括中海油惠州炼化 420×10^4 t/a 延迟焦化装置和中国石化镇海炼化 210×10^4 t/a 延迟焦化装置。惠州炼化 420×10^4 t/a 延迟焦化装置为"两炉四塔"型，加热炉采用 Foster Wheeler 公司的专有双面辐射阶梯炉，使用在线清焦技术；焦炭塔操作采用 18h 生焦时间。镇海炼化延迟焦化装置为"一炉两塔"型，装置采用 0.05 的超低循环比和 0.103MPa 的超低焦化操作压力，生焦周期为 18h。

表 2　SYDEC 技术应用情况（部分）

技术名称	应用企业	装置能力，10^4 t/a
SYDEC	Total 加拿大 Edmonton 油砂沥青改质厂	624
	Irving Oil 加拿大 New Brunswick 省 St John 炼厂	553
	Suncor 加拿大艾伯塔省 Fort McMurray 改质厂	500
	Total-沙特阿美 Jubail 炼厂	515
	BP 美国印第安纳州 Whiting 炼厂	510
	PDVSA 公司 Peteomonagas 超重原油改质厂	450
	PDVSA 公司 Petrocedeno 超重原油改质厂	445
	PDVSA 公司 Petropiar 超重原油改质厂	315
	Reliance 公司 Jamnagar 炼厂 Ⅰ 套	750
	Reliance 公司 Jamnagar 炼厂 Ⅱ 套	800
	中海油惠州炼化（一期）	420
	墨西哥 PEMEX 公司 Salina Cruz 炼厂	382
	加拿大 PetroCanada 公司 Fort Hills 炼厂	705

SYDEC 延迟焦化工艺也是非常规原油改质的重要工艺之一，委内瑞拉 4 座超重原油改质厂有 3 座选用 SYDEC 工艺。例如，在委内瑞拉 PDVSA 公司 Peteomonagas 改质工厂，11.6×10^4 bbl/d 的 Carabobo 超重原油经 3.3×10^4 bbl/d 石脑油稀释后，进入脱盐装置。脱盐后的原料进入常压蒸馏装置脱除稀释剂，得到约 2.4×10^4 bbl/d 的重馏分油。重馏分油和约 4.6×10^4 bbl/d 的常压渣油去储罐调和，剩余的常压渣油进入延迟焦化装置。延迟焦化装置采用 SYDEC 技术，"两炉四塔"流程。得到的焦化馏分油和瓦斯油进入储罐与合成原油调和，此步骤不需经过加氢处理。焦化气和石脑油送入气体回收装置得到燃料气、石脑油和液化气，焦炭产量为 2000t/d。

生成的合成原油被输送到 PDVSA/ExxonMobil 合资的 Chalmette 炼厂（437.5×10^4 t/a）和德国鲁尔石油公司 Gelsenkirchen 炼厂（87.5×10^4 t/a）继续进行深加工，生产出合格的油品和石化原料。

2.1.2　BECHTEL 公司 Thruplus 延迟焦化技术

BECHTEL 公司于 2011 年收购了康菲公司（该公司的炼油业务目前独立为菲利普斯 66 公司，简称菲利普斯 66 公司）的 Thruplus 延迟焦化工艺，并与菲利普斯 66 公司一起联合推广。Thruplus 延迟焦化工艺可以适应原料康氏残炭值和金属含量在较大范围内变化，适应不同的加工负荷以及产品质量要求。该工艺的特点如下：（1）通过低压操作、馏分油循环技术和零或极低的自然操作循环比，达到提高液体产品收率和减少焦炭产率的目的。（2）提高灵活性，可以根据液体产品方案来调整循环操作馏分油的品种或排出馏分油，从而使装置实现满负荷操作。（3）更长的加热炉运行周期。（4）超低循环比操作使处理能力最大化，最大化地利用装置能力。该技术主要分为馏分油循环的低压焦化和最小循环比操作两种模式。Thruplus 工艺工业应用装置数量达到 80 多套，部分项目见表 3。

表3　BECHTEL公司Thruplus技术应用情况统计

技术名称	应用企业	装置能力，10⁴t/a
Thruplus	Suncor加拿大艾伯塔省Fort McMurray改质厂	700
	PDVSA公司Petroanzoategui超重原油改质厂	280
	PDVSA公司Jose炼厂	305，315
	美国加利福尼亚州Los Angeles炼厂	264
	美国路易斯安那州Lake Charles炼厂	267，70
	美国得克萨斯州Sweeny炼厂	329.5
	美国路易斯安那州Baton Rouge炼厂	515
	EnCana/康菲公司美国Wood River炼厂	325
	Motiva公司美国Port Arthur炼厂	475

Thruplus延迟焦化工艺也应用于委内瑞拉和加拿大的非常规原油改质项目。例如，加拿大Suncor公司Millennium改质工厂选用了Thruplus延迟焦化工艺建成2炉4塔、直径8.84m、400×10⁴t/a的装置；之后又新增了2塔、直径9.14m、300×10⁴t/a的装置。

2.1.3　CLG公司延迟焦化技术

CLG公司的延迟焦化技术采用低投资成本的技术路线，在满足炼厂更严格的环境和安全要求的同时，高度重视装置的可靠性和灵活性，尤其是能适应进料的变化，可处理60多种原料，原料性质和产品收率见表4。CLG公司的延迟焦化工艺已在60多套装置上应用，单装置的规模在(75~200)×10⁴t/a之间。

表4　CLG公司延迟焦化技术的原料性质和产品收率

原料		中东减压渣油	加氢处理后的减压渣油	煤焦油沥青
API度，°API		7.4	1.3	−11.0
硫含量，%(质量分数)		4.2	2.3	0.5
康氏残炭，%(质量分数)		20.0	27.6	
产品	气体+LPG，%	7.9	9.0	3.9
	汽油，%	12.6	11.1	
	柴油，%	50.8	44.0	31.0
	焦炭，%	28.7	35.9	65.1

CLG公司延迟焦化工艺工业应用部分项目见表5。

在非常规原油改质方面，CLG公司延迟焦化技术在加拿大CNRL公司Horizon改质厂得到应用。该改质厂采用延迟焦化和延迟焦化馏分油的加氢处理组合流程，延迟焦化装置的处理能力为630×10⁴t/a(4塔，塔径为9.144m)。生产的轻质低硫合成原油API度在34°API以上，硫含量为0.016%(质量分数)。

表5　CLG公司延迟焦化技术部分应用项目统计

技术名称	应用企业	装置能力，10^4t/a
CLG公司延迟焦化技术	CNRL公司加拿大Horizaon改质厂	630
	Pan America公司美国路易斯安那炼厂	412
	塞尔维亚Naftna Industrija Srbije JSC	—
	俄罗斯Lukoil公司Kstovo炼厂	210（设计）

2.1.4　KBR公司延迟焦化技术

KBR公司延迟焦化工艺可以适合不同的工艺条件，主要特点是采用低循环比和低压操作。典型焦炭塔的操作压力为0.1～0.14MPa。工艺流程如下：热的渣油被送进分馏塔底部，与冷凝的循环油混合；总进料在加热炉中被加热到合适的温度，随后在焦炭塔内发生焦化反应；焦炭塔顶部气体流入分馏塔，在此被分馏成湿气、未经稳定的石脑油、轻重瓦斯油和循环油；冷凝循环油与新鲜进料混合，湿气和未经稳定的石脑油送入轻馏分回收装置，分离为燃料气、液化石油气和石脑油。此外，还需要一些辅助设备，如封闭放空系统、焦炭切割和输送系统及水回收系统。

KBR公司提供高压（设计压力为0.17MPa）和低压（设计压力为0.103MPa）两种操作压力模式的延迟焦化技术。如果装置在0.103MPa下操作时，为减少压力降，焦炭塔顶油气管线直径通常不小于0.61m。

2.1.5　Chiyoda公司Eureka渣油热裂解技术

Eureka工艺是由日本千代田（Chiyoda）公司开发的一种渣油热裂解工艺。其目的是获得与延迟焦化工艺相近的减压渣油的高转化率，但与焦化工艺不同的是，该过程生产高软化点沥青，不产生焦炭。减压渣油经过预热，与分馏塔底的循环油混合，进料混合物利用泵通过裂化加热器后进入反应系统。反应系统包括两个交替使用的间歇反应器。在反应器内加入过热蒸汽以提供额外的热量，减少油气的分压，增加对渣油馏出油的汽提率。油气与蒸汽自反应器顶部离开后进入分馏塔，分馏塔上部是一个常规分馏塔，裂化油的重组分从侧线抽出。Eureka工艺产品性质见表6。Eureka工艺与延迟焦化工艺的渣油转化率相近，馏出油收率相近。

表6　Eureka工艺原料与产物性质

原料		产品	
API度，°API	7.6	轻油（C_5～240℃），%（质量分数）	14.9
		硫含量，%（质量分数）	1.1
硫含量，%（质量分数）	3.9	氮含量，%（质量分数）	<0.1
庚烷沥青质，%（质量分数）	5.7	瓦斯油（240～540℃），%（质量分数）	50.7
		硫含量，%（质量分数）	2.7
残炭，%（质量分数）	20	氮含量，%（质量分数）	0.3
		沥青（>540℃），%（质量分数）	29.6
Ni+V，μg/g	338	Ni+V，μg/g	1175

Eureka 工艺最初在日本 Fuji 石油公司的 Sodegaura 炼厂应用。2014 年底，采用该技术的一套新建装置在 Total 与沙特阿美合资的 2000×10⁴t/a Jubail 炼厂投产。该炼厂加工的原油是 Jubail 以北 Safaniya 和 Manifa 油田生产的阿拉伯重质原油，焦化产物通过缓和加氢裂化与馏分油加氢处理装置处理后生产低硫油品。与其他工艺相比，Eureka 工艺产出的是液体沥青，不需要像延迟焦化那样处理固体焦炭，也省去了相关的处理设备。

2.1.6　中国石化系列延迟焦化技术

中国石化延迟焦化能力占原油加工能力的 20% 左右，是中国石化减压渣油加工的主要装置。

中国石化石油化工科学研究院开发了高液体收率延迟焦化技术（MDDC）、高中间馏分油收率延迟焦化技术（HMDDC）、生产乙烯原料的延迟焦化技术（PEFDC）、多产轻质油品延迟焦化技术（HLCGO）等一系列焦化技术，这些技术是在根据原料性质、产品结构的不同，在基本流程基础上对循环比等操作条件略微进行改动，得到不同收率、产品性质有所差异的几种工艺。

这些技术的主要特点如下：（1）采用双面辐射、多点注汽（或注水）、在线清焦、双向烧焦等技术，使焦化加热炉的连续运行周期可达 3 年，节能约 5%；（2）焦炭塔的给汽、给水、冷焦、水力除焦及油气预热操作自动化和安全联锁设计技术，不仅降低劳动强度，保证安全操作，而且缩短焦炭塔的生焦时间（16~18h）；（3）焦炭塔顶的注急冷油、注消泡剂和污油污泥回炼技术，焦化分馏塔循环油上循环洗涤和下喷淋洗涤技术，防止焦粉携带；（4）冷焦水和切焦水的分流密闭处理、循环使用技术，减少环境污染，实现冷焦水的全部回用；（5）可生产优质石油焦产品，如针状焦；（6）单系列装置能力可达到（140~160）×10⁴t/a。

高液体收率延迟焦化技术（MDDC）与常规焦化相比，液体收率增加 5%~8%，焦炭收率下降 2%~3%，气体收率下降 3%~4%。采用该技术后可扩大装置处理能力。由于焦化蜡油收率提高，可为下游装置提供更多的原料。加工低硫原料时，该工艺生产的焦炭符合冶金焦要求。

高中间馏分油收率延迟焦化技术（HMDDC）和常规焦化相比，焦化分馏塔的循环方法不同，采用焦化轻蜡油循环，柴油收率可提高 7% 以上，是一种多产柴油的焦化技术，在保持 MDDC 工艺特点的基础上，气体和焦炭收率较低。

生产乙烯原料的延迟焦化技术（PEFDC）的特点是采用内循环方式，增加轻馏分油产量，在增产汽油的同时，柴油收率也有所提高。加氢后焦化汽油的芳烃关联指数 BMCI 值为 11.82，说明是一种很好的乙烯裂解原料。但该工艺的负面影响是导致装置产能下降，同时能耗上升 5% 左右。

多产轻质油品延迟焦化技术（HLCGO）主要针对延迟焦化工艺处理高沥青质含量、高硫含量和高金属含量的劣质渣油原料，这类原料在焦化过程中容易产生加热炉结焦和产生弹丸焦等影响焦化装置正常运行的严重问题。HLCGO 技术通过高循环比，增加焦化实际进料中芳烃含量，可以抑制弹丸焦的产生和减轻焦化加热炉管结焦问题，同时可将焦化蜡油大部分转化为轻质油品。以新疆某重质原油的减压渣油（沥青质含量为 10.9%）为原料，焦化循环比提高到 0.6～0.8，为防止对流段结焦，加热炉对流段出口温度控制不超过330℃，分馏塔底温度控制在 375℃ 以下，以防止分馏塔底结焦，中试结果显示汽油、柴油收率上升，蜡油采用中国石化石油化工科学研究院延迟焦化技术的装置已达到 50 多套，总处理量达到 3600×10⁴t/a。还先后为海外的苏丹港炼油厂、伊朗霍尔木兹炼油厂、古巴西恩富戈斯炼油厂扩建项目提供了设计基础数据或中标技术许可。

在装置优化改造方面，为提高双面辐射焦化加热炉处理劣质原料的能力，中国石化工程建设公司将加热炉改为直墙与斜墙组合形式，配备附墙燃烧器燃烧，采用一个管程一个辐射室，可多辐射室配一个对流室，也可一个辐射室对应一个对流室。目前已在中国石化工程建设公司设计的 6 套焦化装置上应用。此外，中国石化在焦化加热炉机械清焦、在线清焦、加热炉安全联锁、分馏塔搅拌、自动卸盖、远程控制等工艺及设备方面也进行了改进和创新。

2.1.7 中国石油高液收延迟焦化成套技术（HLDC）

中国石油开发了高液收延迟焦化成套技术（HLDC），包括委内瑞拉超重油焦化蜡油循环提高液体产品收率技术、委内瑞拉超重油焦化过程弹丸焦抑制技术、渣油延迟焦化提高液体产品收率技术等。该技术系统解决了劣质重油延迟焦化加工过程中液体产品收率低、加热炉管结焦快、焦粉携带严重、弹丸焦生成后安全处置等关键技术难题。

HLDC 技术特点包括：加工 100% 委内瑞拉超重原油渣油，攻克了供氢体循环抑制结焦、弹丸焦安全处置等关键技术。适用于以委内瑞拉超重油和加拿大油砂沥青等劣质重油为延迟焦化原料进行加工处理的延迟焦化装置，也适用于以常规渣油为原料的延迟焦化装置优化。

HLDC 技术在辽河石化 100×10⁴t/a 延迟焦化装置安全平稳应用 5 年以上，同比焦化液体产品收率提高 2.98%，加热炉热效率提高 2%。在乌鲁木齐石化、兰州石化等 7 套百万吨级焦化装置实现应用（表7），提升装置安全平稳运行周期，能耗降低 2～3 个单位；加工环烷基劣质重油时，液体产品收率可提高 2%～3%，7 家企业共增收液体约 150×10⁴t/a，增效明显。此外，完成了加拿大油砂沥青焦化中试研究，为进一步推广应用奠定了基础。

表7　中国石油 HLDC 技术应用统计

技术名称	应用企业	装置能力，10⁴t/a
HLDC 技术	辽河石化	100
	苏丹喀土穆炼厂	200
	乌鲁木齐石化	120
	独山子石化	120
	大港石化	120
	兰州石化	120
	吉林石化	100

2.2　工艺进展

由于近年来全球原油市场、炼厂加工原油的性质、油品需求结构、清洁生产要求等发生了较大变化，延迟焦化的功能和地位也有所改变，研发集中在装置安全环保运行、提高焦炭利用价值、装置改进与优化操作、提高液体收率等方面。

2.2.1　降低装置能耗、安全环保生产

2.2.1.1　降低装置能耗

延迟焦化装置能耗以加热用燃料油为主，一般约占装置总能耗的75%，提高加热炉热效率是降低焦化装置能耗的首要措施。与单面辐射加热炉相比，采用带空气预热器的大型双面辐射加热炉热效率有很大提高，可以达到92%左右。除选用高效率的新型加热炉外，强化加热炉管理也非常重要。

在工艺优化节能方面，可根据原料组成和性质分析，及时优化、调整操作条件，包括调整焦化循环比、炉管注汽(水)量、加热炉出口温度等操作条件。还可对分馏塔回流取热进行优化，通过流程模拟计算，优化调整焦化分馏塔取热，尽可能增大高温位的蜡油循环取热，多产蒸汽等。

2.2.1.2　安全环保生产

延迟焦化装置的安全环保生产涉及气体、液体、固体排放等问题。近年来，通过采取冷焦水、切焦水各自循环处理，焦炭塔密闭除焦，封闭式输送及装储等技术和手段，延迟焦化过程中的废水、废气和粉尘污染已经得到有效解决。

一是冷焦水、切焦水的污染治理。冷焦水、切焦水的处理工艺经历了敞开式—半敞开式—密闭式的发展历程。部分焦化装置采用密闭除焦，减少了污染。水力除焦技术也在不断发展。自动顶盖机和底盖机的应用，可缩短除焦周期，提升除焦作业的安全性。旋流分离器用于延迟焦化的水处理系统，脱除水中的固体和焦粉，可以减少对切焦水泵、阀门及管线的磨损。

二是恶臭气体污染治理。焦炭塔吹汽放空气体的处理主要采用塔式油吸收接触冷却技术，即焦炭塔吹汽放空气体密闭进入放空冷却塔，引入蜡油降温后进行分离处理，分离为不凝气、污水和污油后分别密闭回收或排放。采用封闭式吹汽放空排放技术不仅可以减少吹汽放空油气和蒸汽对环境的污染，而且可以回收大量污油，提高装置的经济效益。为了满足更严格的焦炭塔泄压法规和环保要求，Bechtel公司提出一种减排方案(图1)。该方案不仅可满足降低焦炭塔压力的要求，还能最大限度地冷却焦炭；可用于产生弹丸焦以及海绵焦的焦化装置；减少排放；焦炭塔溢流排放到大气之前，可以实现零表压放空；可最大限度减少局部过热。

三是粉尘污染治理。密闭和连续操作是降低工艺过程粉尘危害的有效方法。用一个反应器替代焦炭塔，在连续反应的同时将生成的焦炭不断转移到反应塔外，气态产物进入分馏塔分馏。中国石化开发了安全环保型延迟焦化密闭除焦、输送及存储成套技术，采用密闭除焦系统，替代现有敞开式焦池，可以有效回收装置在石油焦除焦、取焦、输送等过程

中产生的石油焦粉尘和废气。目前已在镇海炼化和塔河石化成功应用。

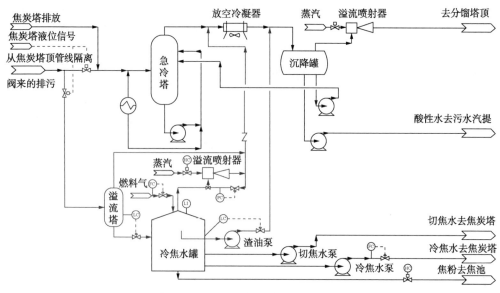

图1　Bechtel公司新型放空系统流程图

　　四是清洁生产工艺。延迟焦化装置排出的污油较多，占加工量的1.5%~2.5%，其中绝大部分为焦炭塔凝析油放空污油。在原料罐、焦炭塔设置了多处回炼口，对装置产生的轻、重污油进行回炼，可减少装置塔底污油量。而且延迟焦化装置还可处理其他装置产生的污油及污水处理场产生的污泥，减少炼油厂危险废物的处理量。

2.2.2　装置改进和优化操作

　　装置改进和优化操作也是提高生产效率的有效措施。美国延迟焦化装置消除瓶颈的主要措施包括：(1)降低循环比，如采用循环比为0.05~0.15的超低循环比方案；(2)缩短循环周期；(3)改造瓶颈设备，如加热炉、分馏塔等，调整操作参数；(4)适当增加一些关键设备。

　　国外引进的双面辐射焦化加热炉采用短停留时间和高的炉出口温度，由于高的炉出口温度导致焦炭变硬，除焦困难，实际操作没有按照高温操作，导致和过去单面辐射相比焦炭收率偏高。中国石油大学(华东)针对这个问题提出了改进方案，延长炉管内停留时间，增加加热炉的给热量，改变介质流向，辐射室由过去的上进下出改为下进上出，加热炉墙由平面墙改为异型墙，改变辐射传热方向，火嘴由垂直燃烧改为贴墙燃烧。实施改进方案后，降低焦炭收率1%~2%，增加能耗约0.5kg标准油/t原料。

　　Foster Wheeler和Delta阀门两家公司宣布组成战略联盟，把Delta阀门公司的核心进料技术用于Foster Wheeler公司的SYDEC延迟焦化装置。Foster Wheeler公司称，Delta阀门公司的核心进料设备通过简单地把原料送回焦炭塔的中央，能解决热量分配不均和严重的热量瞬变问题，从而可使装置更加稳定运行，并延长焦炭塔寿命，Delta阀门公司的核心进料设备可使焦化装置的运行实现安全性、加工量、可靠性和盈利能力的最大化。

延迟焦化装置操作中不可避免会出现焦粉夹带现象，中国石化荆门分公司分析了焦粉产生的原因，提出相应措施。针对减少焦粉富集，主要做法包括降低泡沫层高度、稳定焦炭塔压力、调整炉管注水量、调整吹汽操作、提高分馏塔底循环量等；针对冷焦水管焦粉处理，主要做法包括罐底冲洗、定期排焦等。这些措施的实施降低了焦粉对整个系统的影响，使焦化装置的运行周期由原来的1年延长至2年8个月。

2.2.3 提高液体产品收率

虽然目前延迟焦化技术已经非常成熟，但处理劣质重质原料的种类不断变化，液体产品质量和数量要求也在不断提升，很多公司在提高装置灵活性、降低焦炭产率、提高液体收率等方面进行了调整和改进。

中国石油大学(华东)重质油国家重点实验室研究开发了"HRDC烃循环延迟焦化技术"，该技术是在不改变装置进料组成的前提下，直接选取合适的焦化烃馏分作为供氢循环油，按照一定的比例进行掺炼，以达到降低石油焦收率和提高液体收率的效果。中国石油吉林石化公司1.0Mt/a延迟焦化装置原料以石蜡基与中间基混合减压渣油为主，掺炼16%~20%的催化裂化油浆。催化裂化油浆性质较差，作为延迟焦化掺炼料，一定程度上抑制弹丸焦的生成，同时也可能对延迟焦化造成负面影响，如装置的轻油收率和液体收率降低。利用供氢物流进行循环，能够改善产物分布和产物质量，并抑制焦化装置的加热炉管结焦。

中国石化炼化工程技术研发中心和中国石化洛阳工程有限公司从焦化工艺入手，开发出了一种新的延迟焦化工艺——ADCP。该技术可改善延迟焦化装置进料性质、延长加热炉的运行周期、提高液体产品收率。采用ADCP工艺与常规工艺相比，气体和焦炭产率降低，而液体产品产率提高1.60~2.30个百分点，尤其柴油产率提高了2.0百分点以上。技术实施也相对简单，仅需在原延迟焦化装置上增加1个减黏进料缓冲罐、1个浅度热裂化反应器、1个油气闪蒸罐、2台高温泵、5台/套自动控制阀以及工艺管线等即可实现。

2.3 技术发展趋势

延迟焦化技术应用已接近90年，工艺非常成熟，但拥有焦化技术的公司仍在继续探索和拓展延迟焦化的发展空间，在提高液体产品收率和质量、实现石油焦产品高附加值利用、降低环境污染等方面持续进行创新。同时，与加氢等技术组合，进一步提高渣油转化率和轻油收率。

2.3.1 提高液体产品收率、降低焦炭产率

提高液体收率、降低焦炭产率始终是延迟焦化技术发展的最大目标，提高馏分油收率对提高炼厂的经济效益十分有利。根据原料性质不同，主要通过工艺操作参数的调整来优化焦化目的的产品种类和产率。中间馏分油是最主要的焦化产品之一，中间馏分油的收率一般占总收率的30%~65%，通过操作参数调整可以实现馏分油收率最大化的目标。随着我国成品油消费增速放缓，消费柴汽比持续下降，也可以通过操作参数的调整实现降低柴汽比的目标。

2.3.2 石油焦产品的高附加值利用

延迟焦化存在最大问题是焦炭的出路，尤其是随着国内环保要求提高，高硫石油焦的应用受到限制。石油焦常规用于发电燃料、水泥辅料等，但随着碳达峰、碳中和目标的提出，未来石油焦的市场空间会越来越小，需要考虑如何处理好这些固体高碳产品的后路。

开发生产针状焦等市场需求大的高附加值石油焦也是提高装置经济效益的有效途径。近年，随着全球脱碳计划的提出，锂电池的需求急剧增加，高附加值针状焦作为锂电池的原材料，需求量也逐渐攀升。发展针状焦等高附加值石油基碳材料是延迟焦化可持续发展的重要方向。

2.3.3 减少环境污染

环保是影响焦化发展的一个关键问题，焦化装置的污染主要来自加热炉排放的烟气、冷切焦时排放的废气、吹汽放空产生的废气和废水、冷切焦系统排放的污水、装置产生的含硫污水、石油焦产生的粉尘等。降低焦化装置的污染排放主要有两方面，一是提高能源效率，通过改进工艺的热集成和热回收可显著提高能源效率；另一方面需要调整装置操作、安装废气回收设备、采取措施降低颗粒物排放。

2.3.4 联合其他重油加工技术组合发展

采用焦化与催化裂化，与溶剂脱沥青等其他重油加工技术相结合形成组合工艺，可以实现优势互补，增加灵活性、提高资源利用效率和装置利润，也是扩大传统焦化技术竞争力的重要手段。固定床渣油加氢技术与延迟焦化的结合，可降低企业成本。Foster Wheeler、KBR 等公司都提出整合焦化等多项技术的工艺流程方案，组合工艺相比单一的焦化工艺在产品选择性和收率、过程灵活性、投资和操作成本、节能环保等方面具有优势。

值得关注的是，自 IMO 宣布于 2020 年实行船用燃料新规以来，焦化装置的建设又开始受到一些公司的重视。例如，埃克森美孚计划在 Antwerp 炼厂运行一套延迟焦化装置，俄罗斯天然气工业石油公司（Gazprom Neft）、波兰 Grupa Lotos 公司等都宣布将进行焦化项目装置的建设。主要用于生产符合要求的船用燃料油。

3 小结

延迟焦化作为劣质重油加工的重要工艺之一，在投资、工艺复杂程度、原料灵活性和适应性、多产高附加值优质石油焦产品等方面相比其他渣油加工工艺具有一定优势。今后应继续围绕提高液体收率、降低焦炭产率的目标，根据原料性质不同，通过工艺操作参数的调整、新技术的应用来优化焦化目的产品种类和产率，降低焦炭产率。同时要加强加热炉和装置能量管理，优化调整工艺参数，开发有针对性的碳减排技术，降低能耗和排放。加强焦化装置冷焦水处理技术和设备的升级改进，吸收国外先进技术经验设计开发密闭的石油焦处理、运输和储存设施，减少环境污染。根据原料情况提高优质针状焦和阳极焦的产量，增加企业经济效益。

参 考 文 献

[1] 赵旭. 2020 石油炼制技术进展与趋势[J]. 世界石油工业, 2020(6): 68-73.

[2] 李雪静, 乔明. 劣质重油加工技术现状与技术创新方向[C]//中国石油学会石油炼制分会, 中国石油化工信息学会. 2019 年中国石油炼制科技大会论文集. 北京: 中国石化出版社, 2019: 55-61.

[3] 王树利, 李林. 延迟焦化装置原料拓展与应用[C]//中国石油学会石油炼制分会, 中国石油化工信息学会. 2019 年中国石油炼制科技大会论文集. 北京: 中国石化出版社, 2019: 115-120.

[4] 韩海波, 王洪彬, 宋业恒, 等. 高液收延迟焦化工艺(ADCP)技术开发[J]. 科学管理, 2018(4): 241-245.

[5] 杨成炯, 魏鑫, 朱华兴, 等. 延迟焦化装置密闭除焦技术现状及发展[J]. 炼油技术与工程, 2018, 48(1): 33-36.

[6] 刘健. 掺炼催化油浆对延迟焦化装置的影响[C]//中国石油化工信息学会, 中国石油学会石油炼制分会. 2017 年中国石油炼制科技大会论文集. 北京: 中国石化出版社, 2017: 439-444.

[7] 王晓强, 杨有文, 张宏锋, 等. 焦化装置分馏塔底焦炭形态分析及大油气线清焦方法探讨[C]//中国石油化工信息学会, 中国石油学会石油炼制分会. 2017 年中国石油炼制科技大会论文集. 北京: 中国石化出版社, 2017: 452-456.

[8] 张硕, 王丽敏. 环保监管下石油焦的清洁利用研究[C]//中国石油化工信息学会, 中国石油学会石油炼制分会. 2017 年中国石油炼制科技大会论文集. 北京: 中国石化出版社, 2017: 457-464.

[9] 赵欣, 王宗贤, 柳文, 等. HRDC 烃循环技术在延迟焦化装置的工业应用[J]. 炼油技术与工程, 2017, 47(4): 19-23.

[10] 乐武阳. 焦粉夹带对焦化装置的影响及应对措施[C]//中国石油化工信息学会, 中国石油学会石油炼制分会. 2017 年中国石油炼制科技大会论文集. 北京: 中国石化出版社, 2017: 433-438.

[11] John Mayes. The balance between global crude production and refining demand by grades[C]. AM-16-67, 2016.

[12] Richard Conticello, Srini Srivatsan. What's next for United States-based delayed coking units? [C]. AM-16-28, 2016.

[13] John Ward, Richard Heniford, Scott Alexander. Environmental solutions to coke drum venting[C]. AM-16-30, 2016.

[14] Jack Adams, Gary Hughes. Coke drum feed entry design considerations-single versus dual entry[C]. AM-15-76, 2015.

[15] 张崇伟, 王笑梅, 田慧, 等. 灵活焦化与延迟焦化介绍及对比[J]. 中外能源, 2013, 18(2): 68-72.

[16] 刘银东, 高飞, 张艳梅, 等. 石油焦的生产及石油焦制氢工艺状况[J]. 石化技术与应用, 2012, 30(1): 93-98.

[17] 李出和, 李蕾, 李卓. 国内现有延迟焦化技术状况及优化的探讨[J]. 石油化工设计, 2012, 29(1): 10-12.

[18] 刘歌颂, 郑文刚, 侯栓弟. 第 20 届欧洲炼油年会情况综述[J]. 当代石油石化, 2016, 24(1): 13-16.

［19］申海平，刘自宾，范启明. 延迟焦化技术进展［J］. 石油学报（石油加工），2010（10）：14-18.

［20］瞿国华. 延迟焦化工艺在重质/劣质原油加工过程中的地位和发展［J］. 炼油技术与工程，2010，40（6）：1-7.

［21］张锡泉，梁文彬，周雨泽，等. 延迟焦化装置工艺技术特点及其应用［J］. 炼油技术与工程，2010，40（5）：21-24.

［22］李出和. 国内外延迟焦化技术对比［J］. 石油炼制与化工，2010，41（1）：1-5.

化工篇

乙烯生产技术

◎王红秋　谭都平

乙烯是石油化工最基本的原料，是生产各种重要有机化工产品的基础。乙烯装置是关系石化企业全局的核心装置，乙烯行业是石油化学工业的龙头，在国民经济和社会发展中占有重要地位，能够带动塑料深加工、橡胶制品、纺织、包装材料、化工机械制造、运输等相关行业乃至整个国民经济的发展，具有较强的支撑、辐射和带动作用。它的生产规模、产量和技术水平标志着一个国家的石油化学工业发展水平。

1　乙烯行业发展现状

1.1　世界乙烯行业发展现状

世界乙烯生产主要集中在亚洲、北美、中东和西欧，分别占到全球总产能的 38%、23%、19% 和 12%。2020 年，世界乙烯产能为 $1.98×10^8t/a$，产量为 $1.67×10^8t$，继续呈现亚洲为主、北美次之、中东和西欧随后的格局。2020—2025 年，乙烯产能还将保持增长态势，新增产能主要集中在亚洲和北美，合计占全球乙烯产能增量的 90%，中东乙烯产能增速放缓，增量在 $200×10^4t/a$ 左右。预计到 2025 年全球乙烯产能将增至 $2.26×10^8t$。2020年，世界乙烯消费量为 $1.68×10^8t$，其中聚乙烯约占总消费量的 63%，其次是环氧乙烷/乙二醇，约占乙烯消费量的 16%。预计 2025 年世界乙烯需求将达到 $1.95×10^8t$，需求年均增速为 3%，低于产能年均增速。

进一步向大型化、基地化方向发展，产业集中度进一步提高。世界范围内，规模在百万吨以上的在役乙烯装置已达 50 余套，最大单系列规模已达 $150×10^4t/a$。乙烯厂的规模也在不断提高，随着埃克森美孚公司在美国得克萨斯州 Baytown 的新建装置投产，Baytown 乙烯厂产能增至 $370×10^4t/a$，跃居世界第一位。各国的乙烯生产也是基地化布局。美国主要集中在墨西哥湾，乙烯产能约占美国乙烯总产能的 95%，沙特阿拉伯主要集中在延布和朱拜勒工业园，约占总产能的 70%，日本主要集中在东京湾地区，约占总产能的 60%，新加坡全部在裕廊岛。中国主要集中在渤海湾、杭州湾和大亚湾，约占总产能的 45.6%。

裂解原料和生产路线进一步向多元化、低成本化方向发展。2020 年，裂解原料结构中石脑油、乙烷、丙烷、丁烷以及其他原料的比例分别为 40%、39%、9%、5% 和 7%。采用不同的原料，裂解产物分布有很大不同，以乙烷为原料，乙烯收率高达 80% 左右，其他副产物收率很少。而以石脑油为原料，乙烯收率为 35% 左右，还会生成丙烯、丁烯、芳烃

等副产物，种类丰富。因此，原料结构的变化将对石化产品市场供应结构产生直接影响，继而对价格产生影响。

1.2 我国乙烯行业发展现状

我国乙烯工业起步于20世纪60年代，发展非常迅速，已形成煤化工、民营企业、地方企业、外资企业与中国石油、中国石化、中国海油等国有大型石化企业多主体互动的市场格局，竞争更加激烈。2020年，乙烯产能为3408×10^4 t/a，占全球乙烯产能的17.2%。随着新建大型乙烯装置的投产，蒸汽裂解乙烯装置的平均规模不断提高，达到了72.1×10^4 t/a(不含停车未启装置)，高于世界平均规模(63.5×10^4 t/a)。其中单套规模达到100×10^4 t/a以上的装置有13套，如表1所列。乙烯当量消费量约为5000×10^4 t，仍需进口大量的聚乙烯、乙二醇等下游衍生物。预计到2025年当量消费量将达到6800×10^4 t左右。

表1 2020年我国蒸汽裂解乙烯生产企业情况

序号	所在省市	装置名称	生产能力，10^4 t/a
1	黑龙江省	大庆石化1号乙烯	33
2		大庆石化2号乙烯	27
3		大庆石化3号乙烯	60
4	吉林省	吉林石化1号乙烯	15
5		吉林石化2号乙烯	70
6	辽宁省	抚顺石化1号乙烯	14
7		抚顺石化2号乙烯	80
8		辽阳石化乙烯	20
9		华锦1号乙烯	18(2014年6月停车)
10		华锦2号乙烯	45
11		宝来乙烯	110
12		恒力石化	150
13	甘肃省	兰州石化1号乙烯	24
14		兰州石化2号乙烯	46
15	新疆维吾尔自治区	独山子石化1号乙烯	22
16		独山子石化2号乙烯	100
17	四川省	四川石化乙烯	80
18	北京市	燕山石化乙烯	71
19		北京东方乙烯	15(2012年9月停车)
20	天津市	天津乙烯	20
21		中沙(天津)乙烯	100
22	上海市	上海石化1号乙烯	14.5(2013年11月停车)
23		上海石化2号乙烯	70
24		上海赛科乙烯	119

序号	所在省市	装置名称	生产能力，10^4 t/a
25	山东省	齐鲁石化乙烯	80
26		万华乙烯	100
27	江苏省	南京扬巴乙烯	74
28		扬子石化乙烯	80
29		泰兴新浦烯烃	65
30	浙江省	镇海乙烯	100
31		浙江石化（一）	140
32	福建省	福建乙烯	110
33		中化泉州	100
34	广东省	茂名石化乙烯	100
35		广州乙烯	21
36		中海惠州乙烯（一期）	95
37		中海惠州乙烯（二期）	120
38		中科炼化乙烯	80
39	河南省	中原乙烯	18
40	湖北省	中韩石化乙烯	110
合计			2716.5

2　国内外乙烯生产技术现状与进展

截至 2020 年底，蒸汽裂解工艺仍是乙烯生产的主流工艺，约占乙烯总产能的 96%，来自煤（甲醇）制烯烃装置的乙烯产能约占 3%，来自原油直接裂解、重油催化热裂解、乙醇脱水制取乙烯等装置的乙烯产能约占 1%。另外，还有一些技术处于探索、研究开发或工业转化阶段，如石脑油催化裂解制乙烯；以甲烷为原料，通过氧化偶联（OCM）法或一步法无氧制取乙烯；以天然气、煤或生物质为原料经由合成气通过费—托合成（直接法）制取乙烯等。

2.1　蒸汽裂解技术

全球蒸汽裂解技术专利商主要有 CB&ILummus、KBR、Linde 和 Technip。此外，许多裂解炉使用者，如 Shell、ExxonMobil、中国石油、中国石化等也开发了自己的技术。尽管这些专利商的技术在裂解炉、急冷系统的设计上有所不同，但采用的都是蒸汽裂解技术，工艺过程主要包括裂解炉蒸汽裂解、油气急冷、油气分馏、气体精制、气体分离等。

裂解炉是乙烯生产的关键设备，由对流段、辐射段（包括辐射炉管和燃烧器）和急冷锅炉系统三部分构成。乙烷、轻烃、液化气、石脑油、加氢尾油、柴油等裂解原料与蒸汽混合后进入炉管，在高温下发生热裂解反应，生成乙烯、丙烯、C_4 及以上烯烃、裂解汽油等油气产品。大型化、提高裂解深度、缩短停留时间、提高裂解原料变化的操作弹性、降

低能耗已成为裂解炉技术的主要趋势。近年来，各乙烯技术专利商在炉膛设计、烧嘴技术、炉管结构、炉管材料、抑制结焦技术等方面均取得了一些进展。目前，世界最大石脑油裂解炉和乙烷裂解炉能力分别达到 20×10^4 t/a 和 35×10^4 t/a。裂解炉结构主要有 4 种：(1)常规单辐射段单对流段结构；(2)常规双辐射段单对流段结构；(3)单辐射段双单排辐射炉管(在一个炉膛内以裂解炉的轴线为对称布置平行的两排单排炉管)单对流段结构；(4)单辐射段(炉管布置与炉膛轴线垂直)单对流段结构。目前采用较多的是上述(2)和(4)两种结构。虽然大型炉可以节省投资，但规模不是越大越好，需要与乙烯装置的规模和原料种类结合起来统筹考虑以减少对操作的影响。

裂解气压缩分离部分的投资和能耗在乙烯装置中均占较大比例。目前，乙烯生产全部采用深冷分离法，流程主要有顺序分离、前脱丙烷、前脱乙烷流程，流程的选择主要是根据裂解原料、能耗等情况，设计最适合的优化方案。顺序分离技术是应用最早、最广泛的一种乙烯分离技术，并随着技术进步及节能等要求不断完善。目前开发应用的技术有：气体炉裂解气减黏技术、低压脱甲烷技术、中压脱甲烷技术、双塔双压脱丙烷技术、催化精馏加氢技术、分凝分馏塔技术、二元制冷和三元制冷技术等。前脱乙烷技术将脱乙烷塔作为裂解气精馏分离的第一顺序塔，首先将碳二及更轻组分与碳三及更重组分分开。在前脱乙烷技术中，可以应用碳二前加氢技术和低压乙烯热泵流程。前脱丙烷前加氢技术结合了前加氢、开式热泵、膨胀压缩机等新技术，具有独特的优点，比较适合我国以液体裂解原料为主的裂解装置。

新型节能技术，如风机变频技术、燃烧空气预热技术、炉管强化传热技术以及裂解炉与燃气轮机联合技术等的应用可实现节能降耗。使用变频电动机代替驱动风机运行的普通电动机，并撤除烟道挡板，可节约用电 40%。使用排烟余热等废热源或者蒸汽、急冷水等介质预热空气，可节约燃料用量。使用扭曲片加强炉管传热，并对扭曲片安装部分进行定期检测，具有均匀分布炉管内温度、减少结焦等作用，可节约烧焦过程成本投入。在应用裂解炉与燃气轮机联合技术的过程中，可先将燃料气导入燃气轮机发电，然后把发电中产生的高温燃气送入裂解炉中，以此作为助燃空气，燃料使用率可达 80% 以上，并能够将裂解炉的有效能源利用率提高 10%。

总体来说，经过多年开发，管式炉蒸汽裂解工艺已经成熟，无突破性进展，现有乙烯装置主要通过各种先进技术和流程的组合，不断地进行整体优化。未来蒸汽裂解生产乙烯技术的发展方向仍是向低能耗、低投资、提高裂解炉对原料的适应性和延长运转周期方向发展。

2.2 甲醇制烯烃技术

甲醇制烯烃技术是以天然气或煤为原料转化为合成气，合成气生成粗甲醇，再由甲醇制备乙烯、丙烯的工艺。代表性工艺有：UOP/HYDRO 的甲醇制烯烃(MTO)工艺、Lurgi 的甲醇制丙烯(MTP)工艺、中国科学院大连化学物理研究所的 DMTO 工艺、中国石化上海石油化工研究院的 S-MTO 工艺和清华大学的 FMTP 工艺。截至 2019 年底，我国已投产和试车成功的煤(甲醇)制烯烃装置共 38 套，乙烯和丙烯总计产能达到 1670×10^4 t/a。

UOP/Hydro 的 MTO 工艺采用类似于流化催化裂化流程的工艺，乙烯和丙烯选择性可达 80.0%，低碳烯烃选择性超过 90.0%，可灵活调节丙烯和乙烯的产出比在 0.7~1.3 范围内。中国科学院大连化学物理研究所在 DMTO-Ⅰ 技术基础上，开发了甲醇转化与烃类裂解结合的 DMTO-Ⅱ 技术，工业试验表明，DMTO-Ⅱ 技术的甲醇转化率达到 99.9%，乙烯+丙烯选择性达 85.7%，生产 1t 乙烯+丙烯消耗甲醇 2.7t；专用催化剂流化性能良好，磨损率低。此外，中国石化开发的 S-MTO 工艺于 2012 年在中原石化 $60×10^4$t/a 甲醇制烯烃装置首次成功应用，该装置运行结果表明，对甲醇原料计"双烯"（乙烯、丙烯）收率为 32.7%，产品总收率为 40.9%，甲醇转化率为 99.9%。清华大学开发的多层湍动流化床反应工艺（FMTP），减少了副反应的发生，有效地提高了丙烯的选择性。

2.3　催化裂解技术

催化裂解是结合传统蒸汽裂解和 FCC 技术优势发展起来的，从理论上讲，是降低反应温度、减少结焦、提高乙烯收率和节能降耗的有效技术，各工艺在实验室研究阶段都取得了较理想的效果，然而由于技术和工程上的困难，工业化进程缓慢，2018 年首套 ACO（Advanced Catalytic Olefins）装置在神华宁煤投产，为国内煤油化联合生产带来新技术路线和思路。

2.3.1　石脑油催化裂解制乙烯

根据反应器类型，石脑油催化裂解技术主要分为两大类，一是固定床催化裂解技术，代表性技术有日本工业科学原材料与化学研究所和日本化学协会共同开发的石脑油催化裂解新工艺，以 10%La/ZSM-5 为催化剂，反应温度 650℃，乙烯和丙烯总收率可达 61%，乙烯/丙烯质量比约为 0.7。另外还有俄罗斯莫斯科有机合成研究院与莫斯科古波金石油和天然气研究所共同开发的催化裂解工艺，韩国 LG 石化公司开发的石脑油催化裂解工艺以及日本旭化成公司等开发的工艺。尽管固定床催化裂解工艺的烯烃收率较高，但反应温度降低幅度不大，难以从根本上克服蒸汽裂解工艺的局限。另一类是流化床催化裂解技术，代表性技术有韩国化工研究院和 SK 能源公司共同开发的 ACO 工艺，该工艺结合 KBR 公司的 Ortho-flow 流化催化裂化反应系统与 SK 能源公司开发的高酸性 ZSM-5 催化剂，与蒸汽裂解技术相比，乙烯和丙烯总收率可提高 20%~25%，乙烯/丙烯质量比约为 1。

我国也有多家机构从事相关研究。中国石化北京化工研究院从 2001 年开始进行石脑油催化裂解制低碳烯烃研究，在反应温度为 650℃，水/油质量比为 1.1，空速为 $1.97h^{-1}$ 的条件下，乙烯收率为 24.18%，丙烯收率为 27.85%。另外，中国石化上海石油化工研究院、中科院大连化学物理研究所等研究机构也开发了石脑油催化裂解制烯烃技术。

2.3.2　重油催化裂解制乙烯

我国是世界上开发重馏分催化裂解技术并且工业应用最早的国家，由中国石化开发的 DCC（DCC-plus）、CPP 以及中国石油开发的 TMP 等自主知识产权重油催化裂解技术已实现工业应用和推广。

中国石化洛阳石油化工工程公司开发的重油接触裂解技术（HCC），在提升管出口温度为 700~750℃，停留时间小于 2s 的工艺条件下，以大庆常压渣油为原料，采用选择性好、

水热稳定性和抗热冲击性能优良的 LCM-5 催化剂，乙烯收率可达 19%~27%，总烯烃的收率可达 50%。2001 年，采用该工艺在中国石油抚顺石化分公司建设了工业试验装置（但没有投产）。

中国石化石油化工科学研究院开发的深度催化裂化技术 DCC（DCC-plus）已得到广泛应用。以目前规模最大的大榭石化 220×10⁴t/a DCC-plus 装置为例，乙烯和丙烯总收率可以达到 26.7%。该装置以常压渣油和加氢裂化尾油的混合原料油为原料，采用专门研制的 DMMC-2 催化剂，可根据实际情况灵活调整新鲜原料的处理量，并且通过调整操作参数有效提高乙烯和丙烯收率。在 DCC 基础上开发的催化热裂解技术（CPP），采用具有正碳离子反应和自由基反应双重催化活性的专用催化剂 CEP-1，在反应温度 620~640℃，反应压力 0.08~0.15MPa（表压），停留时间 2s，剂油比 20~25 条件下，以大庆减压瓦斯油掺 56%渣油为原料，按多产乙烯方案操作，乙烯收率为 20.37%，丙烯收率为 18.23%。2009 年，该技术在沈阳化工集团 50×10⁴t/a CPP 装置上实现工业化应用。

中国石油开发的 TMP 技术是在两段提升管催化裂化技术的基础上开发的新型重油催化裂解多产低碳烯烃技术。采用轻重原料组合进料+重油两段反应技术，在保证重油充分转化的同时，可较为精确地控制轻组分与催化剂的接触和反应，提高反应的丙烯选择性。第一段提升管中，丁烯和新鲜原料分步进料。第二段提升管中轻质汽油（C_5—C_6）和回收原料以相同方式进料。工程上设计专用高密度输送床反应器，催化剂流化平稳，原料反应充分，可以有效减少干气的生成，保证原料的选择性转化。集成小晶粒 HZSM-5、高活性稳定性的分子筛改性等催化剂制备新技术，成功开发了具有优异性能的 LCC-300 专用催化剂，2008 年实现了工业应用。

2.3.3　低碳烯烃催化裂解制烯烃

低碳烯烃裂解技术将较高分子量的富含烯烃物料（通常是 C_4—C_8）通过固定床或流化床工艺转化成丙烯和乙烯。原料通常包括石脑油裂解装置的 C_4/C_5 馏分和炼油厂的催化裂化轻汽油、焦化轻汽油等。目前，已经开发的技术有：KBR 公司的 Superflex 工艺、Atofina 和 UOP 公司的 OCP 工艺、Lurgi 公司的 Propylur 工艺、Asahi 公司的 Omega 工艺、Exxon-Mobil 公司的 MOI 工艺。中国石化上海石油化工研究院和北京化工研究院等研究机构也进行了相关研究。

Superflex 技术采用流化床反应器和专门开发的催化剂，可将丙烯/乙烯的比值从 0.6 提高至 0.8，该技术可以和新建或现有石脑油蒸汽裂解装置或炼厂结合，尤其适用于对 C_4 和 C_5 以及轻汽油产品需求小，而对丙烯需求大的地区。南非 Sasol 技术公司于 2005 年采用该技术启动了一套 25×10⁴t/a 丙烯和 15×10⁴t/a 乙烯的生产装置，标志着 Superflex 工艺首次工业化应用。

OCP 工艺采用固定床反应器和专门开发的催化剂，与石脑油蒸汽裂解装置结合时裂解装置产出的低价值 C_4—C_6 副产物可送至 OCP 装置，丙烯/乙烯比值从 0.6 提高到 0.8。与炼厂 FCC 结合时，以来自 FCC 和焦化装置的富含 C_4—C_8 烯烃物流为原料，提高丙烯和乙烯的产量,同时在几乎不损失辛烷值的前提下降低汽油混合物料中的烯烃含量。与 MTO 装置结合时,在甲醇物料数量一定的前提下,通过将 C_4 和 C_5 物流送至 OCP 装置,使乙烯和丙烯的总收率由 80% 提高到 90% 以上。2008 年 9 月,道达尔公司在比利时费鲁建成了一套 MTO/OCP 一体化工艺的示范装置。

固定床工艺的反应器结构及工艺流程相对简单,易于和烃类蒸汽裂解结合,投资费用相对较低;流化床工艺的反应器结构及工艺流程相对复杂,投资费用较高。

2.4 原油直接裂解制乙烯技术

原油直接裂解生产乙烯路线最大的特点是省略了常减压蒸馏等炼油装置,使得工艺流程大大缩短。此外,在原料成本方面也具有较大优势。最具代表性的技术是埃克森美孚技术和沙特阿美/沙特基础工业公司技术。值得注意的是,两家技术采用的原料都不是普通的原油,埃克森美孚采用的是 API 度在 42.7°API 左右的轻质原油、沙特阿美采用的是 API 度在 34°API 左右的沙特阿拉伯轻油。

2.4.1 埃克森美孚技术

埃克森美孚采用原油直接制乙烯技术在新加坡裕廊岛建成了一套 $100 \times 10^4 t/a$ 装置。主要工艺改进是在裂解炉对流段和辐射段之间加了一个闪蒸罐,原油经过对流段预热后进入闪蒸罐,轻重组分分离,轻组分(76%)进入辐射段裂解,重组分(24%)被送至邻近的炼厂或直接销售,如图 1 所示。整体投资相对蒸汽裂解装置略有增加,但原油与石脑油价格走势呈正相关,且两者间差价比较平稳。在 50 美元/bbl(365 美元/t) 油价下,石脑油均价在 480 美元/t 上下震荡,原料平均价差在 100 美元/t 左右。原料价差使原油直接制烯烃的具有一定的成本优势。

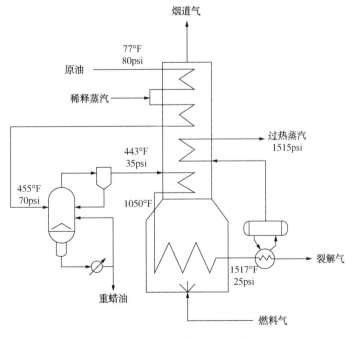

图 1　埃克森美孚技术工艺示意图

2.4.2　沙特阿美技术

Saudi Aramco 技术主要包括原油催化裂解直接制化学品（CC2C）技术和原油热裂解直接制化学品（TC2C）技术。截至目前，Saudi Aramco 公司的原油直接制化学品（C2C）技术全球专利数量接近 50 件。

（1）原油催化裂解直接制化学品（CC2C）技术。

CC2C 技术是基于高苛刻度流化催化裂化（HS-FCC）技术的创新，工艺流程如图 2 所示，沙特阿拉伯轻质原油直接进入加氢裂化装置，脱硫后的裂化产物进入蒸馏装置分离，蜡油等较轻组分进入蒸汽裂解装置进行裂解，重组分则进入 Saudi Aramco 公司专门研发的深度催化裂化（HS-FCC）装置，最大化生产烯烃。HS-FCC 装置采用独特设计的下行式反应器，相较于提升管反应器，停留时间更短、轴向返混小、分布均匀，类似于重油催化裂解装置，可以将重油有效转化为低碳烯烃，产生的轻馏分还可通过蒸汽裂解装置继续转化分离。

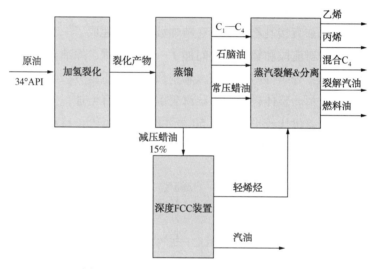

图 2　Saudi Aramco CC2C 技术流程示意图

2019 年 1 月，Saudi Aramco 与 Axens、TechnipFMC 签署了 CC2C 技术联合开发和合作协议，旨在加速 CC2C 技术商业化应用步伐，并将化学品收率提高至 60%，预计 2021 年 CC2C 技术将完成工业应用准备。与传统石脑油裂解技术相比，该技术生产成本低（200 美元/t），但是加氢裂化和催化裂化装置将增加投资成本，以 15% 税前投资回报率计，该技术与当前沙特阿拉伯石脑油裂解成本相当。

（2）原油热裂解直接制化学品（TC2C）技术

TC2C 技术采用加氢处理、蒸汽裂解和焦化一体化组合工艺，将原油直接转化成烯烃、芳烃等基本化工原料，以及汽柴油等油品。为了加快 TC2C 技术商业化步伐，2018 年 1 月，Saudi Aramco 与 CB&I、Chevron Lummus Global 签署了一项联合开发协议，致力于通过研发加氢裂化技术将原油直接生产化工品的转化率提高至 70%~80%。2018 年 6 月，Saudi

Aramco 公司与美国 Siluria Technologies 公司签署了一项技术许可协议，以实现 Siluria 甲烷氧化偶联制烯烃(OCM)技术与 TC2C 有机结合，该技术的应用将使乙烯产量提高 10% 以上。

2.4.3 中国石油技术

中国石油石油化工研究院于 2018 年 6 月专门设立"原油直接高选择性制低碳烯烃兼产氢气等化学品系列技术研究"课题。以分子管理理念为出发点，综合已有的裂解、催化等方面的理论和实践认识，采用现有加工工艺和新工艺结合，着眼于少产油品、多产化工原料和高附加值产品，实现特定原油加工价值的提升。该技术以全馏程低硫石蜡基原油为原料，使用含十元环与十二元环特殊结构的复合分子筛制备的专用催化剂，在上行提升管反应器上，以较低的反应温度、适宜的剂油比、水油比及反应时间进行反应评价，可获得单程转化"三烯"(乙烯、丙烯和碳四烯烃)收率大于 52% 以上，烯烃对气体选择性高于 82% 以上，最高达到 87% 的效果。目前该技术已完成实验室研究，进入中试开发阶段。

2.5 乙醇脱水制乙烯技术

生物乙醇制乙烯技术以大宗生物质为原料，通过微生物发酵首先制乙醇，乙醇再催化脱水生成乙烯。目前生物乙醇技术主要有采用玉米、甜高粱等粮食作物及甘蔗、甜菜等糖料作物为原料经葡萄糖发酵生成乙醇的第一代技术和纤维素乙醇(第二代)技术。与第一代技术相比，纤维素乙醇技术原料来源更加广泛，不与粮争地、不与人争粮，是公认的生物质乙醇发展方向。

国内外已有多家公司可提供由生物乙醇原料生产乙烯及其副产品的技术，2010 年 9 月，巴西 Braskem 石化公司的 $20 \times 10^4 t/a$ 绿色乙烯装置建成投产，这是世界上第一套以甘蔗乙醇(采用蔗糖发酵)为原料生产乙烯再生产聚乙烯的装置。乙醇催化脱水制乙烯过程的技术关键在于选用合适的催化剂。已报道的乙醇脱水催化剂有许多种，具有工业应用价值的主要有活性氧化铝催化剂和分子筛催化剂。

目前采用生物乙醇脱水路线制乙烯在技术上是可行的，但是尚需解决一些规模化生产的关键技术问题，主要是研究开发低成本乙醇生产技术；研究开发过程耦合一体化工艺技术，对乙醇脱水生产技术进行过程集成化；研究开发高性能催化剂，降低催化剂成本；装置大型化，提高能源综合利用效率，进一步降低生产成本，使生物乙烯的生产路线和经济效益能够与当前石油制乙烯的价格持平或更具有经济效益。

2.6 甲烷直接制乙烯技术

甲烷制乙烯是指将甲烷通过一步转化反应直接得到乙烯，包括有氧气参与转化反应的甲烷氧化偶联制乙烯(简称 OCM)与无氧气参与的甲烷一步法制乙烯两种路线。

2.6.1 甲烷氧化偶联制乙烯

2010 年，美国锡卢里亚公司(Siluria)使用生物模板精确合成纳米线催化剂，可在低于传统蒸汽裂解操作温度 200~300℃ 的情况下，在 5~10 个大气压下，高效催化甲烷转化成乙烯，活性是传统催化剂的 100 倍以上。该公司设计的反应器分为两部分：一部分将甲烷

转化成乙烯和乙烷；另一部分将副产物乙烷裂解成乙烯。这种设计使反应器的给料既可以是天然气也可以是乙烷，提高乙烯收率，同时节约能耗。2015 年 4 月，Siluria 公司投资 1500 万美元，与巴西 Braskem 公司、德国林德公司以及沙特阿美旗下的 SAEV 公司合作在得克萨斯州建成投运 365t/a 的 OCM 试验装置，并正在建设乙烯产能$(3.4 \sim 6.8) \times 10^4 t/a$ 的示范工厂。

OCM 制乙烯技术的核心是催化剂。近十年来，在催化剂组成（配方）及催化剂制备方面，国内外许多研究机构对甲烷氧化偶联催化剂做了大量研究工作，取得了一些新的进展，但从催化性能看，以 C_2 或 C_2 以上的单程收率为衡量指标，绝大多数催化剂都没有超过之前已有的 $NaWMnO/SiO_2$ 系列催化剂所能达到的 25%左右的水平。对于个别报道中 C_2 收率达到 30%左右的反应结果，有待于进一步证实。

2.6.2 甲烷无氧制乙烯

近年来中国科学院大连化学物理研究所与中国石油等单位对催化甲烷无氧转化技术进行了深入研究。大连化学物理研究所基于"纳米限域催化"新概念，开发出硅化物（氧化硅或碳化硅）晶格限域的单中心铁催化剂，实现了甲烷在无氧条件下选择活化，一步高效生产乙烯、芳烃和氢气等高值化学品。该研究将具有高催化活性的单中心低价铁原子通过两个碳原子和一个硅原子镶嵌在氧化硅或碳化硅晶格中，形成高温稳定的催化活性中心；甲烷分子在配位不饱和的单铁中心上催化活化脱氢，获得表面吸附态的甲基物种，进一步从催化剂表面脱附形成高活性的甲基自由基，在气相中经自由基偶联反应生成乙烯和其他高碳芳烃分子，如苯和萘等。当反应温度为 1090℃，每克催化剂流过的甲烷为 21L/h 时，甲烷单程转化率高达 48.1%，生成产物乙烯、苯和萘的选择性大于 99%，其中乙烯的选择性为 48.4%。催化剂在测试的 60h 内，保持了很好的稳定性。与天然气转化的传统路线相比，该研究彻底摒弃了高耗能的合成气制备过程，大大缩短了工艺路线，反应过程本身实现了 CO_2 的零排放，碳原子利用效率达到 100%。但目前还没有该技术进行中试实验的报道。

2.7 合成气直接制乙烯技术

合成气直接制乙烯就是通过费—托（F-T）法直接制乙烯，即以 CO 与 H_2 反应制烯烃，副产水和 CO_2。由合成气合成乙烯大多采用 H_2/CO 进料比为 1 以下，温度为 250~350℃，压力低于 2.1MPa 的生产条件。通常认为设计和研制催化剂体系达到调控产物选择性的目的是费托合成领域研究的重点之一。费托合成最有活性的催化剂是铁、钴、镍。但是，钴和镍易形成饱和烃，活化铁对短链烯烃具有较高的活性，鲁尔化学（Ruhrchemie）公司用这种催化剂取得了较好结果，将钛、锌和钾加到铁中（$100Fe/25Ti/10ZnO/4K_2O$），将含有 H_2/CO 比为 1 的合成气原料，在 340℃和 1.04MPa 下通过这种催化剂，转化率以 CO 和 H_2 计算为 87%，乙烯选择性为 33.4%，丙烯选择性为 21.3%，丁烯选择性为 19.9%，C_2—C_4 饱和烃选择性为 9.9%，甲烷选择性为 10.1%，其余为 C_5 以上烃类（在试验室规模的固定床反应器中）。

日本在化学试验室中成功地将合成乙醇的铑催化剂和脱水的硅铝酸盐催化剂结合使用，由合成气一步制得乙烯。这种方法是将两种催化剂分成两层装于管式反应器中，通入合成气同时进行反应，乙烯收率可达52%，选择性为50%。德国BASF公司在实验室已成功开发一种非均相催化剂，目前在进行中试，由于要高选择性地得到低碳烯烃有相当的难度，并且选择性费托合成的催化剂寿命还有待提高，近期难以实现工业化。

中科院大连化学物理研究所提出的合成气直接转化制烯烃的新路线（OX-ZEO过程），不同于传统费托过程，创造性地采用一种新型的双功能纳米复合催化剂，可将合成气（纯化后的CO和H_2混合气体）直接转化，高选择性地一步反应获得低碳烯烃（高达80%），且C_2—C_4烃类选择性超过90%。目前该技术已在延长石化通过了中试验证。

3 乙烯生产路线的比较

3.1 原料

蒸汽裂解制乙烯技术的原料适应范围宽，乙烷、轻烃、液化气、石脑油、加氢尾油、柴油等均可。20世纪80年代，随着欧洲和亚洲乙烯工业的发展，石脑油在乙烯裂解原料中约占70%。90年代后，中东地区开始大力发展乙烯工业，乙烷在乙烯原料结构中的比例大幅提升，到2000年石脑油在乙烯原料中所占份额下降到53%左右。近年来，随着北美页岩气产量的增长和天然气价格的下降，乙烷在乙烯原料中的占比进一步提升，2020年乙烷和石脑油在全球乙烯原料结构中的占比分别为39%和40%。进口乙烷裂解制乙烯项目建设涉及天然气处理、天然气凝析液（NGL）收集、管输、乙烷分离、出口存储、出口泊位、远洋运输、乙烷卸货、存储、乙烷裂解等多个环节，是一个复杂的系统性工程，在原料稳定获取和经济效益等方面存在诸多不确定性。此外，美国是世界唯一乙烷规模化出口国。乙烷来源的唯一性进一步加大了中国进口乙烷裂解制乙烯项目的风险。

以煤为原料生产烯烃，原料煤炭国内就可满足供应，且原料价格基本不受国际油价波动的影响。但以煤为原料生产烯烃，面临着低油价、水资源和碳达峰、碳中和等多重压力。从煤和石油组成来看，煤的氢/碳原子比在0.2~1.0之间，而石油的氢/碳原子比为1.6~2.0。煤炭由于其组成中碳多氢少，以煤生产石化产品的过程必然伴随着氢/碳原子比的调整，其大规模、低成本来源只能是与水发生反应，从而不可避免地排放大量的CO_2，消耗大量水资源并排放大量的污水，而石油组成中由于氢多碳少，其转化（或直接利用）过程中排放的CO_2大大减少。另外，碳税对煤化工项目的影响很大，目前煤制烯烃装置的成本测算未考虑碳交易税。

利用天然气制乙烯有多种途径，其大规模应用主要取决于天然气原料供应的有效保障及其价格是否合理，在天然气供应充足、价格合理的条件下，天然气经甲醇制乙烯工艺将会得到发展，而费托合成制乙烯、甲烷制乙烯技术目前尚未达到成熟应用阶段。以大宗可再生生物质为原料经由乙醇催化脱水生产乙烯，原料国内供应充足，但季节性、分散性使得装置的规模和连续、稳定运行受到影响。

3.2 产品

采用石脑油蒸汽裂解技术生产乙烯，产品包括乙烯、丙烯、丁二烯、1-丁烯、苯、甲苯、二甲苯及碳五组分等高附加值产品，产品多样，可分摊生产成本，而且可满足下游产品生产路线和品种的需要，如生产聚丙烯产品，可充分发挥共聚牌号生产优势，开发满足市场需求的管材料、车用料、医用料、高性能膜料等合成树脂产品，改变生产均聚通用产品同质化竞争的局面，实现产品的高性能化和高附加值化，提质增效，增强市场竞争力。采用乙烷蒸汽裂解技术生产乙烯，产品较单一，下游配套方案单一，难以实现产品的差异化。煤（甲醇）制烯烃技术的产品主要是乙烯和丙烯，也副产碳四和碳五组分，但产量小，难以实现规模化利用。

与石脑油蒸汽裂解技术相比，煤制烯烃（包括 MTO）"双烯"收率约 75%，副产物种类和数量较少。煤制烯烃（包括 MTO）的主要副产物混合碳四以丁烯为主，约占 93%，丁烷和丁二烯含量很少，因此，其碳四的利用途径与石脑油蒸汽裂解技术的碳四利用完全不同，主要通过 OCU/OCP 技术生成乙烯和丙烯。而石脑油制烯烃的碳四收率约为 15%，主要以丁二烯为主（丁二烯含量为 50% 左右），通过丁二烯抽提工艺分离得到丁二烯产品。

3.3 投资

蒸汽裂解装置的投资因投资地点和时间的不同有较大差异，在中国随着裂解炉、压缩机等大型设备的国产化，设备投资已比 10 年前减少 20% 左右。在美国由于建设周期长、用工成本高，在相同的地质等建设条件下，建设相同规模的以乙烷为原料的蒸汽裂解装置，投资远远高于中国。比如 2016 年 Sasol 公司将位于美国路易斯安那州查尔斯湖的石化装置（包括一套 150×10^4 t/a 乙烷裂解装置）建设预算上调 25% 至 110 亿美元。上调建设预算的主要原因是较差的地质条件使建设和用工成本上升。

煤化工项目一次性投资很高，其中煤气化装置的投资占比高达 50%。煤基一体化装置以聚乙烯/聚丙烯（PE/PP）为目标产品，大都采用增产乙烯和丙烯的 MTO 二代技术，普遍规模为煤基 180×10^4 t/a 甲醇制 68×10^4 t/a 聚烯烃，投资约为 210 亿元。甲醇制烯烃由于省略了煤气化和甲醇生产装置，一次性投资大大低于煤制烯烃，一套外购甲醇制 60×10^4 t/a 烯烃、聚烯烃一体化装置投资约在 90 亿元左右，但存在着甲醇受市场价格波动影响的风险。

3.4 成本

对于管式炉蒸汽裂解路线，原料成本在总成本中所占比例高达 60%~80%。采用的原料不同，乙烯的生产成本也有很大差别。但如果综合考虑乙烯和裂解副产品的价值，在原油价格（低于 50 美元/bbl）低位运行的情况下，石脑油裂解装置与乙烷裂解装置的现金成本差距有所缩小。由 2012—2014 年的 600~900 美元/t 缩小至当前的 300~400 美元/t，中东和北美以乙烷为原料的乙烯生产成本依然保持绝对的竞争优势，在 200~300 美元/t 之间。

煤制烯烃成本变化与油价变化关系不大，而石脑油制烯烃成本与油价变化密切相关，在35~55美元/bbl低油价下，石油烯烃成本优势明显、盈利空间较大，而煤制烯烃仅能实现盈亏平衡；在65~75美元/bbl油价下，煤制烯烃成本与石脑油制烯烃成本相当，具有较好盈利水平；当油价在80美元/bbl以上时，煤制烯烃具有良好效益，而石脑油制烯烃则面临高成本、低利润的状况。随着油价走高，煤制烯烃盈利水平增强。特别是在85美元/bbl油价下，煤制烯烃完全可以满足新建装置内部收益率大于12%的要求，盈利能力强。

甲醇制烯烃成本构成中甲醇原料成本占比在75%以上，其成本变化与进口甲醇价格变化有较大程度的关联，进口甲醇价格升高，导致甲醇制烯烃成本也随之升高，盈利空间很小。在低油价下，甲醇制烯烃成本明显高于石脑油制烯烃成本，面临较大压力。

3.5 环保

几种工艺中，煤制烯烃路线的环保问题突出。煤生产烯烃的过程中产生大量的二氧化碳、粉尘、废渣和废水，均是需重点关注和解决的问题。在碳达峰、碳中和的目标下，还将会有更多的环保标准以及相关的政策出台，严格控制污染物排放是大趋势。"十四五"期间煤制烯烃要升级提升存量产能质量，新增产能应慎重决策。

4 小结

截至2020年底，蒸汽裂解工艺仍是乙烯生产的主流工艺，裂解原料的选择更多地取决于各国本土的资源禀赋和获取资源的成本。经过多年的发展，蒸汽裂解工艺已成熟，低能耗、低投资、提高裂解炉对原料的适应性和延长运转周期仍是蒸汽裂解生产乙烯技术的努力方向。低油价和"碳中和"背景下，煤、甲醇等制烯烃路线受到抑制，必须创新建设运行模式，细化原料加工路径，提高资源利用率，降低成本，同时重视环保、节能、减排、节水等环节，以适应未来更为苛刻的环保要求。加强甲烷制乙烯和合成气制乙烯的研发投入，力争催化剂等核心技术的突破和解决工程技术问题，早日实现工业化应用。

参 考 文 献

[1] 王红秋，郑轶丹. 我国乙烯工业强劲增势未改[J]. 中国石化，2019(1)：27-30.

[2] Steve Lewandowski. Global ethylene with a sprinkling of NAM[A]. WPC2019, San Antonio：IHS, 2019.

[3] EIA. Annual energy outlook 2019 with projections to 2050[EB/OL]. (2019-01-24)[2021-04-28]. https：//www.eia.gov/aeo.

[4] Chemical Week. Report：Aramco and SABIC invite bids for crude oil-to-chemicals project 8[EB/OL]. (2018-07-01)[2021-04-28]. https：//chemweek.com/CW/Document/89538/Report-Aramco-and-SABIC-invite-bids-for-crude-oiltochemicals-project? connectPath = Search&searchSessionId = 3a7f0294-9152-43fa-9522-a45d9e48 174f.

[5] Chemical Week. Aramco, CB&I, Chevron Lummus Global to commercialize thermal crude-to-chemicals

process［EB/OL］.（2018-07-01）［2021-04-28］. https：//chemweek. com/CW/Document/92945/ Aramco-CBI-Chevron-Lummus-Global-to-commercialize-thermal-crude-to-chemicals-process？connect- Path=Search&searchSessionId=2d33ea4f-9640-406c-b069-305498a2fb05.

［6］Chemical Week. Saudi Aramco licenses Siluria's natural gas-to-olefins technology［EB/OL］.（2018-06- 13）［2021-04-28］. https：//chemweek. com/CW/Document/96363/Saudi-Aramco-licenses-Silurias-natu- ral-gastoolefins-technology-updated？connectPath=Search&searchSessionId=c630ef3b-2949-404e-9c01- 5e25e16c 6852.

［7］Chemical Week. Aramco，SABIC advance oil-to-chemicals plans with contractors［EB/OL］.（2018-08- 06）［2021-04-28］. https：//chemweek. com/CW/Document/97506/Aramco-SABIC-advance-oil-to- chemicals-plans-with-contractors？connectPath=Search&searchSessionId=cf71529f-b132-43e6-821d- bcfd5b4bdac6.

［8］王大壮，王鹤洲，谢朝钢，等. 重油催化热裂解（CPP）制烯烃成套技术的工业应用［J］. 石油炼制与 化工，2013，44（1）：56-60.

［9］ExxonMobil's and aramco's direct crude-to-ethylene production technologies cut refining costs［J］. Chemical Week，2016（7）：25.

［10］石胜启，吴凤明. 甲醇制烯烃技术工业化进展［J］. 现代化工，2016（4）：38-42.

［11］胡徐腾，李振宇，黄格省. 非石油原料生产烯烃技术现状分析与前景展望［J］. 石油化工，2012，41 （8）：869-876.

［12］贾宝莹，杜平，杜风光，等. 生物乙醇制乙烯初探［J］. 化工进展，2012，31（5）：1028-1032.

［13］王菊，钟思青，张成芳，等. 乙醇脱水制生物基乙烯工艺研究［J］. 化学工程，2015，43（11）： 72-78.

［14］董丽，杨学萍. 合成气直接制低碳烯烃技术发展前景［J］. 石油化工，2012，41（10）：1201-1206.

［15］刘忠范. 合成气定向转化制低碳烯烃［J］. 物理化学学报，2016，32（4）：803-804.

［16］焦祖凯，朱连勋，孙锦昌，等. 合成气直接制低碳烯烃铁基催化剂研究进展［J］. 工业催化，2013， 21（7）：10-13.

［17］Methane to ethylene via new oxidative coupling process［J］. Worldwide Refining Business Digest Weekly， 2014（2）：37.

［18］张明森，冯英杰，柯丽，等. 甲烷氧化偶联制乙烯催化剂的研究进展［J］. 石油化工，2015，44 （4）：401-409.

［19］胡徐腾. 天然气制乙烯技术进展及经济性分析［J］. 化工进展，2016，35（6）：1733-1739.

［20］刘剑，孙淑坤，张永军，等. 石脑油催化裂解制低碳烯烃技术进展及其技术经济分析［J］. 化学进 展，2011，29（11）：33-37.

［21］王子宗. 乙烯、丙烯生产技术及经济分析［M］. 北京：中国石化出版社，2015：106-172.

［22］王志喜，王亚东，张睿，等. 催化裂解制低碳烯烃技术研究进展［J］. 化工进展，2013，32（8）： 1818-1825.

［23］魏晓丽，毛安国，张久顺，等. 石脑油催化裂解反应特性及影响因素分析［J］. 石油炼制与化工， 2013，44（7）：1-7.

［24］ExxonMobil's and Aramco's direct crude-to-ethylene production technologies cut refining costs［J］. Chem- ical Week，2016（7）：25.

［25］王红秋. 世界乙烯技术发展日新月异［J］. 中国化工信息，2015(33)：15.

［26］Leena Koottungal. International survey of ethylene from steam crackers－2015［J］. Oil & Gas, 2015, 113 (7)：85-91.

［27］ Nichols L. Ethylene in evolution：50 years of changing markets and economics［J］. Hydrocarbon Processing, 2013(4)：27-30.

［28］刘剑，孙淑坤，张永军，等. 石脑油催化裂解制低碳烯烃技术进展及其技术经济分析［J］. 化学进展，2011，29(11)：33-37.

丙烯生产技术

◎王红秋　侯雨璇　谭都平

丙烯作为基本化工原料之一，其生产一直受到极大关注。随着聚丙烯等下游衍生物需求的拉动，丙烯需求持续增长。近年来，随着北美及中东地区裂解原料的轻质化，传统丙烯生产工艺已经不能满足需求的增长，增产丙烯技术不断发展。现阶段丙烯主要来自蒸汽裂解装置和炼厂的催化裂化装置，此外，以丙烷为原料的专产丙烯技术的产能也快速增长。

1　行业发展现状

2020 年，全球丙烯消费量约为 1.1×10^8 t，同比上升 1%，基本供需平衡。从地区消费量来看，中国是丙烯消费量最高的地区，占比为 31%；其次是西欧、东亚、北美，丙烯消费量占比依次为 14%、13% 和 13%。2020 年，我国丙烯表观消费量为 3785×10^4 t，同比增长 4.4%。从消费结构来看，聚丙烯是最主要的丙烯下游产品，占丙烯消费量的 70%，其次是环氧丙烷（7%）、丙烯腈（6%）、正丁醇（4%）、辛醇（4%）等。东部沿海地区是我国丙烯行业最主要的消费市场。

IHS Markit 的数据显示，全球专产丙烯装置的产量占比从 2011 年的 12% 增长至 2020 年的 27%，预计到 2029 年将达到 33%。近年来中国丙烯产能高速增长，从 2010 年的 1490×10^4 t/a 增长到 2020 年的 4161×10^4 t/a。目前看来，虽然丙烯当量消费稳步增长，但增速放缓，慢于产能增速。中国来自催化裂化的丙烯产能大约占总产能的 30%，来自蒸汽裂解的产能约占 28%，以煤和甲醇为原料［MTO（MTP）/CTO（CTP）］的产能约占 24%，来自丙烷脱氢装置（PDH）的产能约占 15%，还有约 3% 来自烯烃转化等其他丙烯生产路线，丙烯生产多元化格局已经形成。

2　技术现状和发展趋势

2.1　技术现状

2.1.1　催化裂化多产丙烯

在传统的催化裂化（FCC）装置中，丙烯一直作为汽油的副产品，丙烯收率较低。近 20 年来，各大石油石化公司通过改进 FCC 工艺的操作条件、催化体系等方式来达到多产丙烯的目的。目前已实现工业化的增产丙烯工艺包括 UOP 公司的 PetroFCC 工艺、中国石化石油化工科学研究院的 DCC 工艺、埃克森美孚与 KBR 公司的 Maxofin 工艺和新日本石油公司与沙特阿美公司的 HS-FCC 工艺等。

2.1.1.1 UOP 公司的 PetroFCC 工艺和 RxPro 工艺

PetroFCC 工艺采用择形 ZSM-5 催化体系，同时通过提高反应器温度，降低反应器压力来降低烃类分压，加入 LPG 和轻石脑油循环，可将传统 FCC 丙烯收率提高到 20%（质量分数）以上。PetroFCC 工艺利用设计独特的 FCC 反应器/再生气段和操作条件组合大幅提高了轻烯烃的产量，丙烯产量占比可以达到 10%～15%（质量分数）。自 2008 年首套 PetroFCC 装置投产以来，该工艺已应用于多套装置。

RxPro 工艺是 UOP 丙烯生产技术的最新工艺，采用多级反应器，包括第一级烃类原料反应器，第二级循环反应器，在两个反应器之间进行催化剂的循环再生，以此打破化学平衡限制来提高丙烯产量和选择性，以减压柴油和渣油为原料生产出来的丙烯产量可以超过 20%（质量分数）。

2.1.1.2 中国石化石油化工科学研究院的深度催化裂化（DCC）工艺

DCC 工艺以重质油为原料，包括减压蜡油、脱沥青油、焦化蜡油及常压渣油等，采用提升管加密相床层反应器，在 560～610℃、低空速及低烃分压的反应条件下，丙烯收率高达 15%～25%。此外，还研发了 CHP、CRP/CIP、MMC 及 DMMC 等一系列 DCC 专用催化剂，具有高烯烃选择性，低氢转移活性，高基质裂化活性，强化汽油二次裂化能力及较好的热稳定性和水热稳定性。自 1990 年建成第一套工业化装置以来，已建成 18 套工业化装置，另有 4 套正在设计或建设中。主要装置见表 1。

表 1　DCC 技术主要应用

公司	地点	规模, $10^4 t/a$	公司	地点	规模, $10^4 t/a$
中国石化	安庆	70	PetroRabigh	沙特阿拉伯	460
中国石化	荆门	80	HMEL	印度	220
中化	沈阳	40	MRPL	印度	220
中化	大庆	50	BPCL	印度	220
IRPC	泰国	90			

DCC 装置在增产丙烯的同时，往往造成较高的干气产率，为降低干气产率，中国石化又开发了增强型催化裂化（DCC Plus）工艺。在 DCC 技术的基础上，增加第二提升管反应器，使床层反应器的温度成为独立变量，降低干气和焦炭产率。目前有中国海油东方石化、中国海油大榭石化、陕西延长中煤榆林能源化工和泰国 IRPC 公司等 4 套 DCC Plus 装置在运行，最大加工能力为 $220×10^4 t/a$。

2.1.1.3 埃克森美孚公司和 KBR 公司的 Maxofin FCC 工艺

Maxofin FCC 工艺采用并列的双提升管，一根提升管以蜡油为原料，出口温度为 538℃，剂油比为 8～9；另一根提升管以循环轻石脑油为原料，出口温度为 593℃，剂油比为 25。采用 ZSM-5 含量大于 25% 的 Maxofin-3 助剂，催化剂微反活性可提高 4 个单位，

丙烯收率达到25%。此外，该工艺还采用了先进的Atomax-2原料喷嘴系统和提升管反应终止技术，减少了烃蒸气和催化剂在沉降器中的停留时间，降低了干气和焦炭产率。

2.1.1.4 新日本石油公司和沙特阿美公司的高苛刻度催化裂化（HS-FCC）技术

HS-FCC技术采用下行式反应器，在550～650℃、0.1MPa和高剂油比的操作条件下，采用含ZSM-5、10%的超稳Y型（HUSY）沸石催化剂，丙烯收率接近20%。为减少副反应的发生，造成干气和焦炭量的增加，该工艺采用一种短停留时间（小于0.5s）的高效产品分离器，使得催化剂和产品能够在反应器出口及时分离。首套半工业化装置自2011年在日本运行。

2.1.1.5 中国石油的TMP技术

TMP技术是在两段提升管催化裂化技术的基础上开发的新型重油催化裂解多产丙烯技术。与国内外催化裂化工艺相比，该技术具有分段反应、催化剂"接力"、短停留时间和大剂油比等特点，在最大限度增产丙烯的同时，最大限度减少干气的产生，实现了多产丙烯与优质汽柴油兼顾，经济效益显著。

TMP工艺采用轻重原料组合进料+重油两段反应技术，在保证重油充分转化的同时，可较为精确地控制轻组分与催化剂的接触和反应，提高反应的丙烯选择性。第一段提升管中丁烯和新鲜原料分步进料。第二段提升管中轻质汽油（C_5—C_6）和回收原料以相同方式进料。工程上设计专用高密度输送床反应器，催化剂流化平稳，原料反应充分，可以有效减少干气的生成，保证原料的选择性转化。集成小晶粒HZSM-5、高活性稳定性的分子筛改性等催化剂制备新技术，成功开发了具有优异性能的LCC-300专用催化剂。中国石油大庆炼化公司$12×10^4$t/a TMP装置于2008年完成工业化试验。

2.1.2 丙烷脱氢生产丙烯

丙烷脱氢（PDH）工艺通常选用Pt或Cr金属催化剂，反应中副产的氢气可作为反应燃料。目前已实现工业化的PDH工艺有UOP公司的Oleflex工艺、ABB Lummus公司的Catofin工艺、蒂森克虏伯公司（ThyssenKrupp）的Star工艺、Snamprogetti/Yarsintz公司的FBD工艺和KBR公司的K-PRO工艺。

2.1.2.1 UOP公司的Oleflex工艺

Oleflex工艺采用径向流移动床反应器，在600～700℃、大于0.1MPa的操作条件下，丙烷单程转化率达到35%～40%，丙烯选择性为84%～89%，并且可实现在线更换催化剂。最新一代Oleflex技术将氢油比从0.5降至小于0.3，同时采用低温分离系统，将物耗降至每生产1t丙烯所消耗丙烷低于1.12t。其DeH-26催化剂依然使用Pt作为活性金属，在提高水力学性能的同时将催化剂寿命延长至4年。Oleflex工艺自1990年实现商业化，目前全球有超过60套装置采用C_3Oleflex技术。万华化学位于烟台年产量达$75×10^4$t装置为目前国内采用该技术的最大装置。近年来，对Oleflex工艺的改进主要集中在提高催化剂性能上，同时通过对装置的不断改进，缩短开工时间，延长装置运行周期，进一步减少运行消耗，提高投资回报率。

Oleflex 工艺包括三个主要部分：反应系统、产品回收系统和催化剂再生系统。其中反应器系统包括 4 套径向流反应器、进料加热器、级间加热器，以及反应器进料—流出热交换器。其中产品回收系统可从轻烃中分离出氢气作为稀释剂，可抑制结焦和热裂解。其中最重要的是催化剂连续再生（CCR）装置，从反应器底部移除的催化剂经气提送到 CCR 装置顶部，烧除积炭，再送回反应器中，实现连续再生，一个循环周期为 2~7 天。

2.1.2.2 ABB Lummus 公司的 Catofin 工艺

Catofin 工艺采用绝热固定床反应器，由科莱恩（Clariant）公司提供专有 Cr_2O_3/Al_2O_3 催化剂，在 540~640℃，大于 0.05MPa 的条件下，丙烷单程转化率为 45%~50%，选择性大于 88%。为了实现连续生产，通常采用 8 台反应器，其中 3 台生产、3 台催化剂再生、2 台吹扫还原，反应—再生循环周期为 15~30min；为提高转化率，采用真空操作。过去两年，全球共有 11 套新建丙烷脱氢装置采用 Catofin 工艺。克莱恩公司于近期推出最新的丙烷脱氢催化剂 Catofin 311，选择性较上一代催化剂有所提高。未来 Catofin 工艺将在提高催化剂性能的同时，开发低 Cr 催化剂来应对重金属污染问题。2019 年 8 月，恒力石化宣布采用 Catofin 工艺，丙烷脱氢设计处理能力达到 $50×10^4t/a$。

2.1.2.3 ThyssenKrupp 公司的 Star 工艺

Star 工艺采用蒸汽稀释的多室多管反应器，以 Pt/Sn-铝酸锌为催化剂。丙烷单程转化率为 30%~40%，选择性为 85%~93%。反应热由安装在炉膛上部的燃烧室提供，生产时间为 7h，再生时间为 1h。2014 年，蒂森克虏伯公司与台塑公司签订合约，该技术将应用在台塑美国得克萨斯州 $54.5×10^4t/a$ 丙烷脱氢装置上，现已投产。

2.1.2.4 意大利 Snamprogetti 和俄罗斯 Yarsintz 公司的 FBD 工艺

FBD 工艺采用流化床反应器，配备反应—再生系统，采用类似于 IV 型催化裂化双器流化床反应技术，应用微球 Cr_2O_3/Al_2O_3 催化剂，在 580~630℃，118~147kPa 的条件下，丙烷单程转化率为 40%，丙烯选择性达到 80%。目前已应用于俄罗斯十多套以上的工业装置，这些装置主要以丁烷为原料。

2.1.2.5 德国林德（Linde）、BASF 和挪威国家石油公司（Statoil）公司的 PDH 工艺

该工艺采用多管式固定床反应器，Cr_2O_3/Al_2O_3 催化剂，在温度 590℃、压力大于 0.1MPa 的条件下，丙烯选择性大于 90%。反应段有 3 台气体喷射脱氢反应器，2 台用于脱氢反应，1 台用于催化剂再生。BASF 公司在这之后开发了 Pt/沸石催化剂，相比第一代 Cr 系催化剂，反应单程转化率由 32% 提高至 50%，总转化率由 91% 提高至 93%。但目前未见工业化应用报道。

2.1.2.6 中国石油大学（华东）的丙烷/丁烷联合脱氢（ADHO）技术

ADHO 技术采用无毒、无腐蚀性的非贵金属氧化物催化剂，并配套开发了高效循环流化床反应器，实现了脱氢反应和催化剂结焦再生连续进行。烷烃单程转化率、烯烃收率和选择性与 FBD 技术相当。2016 年 6 月在山东恒源石油化工股份有限公司完成工业化试验。

2.1.2.7 陶氏公司的流化催化脱氢工艺（FCDh）

2017 年，美国陶氏化学公司推出的 FCDh 技术采用流化床反应器与 Ga/少量 Pt-Al_2O_3

催化剂，在 0.13～0.17MPa 的压力下，转化率为 43%～48%时，选择性达到 92%～96%。与目前领先的固定床 PDH 技术相比，转化速度更快，不需要氢气循环，需要的反应设备较小；催化剂的稳定性好，初期催化剂的负荷较低，需要的贵金属较少；初始投资成本较低。该工艺可以与乙烯裂解装置进行整合，2019 年陶氏公司宣布将其在美国路易斯安那州的蒸汽裂解装置升级，采用该工艺新增 10×10⁴t/a 专产丙烯产能，预计项目将在 2021 年底投产。

2.1.2.8　KBR 公司的 K-PRO 工艺

KBR 公司在 2018 年推出了新型 PDH 工艺 K-PRO，该工艺是在其流化床催化工艺 K-COT 的基础上进行改进的，与传统设计相比，K-PRO 采用同轴式连续反应器，采用非 Cr/Pt 专有催化剂，并实现催化剂的连续再生，在系统内优化热平衡。丙烯选择性为 87%～90%，丙烷转化率达到 45%。与固定床或移动床反应器相比，可减少 20%～30%的投资。2020 年 1 月，亚洲一套 60×10⁴t/a PDH 获得该技术的首次许可。

2.1.3　甲醇制丙烯（MTP）/甲醇制烯烃（MTO）

MTO 装置的乙烯和丙烯产率通常都能达到 30%～45%，而 MTP 装置中生产的丙烯能达到 71%。目前全球有多个工艺已实现或接近工业化，包括鲁奇公司开发的固定床 MTP 工艺，清华大学等开发的流化床甲醇制丙烯（FMTP）工艺等。

2.1.3.1　鲁奇公司（Lurgi）的 MTP 工艺

典型的 MTP 工艺主要包括甲醇制二甲醚（MTD）反应单元、MTP 反应和再生单元、粗分离单元和精制单元 4 部分。

该工艺中甲醇首先脱水生成二甲醚，将产物与蒸汽和循环烃混合经过装载德国南方化学公司（Sud-Chemie）研制的 ZSM-5 专用沸石催化剂的固定床 MTP 反应器中，有 3 个固定床反应器，2 个运行，1 个再生备用，催化剂为分层级配装填。反应条件为 450～470℃、0.13～0.16MPa。再经过分离与精制，可制得聚合物级丙烯，丙烯收率大于 70%。催化剂可以在反应器内再生，生产 1t 丙烯约消耗 3.5t 甲醇。2011 年，神华宁煤应用该技术建成首套大规模工业化装置。目前包括神华宁煤与大唐多伦在内共有 3 套甲醇制丙烯装置采用了该技术。

2.1.3.2　清华大学等单位的流化床甲醇制丙烯（FMTP）技术

FMTP 工艺分为反应再生与分离两大系统，反应再生系统包括 MTO 反应器、乙烯/丁烯到丙烯（EBTP）反应器和催化剂再生器，实现甲醇制烯烃和乙烯、丁烯制丙烯的反应及催化剂连续反应再生循环。分离系统主要包括多个轻烃分离塔，根据产品需求选择分离工艺。MTO 与 EBTP 均采用流化床反应器，应用清华大学研发的 SAPO-18/34 交生相混晶催化剂，甲醇转化率可达 99.5%以上，多产丙烯时总收率可达 77%。此外，乙烯/丙烯产量可根据需求在 0.02～0.85 的范围内调节，"双烯"收率可达 88%，吨"双烯"甲醇消耗小于 2.62t。华亭煤业 60×10⁴t/a 甲醇制聚烯烃项目目前正在建设中。

2.1.3.3　中科院大连化学物理研究所的甲醇制丙烯新技术（DMTP）

DMTP 工艺采用流化床反应器，并使用专用催化剂，包括甲醇转化、乙烯烷基化和

C_4+转化三个反应单元。该技术72h标定结果表明，丙烯选择性达75%，乙烯选择性达10.4%，生产1t丙烯消耗3.01t甲醇。改变乙烯/甲醇比例，丙烯选择性可进一步提高。该技术于2017年通过了中国石油和化学工业联合会组织的成果鉴定，但目前未见工业应用报道。

2.1.3.4　UOP和Hydro公司的MTO工艺

MTO技术具有很强的灵活性，可根据市场需求的变化，通过改变操作条件，在0.77~1.33的范围内调整乙烯与丙烯的产出比(质量比)。采用的SAPO-34催化剂具有合适的内孔道结构尺寸和固体酸性强度，能够减少低碳烯烃齐聚，提高烯烃的选择性。在此基础上，UOP与Hydro公司又开发了MTO-100催化剂，在0.1~0.5MPa和350~550℃的反应条件下，乙烯、丙烯选择性达到80%。1995年，在挪威Hydro公司的装置上完成了工业试验。

UOP公司推出的先进MTO工艺将UOP/Hydro MTO甲醇制烯烃工艺和道达尔/UOP的OCP工艺相结合，丙烯和乙烯收率进一步提高，同时生成的副产品更少。2009年，在比利时弗昂(Feluy)进行了半工业化试验。2011年，在南京惠生29.5×10⁴t/a MTO装置上首次实现工业应用，目前我国已有超过200×10⁴t/a的甲醇制丙烯产能采用MTO工艺，且大都采用MTO与OCP连用的先进MTO工艺。

2.1.3.5　中国科学院大连化学物理研究所的DMTO工艺

由大连化学物理研究所等单位联合开发的低温甲醇制烯烃(DMTO)工艺包括反应再生单元与烯烃分离单元，采用经过金属改性的SAPO型分子筛催化剂DO123，在460~520℃、0.1MPa的反应条件下，乙烯收率为40%~50%，丙烯收率为37%。2010年，神华包头煤化工应用该技术建成第一套工业化装置。新一代甲醇制烯烃(DMTO-Ⅱ)技术于2010年通过中国石油和化学工业联合会组织的成果鉴定。2010年，神华集团应用该工艺建成的60×10⁴t/a DMTO装置投产，实现了工业化，目前我国共有19套装置采用DMTO工艺。

2.1.3.6　中国石化上海化工研究院的SMTO技术

SMTO工艺采用双快速流化床反应器，利用自主研发的SMTO-1催化剂，在400~500℃下反应，甲醇转化率可达99.5%，烯烃收率大于80%，流化床反应器实现反应—再生连续操作。2011年，中国石化利用该技术在中原石化建成20×10⁴t/a甲醇制烯烃装置并成功投产；2018年，中天合创利用该技术建成137×10⁴t/a甲醇制烯烃装置，作为中国煤化工示范项目，该项目是目前国内最大的甲醇制烯烃项目，而且不断推进设备国产化。

2.1.4　烯烃歧化生产丙烯

烯烃歧化制丙烯是通过烯烃间的歧化或反歧化作用将含C_4的烯烃化合物转化为丙烯的过程，丙烯产率可超过90%。目前C_4烯烃歧化制丙烯的技术路线有2条，即以乙烯、2-丁烯为原料的反歧化制丙烯路线和以1-丁烯、2-丁烯或混合丁烯为原料的自歧化制丙烯路线。目前已实现工业化的技术包括ABB Lummus公司的OCT工艺和旭化成公司的Omega工艺。

2.1.4.1　ABB Lummus 公司的 OCT 工艺

OCT 工艺采用固定床反应器，使用 WO_3/SiO_2 催化剂，在 $260 \sim 400℃$、$3 \sim 3.5MPa$ 的条件下，丁烯总转化率为 $85\% \sim 92\%$，丙烯选择性超过 90%。MgO 使原料中的 1-丁烯异构化为 2-丁烯，再与乙烯在 WO_3 的作用下歧化生产丙烯。通过氮气和空气吹扫清除催化剂表面少量结焦实现催化剂的连续再生。歧化反应器的流出物通过分馏得到高纯度的聚合级丙烯产品，分出的乙烯和丁烯用于循环，此外还有少量的 C_{4+} 副产物。目前已应用于全球超过 50 套工业化装置。

2.1.4.2　Axens（IFP）公司的 Meta-4 工艺

Meta-4 工艺采用液相固定床反应器，Re/Al_2O_3 作为催化剂，在 $20 \sim 50℃$ 的低温条件下，将 2-丁烯和乙烯歧化生成丙烯，2-丁烯转化率为 90%，丙烯选择性高于 98%，催化剂可以连续再生。该工艺曾于 1988—1990 年在我国台湾中油公司完成中试试验，但目前尚无工业化报道。

2.1.4.3　BASF 公司自歧化（Automatathesis）生产低碳烯烃工艺

BASF 公司的 C_4 烯烃歧化工艺最显著的特点是通过丁烯自身歧化生产低碳烯烃，采用 Re_2O_7/Al_2O_3 作为催化剂，在 $20 \sim 90℃$ 的反应温度下，几乎不需要外加乙烯即可获得较高的丙烯收率。目前，BASF 公司在 C_4 烯烃歧化制丙烯的基础上又开发出了 C_4 歧化制丙烯和己烯的工艺，该工艺将丁烯和乙烯歧化生产乙烯、戊烯等副产物，经蒸馏后全部或部分循环回歧化反应器，并分离出所需的丙烯和己烯。但目前未见中试报道。

2.1.4.4　日本旭化成 Omega 工艺

Omega 工艺采用固定床反应器与沸石催化剂，在 $500℃$ 和较低的压力下，将异丁烯通过二聚和歧化反应转化成丙烯。丙烯收率约为 $40\% \sim 80\%$。旭化成公司的 Omega 工艺可以与其以 C_4—C_5 为抽余物为原料生产 BTX 混合芳烃的 Alpha 工艺相结合，将抽余物转化成丙烯和 BTX 芳烃。2006 年，在日本水岛的丙烯装置投产运行。

2.1.5　烯烃催化裂解增产丙烯

烯烃裂解技术是将来自蒸汽裂解装置和 FCC 装置等的 C_4—C_8 烯烃经催化裂解反应转化为丙烯的过程。烯烃催化裂解产物与石脑油裂解相比，含有较少的氢气、甲烷等轻组分，丙烯与乙烯收率比大于 2，裂解汽油、燃料油等重组分较少。目前已实现工业化的技术有道达尔公司和 UOP 公司的 OCP 工艺和 KBR 公司的 Superflex 工艺。

2.1.5.1　道达尔公司和 UOP 公司的烯烃裂解工艺（OCP）

OCP 工艺采用固定床反应器和专有沸石催化剂，在 $500 \sim 600℃$、$0.1 \sim 0.5MPa$ 的条件下，将 C_4—C_8 烯烃转化为乙烯和丙烯，相比传统石脑油裂解装置，丙烯收率可提高 30%，产物丙烯与乙烯比约为 $4 : 1$。该工艺于 2003 年实现了工业化。

2.1.5.2　KBR 公司的 Superflex 工艺

Superflex 工艺采用与 FCC 装置相似的流化床反应器体系，包括提升管反应器、再生器、料斗与汽提段，将 C_4—C_8 轻质烃类原料转化为富丙烷产品。若采用石脑油和 C_4 原料，丙烯产率可达 40% 以上；若采用抽余 C_4 进料，丙烯收率可达 48%；若采用 FCC 轻石脑油为原料，丙烯收率可达 40%。该工艺于 2006 年在南非 Sasol 公司一套 25×10^4t/a 丙烯和 15×10^4t/a 乙烯装置上实现了工业化。

2.1.5.3 鲁奇公司的 Propylur 工艺

Propylur 工艺是一种以不含"双烯"的烯烃(丁烯、戊烯、己烯)为原料最大量生产丙烯的固定床工艺。采用固定床绝热反应器与 ZSM-5 沸石催化剂，在 500℃、$0.1\sim0.2$MPa 的反应条件下，将烯烃转化为丙烯，气体产物中的 80%~85% 为 C_4 以下轻烯烃。丙烷与丙烯比例为 $0.04\sim0.06$，丙烯纯度可达化学级。工业规模装置催化剂寿命预计超过 15 个月。

2.1.5.4 埃克森美孚公司的烯烃相互转化工艺(MOI)

MOI 工艺以蒸汽裂解装置的副产物，如 C_4 馏分和轻质裂解汽油为原料，生产烯烃。采用流化床反应器和 ZSM-5 沸石催化剂，在与 FCC 装置相似的反应条件下，将裂解 C_4 馏分、轻汽油或炼油厂石脑油转化为乙烯与丙烯，丙烯收率约为 55%。

2.2 技术发展趋势

2.2.1 FCC 增产丙烯技术

目前，对 FCC 增产丙烯技术改进主要集中在装置改造实现灵活生产及催化剂的更新换代上。FCC 增产丙烯技术可在现有装置上进行改进，以相对较少的投资最大化生产化学品，是增产丙烯的有效途径。炼厂可根据市场需求，通过选择合适的催化剂、改变操作条件，灵活调整产品结构，在"减油增化"的趋势下更好地利用现有资源，实现经济效益的最大化。

2.2.2 丙烷脱氢技术

近年来丙烷脱氢技术的改进主要集中在提升催化剂性能，提高转化率，延长催化剂寿命方面。目前国内工业化装置全部采用的是 Oleflex 或 Catofin 工艺，国内其他相关机构也对丙烷脱氢工艺进行了研究。中国石化大连石油化工研究院于 2014 年开发了 20×10^4t/a 丙烷脱氢制丙烯成套技术工艺包(MPDH)，该技术采用贵金属催化剂与移动床反应器；清华大学也开发了 FLUTO 流化床丙烷脱氢工艺。

PDH 装置的经济性主要取决于丙烷原料和丙烯的价差以及丙烷的稳定获取，中国的丙烷原料大多需要从中东或北美进口，地缘政治等因素导致丙烷原料供应具有不确定性，未来 PDH 装置推广存在着一定的风险。

2.2.3 MTP/MTO 技术

在甲醇制丙烯/烯烃方面的研究主要集中在优化烯烃分离流程，降低能耗，以及提高催化剂选择性与延长催化剂寿命上。相比居高不下的甲醇价格，油价近年来一直保持在中低位。此外，炼化一体化实现了物料和能量的有效利用，大幅降低了油基丙烯的生产成本，这些都会导致 MTP/MTO 装置的经济性降低。

2.2.4 烯烃歧化技术

烯烃歧化技术领域的研究重点主要集中在提高催化剂的歧化活性上。大连化学物理研

究所研究了 WO₃ 或 MoO₃ 作为活性组分催化丁烯和乙烯技术，以 1-丁烯和 2-丁烯为原料歧化生产丙烯；上海石油化工研究院也开展了以 MCM-48 分子筛为载体，WO₃ 为活性组分的烯烃歧化技术研究，目前都处于实验室研究阶段。

除自歧化技术外，其他烯烃歧化技术都需消耗乙烯，只有当丙烯价格超过乙烯价格，或碳四烯烃过剩时，烯烃歧化技术才具有一定的经济性。在乙烯或丁烯过剩的地区，烯烃歧化技术适合于建设大规模生产丙烯装置。该技术还可以应用在产品仅有乙烯和丙烯而无丁烯的装置，利用丙烯的自歧化反应，制备 1-丁烯。

2.2.5　烯烃催化裂解技术

烯烃催化裂解技术领域的研究主要集中在分子筛催化剂的改进上，提高催化剂的选择性和收率。上海石油化工研究院开发的烯烃催化裂解生产丙烯和乙烯 OCC 工艺，采用择型 ZSM-5 分子筛催化剂，中原石化于 2008 年利用该技术建成一套 6×10^4 t/a 烯烃催化裂解装置。北京化工研究院也开发了采用分子筛催化剂将 C_4、C_5 烯烃催化裂解为丙烯的 BOC 工艺。

烯烃催化裂解技术受裂解热力学与动力学限制，大幅度提升收率仍有较大难度；但该工艺具有不消耗乙烯的优势，相比烯烃歧化技术具有一定的竞争力。根据装置的实际情况与生产需要，可将增产丙烯技术与传统裂解装置进行有效结合，最大化利用资源，将副产品和过剩资源转化为高价值的化工原料，是增产丙烯的有效途径。

3　小结

根据计划投产装置情况来看，预计到 2025 年，中国丙烯产能将超过 5300×10^4 t/a，而国内需求预计仅为 5100×10^4 t/a，丙烯产能存在过剩风险，未来竞争将更加激烈。面对残酷的市场竞争，降低生产成本成为生产企业的必然选择。企业应该结合自身实际，合理利用原料资源，根据企业特点进行资源合理化使用，并通过不断的技术创新，实现效益最大化。

（1）来自石油的丙烯将继续保持竞争优势。

来自传统 FCC 和蒸汽裂解装置的丙烯生产技术相对最为成熟，且产品种类丰富，除丙烯以外，还副产 C_4、C_5、C_9 等产品，产品综合利用率较高，可以抵御产品单一带来的市场风险。特别是在中低油价背景下，来自 FCC 和蒸汽裂解装置的丙烯成本优势明显。近年来，随着多个炼化一体化项目的投产以及原油直接裂解制化学品（COTC）技术的迅速发展，预计未来 FCC 与蒸汽裂解技术在丙烯生产中将继续占据主导地位。

此外，通过烯烃歧化或烯烃裂解技术生产丙烯，能够使资源得到合理利用。从投资成本来看，相比其他几种丙烯生产工艺，烯烃转化装置所需投资成本最低，大多低于 1 亿美元。但由于烯烃歧化装置需要消耗乙烯，在乙烯需求得不到满足的情况下，烯烃歧化装置很难具备经济性；烯烃催化裂解工艺具有不消耗乙烯的优势，且反应温度比蒸汽裂解温度低 200℃左右，能耗大幅减少，但烯烃催化裂解装置规模受限且副产品较多，仍有较大优化空间。

（2）丙烷脱氢装置发展存在不确定性。

丙烷脱氢技术经过几十年的发展，目前已经相对较为成熟。丙烷脱氢装置投资成本较石脑油裂解装置低 33%，原料丙烷成本占丙烷脱氢全部生产成本的 70% 以上，因此，丙烷价格直接决定丙烷脱氢的生产成本，丙烷波动对成本影响巨大。2015—2019 年进口丙烯与进口丙烷的价差在 420 美元/t 左右，现阶段丙烷脱氢装置盈利能力较为乐观。然而，我国丙烷脱氢所需高纯度丙烷基本依赖进口，近年来随着全国 PDH 项目的建设投产，2019 年我国液化丙烷的进口量接近 1500×10^4 t，较 2015 年增长了 75%。对进口原料的依赖使得 PDH 项目必须依托良好的港口条件，应对来自物流和仓储的挑战。供应稳定、价格低廉的丙烷原料对 PDH 装置的盈利来说至关重要。长期来看，丙烷脱氢装置的盈利能力存在一定的不确定性。

（3）低油价削弱了甲醇制烯烃的成本优势。

我国能源结构决定了我国的甲醇原料以煤为主，目前我国超过 70% 的甲醇来自煤。由于甲醇在煤经甲醇制烯烃三个环节中产品增值速度较快，因此在煤价长期保持平稳的情况下，CTP/CTO 的成本也较为稳定，而 MTP/MTO 成本受甲醇影响较大。从投资成本来看，煤经甲醇制丙烯的装置成本相对较高，约为 PDH 装置成本的 5 倍，往往项目投资建设周期较长，期间存在的投融资风险也相对较高。此外，碳排放与用水等环保问题也在一定程度上制约了煤基化工项目的建设和运行。MTO 装置丙烯收率为 16%～18%，乙烯收率为 15%～18%，而 MTP 装置丙烯收率可达 24%～29%，乙烯收率仅为 0.7%～1.2%，MTO 装置烯烃总体收率较高，综合经济性高于 MTP 装置。而外购甲醇因价格波动较大，且企业面临的物流和仓储压力也不容忽视。规模为 180×10^4 t/a 外购甲醇制烯烃的装置，每天需要的甲醇原料接近 5000t。目前进口甲醇几乎全部以天然气为原料，受原油价格变动影响较小，在低油价背景下，MTP/MTO 装置盈利能力已经大幅缩水，经测算，在原油价格为 80～85 美元/bbl 时，外购甲醇制烯烃和石脑油制烯烃成本相当；在低于 80 美元/bbl 时，甲醇制烯烃成本较高，盈利能力较弱；当油价高于 90 美元/bbl 时，原料价格优势使得甲醇制烯烃路线持续盈利。目前看来该路线竞争力偏弱，预计甲醇制烯烃仍将长期处于亏损状态。

参 考 文 献

[1] IHS. 2020 world analysis propylene[EB/OL]. (2020-01-10)[2020-03-10]. https://connect.ihs.com/ChemicalResearch? pageId = RSRCHMRA _ WA #/viewer/default/% 2FDocument% 2FShow% 2Fphoenix% 2F2303607%3FconnectPath%3DCapabilities_RSRCHMRA.RSRCHMRA_WA.

[2] Honeywell-UOP. Oleflex[EB/OL]. (2019-05)[2020-03-09]. https://www.honeywell-uop.cn/wp-content/uploads/2019/06/oleflex-doc-1.pdf.

[3] 赖达辉. 浅析甲醇制烯烃(MTO/MTP)技术发展方向[J]. 化工管理，2019(31)：80-81.

[4] 焦良旭. 新一代 Oleflex™技术报告[R]. 青岛：碳三产业链投资与技术发展研讨会，2019.

[5] Thyssenkrupp. The Uhde STAR process, oxydehydrogenation of light paraffins to olefins, Uhde GmbH[EB/

OL]. (2010-05)[2020-03-09]. http：//www. thyssenkrupp-industrial-solutions-rus. com/assets/pdf/TKIS_ STAR_ Process. pdf.

[6] Clariant. Clariant continues the advance of propane dehydrogenation technology with new catofin 311 catylyst. [EB/OL]. (2019-06-13)[2020-03-08]. https：//www.clariant.com/en/Corporate/News/2019/06/Clariant-continues-the-advance-of-propane-dehydrogenation-technology-with-new-CATOFINreg-311-catalys.

[7] 张彩凤, 付辉, 周大鹏, 等. 丙烷脱氢工艺及其市场分析[J]. 精细石油化工进展, 2018, 19(5)：39-42.

[8] Caton, Jeff. 专产丙烯的丙烷脱氢技术 K-PRO[R]. 厦门：2019(第七届) 国际轻烃综合利用大会, 2019.

[9] KBR. KBR receives contract for its new propane dehydrogenation technology K-PRO[EB/OL]. (2020-01-06)[2020-03-10]. https://www.prnewswire.com/news-releases/kbr-receives-contract-for-its-new-propane-dehydrogenation-technology-k-pro-300981274.html.

[10] Business Wire. Dow to retrofit louisiana cracker with fluidized catalytic dehydrogenation(FCDh) technology to produce On-purpose propylene[EB/OL]. (2019-08-20)[2020-03-09]. https://www.businesswire. com/news/home/20190820005429/en/Dow-Retrofit-Louisiana-Cracker-Fluidized-Catalytic-Dehydrogenation.

[11] Process Engineer. Propylene process by UOP LLC[EB/OL]. (2018-06-18)[2020-03-09]. http://www. processengineer. info/petrochemical/propylene-process-by-uop-llc. html.

[12] KBR. KBR announces a new propane dehydrogenation technology[EB/OL]. (2018-12-17)[2020-03-10]. https://www.kbr.com/en/insights-events/press-release/kbr-announces-new-propane-dehydrogenation-technology.

[13] 代跃利, 赵铁凯, 刘剑, 等. C_4 烯烃自歧化制丙烯催化剂研究进展[J]. 精细石油化工进展, 2017, 18(1)：41-46.

[14] 杨学萍. 国内外丙烯生产技术进展及市场分析[J]. 石油化工技术与经济, 2017, 33(6)：11-15.

[15] Pretz M, Fish B, Luo L, et al. Shaping the future of on-purpose propylene production[J]. Hydrocarbon Processing, 2017(4)：29-36.

[16] 公磊, 南海明, 关丰忠. 新型丙烯生产技术综述[J]. 云南化工, 2016, 43(4)：37-42.

[17] 杨英, 彭蓉, 肖立桢. 丙烷脱氢制丙烯工艺及其经济性分析[J]. 石油化工技术与经济, 2014, 30(3)：6-10.

[18] 王梦瑶, 周嘉文, 任天华, 等. 催化裂化多产丙烯[J]. 化工进展, 2015, 34(6)：1619-1624.

[19] 谢朝钢, 魏晓丽, 龙军. 重油催化裂解制取丙烯的分子反应化学[J]. 石油学报(石油加工), 2015, 31(2)：307-313.

[20] 胡思, 张卿, 夏至, 等. 甲醇制丙烯技术应用进展[J]. 化工进展, 2012, 31(S1)：139-144.

[21] 李大鹏. 丙烯生产技术进展[J]. 应用化工, 2012, 41(6)：1051-1055.

[22] 张世杰, 吴秀章, 刘勇, 等. 甲醇制烯烃工艺及工业化最新进展[J]. 现代化工, 2017, 37(8)：1-6.

[23] Knight, Mehlberg J R. Maximize propylene from your FCC unit[J]. Hydrocarbon Processing, 2011(9)：91, 95.

芳烃生产技术

◎慕彦君　黄格省　潘晖华

芳烃在炼化行业中具有举足轻重的地位，主要包括苯、甲苯、二甲苯，一般简称混合芳烃(BTX)，是石油化工重要的基础原料，市场规模仅次于乙烯和丙烯。对二甲苯(PX)作为聚酯产业的主要原料，其98%以上都用于生产精对苯二甲酸(PTA)，进而再与乙二醇反应生成聚对苯二甲酸乙二醇酯(PET)。近年来，PX的市场需求量也逐年增加，但PX却存在产不足需、对外依存度较高的现实情况，因此持续优化资源配置、淘汰现有落后产能，同时布局建设部分重点芳烃生产装置仍有必要。此外，我国芳烃市场在全球占有重要地位，是全球最大的芳烃生产国和消费国，为保障市场供给，未来应不断改进芳烃生产技术，加快新工艺、新技术的研发，同时基于碳中和背景，逐步提升芳烃生产效能，研发低碳清洁的生产技术，实现该产业的高效可持续性绿色发展。

1 行业发展现状

芳烃作为石化工业的重要基础原料，市场虽仍存在缺口，但自给率已逐步提升。据统计，2020年我国芳烃(BTX)总产能已达 $6000×10^4 t/a$ ，年需求量约 $4500×10^4 t$ ，分别占全球总量的34.8%和36.5%。目前，芳烃的大规模生产是通过炼厂的芳烃联合装置实现的，采用石脑油为原料，以获取苯、甲苯和二甲苯为目的产品。联合装置通常由石脑油预加氢、催化重整、芳烃抽提、歧化及烷基化转移、二甲苯分馏、二甲苯异构化、吸附分离等装置或单元组成，芳烃联合装置的流程如图1所示。

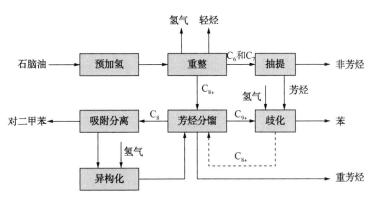

图1　典型的芳烃联合装置流程

  芳烃联合装置的催化重整单元是生产芳烃的龙头装置，也是现代炼厂的主要工艺装置之一，生产的汽油和芳烃分别约占全球汽油和芳烃总产量的40%和30%。据不完全统计，截至2020年底，我国催化重整装置总能力达12838×10⁴t/a。其中，中国石油、中国石化、中国海油以及其他民营石化企业的催化重整装置能力分别为3020×10⁴t/a、3296×10⁴t/a、715×10⁴t/a 和 5807×10⁴t/a，分别占国内催化重整装置能力的23.5%、25.7%、5.6%和45.2%，我国催化重整装置能力统计见表1。

表1　2020年我国催化重整装置能力统计　　　　　　　单位：10^4 t/a

序　号	生 产 企 业	连 续 重 整	固定床重整
1	中国石油长庆石化公司	60	—
2	中国石油乌鲁木齐石化公司（Ⅰ套）	60	—
	中国石油乌鲁木齐石化公司（Ⅱ套）	100	—
3	中国石油四川石化公司	200	—
4	中国石油庆阳石化公司	60	—
5	中国石油广西石化公司	220	—
6	中国石油云南石化公司	240	—
7	中国石油辽阳石化公司（Ⅰ套）	140	—
	中国石油辽阳石化公司（Ⅱ套）	140	—
	中国石油辽阳石化公司（Ⅲ套）	50	—
8	中国石油辽河石化公司	60	—
9	中国石油兰州石化公司	80	—
10	中国石油克拉玛依石化公司	80	—
11	中国石油锦州石化公司	80	—
12	中国石油锦西石化公司	80	—
13	中国石油吉林石化公司	50	—
14	中国石油华北石化公司（Ⅰ套）	80	—
	中国石油华北石化公司（Ⅱ套）	130	—
15	中国石油呼和浩特石化公司	60	—
16	中国石油哈尔滨石化公司	60	—
17	中国石油格尔木石化公司	—	30
18	中国石油抚顺石化公司	60	—
19	中国石油独山子石化公司	—	50
20	中国石油大庆石化公司	120	—
21	中国石油大庆炼化公司	—	35
22	中国石油大连西太公司	150	60
23	中国石油大连石化公司（Ⅰ套）	220	—
	中国石油大连石化公司（Ⅱ套）	60	—

序　号	生 产 企 业	连续重整	固定床重整
24	中国石油大港石化公司	60	30
25	中国石油玉门油田炼化总厂	—	40
26	中国石油宁夏石化公司	60	15
中国石油小计：3020×10⁴t/a			
1	中国石化镇海炼化公司（Ⅲ套）	80	—
	中国石化镇海炼化公司（Ⅳ套）	100	—
2	中国石化长岭炼化公司	70	—
3	中国石化湛江东兴石化公司	50	30
4	中国石化扬子石化公司（Ⅰ套）	139	—
	中国石化扬子石化公司（Ⅱ套）	150	—
5	中国石化燕山石化公司（Ⅰ套）	80	—
	中国石化燕山石化公司（Ⅱ套）	100	—
6	中国石化武汉石化公司	100	40
7	中国石化天津石化公司（Ⅰ套）	80	—
	中国石化天津石化公司（Ⅱ套）	100	—
8	中国石化塔河石化公司	60	—
9	中国石化石家庄炼化公司	120	35
10	中国石化胜利油田石化公司	—	15
11	中国石化上海石化公司（Ⅰ套）	52	—
	中国石化上海石化公司（Ⅱ套）	100	—
	中国石化上海石化公司（Ⅲ套）	100	—
12	中国石化青岛石化公司	—	25
13	中国石化青岛炼化公司	180	—
14	中国石化齐鲁石化公司	60	—
15	中国石化茂名石化公司	100	—
16	中国石化洛阳石化公司	70	—
17	中国石化九江石化公司	120	20
18	中国石化荆门石化公司	60	25
19	中国石化金陵石化公司（Ⅰ套）	60	—
	中国石化金陵石化公司（Ⅱ套）	100	—
20	中国石化济南炼化公司	60	30
21	中国石化海南炼化公司	120	—
22	中国石化广州石化公司（Ⅰ套）	40	—
	中国石化广州石化公司（Ⅱ套）	100	—

续表

序　号	生产企业	连续重整	固定床重整
23	中国石化高桥石化公司（Ⅰ套）	60	—
	中国石化高桥石化公司（Ⅱ套）	80	—
24	中国石化福建联合石化公司	140	30
25	中国石化沧州石化公司	—	15
26	中国石化北海炼化公司	80	—
27	中国石化安庆石化公司	100	20
中国石化小计：3296×10⁴t/a			
1	中国海油舟山石化公司	80	—
2	中国海油惠州炼化公司	220	—
3	中国海油惠州炼化公司（二期）	180	—
4	中国海油中捷石化公司	30	55
5	中国海油大榭石化公司	150	—
中国海油小计：715×10⁴t/a			
1	大连恒力石化公司	960（3×320）	—
2	宁波中金石化公司	312	—
3	浙江石化公司	800	—
4	杭州正和石化公司	100	—
5	山东华星石化公司	100	—
6	山东昌邑石化公司	100	—
7	中化泉州石化公司	200	—
8	中化弘润石化公司	120	—
9	延长石油榆林炼厂	100	—
10	延长石油永坪炼厂	—	15
11	延长石油延安石化公司	120	—
12	北方华锦化工公司	50	—
13	盘锦北方沥青燃料公司	120	—
14	山东金城石化公司	120	15
15	山东友泰科技公司	120	—
16	山东石大科技石化公司	—	25
17	山东润泽化工公司	80	—
18	山东垦利石化公司	40	—
19	山东京博石化公司	—	40
20	山东恒宇化工公司	120	—
21	东营海科瑞林化工公司	60	—
22	山东天弘化学公司	60	—

续表

序　号	生产企业	连续重整	固定床重整
23	山东滨化滨阳燃化公司	—	40
24	东营联合石化公司	140	—
25	山东东明石化公司	100	—
26	大连福佳石化公司	200	—
27	江苏新海石化公司	100	—
28	东营利源环保科技公司	140	—
29	山东泰基石化公司	110	—
30	山东汇丰石化公司	100	—
31	山东寿光鲁清石化公司	100	—
32	山东胜星化工公司	120	—
33	山东圣世化工公司	100	—
34	沧州鑫海石化公司	100	—
35	山东方宇石化公司	100	—
36	山东玉皇化工公司	80	—
37	山东海跃化工公司	160	—
38	山东岚桥石化公司	60	—
39	腾龙芳烃(漳州)公司	280	—
其他企业 小计：5807×10⁴t/a			
总能力合计：12838×10⁴t/a			

随着国内聚酯产业的快速发展，我国已成为全球 PX 市场最大的生产国和消费国，2019 年进入投产高峰年，当年新增产能达 $1075×10^4t$，同比增长 77.5%，产量增加约 40%，创国内 PX 工业化以来的历史新高。截至 2020 年底，我国 PX 产能合计约为 $2449×10^4t/a$，产量达 $1420.5×10^4t/a$，表观消费量为 $2918.3×10^4t/a$，自给率达到 50.1%。其中，中国石油、中国石化以及其他民营石化企业的 PX 能力分别为 $274×10^4t/a$、$585×10^4t/a$、$1590×10^4t/a$，分别占国内 PX 总能力的 11.2%、23.9% 和 64.9%，我国 PX 装置具体能力情况如表 2 所示。

表 2　2020 年我国对二甲苯(PX)装置能力统计

序　号	企业名称	产能，$10^4t/a$
1	四川石化	75
2	乌鲁木齐石化	100
3	辽阳石化（Ⅰ套）	28
4	辽阳石化（Ⅱ套）	71
中国石油小计：274×10⁴t/a		

续表

序　号	企 业 名 称	产能，10^4 t/a
1	福建炼化	70
2	扬子石化（Ⅰ套）	60
3	扬子石化（Ⅱ套）	20
4	金陵石化	60
5	上海石化（Ⅰ套）	25
6	上海石化（Ⅱ套）	60
7	齐鲁石化	8.5
8	海南炼化（Ⅰ套）	60
9	海南炼化（Ⅱ套）	100
10	镇海炼化	60
11	天津石化（Ⅰ套）	9
12	天津石化（Ⅱ套）	30
13	洛阳石化	22.5
中国石化小计：585×10^4 t/a		
1	中化弘润	80
2	中海油惠州石化	100
3	青岛丽东化工	100
4	大连福佳大化（Ⅰ套）	70
5	大连福佳大化（Ⅱ套）	70
6	福建福海创石化	160
7	宁波中金石化	160
8	浙江石化	400
9	恒力石化（Ⅰ套）	225
10	恒力石化（Ⅱ套）	225
其他企业小计：1590×10^4 t/a		
总能力合计：2449×10^4 t/a		

随着恒力石化、浙江石化以及盛虹石化等大型民营炼化企业的快速崛起，将进一步打破大型国企主导的行业格局，目前民企 PX 产能已占据国内 PX 生产的半壁江山，成为我国 PX 市场供应的主力军。未来，随着大型炼化一体化装置产能的不断扩张，我国 PX 产业的供需格局也将逐步由短缺走向过剩。

此外，部分芳烃产业的重点项目建设近年来也取得了较大进展。2020 年 7 月，中国海油宁波大榭石化有限公司 50×10^4 t/a 移动床轻石脑油芳构化装置的投用，标志着具有我国自主知识产权的世界首套芳烃型移动床轻石脑油芳构化装置实现一次性开车成功；榆横煤基芳烃项目已于 2020 年 5 月召开可行性研究论证报告会，待 FMTA 工艺实现工业化后，可望形成煤炭清洁利用和甲醇、PX、PTA 等中间产品生产与聚酯合成的上下游一体化产业链；2020 年 8 月底，中国石化炼化工程十建公司承建的东营石化 200×10⁴t/a 芳烃抽提、100×10⁴t/a 对二甲苯、200×10⁴t/a 歧化 3 套大型装置陆续投产。

未来，随着芳烃产业产能的提升和重点项目建设的逐步推进，加之新工艺技术的不断突破，将进一步提升我国自主芳烃技术的核心竞争力，逐步缓解我国芳烃产业多年来的供需矛盾。

2 芳烃生产技术发展现状及趋势

2.1 国内外芳烃主要生产技术现状

芳烃生产技术主要包括催化重整、裂解汽油生产芳烃、轻烃芳构化、甲苯歧化与烷基转移、二甲苯异构化以及煤（甲醇）制芳烃等技术。

2.1.1 催化重整技术

经过多年的发展，连续重整工艺技术已非常成熟。目前典型的催化重整工艺包括 UOP 的 CCR Platforming 工艺与 CycleMax 工艺、Axens 公司的 Aromizing™ 工艺与 Octanizing™ 工艺，以及中国石化自主开发的 SLCR 工艺与逆流移动床连续重整（SCCCR）等工艺技术。

2.1.1.1　UOP 的 CCR Platforming 工艺

1971 年，美国 UOP 公司推出了催化剂连续再生（CCR）重整工艺，该工艺可在较低的压力和氢烃比条件下操作，主要用于生产高辛烷值汽油调和组分和高纯度的 C_6—C_{10} 芳烃。其工艺特点是：（1）反应器重叠布置，反应器之间催化剂靠重力自上而下流动；（2）反应器与再生器之间采用气体提升输送。随后在 1988 年，UOP 又推出了加压再生工艺，两种 CCR 重整工艺的具体操作参数见表 3。

表 3　两种连续重整工艺技术对比

参　　数	常压再生工艺	加压再生工艺
反应压力，MPa	0.88	0.35
氢烃比	3~4	1~3
液时空速，h⁻¹	1.5~2.0	1.8~2.2
辛烷值（RON）	100~103	101~104
催化剂再生规模，kg/h	204~907	453~2041
催化剂再生压力，MPa	常压	0.25
催化剂循环一周时间，d	7	3

1996 年，在加压再生工艺的基础上，UOP 对再生系统的流程、控制系统和设备材质等进行了改进，开发出 CycleMax 工艺，使装置的操作更为便捷和平稳，由于控制回路的减少和材质的改变，使得装置的投资有所减少。截至目前，全球已超过 300 套装置选用该工艺。

近年来，在 CycleMax 工艺基础上，又增加了 Chlorsorb 脱氯技术，利用待生催化剂吸

附再生空气中97%~99%的 HCl 和100%的 Cl$_2$，可减少注氯量30%~50%，同时再生空气可免予碱洗直接放空。为适应装置大型化（>200×10^{4}t/a）的需要，CycleMax 工艺在设备布置、开停工辅助流程以及热停车启动的技术措施等方面进行了改进，升级出 CycleMax Ⅱ/CycleMax Ⅲ 工艺。

2.1.1.2 Axens 的 CCR 工艺

Axens 公司的连续重整（CCR）工艺包括生产芳烃的 Aromizing™ 工艺和生产高辛烷值汽油调和组分的 Octanizing™ 工艺。截至目前，在全球至少有100套以上装置采用 Axens 公司的 CCR 工艺，其中，超过50套装置采用 Aromizing™ 工艺，75套装置采用 Octanizing™ 工艺。

（1）Aromizing™ 工艺。

该工艺通过气提将催化剂从一个反应器输送到下一个反应器的料斗直至最后一个反应器，随后惰性气体将结焦催化剂输送到 RegenC™ 再生器中进行再生，再生后的催化剂进入第一个反应器。从最后一个反应器流出的产品经冷却后进入回收系统，将富芳烃产品与富氢气体进行分离，富芳烃液体进入稳定塔脱除轻馏分，再将脱除后的轻馏分进行芳烃回收，具有低压（<345kPa）、高选择性（RON>104）及低氢烃摩尔比的工艺特点。

（2）Octanizing™ 工艺。

Axens 公司的 Octanizing™ 工艺在低压和低氢烃比条件下，使氢气和 C$_{5+}$ 产率最大。原料从底部进入第一个反应器与高稳定性和选择性的催化剂逆流接触发生反应，随后 H$_2$ 携带催化剂进入下一个反应器顶部，依次通过四个并列的移动床后，待再生催化剂通过 N$_2$ 提升输送至催化剂再生器的顶部，有效减少了催化剂的摩擦。

2.1.1.3 Axens 的 Dualforming™/Dualforming Plus™ 工艺

Axens 公司于1996年推出的混合再生式重整（Dualforming™ 工艺），是在半再生重整的三个反应器（SR）后再加一套连续再生式反应器（CCR）和再生器，从而降低反应压力（1.57MPa）、提高 Pt/Sn 催化剂的选择性，增加了 C$_{5+}$ 和氢气收率，该改造相较于新建 CCR 装置可节约50%的投资成本。

随后，Axens 公司又在 Dualforming™ 工艺的基础上推出了 Dualforming Plus™ 工艺，该工艺是将新反应器和连续催化剂再生器加到半再生重整装置的后部，可在低压下操作，相当于第二段重整，有效减少了停工时间，增加了装置的操作灵活性，消除了场地限制等不利因素。

2.1.1.4 中国石化的 SLCR 工艺

中国石化开发的超低压连续重整工艺（SLCR）的平均反应压力为0.35MPa（重整气液分离器压力为0.25MPa）。该工艺以石脑油为原料，通过环烷烃脱氢及烷烃脱氢环化等反应，将原料中的环烷烃及部分烷烃转化为芳烃，同时副产氢气。由于该反应属强吸热反应，设置4台加热炉和4台反应器，以保证反应所需的反应器床层温度。再接触过程采用高压低温操作，使含氢气体的氢纯度提高后作为装置产氢送出装置；液相产品送脱戊烷塔，从塔顶脱除轻组分（C_{5-}）后作为脱戊烷重整生成油再送对二甲苯装置。该工艺具有重整稳定汽油（C_{5+}）液收率高、芳烃、氢气产率高以及操作周期不受限等特点。

中国石化开发的超低压连续重整工艺技术于 2010 年首次应用于广州石化 $100×10^4$t/a 重整装置，截至目前，该技术已在 10 余家炼化企业推广应用。

2.1.1.5　中国石化的逆流移动床连续重整（SCCCR）工艺

中国石化开发的逆流移动床连续重整工艺在原料预处理、重整反应及产物分离等单元与常规连续重整工艺没有本质区别，其特点在于催化剂循环输送方式的改变。该工艺采用催化剂与反应物流逆向流动，依次从第四反应器流经至第一反应器，实现了活性最高的催化剂在第四、第三反应器中进行烷烃环化脱氢等难于进行的反应，活性较低的催化剂在第二、第一反应器中进行环烷脱氢等较易进行的反应。

该工艺于 2013 年在济南石化 $60×10^4$t/a 重整装置首次投产，其设备具有国产化率高、投资低、运行平稳、催化剂磨损少、能耗低等特点。2020 年 4 月，燕山石化新建 $100×10^4$t/a 连续重整装置采用该工艺，在大幅增产芳烃的同时，所产氢气也可大幅降低炼油系统用氢成本，发挥了炼化一体化优势。

2.1.2　裂解汽油生产芳烃技术

裂解汽油作为芳烃抽提原料生产高纯度芳烃产品时，必须先除去双烯烃、烯基芳烃以及烯烃和硫、氮、氧等杂质，工业上普遍采用两段加氢工艺。一段加氢主要脱除双烯烃和烯基芳烃，目前以低温液相选择性加氢技术为主；二段加氢主要脱除单烯烃和硫、氮、氧等杂质，通常采用高温、气相加氢精制技术，工艺条件相对苛刻。主要的裂解汽油生产芳烃技术包括韩国 SK 公司的 APU^{SM} 工艺、中国石化的裂解汽油加氢工艺以及中国石油的裂解汽油加氢工艺等。

2.1.2.1　SK 的 APU^{SM} 工艺

2003 年，韩国 SK 公司开发了处理 C_{6+} 裂解汽油的 APU（Advanced Py-gas Upgrading）工艺技术，并在 SK 公司 Ulsan 联合装置上进行工业试验。该工艺流程是对乙烯装置副产的裂解汽油经加氢处理后，切割出 C_6 以上组分，再经 APU^{SM} 工艺处理得到 BTX 和气相轻组分，其工艺特点是无须进行溶剂抽提，产物只需经过精馏分离即可得到高纯度的轻质芳烃。

2.1.2.2　中国石化的裂解汽油加氢工艺

中国石化自 2005 年开始开展重质裂解汽油增产 BTX 催化剂及工艺技术研究，采用固定床工艺，加氢预处理产物经增产 BTX 单元后实现加氢裂解、开环反应，通过脱烷基、烷基转移等一系列反应实现最大化增产 BTX。该技术同样可用于含 C_{9+} 馏分裂解汽油的不同工况，如 C_{6+} 或 C_{8+} 裂解汽油增产 BTX，其工艺特点是：原料适应性强，增产 BTX 效率高。2008 年，中国石化自主开发的裂解汽油加氢成套技术已应用于茂名石化、福建联合石化、中沙（天津）石化、镇海炼化等企业。

2.1.2.3　中国石油的裂解汽油加氢工艺

中国石油开展裂解汽油一、二段加氢催化剂及工艺技术研究始于 20 世纪 60 年代。经

过中国石油石油化工研究院多年来的持续研发创新，开发出 3 种类型 13 个牌号催化剂，在 50 余套裂解汽油加氢装置实现应用。主推市场的催化剂主要有一段钯基催化剂 LY-9801D，镍基催化剂 LY-2008；二段单段床催化剂 LY-9802 和二段加氢复合床催化剂 LY-9702+LY-9802。其中裂解汽油一段、二段加氢催化剂已基本替代了同类进口催化剂，目前一段加氢催化剂国内市场占有率达 40% 以上，二段加氢催化剂国内市场占有率达 70% 以上，2019 年在俄罗斯西布尔公司一次开车成功。

2.1.3 轻烃芳构化技术

LPG、轻烯烃、重整抽余油等轻烃原料经芳构化可转化成 BTX。当前，芳构化生产芳烃技术按反应器形式分为固定床工艺和移动床工艺。按照所用催化剂类型又分为两种工艺路线：一种是采用改性 ZSM-5 分子筛催化剂，加工原料以 C_2—C_5 轻烃组分为主，具有工艺流程简单、原料无须严格精制、建设费用低等优点，芳烃收率可达 60% 以上；另一种是采用 Pt/KL 碱性分子筛催化剂，主要加工 C_6—C_7 烷烃，BTX 收率比传统重整工艺高，但对原料精制要求苛刻。轻烃芳构化技术主要包括中国石油的临氢芳构化生产高辛烷值汽油组分技术（LAG）、三洋石化的高含烯烃馏分制芳烃 α-工艺和 UOP 的 Cyclar 工艺等。

2.1.3.1 UOP 的 Cyclar 工艺

由 BP 公司和 UOP 公司联合开发的 Cyclar 工艺，以丙烷、丁烷或液化石油气为原料，通过齐聚—环化—脱氢生产芳烃。采用有择形改性的沸石负载非贵金属的催化剂，其连续再生与 CCR 连续重整技术相似。在反应温度为 482~537℃ 条件下，原料种类对产物组成（苯、甲苯、二甲苯）有一定影响，但无论原料组成中丙烷含量为 61% 或者混合丁烷含量为 66% 时，芳烃馏分中 BTX 总分量均约为 92%。目前该工艺已成功应用于苏格兰和中东的两套工业生产装置。

2.1.3.2 三洋石化的高含烯烃馏分制芳烃 Alpha 工艺

日本旭化成与三洋石化公司合作开发了高烯烃含量的馏分直接生产芳烃的 Alpha 工艺，可利用热裂化和催化裂化含烯烃 30%~80% 的 C_4—C_5 馏分生产芳烃。催化剂为复合金属氧化物改性的 ZSM-5 催化剂，并在日本水岛炼油厂建成工业装置，以乙烯装置 C_4、C_5 为原料，反应器为绝热式固定床反应器，催化剂交替再生。在 500~550℃ 温度、0.3~0.5MPa 压力以及 2~4h^{-1} 的空速下，生产的芳烃产品中苯、甲苯和二甲苯分别占 14%、44% 和 26%。

2.1.3.3 中国石油的临氢芳构化生产高辛烷值汽油组分技术（LAG）

中国石油石油化工研究院与大连理工大学合作开发了混合 C_4 临氢芳构化生产高辛烷值汽油组分技术（LAG），该技术催化剂为纳米改性 ZSM-5 分子筛，采用固定床 C_4 芳构化工艺，使 C_4 通过烯烃芳构化反应转化为富含芳烃的生产原料，或用作高辛烷值汽油调和组分，实现 C_4 资源的有效利用。该技术以炼厂混合 C_4 为原料，在反应温度 360~410℃、反应压力 1.6~2.0MPa、进料空速 0.9~1.2h^{-1} 的临氢工艺操作条件下，C_4 烃中烯烃转化率在 99% 以上，生成干气和焦炭的产率≤2%；液化气收率为 49%，烯烃含量≤1%。该催化剂单程运行周期在 3 个月以上，使用寿命达 2 年，再生催化剂的芳构化性能与新鲜剂无明显差异。

2.1.4 甲苯歧化与烷基转移技术

甲苯歧化与烷基转移技术是芳烃联合装置中增产二甲苯的主要工艺单元,在整个芳烃联合装置中起到物流转化枢纽和有效调整芳烃原料与产品结构的重要作用。该技术以苯/甲苯及 C_{9+} 芳烃为原料,分子筛固体酸为催化剂活性主体,在临氢条件下在固定床反应器中通过烷基转移反应将其转化为二甲苯。根据原料不同可分为两类:一类是甲苯歧化与烷基转移技术,主要以甲苯和 C_{9+} 芳烃为原料,生产二甲苯和少量苯;另一类是苯和 C_{9+} 芳烃烷基转移技术,以苯和 C_{9+} 芳烃为原料,生产二甲苯和甲苯。甲苯歧化/烷基转移技术主要包括 UOP 的 Tatoray 工艺、Exxon Mobil 的 PxMax 歧化工艺、TransPlus 工艺和 MTDP-3 工艺以及中国石化的 S-TDT 歧化工艺、中国石油的苯及重芳烃烷基转移工艺等。

2.1.4.1 UOP 的 Tatoray 工艺

Tatoray 工艺最初于 1969 年由美国环球油品公司(UOP)与日本东丽公司(TORAY)联合开发,现已在全球超过 70 余套装置中得到应用。其工艺流程是将重整产物进行芳烃分馏,采用临氢固定床工艺,所得的甲苯和 C_{9+} 芳烃进入 Tatoray 工艺单元进行歧化与烷基转移反应,分离出的甲苯、 C_{9+} 以及部分 C_{10+} 继续循环,苯作为产品采出, C_8 芳烃进入 PX 分离装置分离出高纯度的对二甲苯。该工艺的特点:(1)对原料适应性强;(2)能最大限度生产二甲苯;(3)工艺成熟、操作稳定;(4)单程转化率高,可达 40%~48%;(5)具有高选择性,与纯甲苯反应,选择性高达 97%;(6)催化剂运转周期长,再生周期大于 1 年,寿命在 3 年以上。

2.1.4.2 ExxonMobil 的 PxMax 歧化工艺

PxMax 甲苯歧化工艺于 1997 年实现工业化,在 2000 年开始授权建设生产,目前全球共有 10 套装置。该工艺选用择形的 EM-2300 催化剂,PX 选择性可达 96% 以上。与原先的 MSTDP 工艺相比,PxMax 工艺有较大改进,主要体现在操作温度降低,操作过程简化,易于实现对现有装置的改造,对于新建装置也可降低投资。

2.1.4.3 ExxonMobil 的 TransPlus 工艺

TransPlus 工艺是一种芳烃烷基转移技术,于 1997 年在中国台湾中油公司首次工业应用。该工艺主要包括芳烃脱烷基、烷基转移及歧化等反应,以 C_{9+} 重芳烃(C_9 原料中 C_{10} 含量可高达 25%)和甲苯为原料,在反应温度为 385~500℃、反应压力为 2.1~2.8MPa 的条件下,生成高纯度的苯和混合二甲苯。其工艺特点:(1)可处理 100% C_9 原料;(2)氢烃比较低(1~3);(3)进料重时空速较高(WHSH 为 2.5~3.6 h^{-1}),转化率可达 45%~50%。近年来埃克森美孚公司推出第三代烷基转移技术 TransPlus5 工艺,与上几代工艺相比,该工艺采用高活性共挤双分子筛催化剂,催化剂贵金属含量低且换剂周期长,同时还具有 C_{9+} 芳烃单程转化率高、二甲苯收率高以及装置体积小、成本低等特点。

2.1.4.4 ExxonMobil 的 MTDP-3 工艺

MTDP-3 工艺是在开发 TransPlus 过程中为了提高 C_{9+} 重芳烃中部分 C_{10} 原料的处理能力而开发的工艺技术,同样也于 1997 年在中国台湾中油公司工业应用。该工艺处理 C_{9+} 重芳烃以及 C_{10} 原料的质量分数分别可达 40% 和 25% 以上,反应温度为 385~500℃,反应压

力为 2.1~2.8MPa，进料重时空速（WHSV）为 2.5~3.6h^{-1}，氢烃比小于 3，转化率为 45%~50%。其工艺特点是甲苯单程转化率高，苯和混合二甲苯收率高，其中苯的纯度高达 99.9%，催化剂成本低且运行周期长。

2.1.4.5　中国石化的 S-TDT 歧化工艺

中国石化上海石油化工研究院自主开发的 S-TDT 歧化工艺，以 HAT 催化剂为核心，自 1997 年首次工业应用以来，现已在国内 11 套装置上得到应用。该工艺采用轴向绝热固定床反应器，在反应温度为 340~410℃、反应压力 2.5~3.0MPa、进料重时空速（WHSV）2.0~3.0h^{-1} 以及氢烃比 3~5 的条件下，转化率可达 46%~49%。

2.1.4.6　中国石油的苯及重芳烃烷基转移工艺

中国石油辽阳石化公司在 2008 年开始研发新型苯及重芳烃烷基转移催化剂及工艺技术。2013 年 10 月，开发的苯及重芳烃烷基转移 BHAT-1 催化剂在辽阳石化 48×10^{4}t/a 芳烃装置上首次实现了工业应用，BHAT-1 催化剂反应性能平稳、可控，生产指标达到预期要求。BHAT-1 催化剂既可以在传统歧化条件下应用，也适用于新型苯与重芳烃烷基转移反应。在反应器入口温度 355℃、高压气液分离器压力 2.7MPa、重时空速 2.0h^{-1}、氢烃摩尔比 5.7 的条件下，甲苯和重芳烃的平均总转化率为 47.22%，苯和 C$_8$ 芳烃的平均总收率为 94.98%。

2.1.5　二甲苯异构化技术

二甲苯异构化技术是通过对、间、邻位二甲苯的相互异构，将乙苯异构转化成二甲苯或脱乙基生成苯，因而可分为乙苯转化型和乙苯脱乙基型两种工艺路线。其中，乙苯转化型的优点在于能够利用有限的 C$_8$ 芳烃资源最大量地生产 PX，但乙苯单程转化率较低；脱乙基型的优点是反应空速高、乙苯转化率高，但 C$_8$ 芳烃资源的利用率相对较低。二甲苯异构化技术主要包括 UOP 的 Isomar 工艺、ExonMobil 的 XyMax 和 LPI 工艺以及中国石化自主开发的二甲苯异构化工艺等。

2.1.5.1　UOP 的 Isomar 工艺

UOP 公司自 1968 年就实现了 Isomar 工艺的工业化应用，是迄今为止应用最多的 C$_8$ 芳烃异构化工艺，现已在全球 90 余套装置上得到应用，是最有代表性的乙苯转化型二甲苯异构化工艺。该工艺是以 C$_8$ 混合芳烃为原料生产二甲苯异构体，催化剂始终是二甲苯异构化技术的核心，目前最新的乙苯转化型催化剂为 I-600，其单程 C$_8$ 芳环损失低，PX 在混二甲苯中的比例显著提升。此外，UOP 还开发了乙苯脱烷基催化剂 I-500，相比上一代催化剂，其二甲苯的选择性进一步提高。

2.1.5.2　ExxonMobil 的 XyMax 工艺

XyMax 工艺是目前应用最广的乙苯脱乙基型工艺，该工艺在反应器内采用 EM-4500 双床层催化剂，上床层在择形催化作用下主要发生乙苯脱乙基反应，下床层主要进行二甲苯异构化反应。该工艺的特点是产品收率高，装置操作灵活性强，乙苯转化率在 86% 以上，二甲苯损失较低。2004 年，埃克森美孚又推出了新一代的 XyMax-2 工艺，与此前工艺技术相比,该工艺采用更高活性的催化剂和更高的进料重时空速,不仅减少了催化剂的用量,还有效提升了乙苯的单程转化率,并且可以在低于此前工艺的反应温度下进行。

2.1.5.3 ExxonMobil 的 LPI 工艺

LPI 工艺是新一代液相二甲苯异构化工艺技术。由于 LPI 工艺中乙苯单程转换率低,因此经常与气相异构化工艺结合运行,乙苯大部分在气相异构化中取出。但是,当要异构化的 C_8 芳烃流中乙苯含量很低时,可以仅通过 LPI 工艺进行二甲苯异构化,乙苯以其他方式脱除。LPI 工艺采用低温操作,消除了抽余油重新沸腾和异构体冷却两个成本较高的工序,大幅节约了能耗。

2.1.5.4 中国石化的二甲苯异构化工艺

中国石化开发的二甲苯异构化工艺可采用两种类型的分离系统流程设计,即为常规的 C_8 非芳烃不循环流程(取消 C_8 非芳烃循环塔并调整脱庚烷塔的操作),于 2013 年 12 月在海南炼化的 $60\times10^4 t/a$ PX 芳烃联合装置上实现工业应用。该工艺选用新型的乙苯转化型异构化催化剂 RIC-200,对分子筛的酸性进行调变并改进了金属负载技术,以提高催化剂的性能。与 SKI-400 催化剂相比,该催化剂的异构化活性及稳定性显著提高,乙苯转化率略有提升且乙苯转化为二甲苯的选择性提高至 70%。该剂于 2010 年 9 月首次在天津石化工业应用,随后又在扬子石化、上海石化以及海南炼化等企业得到应用。

2.1.5.5 中国石油的二甲苯异构化技术

中国石油开发的 PAI-01 乙苯转化型 C_8 芳烃异构化催化剂于 2009 年 8 月在辽阳石化 $25\times10^4 t/a$ 二甲苯异构化装置上实现工业应用,标定结果表明催化剂的对二甲苯平衡浓度为 23.32%,C_8 芳烃收率为 97.35%,乙苯转化率为 22.88%。2012 年 8 月,催化剂完成装置内再生,再生后进油初期,反应产物的对二甲苯平衡浓度为 23.74%,乙苯转化率为 32.79%,再生催化剂的工艺技术指标达到新鲜剂水平。

2.1.6 煤(甲醇)制芳烃技术

煤(甲醇)制芳烃技术以煤为原料生产出甲醇,再以甲醇为原料,采用双功能活性催化剂,通过脱氢、环化反应生产芳烃。在煤制芳烃工艺过程中,煤制甲醇和芳烃分离转化均属于成熟技术,因此煤制芳烃的关键技术环节在于甲醇制芳烃,其反应机理主要包括 3 个关键步骤:甲醇脱水生成二甲醚,甲醇或二甲醚脱水生成烯烃,烯烃经聚合、烷基化、裂解、异构化、环化、氢转移等过程转化为芳烃和烷烃。

目前,我国已工业化应用的煤(甲醇)制芳烃技术主要有中科院山西煤化所的固定床甲醇制芳烃技术(MTA)和清华大学的循环流化床甲醇制芳烃技术(FMTA),河南煤化集团研究院与北京化工大学开发的煤基甲醇制芳烃等技术仍在研发中。此外,甲苯甲醇烷基化制 PX 技术作为一条新的增产 PX 工艺路线,国内外许多公司也持续对该技术进行研究。

2.1.6.1 固定床甲醇制芳烃技术(MTA)

中科院山西煤化所与赛鼎工程有限公司合作开发的 MTA 技术,采用固定床反应器,以甲醇为原料,以改性 ZSM-5 分子筛 MoHZSM-5 为催化剂,催化转化为以混合芳烃 BTX

为主的产物，再经冷却分离将气相产物低碳烃与液相产物 C_{5+} 烃分离，液相产物 C_{5+} 烃经萃取分离，得到芳烃和非芳烃。甲醇转化率大于 99%，液相产物选择性大于 33%，气相产物选择性小于 10%，液相产物中芳烃含量大于 60%。2016 年 1 月，采用山西煤化所、赛鼎工程公司的固定床甲醇制芳烃技术，陕西宝氮化工集团建成投运 $10×10^4 t/a$ 甲醇制芳烃项目。该项目产品结构为轻芳烃 $10×10^4 t/a$、重芳烃（均四甲苯）$1.1×10^4 t/a$、液化石油气（LPG）$1.4×10^4 t/a$，产品无铅、无硫、低苯，辛烷值高，品质好，生产过程节能环保，并实现了废水循环利用。

2.1.6.2　循环流化床甲醇制芳烃技术（FMTA）

清华大学于 2010 年开发了流化床甲醇制芳烃（FMTA）工艺技术，包括连续两段流化床反应—再生、中低温冷却及变压吸附—轻烃回炼、液相芳烃非清晰分离—苯/甲苯回炼等工艺过程。2011—2013 年，清华大学与北京华电煤业集团合作，共同建设运行的 $3×10^4 t/a$ 流化床甲醇制芳烃工业化试验装置包括 1 台甲醇制芳烃循环流化床反应器和 1 台轻烃芳构化反应器，以改性 ZSM-5 为催化剂，在反应压力 0.1MPa、反应温度 450℃ 的工艺条件下进行芳构化反应。试验装置连续运行 443h，运行结果表明：甲醇转化率接近 100%，芳烃基收率为 74.47%，生产 1t 芳烃消耗 3.07t 甲醇。2013—2014 年，清华大学与中石油华东设计院有限公司联合开发出 $60×10^4 t/a$ 流化床甲醇制芳烃工艺包，计划在榆横煤基芳烃项目中实现应用，后续进展未见报道。

2.1.6.3　甲苯甲醇烷基化制芳烃技术

为进一步拓宽 PX 来源，国内外许多公司，包括 BP、杜邦以及埃克森美孚等都相继开展了甲苯甲醇烷基化制 PX 技术的研究工作，该技术的工艺特点：（1）以甲苯、甲醇为原料，成本低廉且甲苯利用率高；（2）工艺流程短，PX 选择性可达 90% 以上；（3）产物中苯含量低，对环境污染少。截至目前，国外在该领域取得较大进展的企业主要有美国的 GTC 公司和 ExxonMobile 公司以及沙特阿拉伯的 SABIC 公司；国内的大连理工大学、中国科学院大连化学物理研究所、上海石油化工研究院、上海华谊集团技术研究院、陕西煤化工技术工程中心有限公司也都开展了相关研究工作。

2.1.6.4　苯与甲醇烷基化生产芳烃技术

中国石油乌鲁木齐石化公司开发的苯与甲醇烷基化生产芳烃技术通过苯与甲醇进行烷基化反应生成甲苯和二甲苯。主要解决了三大技术难题：一是催化剂制备方法；二是开发了一种中间多段甲醇冷激进料的取热方式，有效调控了床层温升，解决了苯与甲醇烷基化过程中的强放热效应；三是采用烷基化催化剂和脱酸催化剂级配技术，抑制反应过程中酸性物质的生成。

2.1.7　其他技术进展

2.1.7.1　$Co_2C/HZSM-5$ 合成气串联催化直接制芳烃技术

中国科学院上海高等研究院研发了一种将 Co_2C 基费托合成制烯烃（FTO）反应和 HZSM-5 分子筛催化的芳构化过程进行耦合的串联催化反应直接制芳烃的技术。合成气经

Co_2C 催化后能高选择性地转化为烯烃，而具有一定酸性的 HZSM-5 分子筛可将流经第二反应器的烯烃进一步芳构化。采用该串联反应器，合成气制芳烃反应中的 CO 转化率为 34.9% 时，芳烃选择性达到 55.5%，且甲烷选择性仅为 2.7%，该技术提供了一种通过衍生自非石油原料的合成气直接制芳烃的方法。

2.1.7.2 俄罗斯石油公司的甲烷芳构化技术

俄罗斯石油公司联合研发中心开发出一种新型甲烷芳构化技术，该技术可从天然气和伴生石油气（APG）中获得 H_2 和芳烃。据预测，当应用该技术进行工业化生产时，$10×10^8m^3$ 的天然气或 APG 可产生 $10×10^8m^3$ 的氢气和 $50×10^4t$ 芳烃，其优势在于可减少 CO_2 排放，降低生产成本，同时提高产品产量和经济效益。

2.1.7.3 合成气直接制芳烃技术

国内开展合成气直接制芳烃技术的研究工作的主要有南京大学、中科院山西煤化所、中科院大连化物所等单位，但目前合成气一步法直接制芳烃技术仍处于实验室研究阶段。其反应过程是合成气在催化剂作用下，先转化成中间物甲醇或烯烃，然后甲醇/乙烯进一步在分子筛催化下完成烯烃环化、脱氢、氢转移等后续化学反应，最终生成芳烃。

2.2 技术发展趋势

2.2.1 催化重整技术发展趋势

催化重整技术历经 80 多年的发展，主要可分为半再生重整和连续重整两大类型。半再生重整早期发展迅猛，但随着连续重整技术的不断成熟，其发展速度已远超半再生重整。据 PIRA 数据报道，截至 2019 年底，世界上连续重整装置能力约是半再生重整的 1.8 倍；而我国连续重整技术发展更为迅速，能力约是半再生重整的 12 倍。近年来，催化重整技术的发展趋势主要集中在以下 3 个方面：

（1）装置建设。随着近年来大型炼化一体化装置建设的不断推进，重整装置也逐渐向一体化、规模化以及智能化的方向发展。新上装置产能也均在百万吨级，部分老、旧、小装置将逐步淘汰。（2）生产技术及工艺。以往国内连续重整技术多引进自美国 UOP 和法国 IFP 公司的技术，投资及技术服务等费用相对较高。随着国产技术的不断突破，将大幅降低投资和生产成本，外加政策导向等因素影响，未来国内主要技术工艺的市场占有率将进一步提升。（3）催化剂技术。此前，国内催化重整装置多依赖进口催化剂，随着中国石化的 PS 系列连续重整催化剂的成功开发及应用，已逐步打破国外重整催化剂垄断的局面。近年来，中国石油的连续重整催化剂也实现突破，预计将于 2021 年 6 月首次工业应用。未来开发高选择性和稳定性的催化剂，将成为重整催化剂研发的重点任务，通过优化改进催化剂的配方，在提高液体收率的同时不断降低生产成本，进而逐步提高国产连续重整催化剂的市场竞争力。

2.2.2 二甲苯异构化等技术发展趋势

（1）二甲苯异构化技术。脱乙基型异构化工艺因具有乙苯转化率高、处理能力大等优势，预计其市场前景较好，将占据更多的市场；乙苯转化型工艺将通过不断优化其工艺技术和操

作条件，尽量消除制约的瓶颈问题。同时，催化剂作为二甲苯异构化技术发展的核心，开发具有高活性、高选择性的新型分子筛结构的复合催化材料也将成为该技术发展的重点。

（2）甲苯歧化与烷基转移技术。未来的研发重点将是如何简化生产工艺流程，降低生产成本，同时还要注重开发高性能的催化剂，以提高目标产品的选择性和原料转化率。

（3）轻烃芳构化技术。未来，高抗硫催化剂，以及保证最大化生产芳烃和高辛烷值汽油调和组分的同时，尽量减少干气等低附加值产品收率等均是该技术领域的研发重点。

2.2.3 煤（甲醇）制芳烃技术发展趋势

在碳中和背景下，发展现代煤化工技术势必面临严峻挑战，结合我国煤炭资源丰富而油气短缺的资源禀赋特点，完善储备煤制芳烃技术具有一定的意义。目前煤（甲醇）制芳烃技术处于产业化发展初期，亟早制定减排措施及限定排放指标等产业政策，对行业的低碳清洁化发展至关重要。未来，煤（甲醇）制芳烃技术的发展趋势主要为：

（1）注重绿色化发展。从全生命周期来看，化石能源利用过程排放 CO_2 在原理上不可避免。煤制芳烃技术为实现可持续性发展，必须构建先进的煤基清洁能源化工体系，如加快 CO_2 捕集、利用与封存技术（CCUS）等示范项目的工业转化进程。（2）提升催化剂性能。甲苯甲醇烷基化制 PX 技术是对石油基制 PX 的有益补充，未来催化剂技术的研发将成为关键点，旨在进一步提升催化剂的活性和稳定性，进而提高甲苯转化率和 PX 选择性。（3）加快工业化进程。煤经甲醇制芳烃技术未来将开展百万吨级工业示范装置建设；同时依托现有炼油装置，原料供给也趋于多元。（4）创新发展新技术。合成气一步法制芳烃技术具有技术路线短等优势；甲苯甲醇制 PX 联产低碳烯烃技术未来需要在反应机理方面实现突破。

3 小结

作为芳烃生产和消费大国，我国以中国石化为代表的一些芳烃生产工艺及催化剂虽已走在世界前列，但技术水平仍有进一步提升的空间，以下对国内芳烃产业如何发展提出三点建议：

（1）聚焦数字化转型，推行智能化生产。2020 年 9 月，国内首个连续重整实时优化技术——天津石化 $100×10^4$ t/a 连续重整装置在线实时优化（RTO）已完成在线分析数据的建模、计算与推送等工作，目前已进入全面优化阶段。未来，芳烃产业的智能化生产应逐步建立涵盖催化重整、歧化及烷基转移、二甲苯异构化以及芳烃抽提、PX 分离等反应和分离单元在内的反应原料和反应产物的芳烃生产模型数据库。以感知、互联、数据融合为基础，实现芳烃联合装置在生产过程中"实时监控、智能诊断、自动处置、智能优化"的高效生产新模式，进而提高芳烃生产过程中各装置调整运行的效率。

（2）优化原料端配置，开发差异化产品。芳烃生产过程中原料成本占比达 80% 以上，同时面临着低成本原料来源有限、副产品未能有效利用等难题，不利于芳烃产业经济效益的提高和可持续发展，加强对原料的优化配置、拓宽原料来源将成为芳烃产业发展的必然趋势。未来，需加快轻烃芳构化、重质芳烃轻质化、催化裂化轻循环油（LCO）芳烃转化及生物制芳烃等新技术的研发。进一步解放在芳烃生产过程中受石脑油原料限制的影响，实现多种原料生产芳烃组合新工艺，同时加快差异化芳烃产品开发，提高附加值和利润率。

（3）谨慎推进煤制芳烃产业，践行绿色低碳发展。当前国内煤制芳烃技术正处于产业化发展初期，应快速响应国家双碳目标和清洁低碳发展战略，亟早制定减排措施及限定排放指标，以实现煤（甲醇）制芳烃技术的绿色可持续发展。

参 考 文 献

[1] 戴厚良. 芳烃技术[M]. 北京：中国石化出版社，2014.

[2] 戴厚良. 芳烃生产技术展望[J]. 石油炼制与化工，2013，44(1)：1-10.

[3] 门秀杰，孙海萍，雷强. 我国芳烃行业前景展望及发展建议[J]. 现代化工，2019，39(3)：1-4，6.

[4] 洪汉青，杜玉如，娄阳，等. 芳烃生产技术进展及发展趋势[J]. 化学工业，2018，36(5)：40-44.

[5] 李小辉. 芳烃生产技术研究[J]. 广州化工，2018，46(2)：21-23.

[6] 冯志武. PX生产工艺及研究进展[J]. 现代化工，2019，39(9)：58-62.

[7] 胡德铭. 国外催化重整工艺技术进步[J]. 炼油技术与工程，2012，42(4)：1-10.

[8] 张世方. 催化重整工艺技术发展[J]. 中外能源，2012，17(6)：60-65.

[9] 熊志建. 我国芳烃产业发展战略研究[J]. 广东化工，2016，43(8)：86-87.

[10] 侯雨璇，宋倩倩. 芳烃技术发展现状及趋势浅析[J]. 中国化工信息周刊，2018，24：41-43.

[11] 丁明. 略论我国芳烃工业的现状及进展趋势[J]. 广东化工，2015，42(7)：78-80+34.

[12] 王小强. 轻烃芳构化技术进展[J]. 当代化工，2018，47(9)：1956-1960.

[13] 刘毅，王金玲. 重芳烃轻质化技术和前景浅析[J]. 当代化工研究，2017(6)：40-41.

[14] 姜维，倪术荣，冯成江，等. 重芳烃制取BTX技术研究进展[J]. 中外能源，2017，22(5)：61-67.

[15] 吴巍. 芳烃联合装置生产技术进展及成套技术开发[J]. 石油学报（石油加工），2015，31(2)：275-281.

[16] 高兴，郝阳洋. 甲醇制芳烃技术进展[J]. 云南化工，2020，47(5)：13-14.

[17] 汪彩彩，辛玉兵，张世刚. 甲苯甲醇烷基化制对二甲苯技术研究进展[J]. 山东化工，2019，48(4)：39-41.

[18] 黄格省，包力庆，丁文娟，等. 我国煤制芳烃技术发展现状及产业前景分析[J]. 煤炭加工与综合利用，2018(2)：6-9.

[19] Timothy McGuirk. Co-catalysts provide refiners with FCC operational flexibility[C]. NPRA Annual Meeting, AM2010, 10-100.

[20] 李建鹏. 煤制芳烃技术进展及发展建议[J]. 化工设计通讯，2017，43(9)：10.

[21] 徐瑞芳，张亚秦，刘弓，等. 煤制芳烃技术进展及发展建议[J]. 洁净煤技术，2016，22(5)：48-52.

[22] 中国石化新闻网. 俄罗斯石油公司开发甲烷芳构化技术[EB/OL]. (2020-10-27)[2021-04-28]. https://finance.sina.com.cn/money/future/nyzx/2020-10-27/doc-iiznctkc7943518.shtml.

[23] Leena Koottungal, Warren R. Global capacity growth reverses; Asian, Mideast refineries progress[J]. Oil & Gas Journal, 2011, 12(19): 1-5.

聚乙烯生产技术

◎李红明　义建军

聚乙烯是通用合成树脂中产量最大的品种，主要包括低密度聚乙烯（LDPE）、线性低密度聚乙烯（LLDPE）、高密度聚乙烯（HDPE）以及一些具有特殊性能的产品，广泛应用于工业、农业、包装、医疗卫生以及能源、交通等领域。聚乙烯产品自大规模应用以来，每次生产技术的革新都源于催化剂技术的突破和生产工艺的进步。自 20 世纪 50 年代开发了 Ziegler-Natta 催化剂至今，随着聚乙烯催化剂效率的提高，聚乙烯生产工艺逐步向简化工艺流程以及设备大型化方向发展，装置规模大多超过 $20×10^4$ t/a，生产成本大幅度降低，聚乙烯产品的种类和新产品数量不断丰富，产品应用范围大幅度拓宽。

1　聚乙烯发展现状

近年来，我国聚烯烃产能和需求量不断增加，成为全球聚烯烃消费增长最快的地区。2020 年，国内聚乙烯迎来产能爆发期，新投产 11 套聚乙烯生产装置（表 1），合计新增产能 $420×10^4$ t/a，总产能达到 $2326×10^4$ t/a，较 2019 年增长 22%。2021 年计划投产 11 套聚乙烯生产装置，新增产能 $415×10^4$ t/a，新增生产能力主要集中在西北煤资源丰富的地区以及东北、华东、华南等沿海地区。

表 1　2020 年国内聚乙烯新增产能

企业名称	聚乙烯品种	产能，10^4t/a	投产时间
浙江石化	HDPE	30	2020 年 1 月
	FDPE	45	2020 年 1 月
恒力石化	HDPE	40	2020 年 2 月
宝来利安德巴赛尔石化	HDPE	35	2020 年 8 月
	LLDPE	45	2020 年 8 月
中化泉州	HDPE	40	2020 年 9 月
中科（广东）炼化	HDPE	35	2020 年 9 月
万华化学	HDPE	35	2020 年 11 月
	FDPE	45	2020 年 11 月
延长中煤榆林二期	LDPE/EVA	30	2020 年 11 月
海国龙油石化	FDPE	40	2020 年 11 月
合计		420	

从原料来源看，未来除了传统的石脑油裂解制乙烯和煤制或甲醇制乙烯以外，还新增

了乙烷裂解工艺制乙烯新工艺。随着原料来源的多元化，我国聚乙烯市场将呈现石脑油化工产品、甲醇制烯烃(MTO)化工产品、乙烷脱氢产品以及进口产品四者竞争的局面。但传统石脑油制乙烯来源的聚乙烯仍将占据主导地位，来自煤化工的生产能力所占比例将大幅度下降。此外，随着恒力石化、浙江石化、宝来石化等大型地方民营企业炼化一体化项目的投产，将不断挤占中国石化、中国石油等传统企业的市场份额。

2020 年，我国聚乙烯消费量约为 $3830×10^4$ t，同比增长 12.5%，增长的主要动力为防疫物资、外卖、网购等对包装膜料的需求。2020 年，我国聚乙烯的消费结构为：薄膜53%，注塑11%，中空12%，管材12%，拉丝4%，电线电缆及其他用途8%。从需求结构看，中低端聚烯烃产品需求增速放缓，市场竞争将逐步加剧；高端聚乙烯产品，如1-己烯共聚聚乙烯、1-辛烯共聚聚乙烯、乙烯—醋酸乙烯酯(EVA)树脂、茂金属聚乙烯、超高分子量聚乙烯、多峰聚乙烯等仍保持较高的需求增速。

2 聚乙烯生产技术现状

聚乙烯生产工艺分为气相法工艺、淤浆法工艺、溶液法工艺和高压聚乙烯生产工艺。其中，气相法的代表工艺有：Unipol、Innovene G、Spherilene、中国石化 SGPE；淤浆法的代表工艺有：Hostalen、CX、Innovene S、Chevron Phillips 环管、道达尔 ADL 环管、Borstar；溶液法的代表工艺有：Dowlex、Sclairtech、Compact；高压聚乙烯生产的代表工艺有：巴塞尔、DSM、等星和埃克森美孚的管式法工艺，以及埃尼化学、等星、埃克森美孚和 ICI 的釜式法工艺(表2)。

表 2 国内聚乙烯装置采用工艺情况

工 艺	国内应用套数	产能，10^4 t/a	占有率，%
Unipol	33	944	40.6
Innovene G	5	101	4.3
中国石化 SGPE	5	150	6.4
Lupotech G	1	26	1.1
Hostalen	8	257	11.0
Innovene S	7	220	9.5
CX	4	81	3.5
Chevron Phillips 环管	2	48.5	2.1
道达尔 ADL 环管	3	105	4.5
Borstar	1	25	1.1
Sclairtech 溶液法	1	8	0.3
巴塞尔 Lupotech-T 管式法	8	187	8.0
埃克森美孚管式法	2	45	1.9
DSM 管式法	1	14	0.6

工 艺	国内应用套数	产能，10^4t/a	占有率，%
三菱油化高压管式法	1	20	0.9
Imhaussen 管式法	1	6	0.3
匡藤管式法	1	11	0.5
埃克森美孚釜式法	1	12	0.5
住友釜式法	1	18	0.8
巴塞尔 Lupotech-A 釜式法	1	10	0.4
其他		37.5	1.6
总计		2326	

2.1 气相法工艺

2.1.1 气相法 Unipol 聚乙烯工艺

在气相法工艺中，美国 Univation 公司的低压气相流化床工艺，即 Unipol 工艺是生产 LLDPE 应用最广泛的工艺。Unipol 聚乙烯工艺于 1968 年开发成功，结合了原 UCC 公司气相流化床工艺的优势和 ExxonMobil 公司茂金属催化剂及超冷凝态工艺的优势。该工艺流程简单，操作弹性大，气相单体直接转化成干燥流动的固态粒状聚合物，无须分离、提纯和回收溶剂与稀释剂；较少产生废气、废液，对环境影响较小。该工艺主要特点是：可生产 HDPE、LLDPE 和 VLDPE 等具有不同性能的树脂产品，通常产品密度范围为 0.916～0.961g/cm^3，熔体流动速率（MFR）为 0.1～200g/10min，分子量范围为（3～25）×10^4，根据催化剂类型可调节窄或宽分子量分布。该工艺反应器采用立式气相流化床，反应压力通常为 2.4MPa，反应温度为 80～110℃。投资和操作费用较低，对环境污染较少。单线能力可为（4～45）×10^4t/a。

Unipol 工艺可使用齐格勒—纳塔催化剂（Ziegler-Natta 催化剂）、铬系和茂金属催化剂，主要有铬系的 UCAT-B 和 UCAT-G，用于生产 HDPE；钛系的 M 催化剂（商用名称 UCAT-A）和 UCAT-J，用于生产 LLDPE/HDPE；茂金属催化剂 XCAT 和双峰催化剂 PRODIGY 等。中国石化北京化工研究院、营口向阳、鼎际得等均开发了针对 Unipol 工艺的催化剂。中国石油石油化工研究院开发了用于 Unipol 气相聚乙烯工艺的催化剂 PGE-101 和 PCE-01。

2.1.2 气相法 Innovene G 聚乙烯工艺

Innovene G 工艺与 Unipol 工艺相似，均为单反应器的气相流化床工艺。反应器采用立式气相流化床，反应压力为 2.4MPa 左右，反应温度为 80～110℃。该工艺可生产高、中、低密度的各种聚乙烯产品，产品密度范围为 0.917～0.962g/cm^3，MFR 为 0.2～75g/10min，单线产能为（5～35）×10^4t/a。中国石油独山子石化公司 LLDPE/HDPE 装置的二次扩建也采用 Innovene G 工艺。

Innovene G 工艺可采用 Ziegler-Natta、铬系和茂金属催化剂，实现产品不同的分子量分布。铬催化剂可生产宽分子量分布的产品，Ziegler-Natta 催化剂生产中等分子量分布的产品，茂金属催化剂生产窄分子量分布的产品。

2.1.3 气相法 Spherilene 聚乙烯工艺

Spherilene 工艺由预聚合反应器和气相流化床反应器构成。该工艺把淤浆法预聚技术与气相流化床技术结合起来，反应先在一个小环管反应器中进行，然后预聚物连续通过一个或两个短停留时间的气相流化床，两个气相流化床中可控制及维持完全独立的气体组成，温度和压力可独立控制，实现了产品设计更大的灵活性。Spherilene 工艺的一大特点是由聚合釜直接制得无须进一步造粒的球形聚乙烯树脂，该工艺采用负载于 $MgCl_2$ 上的球形钛系催化剂，由反应器直接生产出密度为 $0.890 \sim 0.970g/cm^3$ 的球形树脂颗粒，通常反应压力为 $1.5 \sim 3.0MPa$，反应温度为 $70 \sim 100℃$，产品中乙烯含量为 $73\% \sim 85\%$，丙烯为 $0 \sim 15\%$，其他共聚单体为 $0 \sim 15\%$，MFR 为 $0.01 \sim 100g/10min$。产品包括 LDPE、LLDPE 和 HDPE，能在不降低装置产能的情况下生产 VLDPE 和 ULDPE。由于省去了造粒工序，可使装置投资减少 20%。

Spherilene 工艺可分为两种：Spherilene S 工艺和 Spherilene C 工艺。其中 Spherilene S 工艺为用于单峰产品的单反应器工艺，采用 Avant Z 和 Avant C 催化剂。Spherilene C 由预聚合反应器和两个串联的气相流化床反应器构成，可以生产双峰分布的聚乙烯树脂及双峰共聚单体的聚乙烯产品，也可生产三元共聚物及四元共聚物。

2.1.4 中国石化 SGPE 工艺

SGPE 工艺是中国石化开发的气相聚乙烯技术，该工艺流程简单、操作灵活、投资和运行成本低，可生产出高、中、低密度的各种聚乙烯产品，产品覆盖薄膜、中空吹塑成型产品、注塑成型产品、单丝、管材及电缆等应用范围。国内目前共有 5 套 SGPE 装置。主要特点为：工艺流程简单，设备台数少，单耗少，能耗低；装置生产灵活性强，操作条件温和，操作弹性大，切换平稳，产品性能稳定；采用冷凝模式操作，有效解决了聚合反应热的撤除问题，反应器的时空产率显著提高。

SGPE 工艺可根据需要选用钛、铬两种体系及固体、淤浆两种状态的聚合催化剂，实现低催化剂消耗和全密度范围产品的生产。

2.2 淤浆法工艺

2.2.1 Hostalen 釜式淤浆法聚乙烯工艺

LyondellBasell(巴塞尔)公司的 Hostalen 工艺采用并联或串联的两台搅拌釜式反应器进行淤浆聚合，用于生产具有单峰、双峰或宽峰分子量分布、高分子量部分具有特定共聚单体含量的 HDPE。分散介质为己烷，反应浆液经离心机固液分离后采用流化床脱除聚合粉料中的残余溶剂。聚合物浆液中的大部分己烷直接循环回反应器，不需要精制，这样就可以重新使用所含助催化剂，降低成本。Hostalen 工艺生成的低聚物和重质烃主要分散在己烷母液中，较少进入聚合粉料。这使得 Hostalen 工艺需要增加低分子蜡处理单元，但聚合产品的挥发性有机化合物含量较低。蜡约占全部产品混合物的 $0.4\% \sim 0.6\%$，需要从薄膜和管材牌号中除

去，但注塑牌号可以不除蜡。Hostalen 工艺反应压力为 1.0MPa，温度为 76~85℃，共聚单体为丁烯，产品密度范围为 0.939~0.961g/cm³，分子量范围为 $(5~25)×10^4$。该技术目前单线最大生产能力可达 $40×10^4$t/a，薄膜、中空吹塑成型产品和管材等产品在世界上具有一定的知名度。

目前新推出的 Hostalen ACP 工艺有 3 个搅拌釜式反应器，当采用串联方式生产管材料时，在第一反应器生产低分子量均聚物，第二反应器生产中分子量共聚物，第三反应器生产高分子量共聚物。此类产品具有优异的刚韧平衡、抗应力开裂和加工性能。由于 Innovene S 和 Borstar 工艺停止对外转让，CX 工艺较为落后，Hostalen 工艺成为国内新建 HDPE 装置的主要备选方案。

Hostalen 工艺使用改进形态的第三代钛基 Ziegler-Natta 催化剂，具有较高的催化活性和良好的氢调性能，Z501 催化剂用于生产管材，Z509 催化剂用于生产薄膜。中国石化北京化工研究院开发了 BCE-H 催化剂，在四川石化完成工业应用。

中国石油石油化工研究院开发了 PSE-100、PSE-200 和 PSE-CX 催化剂，在吉林石化和大庆石化完成工业应用试验。

2.2.2　CX 釜式淤浆法聚乙烯工艺

日本三井油化公司的 CX 工艺曾是生产 HDPE 的主流工艺之一，单条生产线的产能为 $(7~10)×10^4$t/a，共聚单体为丙烯和丁烯，分散介质为己烷。由于每条生产线包含两个搅拌釜式反应器，所以可采用并联和串联两种生产方式，反应浆液经离心机固液分离后采用滚动干燥床脱除聚合粉料中的残余溶剂。近年来，该装置大多采用釜外循环技术进行改造，产能明显提高。同时新型高效催化剂的应用使装置生产的聚乙烯粉料堆密度大幅增加，细粉及低聚物含量明显降低，反应器结垢与母液线堵塞的风险减小，装置运行的稳定性增加。

CX 工艺可用于生产高分子量薄膜树脂、高 ESCR（耐环境应力开裂）吹塑容器、压力管等双峰产品，也可生产具有窄分子量分布的单峰 HDPE 树脂，包括单丝用树脂和高流动注塑用树脂。国内 CX 装置产能较小，适合生产市场用量较小的高技术 HDPE 产品，如氯化聚乙烯（CPE）专用料、锂电池隔膜料和超高分子量聚乙烯（UHMWPE）专用料。

该工艺采用三井油化开发的 RZ 催化剂，活性高、聚合物堆密度高、粉料粒度分布集中、细粉含量低。中国石化北京化工研究院针对 CX 工艺开发了 BCH 催化剂和 BCE 催化剂，营口向阳开发了 XY-H 催化剂，在国内装置上推广应用，逐渐替代了进口催化剂。

中国石油石油化工研究院开发的 PSE-200 和 PSE-CX 催化剂在大庆石化完成工业应用。PSE-200 催化剂在大庆石化 $24×10^4$t/a 淤浆聚乙烯工艺装置完成了工业试验，催化剂表现出良好的共聚性能，聚合物粒度分布窄，细粉和较大颗粒含量低，低聚物含量少。产品质量达到优等品级别，聚合物熔体强度高，单丝直径均匀、表面光滑、光泽度好，具有良好的线密度和拉伸强度。PSE-CX 也在大庆石化淤浆聚乙烯工艺装置完成了工业试验，PSE-CX 催化剂形态好，孔结构合理，粒径分布窄，机械强度高、催化活性释放更加平稳，有效降低了聚合物细粉含量和低聚物含量，有利于装置的长周期运行。

2.2.3 Innovene S 环管淤浆法聚乙烯工艺

INEOS 公司的 Innovene S 工艺原属于 BP-Solvay 公司，该工艺以低沸点的异丁烷为聚合介质，由串联的两个环管反应器构成。环管反应器不同于 Hostalen 工艺和 CX 工艺的釜式搅拌器，其物料依靠轴流泵的推动在环管中高速流动来达到撤除聚合反应热的目的。该工艺装置的特点是反应器的温度控制精确，物料停留时间短，牌号切换快，切换牌号的过渡时间通常少于 4h。由于该工艺装置使用低沸点的异丁烷为聚合介质，溶解在介质中的低聚物含量大大降低，介质中需要脱除的聚乙烯蜡减少，更有利于装置的长周期运行。

与其他聚合工艺相比，Innovene S 工艺成熟，结构紧凑，生产双峰聚乙烯产品时聚合介质中的低聚物含量低，产品质量控制稳定。在该工艺装置上可以很容易生产 PE100 双峰聚乙烯树脂牌号，并且具有生产 PE100+ 等更高性能树脂牌号的能力。该工艺的反应压力为 4.2MPa，反应温度为 90~109℃，单程转化率为 96%，己烯为共聚单体，产品密度范围为 0.939~0.961g/cm^3，分子量范围为 $(3~25)\times10^4$，可以生产双峰聚乙烯产品。

Innovene S 工艺采用 Ziegler-Natta 和 Cr 两种催化剂体系，使用 MT2110 催化剂来生产双峰聚乙烯管材等产品，使用铬系催化剂 NTR930 或 EP30X 来生产宽分子量分布的中空产品。中国石化北京化工研究院开发了适用于淤浆环管工艺的 BCL 催化剂技术，可用于生产管材、膜料等高性能树脂牌号。

2.2.4 Chevron Phillips 环管淤浆法聚乙烯工艺

Chevron Phillips 工艺以异丁烷为溶剂，由于使用环管反应器，管内物料可高速循环（5m/s 以上），使管内部全部为湍流区，不易形成凝胶，也不易挂胶。环管外的水冷夹套单位体积传热面积高达 6.5~7.0m^2/m^3，因而反应器生产强度高，反应停留时间短，过渡料少。异丁烷轻稀释剂容易闪蒸脱除掉，装置能耗较低。反应器由 4 根带夹套的圆管组成，与轴流循环泵形成一个环路。环管内反应物料与生成的固体聚合物形成淤浆，在轴流泵驱动下高速流动，使催化剂与反应物料充分混合，产生的湍流将反应热迅速通过夹套中的冷却水除去。可生产 HDPE、MDPE、LLDPE，产品质量稳定性高。产品密度范围为 0.916~0.970g/cm^3，MFR 为 0.15~100g/10min。通常反应压力为 4.2MPa，反应温度为 90~109℃，反应停留时间约为 1h，乙烯转化率为 97%~98%。

生产过程中，通过控制进料中共聚单体的浓度来调节产品密度；通过控制反应温度和氢气用量来调节产品分子量；采用不同类型的催化剂调节分子量分布。Chevron Phillips 工艺的产品可以分为单峰产品和双峰产品。其中，双峰产品主要应用在吹塑、膜料和管材料，产品具备优异的抗应力开裂性能和低温抗冲性能，易加工，且能很好地平衡抗环境应力开裂性能和刚性，可以用于制备 PE100 级及以上压力管道、PE-RTⅡ型管道和大直径管道（直径超过 1600mm）等。并且，小中空产品可以得到食品级产品认证，大中空产品易减薄，从而降低原材料消耗，降低了成本。单峰产品主要应用在吹塑、注塑、膜料、波纹管、土工膜、片材、旋转注塑、电线电缆和单丝料等领域。

2.2.5 道达尔 ADL 环管淤浆法聚乙烯工艺

基于 Chevron Phillips 的单环管反应器技术，法国道达尔公司开发了双环管工艺（Mar-TECH ADL）。中科炼化 HDPE 采用道达尔 ADL 工艺（双环管淤浆反应器串联），该装置是道达尔公司对中国转让的第一套 ADL 工艺，也是 Total 公司和 Chevron Phillips 公司在全球范围内首次对外转让该工艺技术，产品具有良好的耐环境应力开裂性能。

聚合反应单元由两个串联的环管反应器组成，两个反应器串联控制。通常，铬基催化剂用于生产单峰产品，Ziegler-Natta 催化剂用于生产双峰产品。在生产单峰产品时，两个环管反应器内的产物相同；生产双峰产品时，需要分别控制两个环管反应器生产不同等级的聚合物。除钛系催化剂产品外，采用 Total 新一代茂金属催化剂可以生产单峰、双峰薄膜、中空、注塑等茂金属聚乙烯产品，产品具有更高的力学性能和更好的加工性。

2.2.6 Borstar 环管淤浆法聚乙烯工艺

Borealis 公司的 Borstar 工艺是一种淤浆环管和气相流化床串联的工艺，两个串联反应器，具有生产双峰聚乙烯的能力，第一反应器是环管淤浆反应器，后接的是气相流化床反应器。生产 HDPE 的淤浆环管反应器在生产 LLDPE 时，由于在操作温度下共聚物易溶解在稀释剂中，并在反应器器壁上结垢，Borealis 公司改造了原来由 Phillips 公司开发的淤浆环管工艺。Borstar 工艺使用了高于临界点压力的液体丙烷，而不使用低于临界点的异丁烷。聚乙烯在较高温度下，在超临界丙烷中的溶解性低于在异丁烷中的溶解性，这样反应器的结垢问题就可以避免。此外，为生产高熔体流动速率的树脂，需要高的氢浓度使聚合物链封端，采用超临界丙烷可以不形成气泡。

Borstar 工艺采用 Ziegler-Natta 催化剂，产品密度范围为 $0.918\sim0.970g/cm^3$，MFR 范围为 $0.02\sim100g/10min$。环管淤浆反应器反应压力为 6.5MPa，反应温度为 90$\sim$109℃。气相流化床反应器反应压力为 2.0MPa，反应温度为 80$\sim$110℃。Borstar 工艺可生产双峰和单峰 LLDPE、MDPE 和 HDPE，该工艺单线最大的设计能力可达 $30\times10^4t/a$。

2.3 溶液法工艺

2.3.1 Dowlex 溶液法聚乙烯工艺

Dow 化学公司的 Dowlex 工艺为低压溶液法工艺，采用两台串联的搅拌釜式反应器，聚合反应压力为 4.8MPa，反应器出口温度为 170℃，第二反应器的聚合物含量为 10%。反应停留时间短，乙烯单程转化率可超过 90%。Dowlex 工艺采用重质溶剂 Isopare（一种饱和的正构烷烃），因此 Dowlex 工艺在溶液法工艺中操作压力最低。Dowlex 工艺采用 1-辛烯作为共聚单体，采用该工艺已经开发了密度低于 $0.915g/cm^3$ 的 VLDPE，还可生产密度为 $0.965g/cm^3$ 的均聚物树脂，MFR 可达 200g/10min。该工艺使用茂金属催化剂生产密度为 $0.895\sim0.910g/cm^3$ 的塑性体和密度为 $0.865\sim0.895g/cm^3$ 的弹性体，聚合时利用加氢气量来控制聚合物的分子量。Dow 化学采用单中心的 Insite 催化体系，改造原有的 Dowlex 工业装置后也能生产双峰 Dowlex 树脂，产品强度和性能均大幅提高。目前 Dow 公司并不对外授权许可 Dowlex 工艺。

2.3.2 Sclairtech 溶液法聚乙烯工艺

加拿大 NOVA 化学公司的 Sclairtech 工艺以环己烷为溶剂，共聚单体可用 1-丁烯或 1-辛烯，也能生产均聚物 HDPE 和乙烯—1-丁烯—1-辛烯三元共聚物，反应温度为 200~300℃。生产的聚乙烯密度范围为 0.905~0.965g/cm³，熔体流动速率为 0.15~150 g/10min。该工艺采用 Ziegler-Natta 型催化剂，可生产分子量分布窄或宽的聚乙烯树脂。Sclairtech 工艺的主要特点是反应物料不需要冷冻，产品范围全，反应器内固态溶解物的浓度很高，乙烯单程转化率超过 95%，由于该工艺反应器停留时间短（小于 2min），因此，可迅速进行产品的切换。NOVA 公司近年来成功开发出第二代 Sclairtech(AST)工艺。该工艺采用双反应器，且溶液用 C_6 混合烃代替环己烷，Sclairtech 工艺的老装置均可应用该技术进行改造。

2.3.3 Compact 溶液法聚乙烯工艺

SABIC(原 DSM)公司的 Compact 工艺是为 HDPE 生产开发的，目前已适于生产 LLDPE。SABIC 公司开发了改进的 Ziegler-Natta 催化剂体系，无须脱除催化剂步骤。Compact 工艺的聚合反应在一个完全充满液体、带搅拌器的反应器中绝热条件下进行。可生产 LLDPE 和 HDPE 所有牌号的产品，且所有产品均以窄分子量分布为特征，特别适于薄膜生产。该工艺生产的树脂密度为 0.880~0.970g/cm³，MFR 为 0.5~100g/10min；能生产 VLDPE 树脂。Compact 工艺采用的共聚单体是 1-丁烯和 1-辛烯，或者二者都采用。通过该工艺生产乙烯与 1-丁烯—1-辛烯共聚的三元共聚物。聚合反应在一个完全充满液体、带搅拌器的反应器以及绝热条件下进行，反应热被预冷的反应器进料吸收，反应温度为 150~250℃，反应压力为 3~10MPa，物料停留时间小于 10min，产品牌号切换容易，基本无过渡料，乙烯单程转化率达到 95% 以上。与 Dow 和 NOVA 公司的溶液法工艺相比，该工艺操作温度低，因此操作灵活，但要求对原料进行冷冻。

2.4 高压聚乙烯工艺

2.4.1 管式法高压聚乙烯工艺

管式法工艺的主要专利商有巴塞尔、DSM、等星和埃克森美孚等。

（1）巴塞尔管式法技术。

巴塞尔管式法技术包括 Lupotech TM 和 Lupotech TS 两种。Lupotech TM 技术的特点是有多个单体进料点，反应器的这种构造适合于生产乙烯—醋酸乙烯共聚物(EVA)；只有一个进料点的巴塞尔技术称为 Lupotech TS。

不同高压管式法设计的区别主要在于引发剂和反应器压力控制阀的差别。巴塞尔的 Lupotech 工艺以过氧化物作为引发剂，Lupotech TM 型工艺用压力控制阀控制乙烯的侧流，没有侧流的简单模式是 Lupotech TS 型。为提高热传导，使用高气体流速；取决于所需要的聚合物牌号，反应器末端的压力控制阀为脉冲式或非阀冲式。

Lupotech TM 型工艺特别适合于生产重包装袋牌号、共聚物和电线电缆牌号，两种构型的单程转化率范围均为 24~35%，转化率的差别主要取决于所要生产的牌号。

Lupotech 工艺可在较高转化率的情况下直接从反应器生产很宽范围的牌号。可以工业化生产醋酸乙烯（VA）含量高达 30% 的共聚物，也可以生产丙烯酸酯含量高达 20% 的共聚物。

（2）DSM 公司高压管式法技术（CTR）。

DSM 公司高压管式法技术（CTR）的主要特点是：一级压缩机出口压力高达 25MPa；聚合压力仅为 200~250MPa，且无脉冲，保持恒压；反应热用于预热原料；反应管直径保持恒定，有 4 个过氧化物注入点；转化率为 32%~40%；使用混合的过氧化物引发剂，这种引发剂与管式法常用的氧引发相比，可得到较高的单程转化率，反应管不易结焦，产品具有更好的光学性质，对分解的敏感性小。另一个优点是生成的低聚物较少，这样就可简化循环气的回收流程。CTR 技术中反应器保持恒压以及热传导效率高的主要优点为：容易控制反应器的排料控制阀；无低循环疲劳现象，可降低投资和维护费用；产品质量稳定；薄膜拉伸性能好，可降低厚度；耗能低等。

该工艺产品的熔体流动速率范围为 0.3~65g/10min，密度范围为 0.918~0.930g/cm³，适于生产 VA 含量为 10% 的 EVA，最大单线设计可达 40×10⁴t/a。

（3）等星公司的高压管式法技术。

等星公司高压工艺的改进主要集中在降低能耗、不结焦的管式反应器设计、先进的工艺控制、模拟搅拌器设计和催化剂进料装置的改进。利用等星管式法工艺可以生产 VA 含量高达 28% 的 EVA，如果 VA 含量在 9% 以下，生产 EVA 不需要增加设备。LDPE 产品的密度范围为 0.917~0.932g/cm³，MFI 为 0.18~35g/10min。反应用有机过氧化物作引发剂，可以用空气，也可以不用空气。转化率高达 30%，利用其不结焦技术，装置的能耗可减至最小。与其他工艺不同，反应器不要求溶剂洗涤。由于采用先进的控制仪表，最终产品的均匀性较高。

（4）埃克森美孚公司的高压管式法工艺。

埃克森美孚开发了普通的 LDPE 管式法技术，燕山石化公司购买该技术建设了 20×10⁴t/a 装置。目前位于美国路易斯安那州巴吞鲁日的装置是使用该技术最大的装置，生产能力达到 22×10⁴t/a。埃克森美孚管式法技术的主要特点为：和巴塞尔技术一样，用排放阀作脉冲阀，但正常操作时不使用；使用有机过氧化物作引发剂；设有加热反应管的脱焦系统；采用实时监控熔体性质的技术，优质牌号比例高；反应器设计有很高灵活性，一个月内可生产全部牌号，一年可转变牌号 600 次，即使这样频繁切换，仍能保持较高的生产效率；单程转化率可达 34%~36%；装置可靠性高。

该工艺产品的密度范围为 0.918~0.935g/cm³，熔体流动速率范围为 0.3~46。一套 36×10⁴t/a 管式法装置可生产 VA 含量达 15% 的 EVA，正在开发生产 VA 含量达 28% 的 EVA 技术，用较小的装置可生产 VA 含量达 40% 的 EVA。

2.4.2 釜式法高压聚乙烯工艺

釜式法工艺技术的主要专利持有者有埃尼化学、等星、埃克森美孚和 ICI（Simon-

Carves）。

（1）埃尼化学的高压釜式法工艺。

埃尼化学通过 20 世纪 80 年代末收购法国阿托化学（原 CdF 化学），成为欧洲最大的 LDPE 和 LLDPE 生产公司。埃尼化学对釜式法技术的主要改进体现为装置的大型化（理论上最大反应器可达 3m³）和将产品范围扩大到 LLDPE/VLDPE 和 EVA 的能力。与 ICI/SimonCarves 技术的不同之处在于，埃尼化学技术的单线生产能力达 $20 \times 10^4 t/a$，可明显降低投资费用，但操作灵活性略低。

该工艺采用 Ziegler-Natta 催化剂可以转换生产 LLDPE/VLDPE。继续开发釜式法工艺技术的目的在于降低能耗，提高单线产量，提高安全性和减少环境问题。然而，埃尼化学很可能将更多的投资用于 Unipol 工艺的实施，用于釜式法工艺开发的投资明显少于以前。

（2）埃克森美孚的高压釜式法工艺。

尽管埃克森美孚主要致力于管式法工艺，但其釜式法技术还是有一些不同于 ICI/SimonCarves 和埃尼化学技术的特点。其主要特征为：反应器是埃克森美孚自行设计的 1.5m³ 釜式反应器，并用其替代了用氧作引发剂的管式法反应器；反应器具有较高的长径比，有利于生产质量类似管式法工艺的薄膜产品；压力范围很宽，可生产低 MFR 的均聚物和高 VA 含量的共聚物。

（3）等星公司的高压釜式法工艺。

埃克森美孚技术的前身就是等星的高压法技术。该技术最初由 USI 开发，然后转让给匡图姆化学，1997 年 8 月千年石化（以前的匡图姆）和莱昂戴尔宣布成立有限合资公司，即等星公司。

等星公司的技术开发集中在工艺控制、建立模型、高压釜搅拌器设计和催化剂进料设备上。以达到适应挤出涂层市场要求的长链支化和分子量分布的平衡；而管式法产品则被优化适应吹塑和流延薄膜及成型应用的要求。反应的引发剂可以是空气，也可以是有机过氧化物，不包括添加剂，该工艺生产的 LDPE/EVA 的密度范围为 $0.912 \sim 0.951 g/cm^3$，MFR 为 $0.2 \sim 34 g/10min$。

（4）ICI/SimonCarves 的高压釜式法工艺。

ICI/SimonCarves 技术是高压聚乙烯工艺的先驱，其独特之处是能较好地控制决定聚合物链性质的主要参数，即分子量、分子量分布和长链及短链支化度。这种技术适宜生产高度差别化的牌号，例如，电线涂层和薄膜牌号要求较低的熔体弹性，要求长支链数较少；反之挤出涂层牌号要求较高的熔体弹性，需要有更多长支链的产品。管式 LDPE 工艺和 LLDPE 工艺不易生产这些产品。

3 聚乙烯技术发展趋势

从聚乙烯产生以来，人们一直为如何改善产品的性能质量、如何拓宽产品品种及范围、如何提高装置的生产效率以及如何减少生产能耗而努力。近年来，催化剂技术（如茂

金属催化剂）、聚合工艺等方面进展迅速，新型催化剂设计手段与调控手段不断出现，聚乙烯烯烃高端牌号不断丰富、产品性能持续提高，推动了聚乙烯行业的快速发展。

（1）催化剂技术。催化剂技术为聚乙烯发展的核心之一，自 1952 年 Ziegler-Natta 催化剂被发现及应用后，聚乙烯工业开始蓬勃发展，此后经历了数十年的发展，现已出现多种高性能催化剂。聚乙烯催化剂研究已转向改进产品综合性能，主要目标是提高催化剂对聚合物性能的控制能力。茂金属催化剂实现了聚合链长度、分支度和立构规整性的精细调节。相比传统的 Ziegler-Natta 催化剂，采用茂金属催化剂制备的聚烯烃产品结构具有更好的规整性、可调控性，成为聚烯烃催化剂研究的热点。目前欧洲及美国新增 LLDPE 装置多数以生产基于茂金属催化剂的高性能 LLDPE 产品为主。此外，二亚胺钯、水杨醛亚胺镍、膦磺酸钯催化等催化体系的开发，实现了极性单体与烯烃的共聚反应，显著提高了聚合物的表面性能、黏附力、柔韧性、耐溶剂性、流变性，以及与其他聚合物、高分子材料助剂的共溶和共混性，也是未来发展的趋势之一。

（2）聚合技术。乙烯聚合技术的发展趋势主要有：冷凝与超冷凝工艺、高级 α-烯烃共聚生产工艺、双峰/多峰生产工艺和链穿梭聚合技术。①冷凝与超冷凝工艺以气相法生产工艺中的流化床反应器为基础，借助聚合反应过程中产生的热量来带动反应器进行工作，继而使反应器生产率得以提升，并撤除循环气体的热量。这种技术的应用，可以实现在不增加过多投资的情况下，达到弹性化的高生产能力。②高级 α-烯烃共聚生产工艺能够使用长链高级 α-烯烃作为聚乙烯的共聚单体，与短链丁烯单体共聚聚乙烯树脂相比，长链的高级 α-烯烃单体共聚树脂呈现出更高的强度以及韧性。目前，Dowlex 工艺在进行 LLDPE 生产时应用了辛烯共聚技术，而埃克森美孚也在茂金属催化剂的基础上实现了对于 1-己烯共聚单体的应用。③双峰/多峰生产工艺可以通过反应器或催化剂的改变，使聚合物的分子量分布呈双峰或多峰分布，从而改善聚乙烯的物理性能以及加工性能。Lyondell-Basell 公司开发了多峰聚乙烯生产技术，应用多反应器串联技术可生产出多峰聚乙烯，既使聚乙烯树脂易于加工，同时材料具有良好的刚韧平衡性和耐环境应力开裂性能。Univation 公司开发了单反应器合成双峰聚乙烯技术，采用 Prodigy 双峰催化剂工艺，使用 Unipol PE 气相法单反应器的生产线仅需稍加改动即可生产双峰树脂，制得的双峰 HDPE 薄膜树脂具有良好的加工性和韧性。④链穿梭聚合技术是 Dow 公司基于其 Insite 催化剂技术开发的新型聚合技术，可生产出高性能的烯烃嵌段共聚物 OBC，OBC 比 POE 性能更优。链穿梭聚合技术由两种催化剂实现，催化体系应包含两种共聚单体选择性差别很大的主催化剂以及一种能有效完成链穿梭反应的穿梭剂。

（3）新产品。随着经济的发展以及人类生活水平和环保意识的日益提高，市场对产品的质量、品种和功能都将有更高、更新和更细化的要求，聚乙烯产品将向高端化、差异化和定制化方向发展，茂金属聚乙烯、超高分子量聚乙烯、极低密度聚乙烯、乙烯—乙烯醇共聚树脂等聚乙烯将是当前及未来一段时间的研发热点。薄膜向力学性能和光学性能更好的方向发展，如 BOPE，拉伸强度提高 2~10 倍，穿刺强度提高 2~5 倍，雾度降低 30%~

85%；中空容器向熔体强度更高、耐环境应力开裂性能更好、容器尺寸更大的方向发展；管材向耐压更高、耐刮擦能力更强、耐开裂、耐高温性能更好的方向发展，如 PE100-RC、PE-RT 等。

4 小结

经过多年的发展，国内聚乙烯产能快速增长，生产技术水平不断提高，但与世界先进水平相比，在茂金属催化剂、成套工艺技术和产品高端化方面还存在一定的差距，结合行业发展实际，对我国聚乙烯生产技术的发展提出以下几点建议：

（1）茂金属催化剂是国内开发茂金属聚烯烃产品、实现高端产品国产化的重要突破口。在当今世界聚烯烃工业中，茂金属催化剂及聚烯烃的研发异常活跃，必须抓住这一机遇，才有可能使我国聚烯烃工业在短时间内赶上世界先进水平。

（2）要在聚合工艺技术开发方面进行攻关，开发出具有自主知识产权的成套生产技术，从根本上为中国聚乙烯市场产品结构调整和新品开发提供保证。

（3）利用现有装备及技术进行高端产品开发，优化产品体系，持续提升技术，突出高端化、功能化发展方向，进一步拓展市场规模。

参 考 文 献

[1] 何盛宝，黄格省，李雪静. 低油价对炼油化工行业的影响及应对措施[J]. 石化技术与应用，2020，38(4)：223-228.

[2] 王红秋. 我国炼油向化工转型现状与思考[J]. 化工进展，2020(11)：4401-4407.

[3] Hongming Li，Jing Wang，Lei He，et al. Study on hydrogen sensitivity of Ziegler-Natta catalysts with novel cycloalkoxy silane compounds as external electron donor[J]. Polymers(SCI)，2016，8(12)：433-443.

[4] 李浩. 高密度聚乙烯 INNOVENE S 工艺分析[J]. 科技展望，2017，27(6)：74.

[5] 李红明，张明革，义建军，等. 氢气在烯烃聚合中的作用及催化剂的氢调敏感性研究进展[J]. 石油化工，2017，46(6)：817-822.

[6] 刘显圣，吕崇福，孙颖，等. 聚乙烯催化剂研究进展[J]. 精细石油化工进展，2013，14(6)：44-48.

[7] 张师军，乔金樑. 聚乙烯树脂及其应用[M]. 北京：化学工业出版社，2011.

[8] 李红明. 双峰分子量分布聚乙烯的研发进展[J]. 高分子通报，2012(4)：1-10.

[9] 宁英男，丁万友，殷喜丰，等. Unipol 工艺聚乙烯 Ziegler-Natta 催化剂研究及应用进展[J]. 化工进展，2010，29(4)：649-653.

[10] 宁英男，范娟娟，毛国梁，等. 釜式淤浆法生产高密度聚乙烯工艺及催化剂研究进展[J]. 化工进展，2010，29(2)：250-254.

聚丙烯生产技术

◎王春娇　崔　亮

　　聚丙烯(PP)是一种性能优良的热塑性合成树脂，为无色半透明的轻质通用塑料。聚丙烯广泛应用于编织制品、服装和地毯等纤维制品、汽车、家电、日用品、医疗器械、零件、管道、化工容器等生产，也广泛应用于食品、药品、化妆品及日用品的包装。我国是聚丙烯的主要生产国和消费国，近年来，我国聚丙烯行业快速发展，聚丙烯催化剂、新产品的研发脚步不断加快，逐步填补国内空白，但生产工艺仍主要依赖进口。缺乏核心技术、同质化产品竞争激烈、高端产品自主创新能力不足等一系列问题直接导致我国聚丙烯行业竞争力与发达国家存在着较大差距。因此，未来应持续加大聚丙烯工艺技术自主研发力度，加快推进产业化，并不断强化新产品开发技术，实现产品高端化、功能化和差异化发展。

1　聚丙烯发展现状

1.1　全球聚丙烯市场现状

　　截至 2020 年初，全球聚丙烯总产能为 8477.3×10^4 t/a 左右，主要集中在亚洲、西欧和中东，分别占全球产能的 51.6%、11.3% 和 11%；年消费量约为 7617.1×10^4 t，主要消费地区有亚洲、西欧和北美，其中亚洲占全球总消费量的 48%。亚洲是全球最大的聚丙烯净进口地区，中东和西欧是全球主要的聚丙烯净出口地区，独联体及波罗的海诸国也有少量出口，见表 1。预计未来中东仍是聚丙烯的主要出口地区，而亚洲仍是聚丙烯的主要进口地区。

表 1　2019 年世界各地区聚丙烯供需平衡情况

地　区	产能，10^4t/a	产量，10^4t	净进口量，10^4t	表观消费量，10^4t
非洲	137.7	116.6	96.2	212.8
亚洲	4371.3	3938.4	130.1	4068.5
中欧	146	115.8	59.5	175.3
中东	928.4	841	−387.7	453.3
北美	912.7	791.5	13.2	804.7
原苏联地区	183.8	169.5	−12.5	157
印度次大陆	548.5	518	110.3	628.3
中南美洲	292.4	252	31.4	283.4
西欧	956.5	874.2	−40.5	833.7
世界	8477.3	7617.1		7617.1

截至 2020 年初，全球聚丙烯消费结构中占前三位的分别是注塑、薄膜与片材制品及拉丝制品，所占比例分别为 34.7%、25.0% 和 20.8%，如图 1 所示。从世界总体来看，预计未来五年聚丙烯在各个领域的需求量持续增长。注塑、薄膜与片材制品及拉丝制品仍位居聚丙烯消费结构中的前三位。

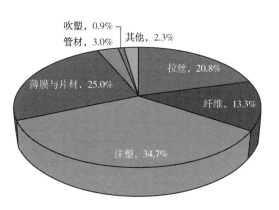

图 1　2019 年世界聚丙烯消费结构

1.2　我国聚丙烯市场现状

截至 2020 年底，我国聚丙烯生产企业有 100 余家，装置数量共 130 套，其中，中国石油生产装置占 20%，中国石化生产装置占 28%。过去 5 年，国内聚丙烯产能扩张速度有所放缓，但仍在较高水平，年均增长率达到 6%，产能合计约为 2938×10^4t/a，其中，非传统石化路线（包括 MTO、MTP、PDH）聚丙烯产能已达 1310.2×10^4t/a 左右，占总产能的 44.6%，市场渐呈多元化竞争态势。由于我国高端产品研发能力不足，且产品同质化严重，一些高性能和特殊性能产品，如茂金属聚丙烯、特种 BOPP 膜、CPP 膜等仍需大量进口来满足国内市场需求。2020 年，我国进口初级形状聚丙烯（均聚聚丙烯）450.4×10^4t/a，进口乙烯—丙烯聚合物（共聚聚丙烯）184.9×10^4t，其他初级形状的丙烯共聚物 20.2×10^4t，主要来自韩国、新加坡、中国台湾、泰国和日本等亚太地区及中东地区。

国内聚丙烯生产装置采用的工艺主要来自中国石化、巴赛尔、英力士等公司，其中，中国石化环管法聚丙烯工艺占比约为 31%，巴赛尔 Spheripol/Spherizone 工艺占比为 21%，英力士的 Innovene 工艺、Univation 的 Unipol 工艺及鲁姆斯的 Novolen 工艺分别占 17%、14% 和 12%，如图 2 所示。

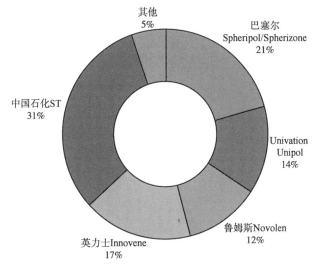

图 2　2020 年中国聚丙烯装置技术来源占比

预计 2021—2025 年，我国仍将有约 30 套聚丙烯装置扩产/新建，扩能总计达到 1426×10^4t。其中中国石油将新增 80×10^4t/a 产能，中国石化（含合资）将新建 115×10^4t/a 产能，其他计划投产装置多为煤制烯烃和丙烷脱氢装置，见表 2。随着新建项目投产，除无法替代的高端产品外，我国聚丙烯市场将基本实现供需平衡，结构性供给不足的问题也将有所缓解。

表 2　2021—2025 年我国聚丙烯扩能情况

企业/公司	地区	产能，10^4t/a	预计投产	工艺技术	丙烯生产原料
中韩（武汉）石化	武汉	30	2021 年	—	石油
青海大美	西宁	40	2021 年	UnivationUnipol	煤炭
宁波福基二期	宁波	80	2021 年	英力士 Innovene	丙烷
巨正源科技有限公司	东莞	60	2021 年	UnivationUnipol	丙烷
神华沙比克	宁东	43	2021 年	—	煤炭
蒲城清洁能源二期	渭南	65	2021 年	—	煤炭
辽阳石化	辽阳	30	2021 年	巴塞尔 Spherizone	石油
海鼎化工（徐州海天二期）	徐州	25	2021 年	—	丙烷
古雷石化	古雷	35	2021 年	中石化 ST-3	石油
织金石化	毕节	35	2021 年	中石化 ST	煤炭
天津渤化化工	天津	30	2021 年	—	甲醇
甘肃华亭煤业	平凉	20	2021 年	鲁姆斯 Novolen	煤炭
广东石化	揭阳	50	2022 年	UnivationUnipol	石油
海南炼化	洋浦	40	2022 年	中石化 ST	石油
浙江石化（二期）	舟山	90	2022 年	英力士 Innovene	石油/丙烷
华泓汇金	平凉	30	2022 年	巴塞尔 Spherizone	煤炭
神华包头	包头	41	2022 年	—	煤炭
京博石化	滨州	60	2022 年	巴塞尔 Spherizone	石油
青海矿业	西宁	40	2022 年	UnivationUnipol	煤炭
神华宁煤新材料示范项目	银川	42	2022 年	鲁姆斯 Novolen	煤炭
宝丰能源	银川	30	2022 年	英力士 Innovene	煤炭
金能科技	青岛	90	2022 年	巴塞尔 Spheripol	丙烷
埃克森美孚惠州	惠州	85	2023 年	—	石油
中电投道达尔	鄂尔多斯	40	2023 年	—	煤炭
山西焦煤	太原	40	2023 年	—	煤炭
东华能源（茂名）	茂名	120	2024 年	UnivationUnipol	丙烷
大同煤矿	大同	30	2024 年	UnivationUnipol	煤炭
北方华锦	盘锦	60	2025 年	—	石油
海南炼化二期	洋浦	45	2025 年	—	石油

我国的聚丙烯产品主要用于生产编织制品、薄膜制品、注塑制品、纺织制品等，广泛应用于包装、电子与家用电器、汽车、纤维、建筑管材等领域。截至 2020 年初，我国聚丙烯年表观消费量为 2800.4×10^4 t，其中拉丝及注塑料占有相当大的比例，分别为 37% 和 27%。薄膜与片材料约占 24%，纤维料约占 8%，管材料约占 4%，消费结构如图 3 所示。

未来几年，聚丙烯在各个领域的需求结构与当前相似。拉丝制品、注塑制品及薄膜与片材仍位居聚丙烯消费比例前三位，但拉丝制品消费聚丙烯的比例会有一定缩减，而纤维制品消费比例会有所上升。

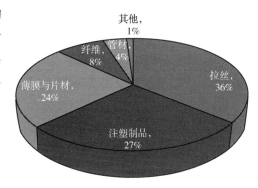

图 3　2019 年我国聚丙烯消费结构

2　技术现状与发展趋势

2.1　技术现状

2.1.1　工艺技术

聚丙烯的生产工艺按聚合类型可分为溶液法、淤浆法、本体法、气相法和本体法—气相法组合工艺 5 大类，其中，应用最广泛、最具发展前景的是本体法工艺与气相法工艺。

2.1.1.1　国外工艺技术

（1）本体法工艺。

本体法工艺的开发始于 20 世纪 60 年代，1964 年，美国 Dart 公司采用釜式反应器建成了世界上第一套工业化本体法聚丙烯生产装置。1970 年以后，日本住友、Phillips、美国 EIPsao 等公司都实现了液相本体聚丙烯工艺的工业化生产。与采用溶剂的浆液法相比，采用液相丙烯本体法进行聚合不使用惰性溶剂，反应系统内单体浓度高，聚合速率快，催化剂活性高，聚合反应转化率高，反应器的时—空生产能力更大，能耗低，工艺流程简单，设备少，生产的消耗定额较高；产品的品种牌号少，档次不高，用途较窄。该工艺主要包括美国 Rexall 工艺、美国 Phillips 工艺以及日本 Sumitimo 工艺。

①Rexall 本体法工艺。

该工艺由 Rexall 公司研发，采用立式搅拌反应器，用丙烷含量为 10%~30%（质量分数）的液态丙烯进行聚合。在聚合物脱灰时采用己烷和异丙醇的恒沸混合物为溶剂，简化了精馏的步骤，将残余的催化剂和无规聚丙烯一同溶解于溶剂中，从溶剂精馏塔的底部排出。此后，该公司与美国 ElPaso 公司组成的联合热塑性塑料公司，开发了被称为"液池工艺"的新生产工艺，采用 Montedison-MPC 公司的 HY-HS 高效催化剂，取消了脱灰和脱无规物工序，进一步简化了工艺流程。

②Phillips 本体法工艺。

该工艺由 Phillips 石油公司研发，其特点是采用独特的环管式反应器，这种结构简单的环管反应器具有单位体积传热面积大、总传热系数高、单程转化率高、流速快、混合

好、不会在聚合区形成塑化块、产品切换牌号的时间短等优点。该工艺可以生产宽范围熔体流动速率（MFR）的均聚物和无规聚合物。

③Sumitimo 本体法工艺。

该工艺由日本住友化学公司研发，包括除去无规物及催化剂残余物的一些措施。通过这些措施可以制得超纯聚合物，用于某些电气和医学领域。Sumitimo 本体法工艺使用 SCC 络合催化剂（以一氯二乙基铝还原四氯化钛，并经过正丁醚处理），液相丙烯在 50~80℃、3.0MPa 下进行聚合，反应速率高，还采用高效萃取器脱灰，产品等规度为 96%~97%，为球状颗粒，刚性高，热稳定性好，耐油及电气性能优越。

（2）本体法—气相法组合工艺。

①Spheripol 本体法—气相法组合工艺。

该工艺由利安德巴塞尔公司研发，是目前世界上应用最广泛的聚丙烯生产工艺，全球工业应用装置超过 100 套。Spheripol 工艺是一种液相预聚合同液相均聚和气相共聚相结合的聚合工艺，采用一组或两组串联的环管反应器生产聚丙烯均聚物和无规共聚物，再串联一个或两个气相反应器，可生产抗冲共聚物。工艺过程包括催化剂制备、预聚合及液相本体反应、气相反应、聚合物脱气及单体回收、聚合物汽蒸干燥、挤压造粒等工序。能提供全范围的产品，包括均聚物、无规共聚物、抗冲共聚物、三元共聚物（乙烯—丙烯—丁烯共聚物），其均聚物产品的 MFR 范围为 0.1~2000g/10min，工业化产品的 MFR 达到 1860g/10min。

目前该技术已经发展到第二代。与采用单环管反应器的第一代技术相比，第二代技术使用双环管反应器，操作压力和温度都明显提高，可生产双峰聚丙烯。催化剂体系采用第四代或第五代 Z-N 高效催化剂，增加了氢气分离和回收单元，改进了聚合物的高压和低压脱气设备，汽蒸、干燥和丙烯事故排放单元也有所改进，增加了操作灵活性，提高了效率，原料单体和各项公用工程消耗也显著下降。

②Hypol 本体法—气相法组合工艺。

该工艺由三井化学公司于 20 世纪 80 年代初期开发成功，该工艺采用 HY-HS-Ⅱ催化剂（TK-Ⅱ），是一种多级聚合工艺。该工艺把本体法丙烯聚合工艺的优点同气相法聚合工艺的优点融为一体，是一种不脱灰、不脱无规物能生产多种牌号聚丙烯产品的组合式工艺技术。该工艺与 Spheripol 工艺技术基本相同，主要区别在于 Hypol 工艺中均聚物不能从气相反应器旁路排出，部分从高压脱气罐来的闪蒸气被打回到气相反应器。生产均聚物时，第一气相反应器实际上也起到闪蒸作用。气相反应器是基于流化床和搅拌（刮板）容器特殊设计的。在生产均聚物期间，气相反应器又可用作终聚合釜，提高了生产能力，而且气相反应器操作灵活，可生产乙烯含量达 25%的抗冲击性共聚物。

Hypol 工艺可生产均聚、无规、抗冲全范围的聚丙烯产品，MFR 范围为 0.30~80g/10min，所得产品具有很高的等规度和刚性，制成的薄膜具有很好的光学性能（透明度和光泽度）；定向品种，如单丝、条带和纤维有很好的加工性（定向性），成品具有很好的力学性能；MFR 很高，用于高速注塑的品种可直接聚合得到，而不需要降解处理等措施。

③BOSTAR 本体法—气相法组合工艺。

该工艺由北欧化工研发，采用双反应器即环管反应器串联气相反应器生产均聚物和无规共聚物，再串联一台或两台气相反应器生产抗冲共聚物。环管反应器在超临界条件下操作，加入的氢气浓度几乎没有限制。可以直接在反应器中生产高熔融指数和(或)高共聚单体含量产品。可生产 MFR 超过 1000g/10min 的纤维级产品和乙烯含量6%的无规共聚物，能够生产单峰和双峰产品。工艺特点是高温下聚合，产品具有更高的结晶度和等规度，共聚单体在无规共聚物中分布非常均匀，产品具有非常好的热封性和光学性能；模块化设计，能够生产全范围的产品，同时具有生产更高性能新产品的能力。

(3)气相法工艺。

①Innovene 气相法工艺。

该工艺由英力士公司研发，采用接近活塞流式的卧式反应器，并带一个特殊设计的水平搅拌器，是当今最先进的聚丙烯生产技术之一。由于采用独特的接近活塞流的卧式搅拌床反应器，物料在反应器内的流动接近活塞流，短路的催化剂极少，颗粒停留时间分布范围很窄，只用两台反应器就可以生产高性能的抗冲共聚物。采用高效载体催化剂，具有高的活性和立构选择性，均聚物有很高的等规度，同时，能控制无规聚丙烯的结构。聚合物粉料流动性好，粒度分布窄，灰分含量低。产品的力学性质匹配较好，可以生产刚性和韧性在高水平上平衡的产品。

②Chisso 气相法工艺。

该工艺由 Chisso 公司研发，是在 Innovene 气相法工艺技术基础上发展起来的，两者有很多相似之处，尤其是反应器的设计基本相同，其工艺也适合生产高乙烯含量的抗冲共聚产品。另外，与 Innovene 工艺相比，Chisso 工艺的第一反应器布置在第二个反应器的顶上，第一反应器的出料靠重力流入一个简单的气锁装置，然后用丙烯气压送入第二反应器，Chisso 工艺的设计更简单，能耗更小。Chisso 工艺采用 TohoTitanium 公司研制的 THC-C 催化剂，该催化剂有很高的活性和选择性，能够控制无定形聚合物的生成，同时保持生成很高收率的等规聚合物。采用该催化剂所生产的聚丙烯形态好，细粉少，粒度分布窄，流动性好，易于输送到第二个反应器。Chisso 工艺生产的无规共聚物有很低的热封温度，适宜作 BOPP 薄膜。对于均聚物的 BOPP 牌号，能够控制立体规整度，适宜各种用途，如高速加工性和高刚性—低热收缩性膜。

③Unipol 气相法工艺。

该工艺的研发公司有格雷斯公司和陶氏化学公司两家，采用气相流化床反应器系统，只用两台串联的反应器就能够灵活地生产全范围的聚丙烯产品。商业化均聚物产品的 MFR 为 0.5~45g/10min。工艺过程包括原料精制、催化剂进料、聚合反应、聚合物脱气和尾气回收、造粒及产品储存、包装等工序。采用先进的气相流化床技术，工艺流程短、设备少，简化的流程形成一个比较稳定而灵活的系统，可以在较大操作范围内调节操作条件而

使产品的性能保持均一。另外，该工艺采用不需要预聚合的高效 SHAC 催化剂，配合独特的外给电子体，可以生产任何种类的聚丙烯产品。截至目前，Unipol 聚丙烯生产工艺在全球 18 个国家拥有近 50 条生产线，总产能达 1300×10^4 t/a，成为应用最广泛的聚丙烯生产工艺之一。

④Novolen 气相法工艺。

该工艺由 BASF 公司研发，采用立式搅拌床反应器，可生产全范围聚丙烯产品，包括超高抗冲共聚物。通过催化剂及工艺改进，单线生产能力大幅提高至 36×10^4 t/a。用抗冲共聚反应器生产均聚产品（与第一均聚反应器串联），可以使均聚物的生产能力提高 30%。无规共聚物也可以用串联反应器生产。

⑤Spherizone 气相法工艺。

该工艺由利安德巴塞尔公司研发，在全球拥有超过 50 套工业装置。Spherizone 工艺采用多区循环反应器，可以在同一台反应器内生产双峰产品。生产的聚合物粒子具有很好的均匀性，特别是双峰产品粒子的均匀性好，其产品综合性能优于 Spheripol 工艺。Spherizone 工艺反应器的两个区 H_2 加入量比例可达 $1:100$，而 Spheripol 工艺两个环管 H_2 加入量比例为 $1:10$，这样 Spherizone 工艺就能生产分子量分布更宽的产品，提高产品的加工性能，更适宜生产专用管材、高速生产线的 BOPP 薄膜和注塑产品。

2.1.1.2　国内工艺技术

国内大型石化企业在国外先进技术的基础上经过消化吸收也取得了一定突破和进展，为规避知识产权壁垒，开发出新的工艺技术路线和设备，也进行了成套化技术的开发，如中国石化的 ST 环管法工艺、北京华福的 SPG/ZHG 工艺等，在国内多套装置实现了推广应用。目前，中国石油也在进行液相连续本体法聚丙烯生产工艺包的开发。

（1）中国石化环管法聚丙烯生产工艺。

在消化吸收引进技术的基础上，中国石化开发了环管液相本体法聚丙烯生产工艺与工程技术。采用自主开发的 Z-N 催化剂，单体丙烯经配位聚合，生产均聚等规聚丙烯产品；丙烯与共聚单体经无规共聚或嵌段共聚生产抗冲聚丙烯产品，形成了 $(7\sim10)\times10^4$ t/a 第一代聚丙烯成套技术（ST-Ⅰ工艺）。在此基础上，又开发出了 20×10^4 t/a 气相釜的第二代环管聚丙烯成套工艺技术（ST-Ⅱ工艺），能够生产双峰分布产品、高性能抗冲共聚物，与第一代技术相比有多处改进和创新。以自主开发的催化剂、非对称外给电子体技术和丙丁两元无规共聚技术为基础，研发出了第三代环管聚丙烯成套技术（ST-Ⅲ工艺）。该技术可用于生产均聚、乙丙无规共聚、丙丁无规共聚和抗冲击共聚聚丙烯等。浙江绍兴三圆石化公司、徐州海天石化公司、呼和浩特石化公司、湛江东兴石化公司、洛阳石化公司、武汉石化公司、中原石化分公司、上海石化公司、茂名石化公司、青岛炼化公司、北海炼化分公司、镇海炼化分公司、海南炼化公司、陕西延长石油公司等都采用该技术进行生产。

（2）北京华福 SPG/ZHG 工艺。

SPG/ZHG 工艺由华福工程公司开发，采用"立式液相聚合釜+卧式釜气相聚合"相组合的生产方法。SPG/ZHG 工艺已投产 4 套装置（包括 2 套小本体改造装置，2 套新建装置），单套装置生产规模达到 $24 \times 10^4 t/a$。该技术的特点主要有：①使用国产的高效载体催化剂，在聚合釜能够直接生产 MFR 为 $1 \sim 100 g/10min$ 的粉料，覆盖了国内聚丙烯装置能够生产的均聚牌号。首次开车生产的无规共聚 PPR 管材料，达到了国内引进装置产品质量的最好水平。②最低能耗为 50kg 标油/t，低于国内引进聚丙烯装置平均能耗的 1/3。③预计投资仅为同规模引进聚丙烯装置或者引进技术国产化装置的 1/3。④不需要通过造粒降解，能够在聚合釜直接得到 MFR 为 $0.2 \sim 70 g/10min$ 的牌号产品。丙烯存料量少，装置更安全。⑤采用 100% 微量催化剂加料技术，不添加溶剂，降低后处理负荷。

目前世界主流聚丙烯生产工艺比较见表 3。

表 3　世界主流聚丙烯工艺比较

工艺类型		技术供应商	工艺特点	产品
气相法工艺	Innovene 工艺	英力士公司（原 BP 公司）	催化剂不用预聚合；工艺流程短；采用丙烯气化方式带走反应热，反应器内均有搅拌器，使得催化剂分布均匀，产品切换快，反应器内不易挂壁和堵塞；能耗低，操作压力低	可以生产刚性和韧性平衡很好的共聚物产品；产品中乙烯含量不高，不能生产高抗冲和超高抗冲牌号的产品
	Chisso 工艺	Chisso 公司	催化剂需要预处理；工艺过程简单、能耗小	能够生产全范围的产品
	Unipol 工艺	格雷斯公司陶氏化学公司	配合超冷凝态操作，从而最有效地移走反应热，生产能力高；流程简单，工艺路线较短；产品成本低，性能好	能够生产均聚物、无规共聚物、抗冲共聚物产品
	Novolen 工艺	鲁姆斯公司	带搅拌的反应器使气相聚合中气固两相分布均匀，但物料在聚合釜中的停留时间难以控制均匀；产品质量存在问题，需要进行后续处理	产品范围广泛
	Spherizone 工艺	利安德巴塞尔公司	工艺流程简单、先进；存在撤热较慢，MZCR 下降反应区可能发生结块堵塞现象	可同时生产出韧性、刚性和加工性能更加均一的聚合物。可在单一反应器中制得高度均一的多单体树脂或双峰均聚物
本体法—气相法组合工艺	Spheripol 工艺	利安德巴塞尔公司	投资和操作费用低、能耗小、产品产率高、产品质量好	能够生产全范围的聚丙烯产品
	Hypol 工艺	三井化学	该工艺不需要脱灰，不脱无规物；催化剂要求预聚合	可生产均聚物、无规、抗冲全范围的聚丙烯产品
	Borstar 工艺	北欧化工	产品中的催化剂残余量非常低。可以直接在反应器中生产很高熔融指数的产品	可生产各种软硬程度的产品，也能生产多峰产品

续表

工艺类型		技术供应商	工艺特点	产品
本体法-气相法组合工艺	中国石化环管工艺	中国石化	一代：采用自主开发的 Z-N 催化剂，单体丙烯经配位聚合。 二代：改进了催化剂预聚合系统，减少了聚合物的细粉；开发出双环管高压聚合反应系统和独特的氢气分离和循环系统。 三代：与第二代环管法聚丙烯技术相整合，重点解决了反应工艺、工程放大和设备国产化等技术难题，完善了系列化高性能产品生产技术	一代：生产均聚、无规及抗冲聚丙烯产品。 二代：可生产双峰分布产品、高性能抗冲共聚物。 三代：可生产均聚、乙丙无规共聚、丙丁无规共聚和抗冲击共聚聚丙烯等

2.1.2 催化剂技术

2.1.2.1 技术现状

聚丙烯已经成为全球发展最快的热塑性树脂塑料，聚丙烯催化剂技术的研究开发和应用在其中起着重要作用。

（1）齐格勒—纳塔催化剂。

齐格勒—纳塔催化剂经历了五代发展，目前主要是邻苯二甲酸酯类化合物（塑化剂）为内给电子体的载体型催化剂。由于世界范围内对塑化剂逐渐限制使用，出现了二醚类、琥珀酸酯类、二醇酯类等新型化合物为内给电子体的催化剂。目前，典型的齐格勒—纳塔催化剂有利安德巴塞尔公司的 Avant 系列催化剂，三井化学公司的 TK 系列催化剂，英力士公司的 CD 系列催化剂，陶氏化学的 SHAC 系列催化剂，巴斯夫公司的 LYNX 系列催化剂，中国石化开发的 N 系列催化剂、DQ 系列催化剂，中科院化学所开发的 CS-1、CS-2 系列催化剂。

世界大型聚烯烃生产商，如 Basell 公司、北欧化工、德国巴斯夫公司、美国陶氏化学公司、日本三井油化、韩国三星和 LG 公司等也都在不断开发新型聚丙烯催化剂。如三井公司开发了 D-Donor 外给电子体催化体系，使球形催化剂对聚丙烯的立构定向性从 97% 提高到 99%，并适用于生产高抗冲共聚物。另外一种新型外给电子体——哌啶基硅烷配合催化剂使用，可生产出分子量分布指数（M_w/M_n）大于 15 的聚丙烯产品。美国陶氏化学公司开发了高温阻聚型给电子体催化体系，应用于气相法工艺，拓宽了产品的应用范围。Montell 公司开发的 1，3-二醚类内给电子体，使催化剂具有很高的活性和氢调敏感性。Basell 公司开发了琥珀酸酯作为内给电子体催化体系，等规度达 96% ~ 99%，具有比较宽的分子量分布，综合性能优良，特别适用于生产薄膜和注塑制品。北欧化工开发的专用于超临界工艺的催化剂，能够生产所有类型的聚丙烯均聚物和共聚物。

（2）茂金属催化剂。

茂金属催化剂是20世纪90年代以来最受关注的烯烃聚合催化剂，其工业化为生产物理机械性能明显改进的聚丙烯树脂创造了条件，茂金属催化剂与传统齐格勒—纳塔催化剂的主要区别在于茂金属催化剂为单活性中心催化剂，可以精确地控制聚丙烯树脂的分子结构，包括分子量及其分布、晶体结构、共聚单体含量及其在分子链上的分布等，可用于生产超高刚性的等规聚丙烯、高透明的间规聚丙烯、等规和间规聚丙烯的共混物及超高性能的抗冲共聚聚丙烯等。

很多公司拥有茂金属催化剂相关专利，巴斯夫公司有很多关于铬、钼、钨茂金属和桥茂金属催化剂用于环烯烃聚合反应的专利；菲纳公司用双催化剂体系（两种茂金属催化剂或齐格勒—纳塔/茂金属混合催化剂）、多段反应或多反应器的方法制备双峰或宽分子量分布聚烯烃；日本聚合物化学公司使用苯乙烯共聚物为载体的茂金属催化剂体系制备具有高堆密度的全同立构聚丙烯树脂；陶氏公司以聚合物为载体的催化剂用于气相聚合反应时具有非常高的产率；中国石油开发了间规茂金属聚丙烯催化剂 PMP-01、等规茂金属聚丙烯催化剂 PMP-02 等。

各代表性催化剂性能对比见表4。

表4　各代表性催化剂性能对比

催 化 剂	活性 kg聚丙烯/g催化剂 （kg聚丙烯/gTi）	等规度 %	形态控制	工艺要求
△-TiCl₃0.33AlCl₃+二乙基氯化铝	0.8~1.2（3~5）	90~94	不能	脱灰，脱无规
Δ-TiCl₃+二乙基氯化铝	3~5（12~20）	94~97	可以	脱灰
TiCl₄/内给电子体/MgCl₂+烷基铝/内给电子体	5~10（~30）	90~95	可以	不脱灰，脱无规
TiCl₄/二醚类内给电子体/MgCl₂+三乙基铝/硅烷	10~25（300~600）	95~99	可以	不脱灰，不脱无规
TiCl₄/二醚类内给电子体/MgCl₂+三乙基铝/硅烷	25~35（700~1200）	95~99	可以	不脱灰，不脱无规
茂金属+甲基铝氧烷	（5000~9000）（以锆计）	90~99	可以	不脱灰，不脱无规

近年来开始发展的非茂单活性中心催化剂，由于具有合成相对简单、产率较高、成本低（催化剂成本低于茂金属催化剂、助催化剂用量较低）、可以生产多种聚烯烃产品的特点，预计将成为烯烃聚合催化剂的又一研发热点。

2.1.2.2　技术新进展

（1）Z-N 催化剂。

①第五代 PolyMax600 系列非邻苯二甲酸酯烯烃聚合催化剂。

2020年6月，科莱恩（Clariant）宣布推出第五代 PolyMax600 系列非邻苯二甲酸酯烯烃聚合催化剂，通过扩大其产品线，为满足客户更加严苛的毒性管理要求提供了新的解决方案。该新型催化剂由科莱恩与麦克德莫特（McDermott）旗下的 Novolen 技术公司联合开发，与邻苯二甲酸酯类催化剂相比，该催化剂的活性提高了至少25%。此新技术不仅提高了工

厂的生产率，而且还实现了优异的聚合物性能，如抗冲强度更高，因而耐久性更优异。PolyMax 600 系列催化剂可作为邻苯二甲酸酯类聚烯烃催化剂的直接替代品，适用于多种工艺，满足从食品包装到工程化汽车专用料等各类聚丙烯产品应用的要求。

②高刚性聚丙烯用新型无塑化催化剂。

2020 年 6 月，由中国石化北京化工研究院和广州石化联合开发了高活性自适应氢调性催化剂，该新型无塑化剂催化剂活性是传统催化剂的 2.35 倍，定向能力更高，具有自适应氢调敏感性，综合性能达到国际先进水平。该催化剂已在广州石化 1 号聚丙烯装置完成了工业应用，实现了装置长周期、多牌号稳定生产。产出的高刚性结构壁管材专用聚丙烯材料，熔融指数为 0.2～0.5g/10min，弯曲模量达 1600MPa 以上，已在下游用户稳定使用，替代进口料。

③高效球形聚丙烯催化剂 PSP-01。

中国石油石油化工研究院开发的 PSP-01 高效球形聚丙烯催化剂具有活性高、氢调敏感性及共聚性能好、聚合物细粉含量低等特点，可生产当前市场青睐的高附加值聚丙烯产品。2016—2019 年在中国石油抚顺石化公司 $9×10^4$ t/a 和大连石化公司 $20×10^4$ t/a 工业装置开发了高流动高刚性薄壁注塑聚丙烯、高流动纤维聚丙烯、抗冲共聚聚丙烯和高速 BOPP 薄膜专用料等新产品共计 40 余万吨，形成了 Z30S 系列、H39S 系列、HPP1850、HPP1860 系列、T36FD 为代表的知名牌号产品。

（2）茂金属催化剂。

茂金属催化剂方面，2017 年 6 月，中国石油石油化工研究院自主开发的载体型茂金属聚丙烯催化剂（PMP-01）在哈尔滨石化公司 $8×10^4$ t/a 间歇式液相本体聚丙烯装置上首次使用，生产出高透明茂金属聚丙烯 MPP6006。这种催化剂既保留了茂金属催化剂单一活性中心、高活性等优点，又具有流动性好、不黏釜、对装置适应性高等特点。

2020 年 10 月，中国石油石油化工研究院自主研发的茂金属聚丙烯催化剂 MPP-S01、MPP-S02 在山东工业试验成功，顺利开发出两种茂金属超高熔体质量流动速率聚丙烯（mUHMIPP），产品技术性能达到指标要求。这是国产高等规茂金属聚丙烯催化剂首次工业试验。

2.1.3　新产品开发技术

随着近年来环保要求逐渐趋严，汽车制造工艺不断发展以及新冠肺炎疫情的爆发，在汽车、医疗等行业对聚丙烯新产品的需求不断涌现，研发工艺技术不断取得突破，如医用、车用聚丙烯产品开发技术、茂金属聚丙烯新产品技术、聚丙烯改性技术、发泡技术和专用料技术等。

2.1.3.1　中国石化新产品开发技术

（1）燕山石化茂金属聚丙烯工艺。

中国石化燕山石化公司是国内首家连续化生产茂金属聚丙烯的企业，2018 年 3 月，在其现有聚丙烯装置上通过技术改造，实现茂金属聚丙烯产品商业化量产，填补了国内连续法茂金属聚丙烯生产空白，牌号有 MPP1300、MPP1400 等。

（2）燕山石化氢调法新技术。

2020 年 5 月，中国石化燕山石化公司应用氢调法新技术在聚丙烯装置上直接产出熔喷专用料，并在其新建的熔喷布生产线上试用成功，顺利产出熔喷无纺布。新技术填补了国内空白，使燕山石化熔喷料产能成倍增大。新技术因生产程序化繁为简，且采用大装置生产，单套装置日产量可达 200~250t，大幅提升了生产效率。

（3）镇海炼化透明聚丙烯新产品。

2020 年 7 月 16 日，中国石化镇海炼化公司第 2 套聚丙烯装置首次试生产高流动性透明聚丙烯树脂 M50ET，新产品 MFR 达到 55g/10min，是该公司目前所生产的流动性能最好的无规共聚聚丙烯树脂。M50ET 除了具有光泽度高、透明性能优异等特点外，在流动性能上有了新突破，可大幅降低加工能耗，提高生产效率。适用于大型制件、薄壁制品、家居制品及饮料包装等领域，特别在奶茶杯等专用领域和其他高端领域应用具有优势。

（4）扬子石化茂金属聚丙烯生产工艺。

2020 年 12 月，扬子石化研究院在聚丙烯中试装置上实现了茂金属聚丙烯生产的连续稳定运行，是国内继燕山石化后第二家实现连续生产的企业，实现了茂金属聚丙烯生产工艺的新突破。扬子石化根据中试装置实际运行情况研究解决方法，通过工艺技术革新，在系统论证的基础上，提出解决方案并进行了现场改造。目前，扬子石化正在对中试装置运行情况进行阶段性总结，将进一步优化聚合工艺条件，开展工业装置生产可行性评估。

2.1.3.2 中国石油新产品开发技术

（1）车用系列抗冲共聚聚丙烯成套技术。

利用 75kg/h 聚丙烯中试装置，开发并构建出"三高二低"车用系列抗冲共聚聚丙烯成套技术，设计开发出熔体流动速率从 8g/10min 到 35g/10min 的高抗冲系列及熔体流动速率从 30g/10min 到 100g/10min 的高模量系列 IPC 产品，在国内大型汽车改性材料企业实现大规模工业应用，形成了 SP179、EP533N 等标杆产品。

（2）医用聚丙烯新产品。

RP260 产品是中国石油兰州石化公司生产的医用药包材聚丙烯树脂，产品在四川科伦药业集团、山东辰欣药业、贵州天地药业等 20 多家国内大型药企大规模应用，2019 年产量超过 $3×10^4$t/a。2019 年，中国石油兰州石化公司开发的医用可立袋专用料 RP260-KL 在四川科伦生产可立袋专用料取得成功，打破了进口可立袋专用料的市场垄断。

自 2011 年以来，中国石油石油化工研究院就开始开展聚烯烃清洁化技术的开发工作，通过该技术在医用聚烯烃、车用聚烯烃等高端聚烯烃产品领域的应用实践，形成了聚烯烃清洁化产品平台技术。依据医药包材用聚烯烃的特殊要求，2013 年中国石油石油化工研究院提出了聚烯烃的"超洁净化"。2017 年完全实现了 RP260、LD26D 的洁净化工业化生产，2019 年实现了 RP260-KL、RPE02M 的洁净化工业化生产，保证了医用药包材聚烯烃树脂

的低迁移、低析出、耐溶剂，成功开发出系列超洁净化医药包材级聚烯烃产品。

（3）聚丙烯高熔指新产品。

2020年4月，中国石油兰州石化公司研发生产聚丙烯透明料RPE60I新产品，$30 \times 10^4 t/a$ 聚丙烯装置首次生产60g/10min的高熔指透明料，在生产过程中首次实现主催化剂全部国产化。RPE60I为高流动性高透明度无规共聚聚丙烯，可用于制作奶茶杯和大型整理箱。

（4）茂金属超高分子量聚丙烯。

2020年10月，中国石油石油化工研究院自主研发的茂金属聚丙烯催化剂MPP-S01、MPP-S02工业试验成功，成功开发出茂金属超高分子量聚丙烯及茂金属超高熔指聚丙烯，茂金属超高分子量聚丙烯是全球首个超高分子量聚丙烯工业产品。该类产品在超高强度膜材料、耐高温锂电池隔膜材料、特种纤维材料以及尚待开发的特殊应用领域等具有巨大的应用前景和市场潜力。茂金属催化丙烯直接聚合制备出的熔喷纺丝聚丙烯材料，是国内高级卫生防疫聚丙烯无纺布材料市场翘首以待的产品，可以用来生产医用口罩、医用防护服及其他高级卫生防护产品。

近年来，中国石油还开发了HMS1602高熔体强度聚丙烯专用料；聚丙烯纤维料系列产品开发技术，在广西石化LHF40P/LFH40P-2、大连石化H39S-3等产品的开发中得到了应用；β-PPH聚丙烯管材专用料成套技术，在呼和浩特石化 $15 \times 10^4 t/a$ 聚丙烯装置上完成了工业应用。

2.1.3.3　其他技术

（1）聚丙烯增韧改性技术。

聚丙烯增韧技术的研究正处于高速发展时期，并取得一系列成果。在众多增韧改性方法中，物理改性具有成本低、见效快等特点，成为最常用的增韧方法。化学改性虽然能获得稳定的结构和优异的性能，但对技术要求高、成本高，发展缓慢。

近年来发展比较好的聚丙烯增韧改性技术主要有橡胶或弹性体增韧技术、热塑性塑料、β成核剂以及刚性粒子协同弹性体增韧。其中，在聚丙烯中加入橡胶或弹性体是聚丙烯常用的增韧方法，加入适量的橡胶或弹性体后，聚丙烯的抗冲击性能能得到较大幅度的提高。其主要增韧原理是"银纹—剪切带"理论、"多重银纹"理论及两者共同作用。其增韧过程为：橡胶或弹性体以分散相的形式分散于基体树脂中，当材料受到外力作用时，弹性体粒子成为应力集中点，在拉伸、压缩等作用下发生形变，产生大量银纹和剪切带而消耗能量；银纹、剪切带和弹性体粒子相互作用又可以终止银纹、剪切带进一步转化为破坏性裂纹，使材料韧性明显提高。

（2）EPP发泡聚丙烯技术。

EPP材料的源头是高熔体强度聚丙烯树脂，因为它是用气体（CO_2）发泡的闭孔体系，只有当树脂熔化后的强度达到要求，才能保证熔融树脂能够支撑起发泡微孔，各个泡壁之间才不会破，进而形成连续封闭微孔结构。EPP以其独特卓越的高结晶型聚合物/气体复合结构，成为增长最快的环保新型抗压缓冲隔热材料，被列入《中国制造 2025》重点领域技术。在《中国制造 2025》重点领域技术创新路线图(2017 年版)中，已明确 EPP 的基础原料高熔融(熔体)指数聚丙烯是重点突破的先进基础材料之一。

发泡聚丙烯的核心技术主要掌握在日本 JSP 和 KANEKA 两家公司手中，JSP 公司是最大的发泡聚丙烯材料供应商，在日本拥有 10 个生产基地，海外有 12 个生产基地，年产量超 $10×10^4$t。此外，英国、德国及中国等国家和地区也有多家发泡聚丙烯生产企业，德国巴斯夫公司是高熔体强度聚丙烯原料及发泡聚丙烯材料供应商，产品主要用于汽车和保温材料；英国 Zotefoams 公司采用两阶工艺，物理发泡技术制备微交联发泡聚丙烯；无锡会通是中国第一家掌握发泡聚丙烯生产技术的企业，年产发泡聚丙烯达 $1.5×10^4$t；上海众通专业生产汽车用发泡聚丙烯产品，是上海通用、福建戴姆勒和华晨宝马的产品供应商。

2.2 技术发展趋势

(1)茂金属催化剂开发仍是重点。

聚烯烃是合成树脂中产量最大、用途最广的高分子材料，作为常规使用的催化剂，茂金属催化剂的高活性、单活性中心能够"定制"产品的性能、对聚丙烯的分子构型有着更加精确的控制。提高茂金属催化剂活性和稳定性、降低催化剂成本、延长寿命、生产更高性能的茂金属聚丙烯产品仍将是未来的研发重点。

(2)高性能和改性产品开发将成为热点。

从近几年的新产品开发技术进展来看，新冠疫情的肆虐、环保要求的逐步趋严和人们对汽车材料品质的追求等对聚丙烯新产品开发技术的影响仍将持续，用于汽车内饰件等领域的抗菌聚丙烯将成为车用聚丙烯的研发热点；低气味散发耐刮擦聚丙烯(市场上多被巴塞尔、北欧化工等公司产品垄断)的国产替代进口产品也将成为未来国内新产品开发技术的攻关方向。除此之外，高性能发泡聚丙烯(用于密封条、车身门、板顶棚)、透明聚丙烯(应用领域从家庭日用品到医疗器械、包装、耐热器皿等)、长玻纤增强聚丙烯(用于仪表骨架板、车门组合件、车顶面板等)也将成为未来开发的重点方向。

3 小结

总体来看，聚丙烯工艺、催化剂及新产品技术都在不断进步，为聚丙烯行业发展提供了较好的支撑。可以预见，随着消费观念和产品标准的升级，各应用领域对原材料的要求会越来越高，未来该领域的发展建议如下：

(1)提高茂金属催化剂性能。

近年来，中国石油、中国石化等国内大型炼化企业持续开展茂金属催化剂技术研发，并取得切实成果，但与国际领先技术水平相比，中国茂金属催化剂技术还存在较大差距。因此，应不断提高完善催化剂性能，开发更低熔点、更窄分子量分布、高透光率、更低气味的茂金属聚丙烯催化剂，使其能够生产更高性能的产品；并通过调控结晶度、分子量、弹性模量、断裂伸长率等指标制备具有可调节特性的聚丙烯，拓宽其应用领域(纤维是茂

金属聚丙烯的主要应用领域，占比达 56.5%）。

（2）开发高端新材料及系列化产品。

国内对高端管材料、汽车、家电、医用、高熔体流动速率透明薄膜及功能材料等高附加值的聚丙烯专用料的开发依然较落后，导致产品难以满足终端用户需求，呈现产量大而结构性不足的缺陷。因此，需要在通用料生产之外积极结合下游市场需求进行专用料、透明料、高附加值牌号的开发及推广。医用聚丙烯应重点开展固体药瓶专用料、多层复合输液软袋专用料，尽快实现对进口专用料的替代；透明聚丙烯方面，应重点围绕成核剂的国产化开展工作，尤其是透明成核剂的国产化进程需要加快；洁净聚丙烯方面，应重点开发低灰分、低析出、低气味系列洁净聚丙烯产品，在高端薄膜、电工材料、食品卫生等领域拓展应用。

参 考 文 献

[1] 高杰，赵建光. 关于聚丙烯生产工艺技术研究[J]. 当代化工研究，2019(16)：98-99.

[2] 庞通. 关于聚丙烯生产工艺技术研究[J]. 中国石油和化工标准与质量，2020，40(2)：28-29.

[3] 李良，刘闯. 聚丙烯催化剂与高性能产品开发技术进展[J]. 化工设计通讯，2019，45(10)：62-63.

[4] 包璐璐，韩李旺，杨廷杰，等. 聚丙烯生产工艺技术及其产品进展[J]. 广州化工，2019，47(14)：14-16，44.

[5] 袁泉，孟正华，郭巍，等. 汽车聚丙烯塑料改性再生技术研究进展[J]. 塑料科技，2019，47(6)：114-119.

[6] 陶炎，杨柳. 国产茂金属聚丙烯技术实现新突破[EB/OL]. (2020-12-29)[2021-1-11]. http：//www.ccin.com.cn/detail/7656ebcfbd38b1e3c556d4575bdde631/news.

[7] 钱伯章. 燕山石化氢调法熔喷料试产成功[J]. 合成纤维，2020，49(6)：56.

[8] 邓克林. 中国石化镇海炼化分公司试生产透明聚丙烯新产品[J]. 石化技术与应用，2020，38(5)：339.

[9] 曹泱. 国内聚丙烯行业发展路径的思考和建议[J]. 炼油与化工，2019，30(5)：7-9.

[10] 燕山石化成功产出茂金属聚丙烯产品[J]. 塑料工业，2018，46(6)：128.

[11] 王瑀，陈志芳. 聚丙烯的生产工艺及行业发展趋势[J]. 炼油与化工管理，2020(25)：7，167-168.

[12] 刘晶晶，张杰，高彦静. 茂金属催化剂全球竞争势态和研究热点[J]. 高分子通报，2020(9)：59-67.

[13] 郭晓军. 聚丙烯生产技术及产品[M]. 北京：中国石化出版社，2017.

[14] 王军，陈建华，李现忠，等. 非邻苯二甲酸酯内给电子体聚丙烯催化剂的研究进展[J]. 中国科学：化学，2014，44(11)：1705-1713.

合成橡胶生产技术

◎宋倩倩 梁滔

合成橡胶又称合成弹性体，是产量仅次于合成树脂、合成纤维的第三大合成材料。广义上是指通过化学方法合成的高弹性聚合物，其性能因单体不同有所差异，少数胶种性能接近天然橡胶，虽然性能不如天然橡胶全面，但因其具有高弹性、耐油、耐高温或低温、绝缘及气密性好等特性，广泛用于国防、航空航天、交通运输、农业等领域。通常合成橡胶可分为丁苯橡胶(乳聚丁苯和溶聚丁苯)、聚丁二烯橡胶、乙丙橡胶、丁基橡胶、异戊橡胶、丁腈橡胶和苯乙烯类热塑性弹性体7大胶种。当前，世界合成橡胶产业正朝着经营多元化、规模大型化、装置多功能化的方向发展，产业集中度不断提高，欧美等国家技术相对成熟且向着环保化、低成本化、品种多样化、高性能化、定制化的技术研发方向发展。尽管当前中国已成为合成橡胶生产第一大国，但产品多以中低端为主且产能过剩，高端产品多依赖进口，技术相较于国外仍有一定差距。

1 合成橡胶发展现状

1.1 全球合成橡胶行业发展现状

全球合成橡胶产能总体处于过剩状态，欧美等发达地区合成橡胶技术和产品比较成熟，在满足本地区市场需求的情况下，不断向海外扩张。亚洲仍是全球合成橡胶的消费中心，消费主要集中在东北亚、东南亚及印度。受数据所限，仅统计了顺丁橡胶、丁苯橡胶、丁基橡胶和丁腈橡胶4个胶种。

2015—2020年，受产能过剩影响，全球合成橡胶仅增加90.3×10^4t，年均增幅为1.2%，2020年产能为1641.4×10^4t/a。在全球经济复苏乏力，合成橡胶主要消费领域汽车行业发展放缓影响下，合成橡胶消费量由2015年的1029.9×10^4t下降到2020年的990.8×10^4t，年均降幅达0.8%，装置开工率也由2015年的67.6%下降至2020年的61.4%。

1.2 中国合成橡胶行业发展现状

"十三五"期间，我国合成橡胶产能建设较"十二五"时期明显放缓，产能仅小幅增加，2020年达642.1×10^4t/a，较2015年增加53.7×10^4t/a，年均增长1.7%，较"十二五"期间的16.1%的年均增速大幅放缓。新增产能主要来自苯乙烯类热塑性弹性体，增加了57×10^4t/a；顺丁橡胶产能受高桥石化关停、华宇橡胶改产等影响，减少了18.5×10^4t/a。丁苯橡胶、丁基橡胶、乙丙橡胶产能也少量增加。行业平均开工率提高，由2015年的52.2%

提高到 2020 年的 68.3%，行业过剩态势明显改善。特别是高性能胶种产量逐年增多，"十三五"期间部分胶种实现爆发性增长，如卤化丁基橡胶产量年均增长 92.5%，乙丙橡胶年均增长 63.1%。

尽管产量大幅增长，但国内进口量仍居高不下。2019 年，国内合成橡胶的进口量仍高达 $136.2×10^4$ t，且较 2015 年增加 $3.6×10^4$ t。其中，溶聚丁苯橡胶逐年增加，由 2015 年的 $1.73×10^4$ t 增加到 2019 年的 $3.52×10^4$ t；卤化丁基橡胶尽管受到国家商务部发起的反倾销影响有所下滑，但进口量仍高达 $15×10^4$ t 左右。

"十三五"期间，在汽车行业、道路沥青、房地产行业、基础建设拉动下，我国合成橡胶表观需求量由 2015 年的 $429.3×10^4$ t 增长到 2020 年的 $561×10^4$ t 左右，年均增长 5.5%，增速较"十二五"期间增加了 1.9 个百分点。其中苯乙烯类热塑性弹性体是国内合成橡胶消费增速最快的胶种，年均增长 7.4%，丁基橡胶、丁腈橡胶消费年均增速在 6%~7%，顺丁橡胶年均增速为 6%，但丁苯橡胶年均增速仅为 3.4%。

"十四五"期间，国内汽车市场逐步恢复，轮胎产品新业态或将促进高性能胶种的发展，国内合成橡胶产业向高质量发展迈进。预计我国合成橡胶产能将由 2020 年的 $642×10^4$ t/a 增加到 2025 年的 $749×10^4$ t/a，年均增长 3.1%，略高于"十三五"期间的 1.7%。合成橡胶需求增速也将放缓，需求量将由 2020 年的 $561×10^4$ t 左右增加到 2025 年的 $663×10^4$ t 左右，年均增长 3.4%，增速较"十三五"期间放缓 2 个百分点。但需求增速仍快于产能增速，装置利用率也进一步由 2020 年的 68.3%提高到 2025 年的 77%，行业过剩态势进一步改善。同时原料丁二烯供应大幅增加，合成橡胶成本下降，合成橡胶行业盈利水平明显提升。

2 技术现状和发展趋势

2.1 丁苯橡胶生产技术

丁苯橡胶（SBR）是最大的通用合成橡胶品种，其物理机械性能、加工性能和制品使用性能都接近天然橡胶（NR），广泛应用于生产轮胎与轮胎制品、鞋类、胶管、胶带、汽车零部件、电线电缆及其他多种工业橡胶制品。SBR 根据聚合工艺的不同分为乳聚丁苯橡胶（ESBR）和溶聚丁苯橡胶（SSBR）两种。ESBR 开发历史悠久，生产和加工工艺成熟，其生产能力、产量和消耗量在合成橡胶中均占首位。与 ESBR 相比，SSBR 生产工艺装置具有适应能力强、胶种牌号多样、单体转化率高、排污量小、聚合助剂品种少等优点，虽开发较晚，但发展迅速，SSBR 是今后几年的重点发展方向。

2.1.1 ESBR 生产技术现状

经过 80 多年的发展，ESBR 生产技术已经成熟和定型。生产工艺过程大致由水相烃相配制、5℃低温聚合、多级闪蒸脱除丁二烯及筛板塔脱除苯乙烯、无盐或有盐凝聚、挤压脱水膨胀干燥或箱式干燥和称重包装等工序组成。

近年来，ESBR 在提高聚合反应单体转化率及节能降耗、改进聚合配方和生产工艺、改性技术、添加第三单体或填充剂来改善性能等方面，取得了较大进展，已经有不少牌号的产品用于高性能轮胎制造。

2.1.1.1 国外 ESBR 生产技术现状

国外 ESBR 生产技术主要包括 Europa 公司技术、固特异公司技术和 Dow 公司技术。

（1）Europa 公司技术。

单线能力为 5×10^4t/a，每条聚合线的反应釜数量为 12 台左右，丁二烯和苯乙烯有预混合工序，以过氧化物为引发剂，在 5~7℃条件下聚合，转化率达 60%~75%。目前该工艺与其他公司技术相比转化率是最高的。其无盐凝聚工艺比较环保，产生的废水能在一般污水处理装置中直接处理。具有稳定的高精度聚合温度控制系统，原材料消耗较小。

（2）固特异公司技术。

单线能力为 6×10^4t/a，没有丁二烯和苯乙烯预混合工序，以过氧化物为引发剂，在 9~11℃条件下聚合，反应釜为 12 台左右，转化率达 60%~65%，采用盐凝聚工艺，使用 DCS 进行工艺控制。

（3）Dow 公司技术。

冷法聚合，丁二烯和苯乙烯不需要预混合，采用 8~10 个釜串联的连续搅拌反应器，乳化系统为多种阴离子表面活性剂，使用脂肪酸或松香酸皂液，增长链的长度通过碳硫醇类化学品控制（分子质量调节剂），单体转化率达到 68%~73%时反应停止。后处理系统带有两种不同的无盐凝聚技术，即三级槽级串联凝聚/干燥技术使电消耗量达到最优化。机械凝聚/干燥技术达到最小水耗量的优化。

2.1.1.2 国内 ESBR 生产技术现状

（1）中国石化 ESBR 生产技术。

中国石化齐鲁石化公司在消化、吸收国外引进技术的基础上，结合生产实际情况，对原日本瑞翁公司的技术进行了一系列优化，在工艺流程、工艺条件、设备国产化及自动化、助剂国产化及应用环保助剂、新产品开发等方面进行了大量的技术改进和创新，降低了装置的物耗和能耗，并形成了自己的专有技术。具有自主知识产权的 10×10^4t/a ESBR 成套技术工艺包于 2005 年 8 月通过了中国石化专家组的鉴定。2007 年 5 月，南京扬子石化金浦橡胶有限公司依托此技术建设的 10×10^4t/a ESBR 装置投产，一次投料开车成功，装置运行正常，产品质量达到国内先进水平。该技术可生产通用的 SBR1500/1502/1503/1712 等牌号，还可生产低门尼黏度 SBR1507、高结合苯乙烯含量的 SBR1516/1721、不含亚硝胺的环保型 SBR1500E/1502E/1712E/1721E、高充油量的 SBR1714 等牌号。

（2）中国石油 ESBR 生产技术。

①ESBR 成套技术。

2007 年，中国石油兰州石化公司在专有配方、专有技术和工艺包基础上形成自有知识产权，开发了乳聚丁苯橡胶成套技术，并采用该技术建成了 15×10^4t/a 丁苯橡胶生产装置。该装置由 A、B、C 三条生产线组成，装置设计可生产 SBR-1500E、SBR-1502E、SBR-

1712、SBR-1723、SBR-1739 和 SBR-1778E 等牌号，产品亚硝基胺类物含量均低于检测最低极限，达到欧盟及美国相关环保标准，达到环保型丁苯橡胶性能要求。此外，抚顺石化采用该技术建成 20×10⁴t/a 的国内规模最大的乳聚丁苯橡胶装置，2012 年 11 月开车以来，累计生产 18.2×10⁴t，增加产值 16.6 亿元。

②环保型 ESBR 生产技术。

中国石油吉林石化公司在引进的低温乳液聚合技术的基础上，通过不断技术改造，成功开发了可生产环保型 ESBR 橡胶的低温乳液聚合专有技术，该技术采用的双组分复合(A 和 B)终止剂，不含亚硝酸钠，消除了亚硝胺前驱体。2010 年，利用该技术吉林石化公司环保型丁苯橡胶 SBR1500E/SBR1502E 实现工业化连续稳定生产，产品优极品率达到100%，产品经国外权威机构德国橡胶工业研究院(DIK)的检测，亚硝胺含量满足欧盟环保标准。2012 年，中国石油抚顺石化公司采用该技术建成 20×10⁴t/a ESBR 胶装置。此外，中国石油石油化工研究院开发了过氧化氢对盖烷—无磷电解质的乳聚丁苯橡胶无磷聚合技术，同时完成了"20×10⁴t/a 无磷乳聚丁苯橡胶成套技术工艺包"的开发，并在中国石油抚顺石化公司成功应用，实现了长周期运行，累计生产 3.5×10⁴t。

③高性能轮胎胎面用环保型充油乳聚丁苯橡胶绿色合成关键技术。

"十二五"期间，中国石油石油化工研究院以应对欧盟 REACH 法规所必需的环保丁苯橡胶材料为切入点，成功开发了丁苯橡胶绿色合成关键技术，研制、开发并工业化生产了结合苯乙烯含量分别为 23.5%、40% 两个系列 5 个牌号 (SBR1763E、SBR1769E、SBR1778E、SBR1723、SBR1739)的环保型充油乳聚丁苯橡胶产品，样品经国家合成橡胶质量监督检验中心检测，达到指标要求，样品送欧洲权威检测部门——德国橡胶工业研究院(DIK)进行亚硝基胺类化合物检测，达到欧盟标准要求，样品送德国生物研究院(BIU)进行致癌物 PAHs 含量检测，苯并[α]芘、8 种 PAHs 含量远低于欧盟指令指标，符合环保化要求，达到国际先进水平，SBR1778E、SBR1723 已经得到推广应用。同时开发了工程胎专用的乳聚丁苯橡胶 SBR1586。

④环保型充油丁苯橡胶生产技术。

中国石油吉林石化公司以辽河石化重环烷油为填充油，采用其环保型充油丁苯橡胶生产技术，成功开发了 SBR1763/SBR1766/SBR1769 3 个牌号环保型充油丁苯橡胶产品。这 3 个产品不仅环保性能达到欧盟考核指标，也正在开展推广应用。

2.1.2 SSBR 生产技术现状

SSBR 是以丁二烯—苯乙烯为聚合单体，以有机锂化合物为引发剂，用醚胺类等路易斯碱化合物或同时使用两种极性化合物作为调控聚合链微观结构的调节剂，在脂肪烃有机溶剂中通过负离子溶液聚合反应得到的一种无规共聚物。尤其是近 20 多年以来，SSBR 合成技术不断提高，采用高分子设计及活性链端改性技术开发了一系列抗湿滑性、滚动阻力、耐磨性等综合平衡性能极佳的能满足轮胎及橡胶制品发展要求的 SSBR 新牌号。同时随着国际环保法规的出台和实施，SSBR 逐渐成为丁苯橡胶的发展重点。

2.1.2.1 国外 SSBR 生产技术现状

SSBR 生产技术主要有 Phillips 公司的间歇聚合技术和 Firestone 公司的连续聚合技术。间歇法聚合技术的特点是生产灵活性大、品种的应变性强；连续聚合技术具有生产效率高、产品质量稳定、物耗能耗低的特点。随着 SSBR 需求量的增长和聚合技术的进步，连续聚合技术在 SSBR 生产中占有越来越重要的地位。

（1）SSBR 连续聚合技术。

目前 SSBR 连续聚合工艺主要采用 Firestone 公司技术，日本 Asahi 公司在引进 Firestone 公司技术基础上开发了更先进的连续聚合工艺。此外，美国 Phillips 公司、Shell 公司、日本瑞翁公司等也分别开发了连续聚合工艺。

①单釜连续聚合工艺。

Firestone 公司早期的单釜连续聚合工艺采用丁基锂（BuLi）为引发剂，己烷为溶剂，二乙二醇二甲醚（2G）为凝胶抑制剂。调节剂使用 KTA、锰醇的钾盐或钠盐，其他可采用的抑凝剂为四氢呋喃（THF）、二三甘醇二甲醚、四甘醇二甲醚等。丁二烯与苯乙烯的质量比为 80：20，BuLi 的用量为 0.1~1.0mmol/100g 单体，KTA 的用量为 0.01~0.20mmol/100g 单体，2G 的用量为 150~300mg/kg 单体。将丁二烯、苯乙烯、KTA、2G 和己烷加入预混釜混合均匀，经装有分子筛的干燥塔干燥后加入计量罐，再由计量泵打入冷却室。上述混合物与引发剂混合后，由釜底进入聚合釜，反应温度为 110~125℃。胶液由聚合釜顶出料经过管线进入接收器，在接收器中冷却降温。管线有夹套加热，以保持胶液黏度较低，容易传输。所制备的产品中无凝胶，其嵌段结构小于 0.5%。

Firestone 公司的专利描述了单釜连续聚合与闪蒸匹配的系列工艺。工艺采用 BuLi 为引发剂，1,2-Bd 为调节剂，己烷或戊烷为溶剂，既可用于丁二烯的均聚，也可用于丁二烯与苯乙烯或异戊二烯的共聚。丁二烯与苯乙烯共聚时，丁二烯与苯乙烯的质量比为（60~95）：（40~5），己烷的质量为单体和溶剂总质量的 70%~80%。丁二烯均聚时，丁二烯与己烷的质量比为 25：75。1,2-Bd 与丁二烯的质量比为 1：1，BuLi 配成己烷溶液，其质量相当于单体的 0.03%。上述物料以约 33m³/h 的流量连续进入反应器，反应温度和进入闪蒸罐的温度分别为 121℃和 132℃，闪蒸罐的压力为 0~0.054MPa，闪蒸后聚合物浓度从 16.7%提高到 25%。闪蒸溶剂冷凝后进入缓冲罐，经流量控制阀返回进料管线，这样有 40%的溶剂不必再进行精制，从而显著降低后处理过程蒸汽和水的消耗，而且聚合又能在单体浓度较低的条件下进行，有利于反应热的导出，减少交联物及凝胶的形成。50%~70%未反应的 1,2-Bd 随循环的己烷回收使用并保持极纯的状态，提高了调节聚合物分子量分布的能力。

②多釜串联连续聚合工艺。

与单釜连续聚合工艺相比，多釜连续聚合工艺易于调节聚合物的乙烯基结构含量和结合 St 的序列分布，可制备分子量分布峰多元化的聚合物产品，也易于实现活性聚合物的偶联支化、线性扩链及端基改性。

Massoubre 等开发的三釜串联连续聚合工艺以 SiCl₄ 为凝胶抑制剂，以正丁基锂（n-BuLi）/叔丁氧基钾为引发体系，连续生产无规 SSBR。在首釜加入 SiCl₄ 凝胶抑制效果最佳，必要时可在第二、第三釜加入少量 SiCl₄。

日本旭化成公司的双釜串联连续聚合工艺，用 BuLi 作引发剂，乙二醇二甲醚等醚为无规调节剂，丙二烯作凝胶抑制剂。反应主要在首釜完成，单体转化率大于 95%，也可在第二釜添加单体、偶联剂等。根据产品需要，聚合过程中还加入少量支化剂二乙烯基苯以改进 SSBR 的冷流性能。

多釜串联连续聚合工艺一般采用两个以上带搅拌器的反应釜。与单釜连续聚合工艺相比，多釜串联连续聚合工艺易于调节聚合物的乙烯基结构含量和结合苯乙烯的序列分布，可制备分子量分布峰多元化的聚合物产品，也易于实现活性聚合物的偶联支化、线性扩链及端基改性。该工艺的不足之处是反应物料在反应釜输送时易生成凝胶，使连续过程受阻，过程控制也比单台反应釜复杂。

Phillips 公司开发了三釜串联连续聚合工艺。前两釜为反应釜，第二、三釜为终止和偶合釜。以 n-BuLi 为引发剂，也可采用多锂引发剂，KTA 为无规剂，SiCl₄ 为凝胶抑制剂，环己烷为溶剂来制备无规 SSBR。

虽然专利文献报道的连续聚合工艺及反应器形式很多，但因聚合过程中物料黏度高、聚合反应器易挂堵等因素的限制，工业应用中基本局限于单釜和多釜串联两种工艺。

③管式与环管式聚合反应器。

德国 BASF 公司在长 40m、直径 0.2m 的管式反应器中进行了 s-BuLi 引发 Bd-St 共聚反应。法国 Michelin 公司用环管反应器进行了 BuLi 引发 Bd-St 共聚反应。虽然管式反应器的应用在实验室取得了良好效果，但由于锂系阴离子聚合过程中易产生凝胶，所以至今未见管式反应器用于 SSBR 工业化生产的报道。

（2）氢化 SSBR 合成技术。

日本旭化成株式会社对低 St 含量、高乙烯基含量及窄分子量分布的 SSBR 进行选择加氢，使 Bd 链段中的 1，2-乙烯基单元形成 1-丁烯结构单元。选择加氢使聚合物具有更优异的黏弹性，高温下滞后损失较小，从而使制备的轮胎具有低滚动阻力和良好的抗湿滑性。这种新技术可以与现有的聚合物链端官能团化技术和硅混料技术一起使用，制备带有 Sn—C 键的锡偶联无规 SSBR。

2.1.2.2 国内 SSBR 生产技术现状

1996 年，中国石化北京燕山石化公司通过自有技术在国内建成了首套 SSBR 生产装置，之后中国石化茂名石化公司、上海高桥石化公司和中国石油独山子石化公司分别通过技术引进在国内建成了 SSBR 的生产装置。经过多年的探索、研究，中国石油石油化工研究院 SSBR 生产技术取得了长足的进步，联合独山子石化开发了 SSBR1557TH、SSBR2564S、SSBR1550、SSBR3840 等新牌号，并在 SSBR 加工应用技术方面取得了突破，攻克白炭黑表面改性技术、低温连续混炼工艺、低膨胀系数胎面胶配方及梯度变温硫化工艺等4项核心技术，独山子石化溶聚丁苯生产装置满负荷运行，引领了国内溶聚丁苯橡胶的发展，促进了我国《绿色轮胎技术规范》的加速实施，有力促进了国内绿色轮胎产业升级步伐。与此同时，中国石油石油化工研究院还完成了自主知识产权"$10×10^4$t/a溶聚丁苯橡胶成套技术工艺包"和"$3×10^4$t/a集成橡胶（SIBR）成套技术工艺包"的开发。

此外，国内SSBR的研究还集中在新型引发剂、调节剂和端基改性的研究。

（1）新型引发体系。

北京化工大学采用三甲基氯硅烷与双端活性锂引发剂反应，制得了一种含硅基团有机锂引发剂，用该引发剂引发丁二烯和苯乙烯聚合，用四氯化锡偶联，得到端基为含硅基团的星型丁苯橡胶，其偶联效率最高为85.93%。该技术将含硅特殊结构的基团引入聚合物链端，进一步偶联生成星型聚合物，以减少自由末端，降低滚动阻力，从而提高了SSBR产品的性能。

大连理工大学用 n-BuLi 和六亚甲基亚胺合成含氮有机锂引发剂六亚甲基亚氨基锂（LH-MI），用于引发负离子聚合。与丁基锂体系相比，用LHMI合成的SSBR，在不损失其他物理机械性能的基础上，滚动阻力降低。

中国石化开发了一种中等乙烯基结构共轭二烯烃与单乙烯基芳烃无规共聚物的制备方法。其特点在于采用有机锂、烷基磺酸盐类化合物、四氢糠醇醚类化合物的引发体系引发共轭二烯烃与单乙烯基芳烃的无规共聚，并在聚合后期可以加入多官能度偶联剂进行偶联反应。烷基磺酸盐类化合物活性高，用量少，易溶于脂肪烃溶剂中。采用该类引发体系，可以在质量分数为15%~40%的乙烯基结构范围内实现对SSBR苯乙烯嵌段的有效控制，且聚合过程平稳，聚合速度快，生产效率和设备利用率高。

（2）调节剂体系。

中国石化巴陵石化公司以甲苯为溶剂，四氢糠醇、氢氧化钠、溴乙烷和顺丁烯二酸酐为原料，制备四氢糠醇乙醚。制备的四氢糠醇乙醚作为新型结构调节剂能满足阴离子聚合合成高乙烯基含量的SSBR的要求。该公司还采用自制环醚调节剂，以 n-BuLi 为引发剂，以环己烷—己烷为溶剂，采用阴离子聚合法合成高乙烯基SSBR，并对其性能进行研究。结果表明，自制环醚调节剂具有较好的乙烯基含量调节能力，在用量较小的情况下即可合成高乙烯基SSBR。

中国石油石油化工研究院兰州化工研究中心以 n-BuLi 为引发剂，环己烷/环戊烷为溶剂，合成了SSBR，并对反应过程中的现象、橡胶的结构与性能进行了研究。结果表明，使用不同的结构调节剂并改变配比及用量，对于共聚物中1，2-结构含量，两体系相差不大。但是环戊烷体系的嵌段苯乙烯含量明显低于环己烷体系。不同温度、不同调节剂配比下，两种体系下分子量相差不大，分子量分布趋势相同，物理机械性能也非常接近。

北京化工大学研究了以 n-BuLi 为引发剂、环己烷/己烷为溶剂，采用间歇聚合工艺对丁二烯与苯乙烯进行共聚反应，合成了SSBR，考察了不同调节体系（THF、THF/三乙胺、THF/叔丁氧基钾、THF/叔戊氧基钾）和引发温度对反应动力学及SSBR微观结构的影响，

结果表明，随着极性调节剂 THF 的增加，产物中 1，2-结构含量增大，但此方法合成的 SSBR 中始终存在一定量的苯乙烯微嵌段，无法制备全无规型 SSBR。中国石化燕山石化公司研究院在连续聚合工艺条件下，采用调节剂 THF 和复合调节剂对 SSBR 的乙烯基含量进行调节，研究结果表明，SSBR 的乙烯基含量与 THF/n-BuLi 的相关性不强，而与 THF 的用量呈较好的线性相关；与 THF 体系相比，复合调节体系对乙烯基结构的调节能力更强；其中高苯乙烯基和高乙烯基 SSBR 具有较高的抗湿滑性能。

（3）SSBR 改性研究。

龙平等通过负离子聚合法合成 SSBR，在聚合后期加入六甲基环三硅氧烷（D3）和促进剂 N，N-二甲基甲酰胺（DMF），合成了 SSBR—聚二甲基硅氧烷共聚物，结果表明，在 DMF/Li 物质的量比为 80、反应温度为 60℃、反应时间为 6h 的条件下，D3 转化率达到 73%；当丁苯大分子活性链末端为丁二烯端基时，能更有效地引发 D3 共聚合。该方法合成的聚合物中一端是硅氧烷基，与白炭黑有较好相容性，更利于 SSBR 的改性，从而提高 SSBR 产品的性能。

李安等采用负离子聚合法制得具有双端活性的 SSBR，然后用叔丁基二苯基氯硅烷对 SSBR 进行封端改性。研究发现，在 SSBR 数均摩尔质量为 50000g/mol、封端比为 2.0、封端温度为 60℃、封端反应时间为 70min 的条件下，叔丁基二苯基氯硅烷对 SSBR 的封端率可达 77.2%。大分子链端基由苯乙烯转换为丁二烯后可显著提高封端率；用叔丁基二苯基氯硅烷封端显著提高了 SSBR 的拉伸强度和扯断伸长率，降低了其动态压缩温升和滚动阻力。

佟园园等以自制多官能度有机锂为引发剂，采用负离子聚合法制备了星形 SSBR，然后加入异丙醇氧锂作为解缔剂，降低体系黏度，再加入封端剂 γ-氯丙基三甲氧基硅烷进行封端反应，得到端基带有三甲氧基丙基硅烷基团的改性 SSBR。结果表明，解缔剂可明显降低聚合体系黏度。解缔后高封端率 SSBR 硫化胶与未封端和未解缔低封端率 SSBR 硫化胶相比，其炭黑—白炭黑填料粒子分散更均匀，且拉伸强度和定伸应力提高 300%，永久变形明显降低，具有 0℃ 损耗因子高和 60℃ 损耗因子低的特点。

2.1.3 技术发展趋势

（1）ESBR 发展趋势。

为了适应市场对轮胎品质要求的不断提高以及日益严苛的环保要求，同时提高产品的市场竞争力，ESBR 发展方向是功能化、高性能化、差异化、环保化。

ESBR 技术开发主要围绕研制高效引发剂和新型乳化剂、优化工艺控制、提高聚合转化率及完善凝聚技术等展开，技术开发方向主要有：①开发新型助剂，通过使用新型引发剂、乳化剂及分子量调节剂来进一步提高聚合转化率，降低生产成本，节能降耗；②改进聚合工艺，通过聚合配方的调整来降低助剂的用量，减少生产成本并改进聚合物性能；③针对高性能子午胎开发新胶种，如利用分子设计手段在聚合反应过程中加入硅烷类、胺类、脂类、羧酸类等官能剂来改变聚合物的微观结构，使聚合物分子链上带有对炭黑具有反应活性的基团，使橡胶在后续加工过程中与炭黑、硅之间能产生良好的亲和作用，改进橡胶与炭黑之间的相互作用，进而提高轮胎性能；④针对欧美地区不断出台的一些新的环保法规，开发环保型丁苯橡胶，如使用新型橡胶终止剂以及在生产过程中采用环保型橡胶填充油等。

（2）SSBR 发展趋势。

SSBR 未来发展趋势是改性技术，第一种是微观结构改性，调节 SSBR 分子链中苯乙烯基和乙烯基的微观结构得到不同性能优势的产品。第二种是偶联改性技术，采用链端或链中改性技术提高分子链与二氧化硅之间的相互作用力，降低 SSBR 滚动阻力，降低生热，提高产品耐磨性。第三种是引入异戊二烯，开发集成橡胶。集成橡胶有效解决了橡胶性能中抗湿滑性、滚动阻力和耐磨性互相矛盾的"魔鬼三角"的问题，在不影响橡胶抗湿滑性能的情况下，可以降低滚动阻力和提高耐磨性能。

通常的改性方法包括：根据溶液聚合特点进行高分子链的支化改性，形成多臂、杂臂、星型 SSBR；进行酰胺类、腈类、希夫碱、多环芳烃类等不同的高分子链端基改性；在高分子链上进行氢化、氯化或环氧化改性，通过不同的改性手段以达到不同的使用性能。

2.2　聚丁二烯橡胶生产技术

聚丁二烯橡胶（BR）是以丁二烯为单体，采用不同催化剂和聚合方法合成的一种聚合物，是目前仅次于丁苯橡胶的世界第二大通用合成橡胶。因具有弹性好、生热低、滞后损失小、耐曲扰、抗龟裂及动态性能好等优点，可与天然橡胶、氯丁橡胶及丁腈橡胶等并用，主要用于轮胎工业中，可用于制造胶管、胶带、胶鞋、胶辊、玩具等，还可以用于制造各种耐寒性要求高的制品和用作防震。

按照聚合物的微观结构，聚丁二烯橡胶可分为高顺式聚丁二烯橡胶（顺式 1,4-结构质量分数达 90% 以上，即国内的顺丁橡胶）、低顺式聚丁二烯橡胶（顺式 1,4-结构质量分数为 35%~40%，简称 LCBR）、中乙烯基聚丁二烯橡胶（1,2-结构质量分数为 35%~65%）和高反式聚丁二烯橡胶（反式 1,4-结构质量分数达 65% 以上）4 种产品。

2.2.1　国内外生产技术现状

目前，世界上聚丁二烯橡胶的生产工艺主要采用溶液聚合法，使用的催化剂主要包括镍系、钛或钴系、锂系、稀土钕系等。不同催化体系聚丁二烯橡胶的生产工艺各有特点，催化剂类型的选择与配制是聚丁二烯橡胶生产的关键，它决定了聚合物的微观结构和橡胶的性能等。钛系、钴系、镍系和稀土钕系催化剂主要用于生产高顺式 1,4-聚丁二烯橡胶，其他聚丁二烯橡胶品种则主要采用锂系催化剂。

目前，国内外生产技术研发主要集中在催化剂研发、分子量调节、聚丁二烯橡胶改性、生产工艺等几个方面。

（1）催化剂研发。

催化剂体系一直是研发的重点，如韩国锦湖公司采用稀土钕系化合物（如己酸钕、庚

酸钕、环烷酸钕等）、镍系化合物（如己酸镍、辛酸镍、环烷酸镍等）、有机铝化合物及三氟化硼化合物四组分作催化剂，与传统的镍系催化剂相比，该催化体系催化活性更高，催化剂用量少，且所得聚合物的顺式1，4-结构含量高。Polysar公司将Ni-Al-B三元催化体系中的铝组分改为复合型烷基铝，用该催化剂体系制备的高顺式聚丁二烯橡胶的微凝胶含量比使用单一型铝剂明显降低。

意大利埃尼化学公司以镧系金属盐，元素周期表Ⅰ、Ⅱ、Ⅲ族金属的有机化合物和硼的有机化合物构成的催化体系制备的聚丁二烯橡胶具有顺式1，4-结构与反式1，4-结构，单元之间的比例可以按需要调节，并且分子量分布较窄。

中国石油开发出一种制备高门尼稀土顺丁橡胶的催化剂，该催化剂由有机稀土化合物、烷基铝、有机氯化物及分子量调节剂组成，活性评价试验结果显示，单体转化率大于90%，产物门尼值为55~100。

浙江大学开发出一种新型钴系催化剂，以含NNO配体的钴配合物为主催化剂，以铝氧烷和氯化烷基铝化合物中的一种或两种为助催化剂，助催化剂中的金属铝与主催化剂金属钴的质量比为（10~2000）∶1，该催化剂在制备聚丁二烯橡胶时，具有催化活性优良和产物顺式选择性高等优点。

（2）分子量调节技术。

日本合成橡胶公司在其专利中公开了通过加入第四组分卤化乙醛或苯醌（乙酰基氯化物、蒽醌等）来控制聚合物的分子量分布的橡胶制备技术，该技术能够使产物在保持传统聚丁二烯橡胶弹性好、耐磨耗、低生热等性能的基础上，压出膨胀率进一步减小，硫化胶的物理性能得到进一步改善。

美国固特异公司在其专利中指出了可通过加入卤代酚、对苯乙烯二苯胺来调节聚丁二烯橡胶分子量的技术。对于加入对苯乙烯二苯胺来降低聚合物分子量的技术，已在多项美国专利中提及，目前固特异公司生产的Budene1280-顺丁橡胶就是加入了该种分子量调节剂。

韩国锦湖石化公司在其专利中公开了向聚合体系中加入羧酸或二烷基锌化物作分子量调节剂的镍系聚丁二烯橡胶制备工艺，可在不影响聚合物其他性能的前提下，保证橡胶的加工性能和物理性能达到最优化。

（3）聚丁二烯橡胶的改性。

通过改性，聚丁二烯橡胶通常可以在保持原有优点的同时，获得更多其他特性。如NiBR通过氢化、环氧化、氯化等化学改性，可以有效保持其制品在使用过程中的耐热、耐臭氧、耐候及化学稳定性。日本瑞翁公司开发的高饱和加氢NiBR，加氢饱和度高达64%，产品在耐候性、耐臭氧性方面性能优异。

徐忠丽等通过混炼工艺将炭黑加入BRg000、BRg002和BR3505，考察了门尼黏度和毛细管流变行为。结果表明，增加炭黑用量能够显著提高聚丁二烯橡胶的门尼黏度、流动屈服应力和表观剪切黏度。

高树峰等考察了向聚丁二烯橡胶加入纳米碳酸钙对其性能的影响。结果表明，纳米碳酸钙具有一定的补强作用，但与炭黑 330 相比效果较差，纳米碳酸钙无论是单用还是与炭黑 330 并用均可使胶料的抗湿滑性能提高，耐磨性能下降，单用纳米碳酸钙时胶料的拉断伸长率随其用量的增加而增大。

（4）生产工艺。

1998 年，中国石油与中科院长春应用化学研究所合作，在其万吨级镍系顺丁烯橡胶生产装置上采用绝热聚合方式实现了钕系稀土顺丁橡胶的工业化生产。在中科院长春应化所和锦州石化公司开发的技术基础上，通过自主创新，中国石油独山子石化公司开发了独具特色的稀土聚丁二烯橡胶胶液蒸汽预凝聚技术，形成稀土聚丁二烯橡胶工业化成套生产技术，建成 1 条 1.5×10^4 t/a 稀土顺丁橡胶生产线，并开发出 15×10^4 t/a 稀土顺丁橡胶生产装置设计基础工艺包，2014 年，中国石油四川石化公司采用该工艺包建成 15×10^4 t/a 的顺丁橡胶装置。

中国石化燕山石化公司与北京化工大学开展了稀土 BR 生产技术的研究，该工作被列入中国石化"十一五"规划。双方在 2007 年和 2008 年共完成了 3 次中试，取得了编制 30×10^3 t/a 稀土 BR 生产装置工艺包所需的数据。2012 年 10 月，中国石化首套 30×10^3 t/a 稀土 BR 生产装置在燕山石化建成投产。

2.2.2 技术发展趋势

目前，我国镍系聚丁二烯橡胶产品多为低端产品，且产能过剩，在品种、标号、质量等方面与国外同类产品仍有较大差距，亟须提高现有镍系顺丁橡胶的生产技术水平，加快开发镍系聚丁二烯橡胶专用化、系列化产品。在 LiBR 方面，重点开发塑料改性 LCBR 牌号，开发滚动阻力和抗湿滑性能均衡的 MVBR 和 HVBR。

鉴于稀土聚丁二烯橡胶优异的性能，稀土聚丁二烯橡胶已成为国内外研究开发的热点，重点是开发钕系聚丁二烯橡胶（NdBR），特别是窄分布、带有一定之化度的 NdBR，以改善加工性能和冷流性。我国稀土聚丁二烯橡胶发展当务之急是实现真正的产业化生产。鉴于参与稀土聚丁二烯橡胶开发的几家单位技术各有优势，这几家单位应该通力合作，进行联合开发，以便更好地推动我国稀土聚丁二烯橡胶生产技术的发展。

此外，镍系顺丁橡胶（NiBR）装置经改造后，即可生产 NdBR，因此，聚丁二烯橡胶装置的多功能化也是一种发展趋势。

2.3 乙丙橡胶生产技术

乙丙橡胶（EPR）是由乙烯和丙烯共聚而得的二元聚合物（EPM）或由乙烯、丙烯和非共轭二烯烃单体共聚而得到的三元共聚物（EPDM）的总称。因具有优异的耐臭氧、耐热、耐候、防老化性能，在汽车部件、建材用防水卷材、电线电缆护套、耐热胶管、胶带、汽车密封件、润滑油添加剂以及聚烯烃改性等方面具有广泛的应用。其中三元乙丙橡胶二烯烃位于侧链上，不仅保留了二元乙丙橡胶的特性，还可以用硫黄磺化，在乙丙橡胶商品牌号中占 90% 左右。

2.3.1 国外 EPR 技术现状

目前，工业上乙丙橡胶的生产方法主要有溶液聚合法、悬浮聚合法和气相聚合法 3 种。其中采用溶液聚合法工艺的生产能力约占世界乙丙橡胶总生产能力的 89.2%，悬浮聚合法约占 6.8%，气相法约占 4%。

2.3.1.1 溶液聚合工艺

溶液聚合工艺于 20 世纪 60 年代初实现工业化，经不断完善和改进，技术已成熟，是工业生产的主导技术。该工艺通常以直链烷烃，如正己烷为溶剂，采用 Ziegler-Natta 型 V-Al 催化剂体系，聚合温度为 30~50℃，聚合压力为 0.4~0.8MPa，反应产物中聚合物的质量分数一般为 8%~10%，近年来随着茂金属催化剂性能的逐步提高以及成本的下降，茂金属催化剂的使用逐渐增多。生产过程一般包括原材料准备、化学品配制、聚合、催化剂脱除、单体和溶剂回收精制以及凝聚、干燥和包装等工序，由于各公司在某部分或控制方面有自己的专利技术，工艺各有特色，代表性的公司有 DSM、Exxon、Uni-royal、DuPont、日本三井石化和 JSR 公司。其中最典型的代表是 DSM 公司，是全球最大的 EPR 生产者，约占世界溶液聚合工艺生产 EPR 总能力的 1/4。

DSM 公司采用己烷为溶剂，亚乙基降冰片烯（ENB）或双环戊二烯（DCPD）为第三单体，氢气为分子量调节剂，$VOCl_3-1/2Al_2Et_3Cl_3$ 为催化剂。此外，为提高催化剂活性及降低其用量，还加入了促进剂。催化剂的配比用量、预处理方式、促进剂类型是 DSM 公司的专有技术。2007 年初，DSM 公司成功开发了"先进催化弹性体（ACE）"技术，随后采用该技术在其荷兰 Geleen 的乙丙橡胶装置上投资建设专门生产线，生产系列产品为 Keltan，该系列产品 2-乙烯基-5 降冰片烯含量高，可提高过氧化物硫化效率，降低过氧化物用量，降低成本的同时保持材料良好性能。

2.3.1.2 悬浮聚合工艺

EPR 悬浮聚合工艺产品牌号不多，其用途有局限性，主要用作聚烯烃改性，目前只有意大利 Enichem 公司和德国 Lanxess 公司两家使用。该工艺是根据丙烯在共聚反应中活性较低的原理，将乙烯溶解在液态丙烯中进行共聚合。丙烯既是单体又兼作反应介质，靠其本身的蒸发致冷作用控制反应温度，维持反应压力。生成的共聚物不溶于液态丙烯，而呈悬浮于其中的细粒淤浆。该工艺又可分为一般悬浮聚合工艺和简化悬浮聚合工艺。

（1）一般悬浮聚合工艺。

Enichem 公司采用此工艺，以乙酰丙酮钒和 AlEt-Cl 为催化剂，二氯丙二酸二乙酯为活化剂，ENB 或 DCPD 为第三单体，二乙基锌和氢气为分子量调节剂。根据所生产产品牌号的不同，将乙烯、丙烯、第三单体以及催化剂加入具有多桨式搅拌器的夹套式聚合釜中，反应条件为：温度-20~20℃，压力 0.35~1.05MPa。反应热借反应相的单体蒸发移除。反应相中悬浮聚合物的质量分数控制在 30%~35%，整个聚合反应在高度自动控制下进行，生成的聚合物丙烯淤浆间歇地送入洗涤器，用聚丙二醇使催化剂失活，再用 NaOH 溶液洗涤。悬浮液送入汽提塔汽提，未反应的乙烯、丙烯和 ENB 分别经回收系统精制后循环使用。胶粒—水浆液经振动筛脱水、挤压干燥、压块和包装即得成品胶料。该工艺特点是聚合精制不使用溶剂，聚合物浓度高，强化了设备生产能力，同时省略了溶剂循环和回收，节省了能量。

（2）简化悬浮聚合工艺。

该工艺是在一般悬浮聚合工艺基础上开发的，主要采用高效钛系催化体系，不进行催化剂的脱除，未反应单体不需处理即可返回使用。通常用于生产 EPM，这是因为闪蒸不易脱除未反应的第三单体。其工艺流程为：反应在带夹套的搅拌釜中进行，采用 TiCl-MgCl-Al(i-Bu)催化剂体系，催化剂效率为 50kg 聚合物/g 钛，反应温度为 27℃，压力为 1.3MPa，聚合物的质量分数为 33%。反应釜出来的蒸汽物料压缩到 2.7MPa 并冷却后返回反应釜。聚合物淤浆经闪蒸脱除未反应单体，不需精制处理，压缩和冷却后直接循环到反应釜使用。脱除单体的聚合物不必净化处理即可作为成品。产品可以为粉状、片状或颗粒状。近年来，Enichem 公司采用改进后的 V-Al 催化体系，催化剂效率提高到 30~50kg 聚合物/g 钒，省去了洗涤脱除催化剂工序，同样简化了工艺流程。

2.3.1.3 气相聚合工艺

EPR 的气相聚合工艺由 Himont 公司率先于 20 世纪 80 年代后期实现工业化应用。UCC 公司则于 20 世纪 90 年代初宣布气相法 EPR 中试装置投入试生产，其 9.1×10⁴t/a 的气相法 EPR 工业装置于 1999 年正式投产。UCC 公司的 EPR 气相聚合工艺最具代表性，它分为聚合、分离净化和包装三个工序。质量分数为 60% 的乙烯、35.5% 的丙烯、4.5% 的 ENB 同催化剂、氢气、氮气和炭黑一起加入流化床反应器，在 50~65℃和绝对压力 2.07kPa 下进行气相聚合反应。乙烯、丙烯和 ENB 的单程转化率分别为 5.2%、0.58% 和 0.4%。来自反应器的未反应单体经循环气压缩机压缩后进入循环气冷却器除去反应热，与新鲜原料气一起循环回反应器。从反应器排出的 EPR 粉末经脱气降压后进入净化塔，用氮气脱除残留烃类。来自净化塔顶部的气体经冷凝回收 ENB 后用泵送回流化床反应器。生成的微粒状产品进入包装工序。

与前两种工艺相比，气相聚合工艺有其突出的优点：工艺流程简短，仅 3 道工序，而传统工艺有 7 道工序；不需要溶剂或稀释剂，无须溶剂回收和精制工序；几乎无"三废"排放，有利于生态环境保护。但其产品通用性较差，所有的产品皆为黑色。这是由于为了避免聚合物过黏，采用炭黑作为流态化助剂。虽然开发成功了用硅烷黏土和云母代替炭黑生产的白色和有色产品，但第一套工业化生产装置仍然只能生产黑色 EPR。

2.3.2 国内 EPR 生产技术现状

2.3.2.1 中国石油 EPR 工业化成套技术

1997 年，中国石油吉林石化公司引进日本三井化学公司溶液聚合法技术，建成当时国内唯一一套 2×10⁴t/a 的乙丙橡胶生产装置，在充分吸收消化该技术的基础上，吉林石化加大技术攻关，2008 年采用引进技术与自主技术相结合，建成 2.5×10⁴t/a 乙丙橡胶生产装置（B 线）。随后持续加强技术攻关，将蒸发单体溶剂撤热与干式凝聚后处理技术相结合，

形成了具有自主知识产权的 $4 \times 10^4 t/a$ EPR 工业化成套技术，并于 2014 年在吉林石化建成乙丙橡胶生产装置（C 线）。

该技术使用传统的 $VOCl_3-1/2Al_2Et_3Cl_3$ 催化剂体系，涉及溶液聚合反应、催化剂失活脱除、胶液闪蒸提浓、真空脱挥等主要核心技术，具有反应时间可控、催化剂活性高、聚合稳定性好、能耗低、聚合物凝胶含量少、产品综合性能好、工艺成熟、生产可控性好、安全环保等优势。主要工艺技术指标为聚合总转化率 95% 以上、聚合时间小于 30min、装置运行周期 3 年、年操作时间 8000h、操作弹性 50%~100%，可生产二元和三元 ENB 型、三元 DCPD 型及充油型乙丙橡胶产品。

目前中国石油吉林石化公司生产的乙丙橡胶产品主要包括润滑油黏度指数改进剂、海绵密封条、树脂改性、电线电缆、国防用品等高附加值系列牌号新产品。

在润滑油黏度指数改进剂领域，以 J-0010、J-0030、J-0050 牌号为基础，开发出抗剪切性能突出的 J-0010LA 牌号乙丙橡胶新产品，该产品的突出特点是剪切稳定性降低到 20~21 之间，非常接近 T-615 级别润滑油黏度指数改进剂指标要求，现已逐渐进入润滑油改进剂高端市场。

在密封条领域，开发出长链支化、双峰分布、J-5105 牌号乙丙橡胶新产品。长链支化乙丙橡胶特点是在聚合物分子中引进第四单体 VNB，通过可控长支链结构来改善加工性能，同时具有特别突出的物理机械性能；双峰分布乙丙橡胶特点是采用高低门尼黏度聚合物混合使用的方式，获得较好的加工性能和物理机械性能；J-5105 牌号突出特点是聚合物分子量分布达到 3 以上，属于宽分布产品，具有优异的加工性能和物理机械性能，尤其适用于海绵条制品。目前，这些新产品正逐渐进军乙丙橡胶高附加值应用市场。

树脂改性用 J-3080P 牌号突出特点是具有较高的乙烯含量，与塑料粒子相容性好，可显著改进制品的使用性能，更便于加工过程的实际操作。

电线电缆用 J-2034P 牌号突出特点是第三单体含量较低，具有良好的物理机械性能和电性能都很好，适用于中压电缆制品。

国防方面，开发的 4045 实现工程化突破，通过深入开展 4045 橡胶在绝热层中的使用性能研究，最终实现国产 EPDM4045 在型号发动机中的应用，避免了国防领域型号研究受制于人的局面。

2.3.2.2　国内其他技术

中国石化与三井化学的合资公司中国石化三井弹性体有限公司，在上海建成投产了一套 $7.5 \times 10^4 t/a$ 的乙丙橡胶装置，该装置采用三井化学的茂金属催化剂等系列先进工艺技术。目前，中国石化在该技术领域尚未有自主知识产权的工业应用成果。

浙江大学、沈阳化工大学、中科院长春应用化学研究所等研究机构，就新型茂金属乙丙橡胶、长链支化新型三元乙丙橡胶制备技术、乙烯/丙烯/多官能度化合物三元共聚弹性体、乙烯—丙烯—聚异戊二烯共聚物、乙烯—丙烯—聚丁二烯共聚物等制备技术开展了一系列研究，但这些技术目前尚未进行工业应用推广。

2.3.3 技术发展趋势

随着汽车等行业更高、更专业化的需求，乙丙橡胶的发展趋势也向着多元化、专用化和改性化方向发展。主要表现在以下几个方面：

（1）因茂金属乙丙橡胶具有更高的洁净度、更高的加工效率、更广的用途，其市场份额正在逐步扩大，而传统的 Ziegler-Natta 型产品则逐渐减少。

（2）三元 EPDM 的产品结构正在发生变化，传统的 EPDM 在汽车、聚合物改性等领域已受到 TPO、TPV 等更廉价热塑性弹性体的冲击，各种改性乙丙橡胶（如氯化 EPDM、磺化 EPDM、环氧化 EPDM、离子化 EPDM、硅改性 EPDM 以及各种接枝 EPDM 等）、专用乙丙橡胶（如电线电缆用 EPDM、润滑油改性用 EPDM、树脂改性用 EPDM 等）、特种乙丙橡胶（如液体 EPDM、超低黏度 EPDM、超高分子量 EPDM、高充油 EPDM、超高门尼 EPDM、双峰结构 EPDM 等）已经成为重要的乙丙橡胶品种。

（3）采用新型第二、第三、第四单体合成新型二元、三元、四元乙丙橡胶以改进乙丙橡胶综合性能成为目前研发的热点，如乙烯—辛烯二元共聚物（EOC）、乙烯—丙烯—VNB 三元共聚物、乙烯—丙烯—ENB—VNB 四元共聚物等。

（4）随着环保理念的进一步强化，环保化工艺以及环保型乙丙橡胶将成为乙丙橡胶生产的主流工艺。

2.4 丁基橡胶生产技术

丁基橡胶（IIR）是异丁烯与少量异戊二烯的共聚产物，又称为异丁（烯）橡胶，具有优良的气密性和良好的耐热、耐老化、耐臭氧、耐溶剂、电绝缘、减震及低吸水等性能，现已成为继丁苯橡胶（SBR）、聚丁二烯橡胶（BR）、乙丙橡胶（EPDM）之后的第四大合成橡胶胶种。IIR 经卤化剂改性后得到卤化丁基橡胶（HIIR），因选用的卤化剂的不同，又分为氯化丁基橡胶（CIIR）和溴化丁基橡胶（BIIR）。HIIR 不仅保持了丁基橡胶原有的优良性能，还进一步改进了丁基橡胶的某些特性，加快了硫化速度，增进了与其他橡胶的相容性，提高了自黏性和互黏性等。

目前，世界上只有美国、德国、俄罗斯、意大利等少数几个国家拥有丁基及卤化丁基橡胶的生产技术，其中埃克森美孚公司和朗盛公司的丁基及卤化丁基橡胶生产技术和新产品开发能力在世界上处于绝对领先地位。

2.4.1 丁基橡胶生产技术现状

（1）丁基橡胶生产技术。

IIR 生产方法主要有淤浆法和溶液法两种。淤浆法生产技术被美国埃克森美孚公司和德国朗盛公司所垄断。溶液法生产技术由俄罗斯陶里亚蒂合成橡胶公司与意大利 Pressindustra 公司合作开发。

①淤浆法。

淤浆法是以氯甲烷为稀释剂，以 $H_2O-AlCl_3$ 为引发体系，在低温（$-100 \sim -90℃$）条件下，将异丁烯与少量异戊二烯通过阳离子聚合制得的。淤浆法生产技术主要包括聚合反

应、产品精制、回收循环以及清釜 4 个部分。

净化后的异丁烯和异戊二烯按比例溶于氯甲烷中，从反应器下部进入，溶于氯甲烷中的 AlCl$_3$ 从反应器上部进入，迅速发生共聚反应，1kg 聚合物放热 0.86MJ，用乙烯蒸发带走反应热，聚合物的氯甲烷悬浮液由反应器顶部导出，后送去闪蒸釜，在 140～160kPa、65～75℃ 和水蒸气作用下，氯甲烷和未反应的单体从丁基胶种脱出，胶粒悬浮在水中，为了防止胶粒结块，加入分散剂硬脂酸钙，同时加入抗氧剂 N-2264 及碱，用搅拌控制胶粒大小，水胶去高真空的汽提塔脱除残留的氯甲烷和未反应的单体，再经挤压脱水、膨胀干燥、压块成型、称量、包装，即得产品。

2010 年，浙江信汇合成材料有限公司在引进国外部分关键技术后，建成了 5×10^{4}t/a 丁基橡胶装置，山东京博采用国外技术，也建成了 5×10^{4}t/a 丁基橡胶装置。

②溶液法。

溶液法是以烷基氯化铝与水的络合物为引发剂，在烃类溶剂（如异戊烷）中于 -90～-70℃ 下，异丁烯和少量异戊二烯共聚而成。溶液法的优点是可以用聚合物胶液直接卤化 IIR。避免了淤浆法工艺制卤化 IIR 所需的溶剂切换或胶料的溶解工序，可根据控制工艺条件制备分子量不同的产品。但溶液法 IIR 分子量分布较宽，分子链存在支化现象。目前，世界上仅俄罗斯的一家工厂采用溶液法生产 IIR。

中国石油在消化吸收国外溶液法技术的基础上进行集成创新，掌握了溶液法丁基橡胶工艺及工程数据、设备参数、物料平衡数据等，完成了 3.5×10^{4}t/a 溶液法丁基橡胶工艺包设计。同时进行了丁基橡胶微观结构、加工硫化及应用性能研究，成功开发了烷烃二元混合溶剂体系和高效引发体系控制技术。

2.4.2　卤化丁基橡胶生产技术。

HIIR 生产方法主要有干法和湿法两种。干法又称干混卤化法，是将成品 IIR 和卤化剂通过螺杆挤压机，在机械剪切作用下对 IIR 进行卤化。干法工艺流程简单，但产品质量不稳定，目前此工艺仅限于实验室中，很少用于大规模工程生产。湿法又名溶液法，是 IIR 在溶液（如己烷或戊烷）中与卤化剂进行反应生产 HIIR 的工艺方法，其中最重要的一种方法是 IIR 与卤化剂在反应管中反应，是目前生产卤化丁基橡胶的主要方法。

国内经过多年的攻关，中国石化成功开发出具有自主知识产权的 3×10^{4}t/a 溴化丁基工业成套技术，并建成工业装置，实现了连续生产。同时，中国石化还开发出 2 个溴化丁基产品牌号，产品质量均达到国外同类产品水平。中国石油石油化工研究院和北京石油化工学院伍一波教授团队合作，利用自主合成的支化剂，采用淤浆法合成了双峰分布的星型支化丁基橡胶。

2.4.3　技术发展趋势

在生产技术方面，我国丁基橡胶研究的主要方向是高性能化、环保化和低碳化，不断完善 IIR/BIIR 成套工业技术，开发新型淤浆稳定技术，通过引发体系创新，提高聚合温度，降低能耗。

在新产品方面，随着各种长链支化和星型支化丁基橡胶、预交联和支化交联丁基橡胶、共聚改性卤化丁基橡胶、丁基橡胶系热塑性弹性体及其热塑性硫化胶及热塑性体等的开发和应用，不仅增加了丁基橡胶的品种和产量，也降低了价格，其用途也不断扩大。因此，各种改性卤化丁基橡胶、星形支化丁基橡胶、新型丁基弹性体、高黏度丁基橡胶等将成为丁基橡胶重点发展的品种。

2.5 异戊橡胶生产技术

异戊橡胶(IR)，即顺式1,4-聚异戊二烯橡胶，是以异戊二烯为单体通过溶液聚合而成，主要物理机械性能与天然橡胶接近，是唯一能替代天然橡胶的合成橡胶，既可单独使用，也可与天然橡胶或其他通用合成橡胶并用，大量用于制造轮胎和其他橡胶制品。

IR工业化生产按催化体系分为锂系、钛系和稀土系。除壳牌生产锂系(IR)、俄罗斯Kauchuk生产稀土系(IR)外，国外大多数公司以生产钛系IR为主。表1列出了国外IR主要生产商情况。

表1　国外IR生产商情况

生产商	生产能力，10^4t/a	催化体系	主要牌号
美国固特异轮胎与橡胶公司	9.0	Ti 系	Natsyn2200/2205/2210
Kraton 聚合物公司	2.5	Li 系	CariflexIR305/307/309/310
日本合成橡胶公司	4.1	Ti 系	JSR2200/2200J
日本瑞翁公司	4.0	Ti 系	Nipol2200/2200L/2205
俄罗斯 Togliattikauchuk 公司	8.2	Ti 系	SKI3/3P/3S
俄罗斯 Kauchuk 公司	10.0	Ti 系和 Nd 系	SKI3/5
俄罗斯 Nizhnek-amskneftekhim 公司	23.0	Ti 系	SKI-3Group Ⅰ、SKI-3 Group Ⅱ
南非 Karbochem 公司	0.4	Ti 系，3，4-构型	

2.5.1　Ti 系 IR 生产技术现状

工业上生产 Ti 系 IR 主要采用溶液聚合法工艺，催化剂一般以四氯化钛—烷基铝($TiCl_4$-AlR_3)钛系为主，其中以四氯化钛—三异丁基铝$[TiCl_4$-$Al(i$-$C_4H_9)_3]$体系最佳。采用钛系催化剂合成 IR 最适宜的铝钛物质的量比一般为 1.0~1.2(以 1∶1 为最佳)，单体质量分数为 12%~20%，在较低温度(0~40℃)聚合 2~4h，转化率可达 70%~90%，最终生成顺式结构含量为 98%~99%(质量分数)的 IR。

2.5.1.1　国外 Ti 系 IR 生产技术现状

俄罗斯是全球主要的 IR 生产国，其 IR 合成技术居世界前列。俄罗斯研制出一种低温下配制的铝钛体系催化剂。该催化剂由四氯化钛、三异丁基铝和一种给电子体组成，粒子尺寸只有 10μm。与以前的铝钛体系催化剂相比，这种新型催化剂的活性更高，可以在相应的温度下长期储存，而且对环戊二烯、硫化物、含氧化合物和炔烃等催化毒物的影响不灵敏，能够保证聚合反应的平稳进行。用该催化剂制得的牌号为 СКИ-3A 和 СКИ-3Ⅲ 的聚异戊二烯产品无凝胶或低凝胶(凝胶质量分数为 5%~7%)，低聚物质量分数降低了约

50%，可用水替代甲醇终止聚合反应。另外，俄罗斯在 $TiCl_4$-$(i$-$C_4H_9)_3Al$-给电子添加剂三元体系的基础上，又开发了 $TiCl_4$—$(i$-$C_4H_9)_3Al$-给电子添加剂—不饱和化合物的四元体系。异戊二烯在四元体系存在下于 25℃ 的异戊烷中引发聚合的速度约比三元体系快70%，聚合物的分子量高 $5.0×10^4$，凝胶含量低（凝胶质量分数为 1%~4%），顺式 1，4-结构含量可以达到 98.3%。

2.5.1.2　国内 Ti 系 IR 生产技术现状

中国石油经过多年的攻关建成了 $640×10^4t/a$ IR 中试装置，并形成了具有自主知识产权的 $4×10^4t/a$ Ti 系 IR 成套技术工艺包，采用该技术生产的产品顺式含量、分子量分布、凝胶含量、灰分含量等产品质量指标达到国际先进水平，与国际俄罗斯 SKI-3、SKI-5 水平相当。单体消耗、溶剂消耗和综合能耗等经济指标先进，与国外先进技术水平相当。

2.5.2　Li 系 IR 生产技术现状

Li 系 IR 是异戊二烯单体在烷基锂引发剂作用下，通过阴离子溶液聚合而成的一种立构规整性弹性体。其生产工艺与 Li 系聚丁二烯橡胶（BR）的聚合工艺基本相同，为了获得分子量高、分布窄的聚合物，一般采用间歇聚合釜生产。

与 Ti 系催化体系相比，Li 催化体系主要优势：（1）催化效率更高，用量更少；（2）催化剂为均相体系，设备和物料输送管线不易堵塞；（3）单体转化率高，无须单体回收工艺；（4）残存催化剂对橡胶性能不会造成不良影响，流程比较简单。主要劣势：（1）顺式 1，4-结构含量只有 91%~92%；（2）综合性能较 Ti 系异戊二烯橡胶较差；（3）对杂质特别敏感，尤其是含 O、S、N 的化合物，原材料要求非常苛刻。

为解决顺式含量低的问题，通常在锂引发剂中加入一些活性组分提高顺式结构含量，如乙腈、二硫化碳、酯类、卤化苯和叔胺或芳基醚等。日本旭化成公司在 n-BuLi 中添加含磷化合物，提高了顺式结构含量，同时使胶的性能有了明显提高。壳牌公司在仲丁基锂的烃溶液中加入少量水，使顺式结构含量提高到 96%，并改善了胶的性能。此外，在 n-BuLi 中，添加间二溴苯和三苯基膦后顺式结构含量可达 98%。

我国濮阳林氏化学新材料股份有限公司于 2012 年 8 月利用自主技术在河南濮阳建成并投产 $0.5×10^4t/a$ IR 装置，该装置采用 Li 系催化剂，主要牌号为 IR-563，产品不含蛋白质、无溶剂、无氨味，安全环保，且机械稳定性、化学稳定性高，拉伸强度高，适用于制造各种胶乳制品，如医用浸渍制品、医疗器械等高性能、高品质的产品。

2.5.3　稀土系 IR 生产技术现状

稀土催化剂是合成高度立构规整结构橡胶的高效催化剂，通常由稀土盐和金属烷基化合物组成。尽管费用较高，但相较于 Ti 系催化体系，催化剂活性更高、用量更少、更易于均匀分散，且配置更加简单。与 Ti 系 IR 相比，采用稀土催化剂生产的 IR，具有显著优势：（1）顺式 1，4-异戊二烯的含量高，分子量高、分布窄、易于调节；（2）凝胶含量低，灰分含量少（质量分数小于 0.3%），引发剂残留物不影响橡胶性能，无须水洗脱灰，"三废"处理量少；（3）诱导期短，抗杂质干扰能力强，可连续生产；（4）硫化加工时间短，物理机械性能和加工性能良好，黏接性能与天然橡胶接近。

稀土 IR 的最大生产国是俄罗斯，并于 2003 年建成世界上第一套产能为 $10×10^4t/a$ 的工业化装置，主要产品有用于轮胎和橡胶制品的 SKI-5，以及用于医疗、食品等行业的 SKI-5PM 等牌号。

我国的研究始于 20 世纪 60 年代，中国科学院长春应用化学研究所在世界上最早公布了以稀土催化剂聚合双烯烃合成高顺式结构聚合物的研究成果。此后，又联合吉林石化研究院、燕山石化、北京橡胶工业研究设计院等科研机构进行攻关，但由于当时我国 C_5 资源总量未达到经济规模，无法解决单体异戊二烯的来源问题而搁置。直到 2010 年，茂名鲁华化工公司采用自主研发技术，建立我国首套稀土 IR 装置，实现了自主技术的工业化生产，随后鲁华化工公司又在淄博投产了 $5×10^4t/a$ 的工业化装置，产品主要为 LHIR60/70/80/90。

近年来，我国在稀土 IR 的研究开发方面取得了一些重要进展。

(1)中国科学院长春应用化学研究所稀土 IR 成套技术。

中国科学院长春应用化学研究所在稀土 IR 技术方面，形成了以催化剂技术、聚合技术、凝聚和后处理技术、加工技术等为核心的关键技术，以先进反应器技术，节能、环保工程技术和自动控制技术等为核心的集成技术，设计完成了全新的工艺工程，形成了具有我国特色的稀土 IR 成套生产工艺包。并将其稀土催化剂体系的 IR 合成技术应用在山东神驰石化有限公司的 $3×10^4t/a$ 装置上，于 2012 年 9 月一次投料开车成功，开创了我国万吨级异戊橡胶生产装置建设周期最短、一次开车一次成功的先河。

(2)中国石油技术。

中国石油吉林石化公司研究院依托"千吨级异戊橡胶中试研发平台"编制完成了 $4×10^4t/a$ 稀土异戊橡胶生产技术工艺包，形成了具有自主知识产权的稀土 IR 成套生产技术，该技术以催化剂制备技术和聚合技术为核心技术，以凝聚、干燥和精制与回收、挤出干燥技术为关键技术，整体达到国际先进水平。其中，技术指标方面，核心技术达到国内领先水平，与国际先进技术水平相当；经济指标方面，主要原材料的消耗定额达到国内领先水平，与国外先进技术水平相当；产品质量方面，达到国际先进水平，与国际俄罗斯 SKI-3/SKI-5 水平相当。

(3)中国石化技术。

自 2006 年起，中国石化北京化工研究院燕山分院对稀土 IR 进行了大量研究，并对工业化生产技术进行了探索。2013 年 5 月 23 日，自主研发的稀土异戊橡胶 $30×10^3t/a$ 生产技术在燕山石化橡胶一厂试生产成功，产品主要 IR70/80。

(4)青岛伊科思新材料有限公司 IR 技术。

伊科思公司经多年技术攻关，开发了具有自主知识产权的卧式凝胶釜，包括液相提浓、汽相串联、多流体喷嘴和偏心搅拌等技术，相较于目前国内外普遍采用的立式凝釜，节省约 80%的动力和设备投资；具有自主知识产权的单体和溶剂脱水脱重精制和回收的一

塔流程，工艺流程进一步简化，节省能耗和投资。2011 年，伊科思公司利用该技术在青岛建成并投产 $3\times10^4 t/a$ 稀土 IR 装置，主要牌号为 IR70/80。

2.5.4 技术发展趋势

工业上溶液聚合生产技术已成熟，其技术发展趋势除了开发进一步改进催化剂体系外，主要是在稳定控制生产和节能方面，以及更好的替代天然橡胶进行卤化、氢化和环化等改性技术的研究。

此外，因本体聚合技术不使用溶剂，可节能 70%～80%，俄罗斯、美国和法国等相继开展了该方面的工作。本体聚合技术核心是采用一个多段螺杆挤压式反应器，其内有单体和引发剂加料混合段、反应汽化冷凝段、防老剂加入段、真空脱单体段及挤出段。采用本体聚合技术，Li 系 IR 和稀土 IR 因无须脱除胶中残留的引发剂而具有优势。此外，还采用尽量提高单体浓度减少溶剂在系统内的循环量、在凝聚前利用聚合后的物料温度和压力进行闪蒸等方法达到一定的节能效果。

2.6 丁腈橡胶生产技术

丁腈橡胶（NBR）具有极好的耐油性、卓越的耐磨性、耐溶剂性和耐热性，主要用于制作耐油橡胶制品，广泛用于建材、汽车、石油化工、航空航天、纺织、印刷、制鞋、电线电缆等国民经济和国防领域，是国家战略性物资。1930 年，德国 Konrad 和 Thchunkur 公司首次试制成功，NBR 生产工艺从热法（30～50℃）乳液聚合发展到冷法（5～15℃）乳液聚合，形成了间歇聚合和连续聚合共存的乳液聚合法技术路线。产品涵盖固体丁腈橡胶（固体 NBR）、氢化丁腈橡胶（HNBR）、粉末丁腈橡胶（PNBR）、羧基丁腈橡胶（XNBR）以及丁腈胶乳（NBR 胶乳）等。

2.6.1 国外生产技术现状

目前国外生产丁腈橡胶的厂家主要有德国朗盛公司、日本 JSR 公司和瑞翁公司、意大利埃尼公司、加拿大 Sarnia 公司、韩国现代泰化公司以及俄罗斯 CKH 系列丁腈橡胶。

理论上，丁腈橡胶的生产可以采用乳液聚合、溶液聚合和悬浮聚合等工艺，但由于后两者工艺存在聚合时间长、转化率低、产物分子量小等缺点，始终未能实现工业化。乳液聚合工艺仍是目前工业化生产丁腈橡胶的唯一方法。

乳液聚合工艺，按聚合温度不同，可以分为热法聚合与冷法聚合两类。冷法聚合通常采用连续聚合工艺，热法聚合通常采用间歇聚合工艺。冷法聚合的反应温度一般控制在 5～15℃，热法聚合则为 30～50℃。热法聚合生产的硬丁腈橡胶分子量分布宽、黏度大、凝胶含量高，生产过程中造成的环境污染严重；冷法聚合产品分子量分布窄、黏度小、凝胶含量低，生产过程污染小。

2.6.2 国内生产技术现状

国内丁腈橡胶生产技术以中国石油成套技术最具代表性，已开发出具有自主知识产权的 $5\times10^4 t/a$ 丁腈橡胶成套技术及软胶、硬胶和功能高端化三个系列 17 个牌号 NBR 产品。该成套技术既可以进行热法聚合（反应温度约 30℃），也可以进行低温乳液聚合，全过程采用 DCS 自动化控制系统，产品的质量及稳定性均得到大幅提升。2009 年，采用该技术建成全球单线能力最大（$2.5×10^4t/a$）的 $5×10^4t/a$ NBR 装置，成为国内首家、全球第三家掌握高性能 NBR 核心技术的企业，即将建设一套 $3.5×10^4t/a$ 特种丁腈橡胶。

在 $5×10^4t/a$NBR 装置基础上，中国石油兰州石化公司联合石油化工研究院攻克了高性能丁腈橡胶系列化产品制备关键技术，2015 年，其丁腈橡胶产品全面实现环保化，产品涵盖低腈、中腈、中高腈、高腈四个系列产品，系列产品牌号各项性能指标均处于国内同行业领先水平，同时开发了环保丁腈橡胶平台技术，"十三五"期间完成了 NBR1806、XNBR、环保型丁腈硬胶等特种丁腈的开发。

2.6.3 发展趋势及建议

近年来国内 NBR 的技术发展主要集中在助剂的更新、聚合工艺的改善、改性产品的开发以及特种产品的应用方面，在尖端领域的自有技术研发方面相对薄弱，存在基础研究相对不足，HNBR、XNBR 等高性能的特种产品短缺，高附加值产品少等问题。针对目前我国 NBR 行业存在的问题，提出如下几方面的发展建议：

（1）加快环保型助剂和清洁生产技术的应用，适应绿色低碳发展趋势。以欧盟 REACH 法规为代表的国内外各种法规以及地区保护措施的实施，对合成橡胶的绿色低碳提出了越来越严格的要求，国内 NBR 生产企业应该采用新一代环保型助剂和清洁生产技术，生产环境友好、绿色低碳的产品，提高国内 NBR 产品在国际市场的竞争能力。

（2）加快研发国内急需的三元共聚 NBR 新产品，形成具有特色的核心技术，推进产品结构调整，多生产高附加值的特种 NBR 新产品。通过引入含有功能基团的第 3 单体，如丙烯酸类、丙烯酸酯类、异戊二烯、多官团单体和聚合型防老剂等制备三元共聚的羧基丁腈橡胶（XNBR）、聚合防老型 NBR、丁腈酯橡胶、NBIR 和预交联 NBR，以提高 NBR 的耐热性、耐磨耗性、强度和伸长率，降低橡胶色度和挤出膨胀率以及改善相容性等。

（3）加强高性能特种 HNBR 产品的研发。HNBR 由于生产工艺复杂，使用的催化剂价格昂贵，导致 HNBR 的产品价格一直居高不下，严重阻碍了 HNBR 的推广应用。国内有三家企业正在建设千吨级 HNBR 装置。因此，研究开发低成本、可重复利用的高效加氢催化剂，简化生产工艺，降低生产成本，成为今后 HNBR 研究领域急需解决的重要问题。

（4）以客户需求为导向，加快高端 NBR 新产品研发步伐。国内 NBR 生产企业应充分了解国情及用户需求，有针对性地研发高端及高附加值特种 NBR 产品，向专业化、差别化和系列化产品方向发展，满足市场需求，提升企业竞争力。

2.7 苯乙烯类热塑性弹性体

苯乙烯类热塑性弹性体又称苯乙烯嵌段共聚物（SBC），是由苯乙烯与丁二烯和（或）异戊二烯以烷基锂为催化剂进行阴离子溶液聚合制得的一种热塑性弹性体，其中硬段为聚苯乙烯链段，软段为聚二烯烃。因具有强度高、柔软、不易变形等特性，主要用作胶黏剂和密封材料，广泛用于胶黏剂、塑料改性、沥青改性、防水材料、制鞋业等领域。

根据嵌段种类，SBC 分为 4 种：软段为聚丁二烯的苯乙烯—丁二烯—苯乙烯嵌段共聚

物（SBS）、软段为聚异戊二烯的苯乙烯—异戊二烯—苯乙烯嵌段共聚物（SIS）、软段为乙烯和丁烯共聚物的氢化 SBS（SEBS）以及软段为乙烯和丙烯共聚物的氢化 SIS（SEPS）。其中，SBS 主要用作塑料和沥青改性剂，SEBS 主要用于胶黏剂、医疗用品、汽车、家电等行业；SIS 及其加氢产品 SEPS 主要用于热熔型胶黏剂与沥青改性，不同国家和地区其主要用途各有侧重。

2.7.1　国内外技术现状

SBC 主要以苯乙烯、丁二烯或异戊二烯为单体，以烷基锂为引发剂，采用阴离子溶液聚合而成。通常采用单锂化合物、双锂或多锂化合物为引发剂，以单一或者混合的饱和烷烃及环烷烃为溶剂，采用单一或者混合的偶联剂，并在生产过程中根据需要加入适量的极性调节剂。目前生产方法主要有采用单锂引发剂的三步加料法、两步混合加料法、偶联法以及采用双锂引发剂的两步加料法等。

壳牌公司是世界上最早研究开发 SEBS 的公司，科腾聚合物公司（Kraton）SEBS 产能已达 $9.7 \times 10^4 t/a$。意大利埃尼公司（Enichem）、西班牙戴那索弹性体公司（Dynasol）、日本旭化成、中国石化巴陵石化公司和燕山石化公司、台橡公司等先后建成了 SEBS、SEPS 生产装置。中国石化巴陵石化公司在国内 SEBS、SEPS 开发中处于领先水平，其装置二期已投入建设，总产能达到 $6 \times 10^4 t/a$，开发出 8 个 SEBS 牌号，在包覆材料、玩具、树脂改性等领域得到广泛应用。当前研究主要集中在化学改性、偶联剂研发、工艺改进与新工艺研发、新产品开发等方面。

（1）化学改性。

由于 SBS 的分子极性小、耐油性和耐溶剂性差，为提高其与极性材料的相容性和黏附性，通常对 SBS 进行环氧化、接枝、磺化等化学改性。

中国石化巴陵石化公司以正丁基锂为引发剂，环己烷和四氢呋喃为混合溶剂，在合成的活性 SBS 末端引入极性基团，制备出极性 SBS（PSBS）产品。该产品用作黏合剂其剥离强度较普通 SBS 高约 50%，可作为尼龙的增韧改性剂。此外，还开发了一种极性化 SEBS 的制备方法，以丁基锂为引发剂、四氢呋喃为活化剂、环己烷为溶剂，合成出极性化四嵌段聚合物 SEBS-P。其中 S 代表聚苯乙烯嵌段；EB 代表聚丁二烯的氢化嵌段；P 代表极性嵌段，由乙烯基吡啶类、甲基丙烯酸酯类极性单体聚合而成。该技术可同步实现 SBS 氢化和极性化生产，同时还具有极性单体转化率高、操作简便、生产成本低等优点。

华南理工大学以甲酸和过氧化氢（H_2O_2）原位生成的过氧甲酸为氧化剂，对 SBS 进行环氧化改性，制备出环氧化 SBS（ESBS）。反应条件为：SBS 中 C＝C 双键、甲酸和 H_2O_2 的物质的量比为 1∶0.5∶0.6，在 60℃下反应 2h，ESBS 的环氧基质量分数最高可达18.1%；加入少量的聚乙二醇，可显著提高 ESBS 环氧基的质量分数。Kluttz 等对 SBS 进行环氧化，然后将其用于沥青改性，发现 SBS 与沥青的相容性有了明显提高。中山大学以正丁基锂为引发剂、环己烷为溶剂、环氧丙烷为降活剂、环氧氯丙烷为封端剂，采用负离子原位封端技术合成了不同数均分子量的端环氧基 SBS，其拉伸强度和永久变形率明显优于普通 SBS，且与沥青具有良好的相容性，并能显著提高沥青的热储存稳定性。

在 SBS 的环己烷溶液中加入引发剂偶氮二异丁腈（AIBN）和改性剂乙烯基三乙氧基硅烷（WD-20），可得到具有明显 Si—C 吸收峰的 SBS 硅烷接枝共聚物。经硅烷接枝改性的 SBS 可将最高热分解温度由 400℃升高至 450℃，并提高了其极性、黏合力和耐老化性能。此外，为改善 SBS 与沥青的相容性，通常采用引发剂法和辐射聚合法对其进行接枝，目前常选用马来酸（MA）、马来酸酐（MAH）、丙烯酸（AA）、甲基丙烯酸（MAA）、甲基丙烯酸甲酯 MMA）、丙烯酸丁酯（BA）、苯乙烯（St）等为单体对 SBS 进行接枝反应。

丁苯类热塑性弹性体接枝少量羟基后，可提高与极性聚合物的相容性，广泛用于聚酰胺、聚醚、聚碳酸酯等材料的增韧改性及制备聚合物合金（如 PP-PA 合金）的增容剂。另外，还可利用顺丁烯二酸酐基团的交联活性，制备可交联的 SBC 胶黏剂。

（2）偶联剂技术。

科腾聚合物研究有限公司发明了一种偶联 SBC 制备方法。该方法以 4-乙烯基-1-环己烯双环氧化合物（VCHD）为偶联剂，苯乙烯或其他乙烯基芳烃先发生阴离子聚合生成所需的分子量活性苯乙烯聚合物嵌段，之后二烯烃经过阴离子聚合得到苯乙烯聚合物嵌段的活性端，然后再将 VCHD 加入聚合反应混合物在 75~95℃温度下进行至少 30min 的偶联反应，制备得到的偶联苯乙烯嵌段共聚物在黏合剂领域具有良好的应用前景。

此外，R. Bening 等开发了一种制备偶联 SBC 的改进方法，选用二酯（己二酸二甲酯、己二酸二乙酯、对苯二甲酸二甲酯、对苯二甲酸二乙酯及其混合物）为偶联剂，在聚合过程中或聚合之后，按照每摩尔活性聚合物链段计算，将 0.01~1.5mol 的金属烷基化合物（如三乙基铝）添加到胶浆中，可显著改进偶联效率。

（3）聚合工艺改进与新工艺研发。

为了降低线型 SBC 永久变形率，可用正丁基锂或仲丁基锂作引发剂（正丁基锂为引发剂时，应加入少量活化剂，如四氢呋喃等），环己烷或环己烷、己烷混合液等为溶剂进行反应。张红星等发明了一种降低线型 SBC 永久变形率的方法，采用一段引发温度 40~50℃、反应时间 20~50min，二段、三段引发温度 50~60℃、反应时间 20~50min，反应单体浓度 10%~20%（质量分数）的工艺，制备得到的 SBC 产品，永久变形率可低于 25%。

我国开发了一种螺杆挤出法合成 SBC 的新型聚合方法，通过两种不同原料加入工序可在螺杆挤出机中聚合生产 SBC。一种是按照"苯乙烯类单体—引发剂—苯乙烯/共轭二烯烃混合单体"顺序，加入螺杆挤出机各段进行聚合；另一种是按照"苯乙烯单体—单官能团有机碱金属或碱土金属引发剂—苯乙烯共轭二烯烃混合单体—偶联剂"顺序，加入螺杆挤出机各段聚合。该方法采用反应挤出技术，不仅可极大缩短生产周期缩，而且反应过程中基本没有加入溶剂，具有生产效率高、能耗小、成本低、污染少等优点，工业化前景良好。

（4）新产品开发。

Kraton 聚合物公司采用专门控制分布的苯乙烯与乙烯—丁二烯中间嵌段掺和方法合成一种新型 SEBS 产品 Kraton A。与常规的 SEBS 相比，该产品刚性和加工性都得到提高，具

有较好的流动性、较低的翘曲性以及与塑料较强的黏合性，可用作软质 PVC、TPU 以及硅弹性体的替代产品。之后，该公司相继开发出 Kraton MD6951 和 Kraton MD1648 两款新型氢化苯乙烯嵌段共聚物。Kraton MD6951 产品保持了 Kraton A 系列产品的稳定性、柔软性、相容性和易用性等特征，增强的极性使其能与热塑性聚氨酯、聚苯乙烯和聚苯醚等产品相容，主要用于保护性薄膜和声音阻尼材料等。Kraton MD1648 产品是一款增强橡胶段苯乙烯嵌段共聚物，它具有极高的弹性、强度，且黏度低，有助于制备弹性和柔软性好的制品，可用于生产汽车零部件、胶带、黏合剂等。

巴斯夫公司开发出一种新型注塑级 SBS 产品，牌号为 Styrolux3G33，与常规 SBS 塑料相比，具有更好的透明度、冲击强度和刚度，以及更快的熔体流动性，综合性能比 PET、PVC 和丙烯酸类塑料更优，该产品主要用于医疗、显示屏、日用包装、玩具以及家用物品等方面。此外，还开发出牌号为 Styrolux 3G55 的新产品，该产品不仅具有生产成本低、韧性好等特点，还可与 GPPS 共混进行挤出加工和热成型加工，相较于同传统的 SBC，在达到韧性、劲度和热成型性能要求的同时可将生产成本降低 25%。

S&E 特种聚合物公司推出 Tu Prene2200 和 Tuf Prene2000 两个 SEBS 新产品，其中 Tu Prene2200 是标准的填充级 SEBS，Tuf Prene2000 则是未填充级 SEBS，这两个产品可用于汽车装饰、杯架、刀柄、贮存容器、工业电源和手动工具、电线/电缆护套、建筑物窗密封以及电池和鞋类等领域。

中国石化巴陵石化公司通过改变偶联剂种类、工艺配方和工艺参数，成功开发出适用于沥青改性的 SBS 新牌号 YH-761 和 YH-898。其中 SBSYH-761 采用双官能团偶联剂合成的分子量较大、含有 SB 的线型 SBS；SBS YH-898 是采用混合偶联剂合成的星型与线型的混合型 SBS，含有四臂、二臂及两嵌段 SBS。此外，该公司还开发了应用于玩具制造及玩具填充料中的线型专用牌号 SBS YH-788，该产品具有熔融指数大、透明性好、强力高、熔体流动性好和发泡性好的优点。

北京燕山石油化工公司、大连理工大学以及北京化工大学等单位合作开发了 SBS/OMMT(有机黏土) 和 SEBS/OMMT 纳米复合热塑性弹性体新产品。与 SBS 相比，SBS/OMMT 纳米复合材料的力学性能显著提高，其拉伸断裂强度可达 27.7MPa，比 SBS 提高了44%；与 SEBS 相比，SEBS/OMMT 纳米复合材料的拉伸强度、300%定伸应力显著提高。

2.7.2 技术发展趋势

苯乙烯类热塑性弹性体品种繁多，包括 SBS、SIS、SEBS、SEPS。近年来，氢化产品 SEBS 和 SEPS 在中国发展迅速，自主技术取得了巨大进步，但相较于国外技术，仍存在一定差距。

未来我国 SBC 发展方向：加大应用研究力度，优化生产工艺技术，提高产品质量及稳定性，降低装置能耗、物耗，加快设备改造，建设联产 SBS、SIS、SEBS、溶液丁苯橡胶、各种乙烯基聚丁二烯橡胶以及 K 树脂等多功能装置，拓宽 SBC 的应用领域，积极开发 SEBS、SEPS、环氧化 SBS（ESBS）、SBC 功能接枝改性产品（EPDM/SBS、BR/SBS、ee-

IIR/SBS、NR/SIS 等）、与 PP 塑料融熔共混以及与 PA、PC、ABS、PU 等工程塑料共混等 SBC 系列升级产品。

3　小结

近年来，欧美市场合成橡胶技术逐渐趋于成熟，产业集中度进一步提升；亚洲市场，特别是我国合成橡胶产业相对分散，通用牌号产品过剩，高端牌号产量不足。新建装置由于市场周期波动，产品价格回落，原料供应不配套等原因，面临装置开工率不足、经济效益下滑等严峻考验。同时，随着国家节能环保政策的不断趋严，市场对合成橡胶产品内在品质和售后服务等方面都提出了新的要求，合成橡胶企业竞争日益严峻。

世界合成橡胶产业正朝着经营多元化、规模大型化、装置多功能化的方向发展，产业集中度不断提高。尽管当前中国已成为合成橡胶生产第一大国，但还不是强国，每年仍从国外进口大量高端牌号。"十四五"期间，随着国内汽车市场的发展，轮胎产品新业态或将促进高性能胶种的发展，国内合成橡胶产业向高质量发展迈进。预计我国合成橡胶需求增速将放缓，产能增速略有加快，但需求增速仍快于产能增速，装置利用率继续提高。同时原料丁二烯供应大幅增加，合成橡胶成本下降，合成橡胶行业盈利水平明显提升。

合成橡胶生产技术和产品正朝着生产环保化、低成本化、品种多样化、高性能化、定制化方向发展。国内外合成橡胶各胶种的技术成熟度和进展呈现不同特点，为促进我国合成橡胶技术的发展，实现由大国向强国目标的迈进，我国合成橡胶各胶种技术发展建议如下：

（1）乳聚丁苯橡胶，技术相对成熟且我国与国外技术差别较小，该领域发展方向是功能化、高性能化、差异化、环保化，建议我国在该领域应围绕聚合过程的环保技术、通用橡胶改性技术、特种及定制化产品开发进行攻关，包括高效引发剂和新型乳化剂、优化工艺控制、提高聚合转化率及完善凝聚技术等。

（2）溶聚丁苯橡胶，国外技术已经发展到第四代官能化产品，国内还处于发展阶段，我国应加快技术研发步伐，重点针对链中、链端官能化改性技术，以及加入异戊二烯制成苯乙烯—异戊二烯—丁二烯三元共聚橡胶的集成橡胶技术进行攻关，在集成橡胶产业化上取得突破。

（3）聚丁二烯橡胶，国内目前以镍系产品为主，且多为低端产品，应加快镍系聚丁二烯橡胶专用化、系列化产品研发；稀土聚丁二烯橡胶作为今后主要发展方向，我国重点应加快稀土聚丁二烯橡胶技术的工业化步伐，形成真正的国产化自主成套技术；同时要强化聚丁二烯橡胶装置的多功能化技术研发，实现一套装置镍系和稀土系产品的联产。

（4）乙丙橡胶，我国多采用钒系催化体系，在催化效率、产品质量、成本等方面与阿郎新科等国外一流企业采用的茂金属催化体系存在差距，我国应加大茂金属催化体系的研发力度，同时加强改性、专用、特种等三元乙丙橡胶以及四元乙丙橡胶等新产品的研发，并强化环保型聚合工艺的攻关。

（5）丁基橡胶，目前我国产品以低端产品为主，特别是在卤化丁基橡胶方面与国外差距较大，我国应持续加强高性能化、环保化和低碳技术的攻关，尤其是卤化丁基橡胶的工业化技术，同时要加大改性卤化丁基橡胶、星形支化丁基橡胶、新型丁基弹性体、高黏度丁基橡胶等新产品的研发。

（6）异戊橡胶，工业上溶液聚合生产技术已成熟，该技术的研发重点是现有催化剂的改进与新型催化剂的研发，以及生产过程的稳定性和过程的节能降耗，并加强卤化、氢化和环化等改性技术攻关以及相关新产品的研发。此外，应加强本体聚合等节能高效新型聚合技术的研发。

（7）丁腈橡胶，我国在清洁生产、尖端领域自主技术、高性能特种产品方面与国外仍有差距，应加快环保型助剂和清洁生产技术的开发步伐，同时强化羧基丁腈橡胶（XNBR）、聚合防老型 NBR、丁腈酯橡胶、NBIR 和预交联 NBR 等三元共聚以及高性能氢化特种丁腈橡胶等新产品的研发。

（8）苯乙烯类热塑性弹性体，发展迅速且品种繁多，我国在氢化、接枝等技术方面与国外有一定差距，重点是加强节能环保聚合工艺的攻关，同时加强一套装置多产品联产技术的开发，以及专用、氢化、接枝、共混等新产品的攻关。

参 考 文 献

[1] 中国石化集团经济技术研究院有限公司. 2021 中国能源化工产业发展报告[M]. 北京：中国石化出版社，2020.

[2] 崔小明. 我国聚异戊二烯橡胶生产技术进展[J]. 橡胶科技，2019，17(11)：605-611.

[3] 吴建波，张鲲，侯姝婧，等. 乙丙橡胶生产及市场分析[J]. 化学工业，2020，38(3)：63-69.

[4] 谭捷，刘博超，吴成美，等. 国内聚丁二烯橡胶生产技术进展及市场分析[J]. 弹性体，2018，28(1)：80-86.

[5] 江羿锋. 乙丙橡胶生产工艺现状及发展趋势[J]. 化工设计通讯，2018，44(5)：107.

[6] 崔小明. 国内外丁基橡胶供需现状及发展前景分析[J]. 中国橡胶，2018，34(1)：34-39.

[7] 张云奎. 我国丁基橡胶生产现状及其发展[J]. 江苏科技信息，2018，35(25)：45-47.

[8] 周杉鸿，陈俊琛. 热塑性弹性体材料在汽车轻量化研究中的应用[J]. 江苏科技信息，2018，35(15)：35-37.

[9] 贺泉泉，屈振军. 乙丙橡胶生产技术发展趋势研究与市场分析[J]. 化工管理，2017(27)：134.

[10] 李静静，倪春霞，陈士兵，等. 端环氧基苯乙烯—丁二烯—苯乙烯嵌段共聚物的制备及在改性沥青中的应用[J]. 合成橡胶工业，2017，40(6)：415-420

[11] 应婵娟，杨政. 丁腈橡胶生产技术进展及其市场分析[J]. 化工设计通讯，2017，43(9)：163.

[12] 张涛，邹云峰，车浩，等. 乙丙橡胶生产工艺与技术[J]. 化工进展，2016，35(8)：2317-2322.

[13] 崔小明. 我国稀土顺丁橡胶生产技术进展及市场前景[J]. 上海化工，2016，41(2)：21-26.

[14] 中国石油天然气股份有限公司. 用于制备高门尼稀土顺丁橡胶的催化剂及其制备方法：CN105777955A[P]. 2016-07-20.

[15] 介素云，吕帅，周勤灼，等. 一种钴系催化剂及其在 1，3-丁二烯聚合反应中的应用：

CN104151454B[P].2016-07-13.

[16] 钱伯章.丁基橡胶的技术进展与市场分析[J].现代橡胶技术,2016,42(5):1-7.

[17] 崔小明.聚丁二烯橡胶生产技术进展及市场分析[J].上海化工,2014,39(9):37-43.

[18] 何海燕.我国溶聚丁苯橡胶的生产现状及发展建议[J].轮胎工业,2016,36(3):131-135.

[19] 王继叶,项曙光,虞乐舜.异戊橡胶研究热点及国内生产提高方向浅析[J].合成橡胶工业,2015,38(1):2-7.

[20] 崔小明.稀土顺丁橡胶国内外发展现状及前景分析[J].中国橡胶,2015,31(5):14-17.

[21] 陈茂春,丁文有.中国七大合成橡胶的现状与未来[J].石油化工设计,2015,32(1):58-61+8.

[22] 邹向阳,卢春华,贾力威,等.乙丙橡胶的生产现状及发展方向[J].弹性体,2014,24(4):83-86.

[23] 王玉瑛,邵帅.丁苯橡胶产业现状及发展建议[J].中国石油和化工经济分析,2015(2):50-53.

[24] 杨雨富,赵英翠,刘长清.国内外丁苯橡胶生产技术现状及发展趋势[J].化工新型材料,2013,41(9):4-7.

[25] 辛益双.异戊橡胶生产技术研究进展及生产和市场发展[J].中国橡胶,2015,31(4):17-19.

[26] 梁滔,胡杰,李树毅,等.丁基橡胶的发展现状及发展建议[J].高分子通报,2014(2):41-45.

[27] 庞贵生,张冬梅,韩广玲,等.异戊橡胶生产技术及发展趋势[J].弹性体,2014,24(3):71-76.

[28] 李勇,易建军,陈继明,等.溶聚丁苯橡胶生产技术现状及发展建议[J].弹性体,2014,24(1):78-82.

[29] 胡兆建,郑雄高.乳聚丁苯橡胶发展概述及建议[J].广州化工,2013,41(9):17-19.

[30] 李玉芳,伍小明.丁腈橡胶生产技术进展及市场分析[J].化学工业,2014,32(11):11-16.

[31] 史工昌,王锋,杨绮波,等.溶聚丁苯橡胶国内外生产现状及发展建议[J].弹性体,2013,23(2):77-83.

新能源和新材料篇

制氢技术

◎黄格省 杨延翔 丁文娟 李庆勋

我国油气对外依存度高，能源安全形势严峻。2020 年，我国原油和天然气进口量分别达到 $5.42×10^8$ t 和 $1.02×10^8$ t，对外依存度分别超过 70% 和 40%，必须大力提高能源自给率。2020 年 9 月，我国向国际社会做出 CO_2 排放力争于 2030 年前达到峰值、努力争取 2060 年前实现碳中和的郑重承诺，发展氢能是保障国家能源安全，优化能源结构，实现碳达峰、碳中和目标的可靠选择。氢能不仅可应用于交通运输领域，在化工原料、分布式发电、冶金等多个领域都有广阔应用前景。氢燃料电池汽车以氢气为动力燃料，具有质量能量密度高、能量转换效率高、车辆行驶里程长且无 CO_2 和污染物排放等诸多优势，成为氢能产业发展的首选路径。目前，从制氢、储氢输氢、燃料电池开发、整车开发、加氢站建设整个产业链的发展进程来看，氢燃料电池汽车总体上已经进入产业化的导入期。氢气是一种清洁的二次能源，在氢燃料电池汽车和分布式能源的发展中，氢气来源是产业发展的首要问题，因此制氢技术备受行业关注。目前，行业研究提出的制氢方式很多，包括采用化石资源(煤、石油、天然气)和可再生资源(水、生物质、太阳能等)生产氢气，能够实现规模化、具有经济性、占据主导地位的制氢原料仍是煤和天然气等化石原料，但其制氢过程会排放大量 CO_2。研究开发工业上切实可行的低成本绿色制氢工艺技术，对于保障氢能产业快速发展具有十分重要的意义。

1 氢能行业发展现状

1.1 全球发展现状

氢作为一种高能量密度的清洁二次能源，具有燃烧热值高、来源广、可再生、零污染、零碳排放等优点，受到世界各国的高度重视。据国际氢能委员会预测，到 2050 年，氢能将占世界终端能源消费的 18%，年销售收入将达 2.5 万亿美元，包括美国、欧盟、日本等在内的主要经济体纷纷出台了发展氢能产业的战略和相关政策，主要瞄准交通运输领域、工业领域、发电及民用采暖等领域的应用。美国在全球率先提出氢经济概念，美国能源部在氢能和相关领域投资超过 40 亿美元，主要包括氢气生产、运输、储存以及燃料电池和氢能涡轮机发电等技术研发，申请 1100 多项专利，向市场推广 30 多项商业技术。欧盟将氢能作为推进气候改善和新能源发展的关键路径，计划到 2024 年之前通过水电解年产 $100×10^4$ t 可再生氢，2030 年达到年产 $1000×10^4$ t 可再生氢，2050 年在所有难以脱碳的

领域大规模部署氢能技术。日本政府积极推动建设氢能社会，应对能源安全和碳减排，明确家用燃料电池、燃料电池汽车和加氢站商业化定量目标，先后投入超过 46 亿美元用于氢能及燃料电池技术的研发和推广，家用燃料电池项目累计部署超过 30 万套，丰田公司第 1 万辆氢燃料电池车于 2019 年下线。

目前，全球每年大约生产 $7000×10^4$ t 纯氢，主要用于炼油和生产氨，另外有 $4500×10^4$ t 的氢气以混氢形式直接利用，交通领域尤其是氢燃料电池汽车领域的氢气消费需求快速增加，是未来氢能应用最重要领域。由于氢能产业快速发展，加氢站数量迅速增长，据香橙会研究院不完全统计，2020 年全球主要经济体已建成加氢站 527 座，运营 504 座。在运营加氢站中，欧盟 179 座，日本 137 座，中国 101 座，德国 89 座。美国因新冠疫情影响，运营加氢站由 2019 年的 48 座降至 2020 年的 42 座。近年来，大型国际能源公司均在积极布局氢能业务，壳牌、道达尔等公司在可再生能源制氢、远距离氢能运输、加氢站建设运营方面加大技术研发和产业培育，壳牌在德国莱茵兰炼油厂建设了全球最大质子交换膜电解槽装置，年产绿氢 1300t，并在德国建成 28 座油氢混合站，还与日本川崎重工、岩谷产业合作开发"零碳氢能供应链"，推动海上远距离液氢运输；道达尔专注交通领域用氢，在德国建成 30 余座加氢站，并与林德公司、宝马公司在氢气加注技术等方面开展深入合作。总体上，发达国家和地区均将发展氢能作为调整能源结构、实现清洁低碳发展的战略选择，持续加大氢能领域技术研发投入和产业链构建，抢占市场竞争制高点。

1.2 我国氢能产业发展现状

加快发展氢能产业，对于推动我国能源结构转型，保障国家能源安全，实现清洁、绿色、低碳发展，具有重大意义。从能源结构转型和能源安全的角度看，我国能源消费以煤为主，2020 年煤炭消费占比仍达 56.7%，石油占 19.1%，天然气增加到 8.5%，非化石能源占比 15.7%，总体上化石能源占比过高，能源结构不合理；同时，我国是全球第一大油气进口国，2020 年原油对外依存度已达 73%，天然气达到 43%。由此可见，发展氢能对于降低我国油气对外依存度、优化能源消费结构意义重大。2019 年，氢能首次写入我国《政府工作报告》，并将氢能纳入我国能源体系之中，预计到 2050 年氢能在我国能源体系中的占比约为 10%，年经济产值超过 10 万亿元。从推动清洁、绿色、低碳发展的角度看，由于煤炭消费会产生较多"三废"和 CO_2，石油和天然气消费也会产生较多的 SO_x、NO_x 等污染物和 CO_2 排放，氢能作为清洁化的二次能源，尤其是以风电、光电生产的绿氢，能够从源头上彻底消除污染物产生和 CO_2 排放，具有清洁、低碳、可持续的特点，是加快新能源、替代能源发展的重点方向。

近年来，我国从国家部委到地方政府，推出一系列促进氢能及燃料电池汽车发展的利好政策。特别是 2009 年以来，财政部、工业和信息化部、科技部、国家发展改革委员会四部委采取对消费者给予购置补贴的方式支持燃料电池汽车推广，有力促进了社会资本投入燃料电池汽车的积极性。2020 年 4 月，四部委发布《关于完善新能源汽车推广应用财政补贴政策的通知》，该通知针对燃料电池汽车产业发展面临的一些问题，将当前对燃料电池汽车的购置补贴，调整为选择有基础、有积极性、有特色的城市或区域，重点围绕关键零部件的技术攻关和产业化应用开展示范，采取"以奖代补"方式对示范城市给予奖励，将进一步加快氢能产业的发展。截至 2020 年 12 月底，我国氢燃料电池汽车保有量 7352 辆，累计建成 118 座加氢站，其中已投入运营 101 座，待运营 17 座，投用比例超过 85%；在建/拟建的加氢站数量达到 167 座。

从中国目前氢能产业的布局看，已经有 20 多个省市相继出台氢能发展规划和氢燃料汽车的发展规划，形成京津冀、长三角、珠三角、华中、西北、西南、东北七大氢能产业集群，全国有 38 个氢能产业园，氢能产业版图持续扩大，产业链逐步完善。中国氢能联盟发布的《中国氢能源及燃料电池产业白皮书》(2019 版)显示，氢能将成为我国能源体系的重要组成部分，预计到 2035 年，我国加氢站达到 1500 座，到 2050 年全国加氢站达到 1 万座以上。尽管目前开展了大规模的产业布局，但氢能产业链的构建不可能一蹴而就，目前在制氢、储氢输氢、加氢站及燃料电池汽车领域仍有诸多核心技术瓶颈问题需要加强协同攻关，产业成熟需要一个较长的发展过程。截至目前，全国工业能源领域已有十多家央企涉及氢能业务布局，包括中国石化、中国石油、国家能源集团、中化集团、宝武集团、国家电网、华能集团、国家电投集团、三峡集团、东方电气集团、中核集团、中广核集团等。其中，中国石化已经启动氢能全产业链布局，建成近万吨级燃料电池汽车用氢供应能力、10 座油氢合建站、42km 纯氢输氢管道；国家能源集团注重氢能技术开发，牵头多个氢能国家重点研发项目；国家电投加大开发燃料电池，成立专业氢能公司，燃料电池关键技术指标均已达到国际先进水平。2021 年 2 月，中国石油在河北张家口市太子城服务区建成投运首座加氢站，年内将在河北和北京地区建设投运两座加氢站和一座油氢合建站。未来，中国石油还将在全国范围投运 50 座加氢站。随着我国氢能产业的快速发展，如何大规模制取低成本、清洁化、低碳化的氢气受到行业普遍重视。

2　制氢技术发展现状及发展趋势

制氢技术包括多种，从制氢原料区分，主要有化石原料制氢和新能源制氢两类。化石原料制氢主要包括煤制氢、天然气制氢、甲醇制氢、工业副产氢等；新能源制氢包括生物质制氢、电解水制氢、光催化制氢等。目前，大规模制氢仍以煤和天然气为主，全球氢气生产 92% 采用煤和天然气，约 7% 来自工业副产物，只有 1% 来自电解水。各种制氢工艺采用原料、技术成熟度、工业应用情况详见表 1。

表 1　各种制氢工艺路线原料及技术成熟度对比

制　氢　工　艺	主　要　原　料	技术成熟度	工业应用情况
煤气化法	煤、石油焦	成熟	大规模应用
甲烷蒸汽转化	天然气	成熟	大规模应用
甲醇蒸汽转化	甲醇	成熟	已工业化应用
水电解法	水	成熟	已工业化应用

续表

制 氢 工 艺	主 要 原 料	技术成熟度	工业应用情况
工业副产氢	合成气、炼厂重整副产氢、干气制氢、丙烷脱氢等	成熟	已工业化应用
化学链制氢	天然气、煤、生物质	研发阶段	
生物质气化	各类生物质	接近成熟	已小规模应用
电解水制氢	水	成熟	已小规模应用
光催化分解水制氢	水	未成熟	研发阶段

2.1 制氢技术发展现状

2.1.1 煤制氢

煤气化制氢是工业大规模制氢的首选方式之一，其具体工艺过程是煤炭经过高温气化生成合成气（H_2+CO）、CO 与水蒸气经耐硫变换转变为 H_2+CO_2、脱除酸性气体（CO_2+SO_2）、氢气提纯等关键工艺环节，可以得到不同纯度的氢气。典型煤制氢工艺流程如图 1 所示。传统煤气化制氢工艺具有技术成熟、原料成本低、装置规模大等特点，但其设备结构复杂、运转周期相对短、配套装置多、装置投资成本大，而且气体分离成本高、产氢效率偏低、CO_2排放量大。与煤气化工艺一样，炼厂生产的石油焦也能作为气化制氢的原料，这是石油焦高附加值利用的重要途径之一。煤/石油焦制氢工艺还能与煤整体气化联合循环（IGCC）工艺有效结合，实现氢气、蒸汽、发电一体化生产，提升炼厂效益。

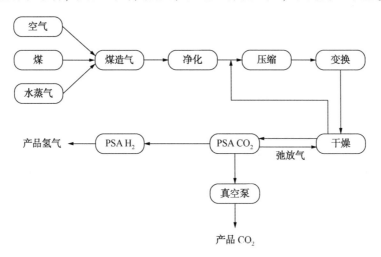

图 1　典型煤制氢工艺流程示意图

煤气化制氢技术已有一百余年发展历史，可分为三代技术：第一代技术是德国在 20 世纪 20—30 年代开发的常压煤气化工艺，典型工艺包括碎煤加压气化 Lurgi 炉的固定床工艺、常压 Winkler 炉的流化床和常压 KT 炉的气流床等，这些工艺都以氧气为气化剂，实行连续操作，气化强度和冷煤气效率得到极大提高。第二代技术是 20 世纪 70 年代由德国、美国等国家在第一代技术的基础上开发的加压气化工艺，典型工艺包括 Shell、Texaco、BGL、HTW、KRW 气化工艺等。我国煤气化制氢工艺主要用于合成氨的生产，多年来开发了一批具有自主知识产权的先进煤气化技术，如多喷嘴水煤浆气化技术、航天炉技术、清华炉技术等。第三代技术主要有煤催化气化、煤等离子体气化、煤太阳能气化和煤核能余热气化等，目前仍处于实验室研究阶段。

近年来，随着我国成品油质量升级步伐加快，国内新建炼油厂大多选择了全加氢工艺路线，以满足轻质油收率、产品质量、综合商品率等关键技术经济指标要求，极大促进了炼油行业对氢气的需求和制氢技术的发展。据初步统计，目前我国建成/在建的 15 个炼化一体化项目中，其中包括恒力石化 $2000×10^4t/a$、浙江石化 $4000×10^4t/a$、盛宏石化 $2600×10^4t/a$ 等新建炼油项目，以及中国海油惠州炼化 $2200×10^4t/a$、中国石化燕山石化 $1200×10^4t/a$、洛阳石化 $1800×10^4t/a$ 等均采用煤制氢工艺生产氢气，而采用天然气制氢的只有中国石油云南石化 $1300×10^4t/a$ 炼油项目。

2.1.2 天然气制氢

天然气制氢是北美、中东等地区普遍采用的制氢路线。工业上由天然气制氢的技术主要有蒸汽转化法、部分氧化法以及天然气高温裂解制氢。

2.1.2.1 天然气蒸汽转化制氢

蒸汽转化法是在催化剂存在及高温条件下，使甲烷等烃类与水蒸气发生重整反应，生成 H_2、CO 等混合气体，该反应是强吸热反应，需要外界供热（天然气燃烧），其主反应为：

$$CH_4 + H_2O \longrightarrow CO + 3H_2 \qquad \Delta H_{298} = 206kJ/mol$$

天然气水蒸气重整制氢技术成熟，广泛应用于生产合成气、纯氢和合成氨原料气的生产，是工业上最常用的制氢方法。天然气蒸汽重整反应要求在 $750 \sim 920℃$ 高温下进行，反应压力为 $2 \sim 3MPa$，催化剂通常采用 Ni/Al_2O_3。工业生产过程中的水蒸气和甲烷的物质的量比一般为 $3 \sim 5$，生成的 H_2/CO 约为 3，甲烷蒸汽转化制得的合成气，进入水气变换反应器，经过高低温变换反应将 CO 转化为 CO_2 和额外的氢气，以提高氢气产率。基本工艺流程如图 2 所示。

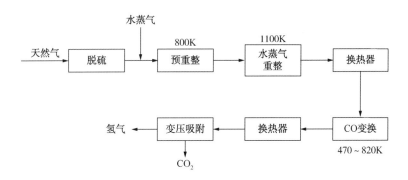

图 2 甲烷蒸汽重整制氢工艺流程示意图

早期的甲烷蒸汽转化过程是在常压下进行的，但通过提高反应压力，可以提高热效率和设备生产能力。甲烷蒸汽转化制得原料气，经过变换反应，将 CO 转化成 CO_2 和氢气，

为了防止甲烷蒸汽转化过程析炭，反应进料中常加入过量的水蒸气，工业中水碳比为3~5。全球甲烷蒸汽转化法主要工艺技术提供方有法国的德希尼布公司（Technip）、林德公司（Linde）和伍德公司（Uhde）以及英国的福斯特惠勒公司（Foster Wheeler）等。中国石油石油化工研究院开发出高强度、高活性天然气蒸汽转化制氢催化剂，技术指标达到国内领先水平，已应用在大庆石化公司 $4×10^4 Nm^3/h$ 制氢装置。

2.1.2.2 甲烷部分氧化法制氢

部分氧化法是由甲烷等烃类与氧气进行不完全氧化生成合成气：

$$CH_4 + \frac{1}{2}O_2 \longrightarrow CO + 2H_2 \qquad \Delta H_{298} = -35.7kJ/mol$$

该过程可自热进行，无须外界供热，热效率较高。但若用传统的空气液化分离法制取氧气，则能耗太高，近年来国外开发出用富氧空气代替纯氧的工艺，其工艺流程如图3所示。

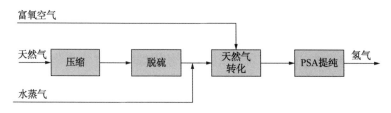

图3　催化部分氧化法制氢工艺流程示意图

如图3所示，天然气经过压缩、脱硫后，先与蒸汽混合预热到约500℃，再与氧或富氧空气（也预热到约500℃）分两股气流分别从反应器顶部进入反应器进行部分氧化反应，反应器下部出转化气，温度为900~1000℃，氢含量为50%~60%。该工艺是利用反应器内热进行烃类蒸汽转化反应，因而能广泛地选择烃类原料，并允许较多杂质存在（重油及渣油的转化大都采用部分氧化法），但需要配置空分装置或变压吸附制氧装置，投资高于天然气蒸汽转化法。天然气部分氧化制氢的反应器采用高温无机陶瓷透氧膜，可在高温下从空气中分离出纯氧，避免氮气进入合成气，这与传统的蒸汽重整制氢相比，工艺能耗显著降低，可在一定程度上降低投资成本。

2.1.2.3 天然气催化裂解制氢

天然气催化裂解制氢是以天然气为原料，经对天然气进行脱水、脱硫、预热后从底部进入移动床反应器，与从反应器顶部下行的镍基催化剂逆流接触，天然气在催化剂表面发生催化裂解反应生成氢气和炭，由于反应是吸热过程，除原料预热外，还需要在移动床反应器外侧加热补充热量，反应器顶部出口的氢气和甲烷混合气经旋风分离器分离炭和催化剂粉尘后回收热量，然后去变压吸附（PSA）分离提纯，得到产品氢气。未反应的甲烷、乙烷等部分产物作为燃料循环使用。反应得到的另一主产物炭随着催化剂从底部流出反应器，经换热后进入气固分离器分离残余甲烷、氢气，然后进入机械振动筛将催化剂和炭分离，催化剂再生后循环使用，分离出的炭可用于制备碳纳米纤维等高附加值产品。

天然气催化裂解制氢反应过程从反应原理上看不产生任何 CO_2，在生产氢气的同时，主产物炭可加工为高端化碳材料，该工艺与煤制氢和天然气蒸汽转化法制氢相比，其制氢成本和 CO_2 排放量均大大降低，具有明显的经济效益和社会效益，市场前景好，目前该工艺仍处于研究开发阶段。

2.1.3　甲醇制氢

工业上通常使用 CO 和氢气经过羰基化反应生产甲醇，甲醇制氢技术则是合成甲醇的逆过程，可用于现场制氢，解决目前高压和液态储氢技术存在的储氢密度低、压缩功耗高、输运成本高、安全性差等弊端。按工艺技术区分，甲醇制氢技术包括甲醇裂解制氢、甲醇水蒸气重整制氢和甲醇部分氧化制氢。

(1)甲醇裂解制氢：甲醇裂解是在 300℃ 左右、催化剂存在下甲醇气相催化裂解，通常用于合成气制备，或通过进一步分离获得高纯 CO 和氢气，氢气纯度可达 99.999%。该技术成熟，适用于科研实验、小规模制氢场合。

(2)甲醇水蒸气重整制氢：在 220~280℃、0.8~2.5MPa、催化剂存在下，甲醇和水转化为约 75% 氢气、24% CO_2 以及极少量的 CO、CH_4，可将甲醇和水中的氢全部转化为氢气，甲醇消耗 0.5~0.65kg/m³(氢气)，甲醇储氢质量分数达到 18.75%(图 4)。该技术的使用条件温和，产物成分少，易分离，制氢规模在 10~10000m³/h 内均能实现，且产能可灵活调整，适用于中小型氢气用户现制现用。缺点是采用 Cu/Zn/Al 催化剂，催化剂易失活，需要进一步开发活性高、稳定性好的新型催化剂。2018 年 7 月，山东寿光鲁清石化有限公司 60000m³/h 甲醇制氢装置投产，是国内最大规模的甲醇制氢装置，采用华西化工先进的甲醇制氢技术、PSA 技术、催化剂等，由安徽华东化工医药工程有限公司承担详细设计。

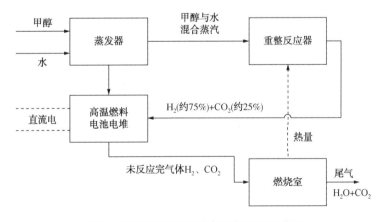

图 4　甲醇水蒸气重整制氢燃料电池系统图

(3)甲醇部分氧化制氢：通过甲醇的部分氧化(1 分子甲醇和 0.5 分子的氧气反应生成 2 分子的氢气和 1 分子的 CO_2)实现系统自供热，大幅提高能源利用效率，以期进一步降低制氢成本。该技术目前仍处于研究开发阶段。

2.1.4　工业副产氢

工业副产氢是在工业生产过程中氢气作为副产物，包括炼厂重整、丙烷脱氢、焦炉煤气及氯碱化工等生产过程产生的氢气，其中只有炼厂催化重整生产过程的氢气用于炼油加氢精制和加氢裂化生产装置，其他工业过程副产的氢气大部分被用作燃料或放空处理，部分焦炉煤气副产氢配建了合成氨生产装置，其余基本上没有被有效利用，这部分工业副产氢对于氢燃料电池汽车产业发展具有很大的回收利用潜力。各种工业副产氢生产原理及利用情况详见表2。

表2　各种工业副产氢来源及国内生产潜力

氢气来源	技 术 原 理	原 料 消 耗	氢气产能 10^4 t/a
炼厂催化重整等	以石脑油为原料，生产高辛烷值汽油和"三苯"，同时副产氢气	1t 原料油可副产氢气 20~30kg	136
丙烷脱氢	丙烷催化脱氢生产丙烯，同时副产氢气、C_{4+} 等	丙烯收率按 42%计算，生产 1t 丙烯可副产氢气 54kg	18
焦炉煤气	煤炭经高温干馏后，在产出焦炭和焦油产品的同时，得到主要成分为甲烷、氢气和 CO 等的可燃气体	通常生产 1t 焦炭可副产 425.6m^3 焦炉气，1m^3 的焦炉煤气可制取约 0.44m^3 的氢气	721
氯碱化工	用电解饱和 NaCl 溶液的方法来制取 NaOH、氯气和氢气	生产 1t 烧碱可副产 270m^3 氢气	81

从表2可以看出，我国工业副产氢气资源潜力大，每年产量约 1048×10^4 t。其中：炼厂产氢量大（136×10^4 t/a），但几乎全部用来满足炼油生产；丙烷脱氢装置产氢量少（18×10^4 t/a）且资源分散；钢铁工业和炼焦行业的焦炉煤气氢气含量高、数量大（721×10^4 t/a），焦炉煤气与氯碱行业每年合计副产氢气 802×10^4 t，占全部副产氢总量的 76.5%。若近期取副产氢气（802×10^4 t/a）的 30%（240×10^4 t/a），中期 40%（320×10^4 t/a），远期 50%（400×10^4 t/a）用于加氢站，按照 1 辆燃料电池乘用车年行驶里程 20000km，消耗 224kg 氢气计算，分别可供应 1071 万辆、1428 万辆和 1785 万辆燃料电池乘用车。按 1 辆燃料电池客车年行驶里程 14400km，消耗 882.32kg 氢气计算，可供应氢燃料电池客车 272 万辆、362 万辆和 453 万辆。

2.1.5　化学链制氢技术

目前，全球工业化用氢主要来自天然气蒸汽重整工艺（我国主要采用煤制氢），但该工艺反应条件需高温（650~1000℃）、高压（1.6~2.0MPa），为得到纯氢还需要对产出的合成气进行复杂的后续水汽变换和氢气、CO_2 分离工艺步骤，过程能耗高。1983 年，德国科学家 Richter 和 Knoche 首次提出化学链燃烧（Chemical Looping Combustion，CLC）概念，之后许多研究人员将 CLC 与蒸汽铁法制氢（Steam-Iron Method）相结合，即形成了化学链制氢技术（Chemical Looping Hydrogengeneration，CLH）。

化学链制氢反应装置由燃料反应器、蒸汽反应器和空气反应器组成(图5),全部过程按照 3 个步骤来进行氢气的制取及 CO_2 的捕集:在燃料反应器中,燃料与载氧体(Fe_2O_3)发生反应,燃料被完全氧化为 CO_2 和水(将水蒸气冷凝下来即可得到纯净 CO_2),同时载氧体被还原为还原态(FeO);还原态的载氧体进入蒸汽反应器中,与通入的水蒸气发生反应产生氢气,同时载氧体被部分氧化;部分氧化的载氧体进入空气反应器中,空气将其完全氧化,并在空气反应器中除去反应过程中产生的积炭等污染物。总的反应结果是烃类水蒸气反应生成 CO_2 和氢气。

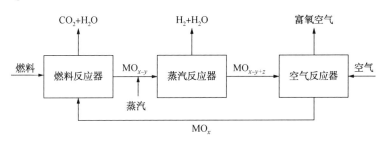

图 5 化学链制氢原理示意图

与水蒸气重整制氢相比,化学链制氢的优点主要包括 5 个方面:一是装置相对简单,无须水汽变换装置以及氢气和 CO_2 提纯分离装置;二是只需要载氧体 1 种固体颗粒,而传统的水蒸气重整过程需要包括水蒸气重整、高温水汽变换、低温水汽 3 种变换催化剂及 CO_2 吸附剂;三是不需要复杂的氢气净化过程,只需将蒸汽反应器出口的气体直接冷凝即可得到纯氢;四是燃料反应器和空气反应器内部反应温度相对较低,且燃料不与氧气直接接触,几乎无 NO_x 生成,污染气体排放少;五是在燃料反应器中燃料燃烧产物主要是 CO_2 和水蒸气,经过简单冷凝即可得到纯净的 CO_2,不需要复杂的分离装置,投资少、能耗低。

目前,化学链制氢过程中用到的燃料主要为气体燃料(天然气),只有少数研究涉及利用固体燃料(煤、石油焦、生物质等)化学链制氢的可行性。ASPEN Plus 软件模拟发现,CDCL 过程中在保持碳排放为零的情况下,制氢效率高达 79%,发电效率可达 50%,与传统的煤气化之后再经水汽转换过程制氢相比,能量转换效率高出约 20%。目前,针对固体燃料应用于化学链制氢过程有两种方式:一种是先把固体燃料气化,利用气化产生的还原性气体进行化学链制氢;另一种是直接利用固体燃料作为还原性物质进行化学链制氢。

国内外研究工作者对化学链制氢进行了大量实验摸索,目前尚有许多问题需要改进:一是制备性能优异的载氧体,以期解决机械强度差、产氢量低、易烧结、易积炭、不耐高温等问题;二是化学链制氢反应器的设计优化,重点解决载氧体在反应器之间的循环方式以及反应器之间的密封等关键问题,同时持续研究设计适用于液态、固态燃料的化学链制氢反应器;三是研究开发采用固体燃料作为化学链制氢原料的可行技术。

2.1.6 生物质制氢

我国生物质资源十分丰富,以农林废弃物和城市生活垃圾为主,利用生物质原料制氢

不失为一种具有良好发展前景的制氢技术路线。生物质制氢技术主要有生物质气化制氢、生物质热裂解制氢、生物质超临界水制氢以及微生物降解制氢等技术路线。

2.1.6.1　生物质气化制氢

生物质气化制氢是在1000℃以上的高温条件下，生物质与气化剂（空气、氧气、水蒸气等）在气化炉中反应，产生富氢燃气。使用的气化剂不同，气化反应产生的气体和焦油收率也不同。气化制氢技术具有工艺流程简单、操作方便和氢气产率高等优点。生物质气化制氢在反应过程中会产生焦油，焦油的产生不仅降低了反应效率，还会腐蚀和损害设备，阻碍制氢的进行。催化剂可以降低反应所需的活化能，低温下分解焦油，从而降低焦油含量。该工艺技术接近成熟阶段，目前国内运行的生物质气化装置一般将生物质高温气化后再发电，使生物质的化学能先转化为热能再转化为电能，如用于制氢，仅需在气化装置后部增设相应的水汽变换装置和氢气分离系统，所用主要技术均是常规技术。

2.1.6.2　生物质热裂解制氢

生物质热裂解制氢是在500~600℃并且隔绝空气和氧气的条件下，对生物质进行间接加热，使其发生热解转化为生物焦油、焦炭和气体，对焦油等烃类物质进一步催化裂解，得到富氢气体，对气体进行分离即可获得氢气。生物质热裂解工艺流程简单，对生物质的利用率高，制氢效率主要与反应温度、停留时间和生物质原料特性有关。在使用催化剂的前提下，热解气中氢气的体积分数可达30%~50%。在热解过程中产生的焦油会腐蚀设备和管道，造成产氢效率下降。目前研究的热点主要集中在热解反应器的设计、反应参数优化、开发新型催化剂等方面，以提高产氢效率。该技术目前正处于工业试验阶段，国内也已建有多套小规模工业示范装置。

2.1.6.3　生物质超临界水制氢

生物质超临界水制氢的技术原理是生物质在超临界水（374~650℃、22.1~25MPa）中经历热解、水解、缩合、脱氢等一系列复杂的热化学转化后产生 H_2、CO、CO_2、CH_4 等气体。该技术的主要优点在于超临界水气化过程前不需对原料进行干燥预处理，有助于减少能耗。在实际反应过程中，由于生物质分子结构复杂（主要由纤维素、半纤维素和木质素组成），在超临界水中的水解产物主要是糖类（五碳糖和六碳糖）及酚类，之后再降解为较小分子的醇、醛、酸等物质，最终降解为 H_2、CO 等气体。近年来，国内外科研人员对不同种类生物质超临界水气化过程的转化规律及反应机理进行了深入研究，对反应温度、压力、物料浓度、停留时间等工艺参数进行了大量的研究探索，获得了相关基础数据，但由于生物质组成结构及反应体系复杂，总体而言仍处于试验研究阶段。

2.1.6.4　微生物降解制氢

微生物降解制氢（也称生物制氢）是利用微生物降解生物质得到氢气的一种制氢方法。根据生物质生长所需的能量来源，将其分为光合微生物制氢和发酵生物制氢。光合微生物制氢是以太阳能为输出能源，利用光合微生物（光合细菌和藻类等）将水或生物质分解产生氢气。该方法的优点是利用了取之不尽的太阳能，缺点是无法降解大分子有机物，太阳能转换利用率低，氢气产率低，可控制能力差，运行成本高，目前还处于实验室研究阶段。发酵生物制氢是指发酵细菌(包括兼性厌氧菌和专性厌氧菌两类)在黑暗环境下降解生物质制氢的一种方法。发酵生物制氢过程较光合生物制氢稳定，发酵过程不需要光源，易于控制，产氢能力高于光合细菌，综合成本低，易于实现规模化生产。

2.1.7 可再生电力电解水制氢技术

2.1.7.1 电解水制氢技术

利用水的电解制氢是指在电解槽中加入电解质并导通电流(直流电)，将水分子电解解离，负极析出氢气，正极析出氧气。作为一种传统技术，电解水制氢技术设备简单、无污染，所得氢气纯度高、杂质含量少，适用于各种场合，缺点是耗能大、制氢成本高。根据电解质的不同，电解水技术可分为碱水电解、固体氧化物电解和质子交换膜(PEM)纯水电解，技术参数对比详见表3。由表1可以看出，3种电解水技术各有优缺点，相比较而言，碱水电解技术是目前商业化程度最高、最为成熟的电解水技术，国外技术商主要有法国Mcphy公司、美国Teledyne公司和挪威Nel公司，国内代表企业主要有苏州竞立制氢、天津大陆制氢和中船重工718所。质子交换膜(PEM)纯水电解在国外已经实现商业化，主要技术商有Proton公司、Hydrogenics公司等，国内对于PEM纯水电解技术研究主要有中船重工718所、中电丰业、中国科学院大连化学物理研究所(简称大连化物所)等单位。PEM纯水制氢过程无腐蚀性液体，运维简单、成本低，是我国今后需要重点开发的纯水电解制氢技术。

表3 电解水制氢技术对比

电解池类型	碱水电解池	固体氧化物电解池	PEM纯水电解池
电解质	20%~30%KOH	Y_2O_3/ZrO_2	PEM
工作温度，℃	70~90	700~1000	70~80
电流密度，A/cm^2	1~2	1~10	0.2~0.4
电解效率，%	65~75	85~100	70~90
能耗，$kW \cdot h/m^3$	4.5~5.5	2.6~3.6	3.8~5.0
系统运行维护	有腐蚀性液体，运维复杂，装置成本高	以技术研究为主，尚无运维需求	无腐蚀性液体，运维简单，装置成本低
技术成熟度	国内外均已商业化	实验室研究阶段	国外已经商业化
"三废"产生情况	碱液污染、石棉致癌	无污染	清洁无污染

2.1.7.2 风电/光电电解水制氢

由于利用化石原料制氢存在高能耗、高污染、工艺流程长且出氢纯度低等缺点，而电解水制氢技术具有近零排放和产品纯度高等优势，因此电解水制氢一直是行业重点研究的制氢技术之一。然而，由于电解水制氢需要消耗大量的电力，起初用于规模化制氢并不具备经济性，但随着技术的不断进步，风能、太阳能发电成本在快速下降，过去10年成本大约降低90%。目前，中国太阳能发电已经具备平价上网基础，条件最好的太阳能发电成

本已经降至 0.1 元/$(kW \cdot h)$，规模化电解制氢已经具有很好的经济前景。欧洲氢能规划 2025 年实现 $100×10^4 t/a$ 绿氢，2030 年实现 $1000×10^4 t/a$ 绿氢。因此，基于最近几年氢燃料电池汽车发展对低成本、规模化制氢技术的迫切需求，业内一致看好采用风电、光伏、水电(也称"绿电")等可再生能源产生的富裕电力电解水制氢，从而有效解决弃风、弃水、弃光现象，节约电力资源，调整电力系统能源结构，实现规模化制氢的目标。

在风电、光电制氢领域，德国最早引入可再生能源制氢并转化为气体燃料技术(Power to Gas，P2G)的概念。德国、美国等多个国家较早开始探索该技术的实际应用。目前仅欧洲已经运营和正在建设的 P2G 项目已达 45 个。利用风力发电、太阳能发电等的剩余电力(即调峰谷电及无法上网的富余电力)电解水制氢，由于节约了化石资源，发电成本低，工艺路线低碳环保，被公认为是目前与电解水技术耦合、实现大规模制氢的理想途径，受到业内普遍重视。

2018 年 10 月，国家发改委、国家能源局联合印发《清洁能源消纳计划(2018—2020年)》，提出"探索可再生能源富余电力转化为热能、冷能、氢能，实现可再生能源多途径就近高效利用"。自 2009 年开始，国家电网率先开展了风光电结合海水制氢技术前期研究和氢储能关键技术应用研究。2014 年以来，中国节能环保集团公司、河北建投投资集团、国家电投集团公司、国家能源集团等相继启动了风电或风/光互补制氢及燃料电池关键技术研发与应用项目，但由于国内制氢装置必须建设在化工园区以及发电上网等因素的影响，风电制氢仅停留在示范阶段(规模最大为 10MW)，商业化运行的经济性均面临较大挑战。按照当前国内各省份的风电发电量并结合弃风和消纳情况，可直接制取 $55×10^4 t$ 氢气。

2.1.8 太阳能制氢技术

在利用可再生能源制氢的技术中，太阳能制氢是近年来科研人员正在研究开发的一项新技术。目前，利用太阳能制氢的方法主要有太阳能热分解水制氢、太阳光电解水制氢、太阳光催化分解水制氢、太阳能生物制氢等。

2.1.8.1 太阳能热分解水制氢

该技术是直接利用太阳能聚光器收集太阳能，将水加热到 2500K 高温下分解为氢气和氧气。太阳能热分解水制氢技术的主要问题在于：高温太阳能反应器的材料问题和实现高温下氢气与氧气的有效分离。由于太阳光的能量密度很低，首先需要将太阳能聚集。目前提出的聚焦装置分为槽式、塔式、碟式和双反射聚焦器，后 3 种装置可将能量密度提高 $500 \sim 1000$ 倍，获得 $1000 \sim 2000℃$ 的高温。但如果要将水直接分解，需要的温度在 $2227℃$ 以上，这对聚焦装置、反应器以及产物分离材料都提出了极高的要求。随着聚光科技和膜科学技术的发展，太阳能热分解制氢技术得到快速发展。以色列科研人员对太阳能热分解水制氢的多孔陶瓷膜反应器进行了研究，发现在水中加入催化剂后，水的分解可以分多步进行，可大大降低加热温度，在温度为 $727℃$ 时的制氢效率可达 50% 左右。

2.1.8.2 太阳光电解水制氢

太阳光电解水制氢是由光阳极和阴极共同组成光化学电池，在电解质环境下依托光阳极来吸收周围的阳光，在半导体阳极上产生电子，之后借助外路电流将电子传输到阴极上。水中的质子能从阴极接收到电子产生氢气。光电解水的效率受自由电子空穴对数量、自由电子空穴对分离和寿命、逆反应抑制等因素影响。受限于电极材料和催化剂，目前研究工作得到的光电解水效率普遍较低（10%~13%）。澳大利亚莫纳什化学院研究团队采用泡沫镍电极材料，使电极表面积大大增加，可使太阳光电解水制氢效率达到22%。

2.1.8.3 太阳光催化分解水制氢

太阳光催化分解水制氢基于紫外光照射 TiO_2 时可以分解水的原理，当半导体吸收光子后，价带的电子被激发到导带并在价带留下空穴 h^+，h^+ 获取水分子的电子，并把水氧化分解为氧气和质子 H^+，而电子与 H^+ 结合后放出氢气。高效光解水催化剂必须具备合适的带隙、良好的电子—空穴分离及传输能力，放氧放氢位具有高活性，要求使用廉价的催化材料且具有良好的稳定性和抗腐蚀能力。

太阳光催化分解水制氢技术类似于太阳光电解水制氢，不同之处在于光阳极和阴极并没有像光电解水制氢一样被隔开，而是阳极和阴极在同一粒子上，水分解成氢气和氧气的反应同时发生。太阳光催化分解水的反应相比光电分解水，反应过程大大简化，但由于水分解成氢气和氧气的反应同时发生，同一粒子上产生的电子空穴极易复合，从而阻碍氢气与氧气的产生，因此抑制光催化逆反应的发生是推动光催化分解水制氢技术的关键。

自20世纪70年代日本科学家利用 TiO_2 光催化分解水产生氢气和氧气以来，光催化材料一直是国内外研究的热点领域。经过多年的研究，人们在半导体作为光催化剂的主催化剂和助催化剂研发、光生电子—空穴对的分离和传输机理研究以及放氧放氢反应机理的研究方面均取得诸多进展，光催化材料的太阳能转换效率逐步提高，对光催化机理认识逐步深入、表征手段快速发展，光催化材料种类也在不断拓展，光催化技术正处于从实验室研究迈向规模化应用的关键阶段。目前光催化技术的研究重点是：如何实现光催化材料带隙与太阳光谱匹配，如何实现光催化材料的导价带位置与反应物电极电位匹配，如何降低电子—空穴复合提高量子效率，如何提高光催化材料的稳定性等问题。

2.2 各种制氢技术优劣势对比及发展趋势分析

无论是化石原料制氢还是可再生能源制氢技术，均有各自的优势和劣势。将几种新型制氢技术与传统化石原料制氢（包括工业副产氢、化合物热分解制氢）技术进行比较，其主要优缺点详见表4。各种技术制氢成本比较见表5。

表4 各种制氢技术的优缺点比较

制氢方式	优点	缺点
化石原料制氢	制氢技术成熟，成本较低，适合大规模制氢	制氢原料不可持续，碳排放量高；气体产物中杂质多，需要经过复杂的提纯工序
工业副产氢及化合物热分解制氢	工业尾气副产氢来源广泛，环境友好，适合大规模制氢；甲醇、合成氨等热分解制氢原料易得、转化率高、氢气收率高	工业副产氢提纯工艺相对复杂；化合物热分解制氢需要经过高温裂解，制氢成本高

续表

制氢方式	优点	缺点
化学链制氢	化学链制氢能量转化效率高，且可实现碳捕获	技术不成熟，尚处于研究阶段
生物质制氢	原料资源丰富，具有可持续性，环境友好	技术不成熟，制氢效率低，成本高，尚需进一步研究
电解水制氢	水资源丰富，碳排放少，制氢过程杂质少，环境友好；充分利用剩余风电、光伏装机容量，实现绿色、清洁制氢	电解水制氢能耗高、成本高，其与可再生电力耦合制氢处于发展起步阶段，有待进一步降低投资及运维成本

表5　各种制氢技术成本及二氧化碳排放情况

制氢技术	技术成熟度	成本，元/kg(H_2)	排放量，kg(CO_2)/kg(H_2)
煤制氢	成熟	6~10	11~25
天然气制氢	成熟	9~18	8~16
工业副产制氢	成熟	5~10	—
电网电解水制氢	成熟	35~40	约45
"三弃"电解水制氢	成熟	18~23	1~3
煤制氢+CCS	工业示范	14~18	2~7
天然气制氢+CCS	工业示范	13~21	1~6

　　通过对各种制氢技术发展现状及经济性的分析，对制氢技术的发展前景有以下几点思考：

　　(1)化石原料制氢技术成熟，在氢能产业发展初期的制氢技术中占据主导地位。从目前我国氢气生产现状看，实际年产量超过 2000×10^4 t，产能已超过 3000×10^4 t/a，其中化石原料制氢约占70%，工业副产氢占比将近28%，电解水制氢占比不到2%；从氢气消费现状看，基本上全部用于合成氨、合成甲醇以及炼油化工加氢生产过程。预计今后化石原料制氢仍将是实现大规模制氢的主体技术路线。但从长远看，由于我国油气资源对外依存度逐年提高，采用化石原料制氢尤其是天然气制氢、重油制氢(由于经济性不佳，目前已经基本淘汰)不仅原料来源不具有可持续性，而且碳排放量也较大。我国煤炭资源虽然比较丰富，而且近年来国内大型炼化一体化项目配套建设的制氢装置一般均采用煤制氢(少部分采用天然气制氢)，但煤制氢路线耗水量大、碳排放量大，在我国社会经济推动清洁低碳发展，尤其是已经提出碳中和目标承诺的大背景下，煤制氢和天然气制氢都将受到制约。

　　(2)工业副产回收氢气是未来颇具发展潜力的制氢方式。

　　我国含氢工业尾气资源十分丰富，从石油化工角度看，就有催化重整副产氢、炼厂干气制氢、石脑油及乙烷裂解气副产氢、丙烷脱氢副产氢等多种途径，这些氢气资源有些被利用(如催化重整制氢、干气制氢)，也有些被作为燃料低价值利用或直接排放，如果将这部分氢气通过变压吸附等分离技术加以回收利用，既可以实现资源的高附加值利用，也可以减少碳排放压力。近几年由于氢能的发展，对工业副产氢的利用已经得到行业的高度重视，许多能源企业及化工企业与氢能开发投资商积极合作，探索高效利用工业副产氢以发展氢能的途径，今后对于工业副产氢的利用具有良好的前景。工业副产氢，例如炼厂重整制氢、丙烷脱氢、乙烷裂解、焦炉煤气和氯碱工业副产氢气路线，由于气体来源广泛、经济性相对较好，近中期内将会得到一定程度的发展。

(3)风电/光电制氢发展潜力大，应持续优化产业链并降低成本。电解水制氢技术已经发展多年，但由于耗电量大、氢气生产成本高[约 40 元/kg(H$_2$)左右，成本约是煤制氢成本的 4 倍，约是天然气制氢的 3 倍]，一直无法进行大规模工业应用。最近两三年，借鉴国外经验，国内开展的利用可再生能源(风电、光伏发电、水电、地热发电等)生产的富裕电力与传统电解水制氢的耦合路线(也称绿氢路线)，为氢燃料电池汽车产业发展开辟了一条实现大规模、低成本制氢的创新模式。目前，由于绿氢路线一次性发电设施投入大、运维成本偏高等，总体上其经济性仍不理想。为降低绿氢成本，对于风电设施需要降低发电机组、风场建设成本和运维成本，对于光伏设施需要降低多晶硅片、电池片和组件成本，同时需要持续创新产业链运行模式，充分利用可再生能源谷电、"弃电"降低发电成本。此外，要继续加大新型电解水技术(重点是 PEM 纯水电解技术)研发，降低电解水工艺的单位电耗，推动可再生能源制氢技术大规模应用。随着光伏技术、电解水技术的持续进步，目前在国内部分风、光资源丰富地区，绿氢路线制氢成本已经持续降低，接近化石原料制氢成本，为氢能产业发展增添了信心。

(4)生物质制氢发展缓慢，仍有较多的技术问题需要解决。与化石燃料相比，我国生物质资源种类多、资源量大、分布广泛，例如农作物秸秆、农林废弃物、畜禽粪便、能源植物、城市生活垃圾等都可作为制氢的原料，但生物质原料也存在能量密度低、资源分散、收集加工成本高等缺点。目前，各种生物质制氢技术，包括生物质气化制氢、热裂解制氢、超临界水制氢以及微生物降解生物质制氢技术，均未达到成熟阶段，尤其是生物质气化、生物质热裂解技术已经发展多年，但技术进展缓慢，仍需开展进一步的深入研究和工艺优化。从长远发展看，由于生物质原料具有可持续性，相对化石原料制氢过程其碳排放量较少，符合绿色经济发展理念，因此利用生物质制氢仍然会受到行业重视。

总之，无论采用哪种原料制氢，制氢装置一般都要安装在原料供应比较方便的地方。由于制氢装置(尤其是化石原料制氢)一般占地面积大，为节约土地空间、减少碳排放，同时也从加氢站安全运营角度考虑，一般不允许采用现场制氢的方式。现场制氢虽然节省了氢气运输环节，但只适用于对氢气需求量不大的一些特定场合，且必须达到规模灵活调整、控制系统先进、运行可靠、安全环保等要求。

3 展望

(1)发展氢能在我国实现碳达峰和碳中和战略目标进程中意义重大。

全球氢能产业快速发展，目前正处于产业化发展导入期，在制氢、储氢、输氢、加氢

站、燃料电池及整车制造全产业链中，实现清洁、低碳、低成本、规模化制氢是推动氢燃料电池汽车产业发展的首要条件。2020年9月，我国政府提出将提高国家自主贡献力度，采取更加有力的政策和措施，二氧化碳排放力争于2030年前达到峰值，努力争取2060年前实现碳中和。在我国提出碳达峰和碳中和战略目标的背景下，化石能源制氢由于较高的碳排放强度将逐渐退出历史舞台，新能源制氢尤其是风能、光伏发电电解水制氢技术将得到快速发展，成为各种新能源制氢技术中的翘楚。

（2）从蓝氢到绿氢是炼化企业实现低碳生产目标的首要途径。

从交通领域氢能开发领域看，近中期炼厂副产氢提纯（蓝氢）供应加氢站是有经济竞争力的氢源；中远期油田矿区面积大、光照好，适于建设风、光等可再生能源低成本大规模发电来电解水制绿氢。从加氢站建设运营看，石油公司加油站数量庞大，区位优势显著，可部分改造为加油加氢一体站，既节约宝贵的土地资源，又可快速培育忠实客户群。应在京津冀、长三角、珠三角地区积极推动示范项目，推动油气氢电综合能源站建设。氢气是氨和甲醇生产的基础原料，随着油品质量升级，炼厂是氢气最大的消费领域。为尽快实现油品生产加工过程碳排放达峰，必须尽快通过技术升级实现氢气的无碳排放制取。近中期清洁氢气主要来源于化石能源制氢+碳捕集、利用和封存技术（CCUS）及回收工业副产氢。太阳能发电、风力发电成本进一步降低后，可再生电力通过水解技术获得无碳排放的绿氢将是中长期发展方向。石油公司需积极利用炼化一体化优势，宜芳则芳、宜烯则烯、宜氢则氢，将石油中的碳主要转化为化工原料和有机材料，氢转化为能源，提升业务价值。

（3）石油公司在氢能产业链构建过程中优势明显。

到2050年，氢能在我国终端能源体系中将占有重要地位，成为我国能源战略重要组成部分，催生十几万亿元的新兴产业。氢能与石油公司的传统产业链关系十分紧密，与石油石化行业契合度极高。氢能产业链长，涵盖氢气制取、储存、运输和应用，这与交通燃油、天然气供应模式高度符合。推进氢能产业与技术发展既可对现有业务形成有益补充，提供清洁能源，又可促进石油公司向综合性能源公司转型。石油公司利用自身的技术优势，广泛整合已有的资源，大力布局绿色低碳的氢能产业链，逐步替换传统的化石能源产业链，势在必行。相信通过政府、企业、科研院所等各方面的共同努力，我国将会在清洁、低碳、高效的制氢技术开发应用方面取得长足进步，推动氢燃料电池汽车、燃料电池分布式发电、供热及储能等新业态快速成长，氢能将成为我国能源消费结构中的重要组成部分，带动我国能源消费结构调整和社会经济高质量发展。

参 考 文 献

［1］何盛宝，李庆勋，王奕然，等. 世界氢能产业与技术发展现状及趋势分析［J］. 石油科技论坛，2020，39（3）：17-22.

［2］何盛宝，林晨. 氢能发展怎么看［EB/OL］.（2021-03-18）［2021-05-23］. http://news.cnpc.com.cn/system/2021/03/18/030027239.shtml.

［3］马永生. 2020年石油、天然气对外依存度分别攀升到73%和43%［EB/OL］.（2021-03-07）［2021-05-

23］. https：//www. 360kuai. com/pc/97cbb15bcaf85ec4f？cota＝3&kuai＿so＝1&tj＿url＝so＿vip&sign＝360＿e39369d1&refer＿scene＝so＿54.

［4］黄格省，李锦山，魏寿祥. 化石原料制氢技术发展现状与经济性分析［J］. 化工进展，2019，38（12）：5217-5224.

［5］黄格省，阎捷，师晓玉. 新能源制氢技术发展现状及前景分析［J］. 石化技术与应用，2019，37（5）：289-296.

［6］庆绍军，侯晓宁，李林东. 甲醇制氢应用于氢燃料电池车的可行性及其发展前景［J］. 能源与节能，2019（2）：63-64

［7］刘社田. 甲醇作为氢能载体的应用现状和技术展望［C］. 沈阳：第十一届全国环境催化与环境材料学术会议，2018.

［8］氮肥与甲醇技术网. 2018-2019 年中国甲醇重整制氢燃料电池都有哪些进展［OL］.［2021-3-19］. http：//www. nmtech. com. cn/xinwen＿hyyw＿xx. asp？path＝46&id＝195779.

［9］徐如辉. 加氢站用化工副产氢气潜力分析［J］. 可再生能源，2019（2）：112.

［10］黄格省，师晓玉，张彦. 国内外乙烷裂解制乙烯发展现状及思考［J］. 现代化工，2018，38（10）：1-5.

［11］陆柒安，张军，赵亮，等. 生物质超临界水气化制氢研究进展［J］. 现代化工，2018，38（12）：29-33.

［12］孙兆松，梁皓，尹泽群. 化学链制氢技术研究进展［J］. 化学工业与工程，2015，32（5）：71-78.

［13］杨琦，苏伟，姚兰，等. 生物质制氢技术研究进展［J］. 化工新型材料，2018，46（10）：247-250，258.

［14］Chen S，Xue Z，Wang D，et al. Hydrogen and electricity co-production plant integrating steam-iron process and chemical looping combustion［J］. International Journal of Hydrogen Energy，2012，37（10）：8204-8216.

［15］罗明，王树众，王龙飞，等. 基于化学链技术制氢的研究进展［J］. 化工进展，2014，33（5）：1123-1133.

［16］孙兆松，梁皓，尹泽群. 化学链制氢技术研究进展［J］. 化学工业与工程，2015，32（5）：71-78.

［17］中国储能网新闻中心. 解码电解水制氢技术 哪种应用更具经济性？［EB/OL］（2018-11-07）［2021-3-20］. http：//www. escn. com. cn/news/show-686882. html.

［18］中国报告网. 2018 年我国风电行业弃风率下降明显经营情况边际改善［EB/OL］.（2018-03-28）［2021-03-20］. http：//free. chinabaogao. com/dianli/201808/0RS614052018. html.

［19］氢能源燃料电池电动汽车. 深度解读——风电制氢［EB/OL］.（2018-05-04）［2021-03-20］. http：//www. dmotor. cn/Article/jishu/2474. html.

［20］鲍君香. 太阳能制氢技术进展［J］. 能源与节能，2018（11）：61-63.

［21］陈宏善，魏花花. 利用太阳能制氢的方法及发展现状［J］. 材料导报，2015，29（11）：36-40.

［22］闫世成，邹志刚. 高效光催化材料最新研究进展及挑战［J］. 中国材料进展，2015，34（9）：652-658.

储氢与氢储能技术

◎黄格省　张　博　魏寿祥　张学军

氢气因具有资源丰富、零污染、可再生、热效率高等优点而成为未来能源结构中最具发展潜力的能源载体，美国、日本、欧洲等发达国家不断加大研发投入和政策支持，以期在未来"氢能经济"时代保持领先地位。2020年9月22日，习近平总书记在第七十五届联合国大会一般性辩论上郑重宣布："中国将提高国家自主贡献力度，采取更加有力的政策和措施，二氧化碳排放力争2030年前达到峰值，努力争取2060年前实现碳中和。"氢能作为一种清洁、高效、可持续的能源，被视为21世纪最具发展潜力的清洁能源，将在我国推动碳减排、实现碳中和目标进程中发挥重要作用。随着氢燃料电池技术在交通运输方面的推广和应用以及分布式能源的发展，未来氢气作为能源的消费比例将显著提升。作为衔接生产端和消费端的重要环节，经济、高效、安全的储氢技术和氢储能技术的发展将直接影响到氢能技术的推广应用，是当前氢能领域研究的热点。

1　储氢技术

1.1　行业发展现状

氢气是世界上已知的最轻的气体，其密度非常小，只有空气的1/14，即在标准大气压、0℃条件下氢气的密度为0.0899g/L，这一性质决定了氢气与其他气体相比不易储存和运输。基于目前氢能产业快速发展对氢气消费的需求，研发高效、低成本、低能耗的储氢技术至关重要。目前，常用的储氢方法包括物理储氢、化学储氢等。物理储氢是通过改变储氢条件提高氢气密度来实现储氢的目的，主要包括高压气态储氢、低温液化储氢，属于纯物理过程，无须储氢介质，成本相对较低，且易放氢，氢气浓度较高。物理储氢的成本较低、放氢较易，氢气浓度较高，但其储存条件较苛刻，安全性较差，且对储罐材质要求较高。化学储氢通过生成稳定化合物实现储氢的目的，其安全性较高，但放氢较难，且难得到纯度较高的氢气。目前，高压气态储氢已在氢能行业得到广泛应用，大部分加氢站采用高压储氢（35MPa或70MPa），但也存在氢气储存密度小、储量少、效率低的不足；低温液化储氢（-253℃）由于氢气液化过程能耗高，导致该技术成本高昂，目前除应用于航天领域外，欧美、日本等国家建有液氢加氢站，国内液氢在民用领域尚未实现大规模工业应用，行业普遍认为其在中、短距离输氢过程中经济性较差，但未来在远距离氢能跨国贸易中展示出良好的前景。化学储氢方法中，有机液体储氢、甲醇储氢已开始进入示范应用阶段，合金储氢、配位氢化物储氢技术仍处于研发阶段。

氢能产业链包括制氢、储存、运输以及氢气利用，作为一种来源广、零污染、零碳排的绿色能源，氢能可望在推动能源结构调整与清洁低碳发展进程中担当重要角色。目前在制氢环节，"灰氢不可取，蓝氢可以用，废氢可回收，绿氢是方向"获得业界认同，预计2050年加氢站用氢将实现100%绿色制氢。在氢气运输环节，长距离输送时管道输氢具有很强竞争力，全球输氢管道总长不超过5000km，美国拥有2500km的输氢管道，空气产品公司在美国墨西哥湾地区每天通过管道输运氢气超过$4000×10^4 m^3$；中国仅有100km输氢管道，最长的是中国石化巴陵石化—长岭炼化42km输氢管线和河南济源—洛阳吉利24km输氢管线。随着氢能产业的发展，大宗氢气跨境贸易发展潜力巨大。在氢燃料电池环节，主要发展质子交换膜燃料电池，经过全球范围内近十年的持续研发，车用燃料电池在能量效率、功率密度、低温启动等方面取得了突破性进展，新一轮的燃料电池汽车产业化浪潮正在迫近。氢燃料电池催化剂以Pt/C催化剂为主，目前铂用量处于$0.3 \sim 0.5 g/kW$的水平，降低铂用量并寻求廉价替代催化剂是发展目标，预计铂用量可降至$0.1 g/kW$。

美国、欧洲和日本等发达国家和地区十分重视氢能产业与技术创新发展，纷纷出台政策和投入资金，加快氢能产业与技术研发布局，重点推动燃料电池汽车量产和加氢站基础设施建设。世界氢能技术创新十分活跃，氢气绿色制取、高效储运进展显著，氢能产业已进入商业化发展前期。中国氢能技术研发和产业发展布局近年取得积极进展，氢能上中下游产业链正在加速构建，部分区域已进入全产业链示范运行阶段。氢储作为储能技术的重要发展方向，在交通燃料清洁替代、分布式能源、电力调峰等方面具有明显的发展优势，石油公司具有较好的产业基础和资源市场等优势，应谋划产业布局，加快推进氢能发展战略研究和试验示范；通过构建创新联合体、构筑产业联盟，加快氢能科技创新，推进氢能与传统油气业务一体化融合发展，积极培育氢能新兴产业，为我国能源结构调整、炼化转型升级、清洁低碳发展发挥行业引领作用。

1.2 技术现状与发展趋势

按照氢气储存方式，可以分为物理储氢和化学储氢两大类，物理储氢主要包括高压气态储氢、深冷液态储氢和吸附储氢，化学储氢则主要包括有机液体化合物储氢、金属氢化物储氢和配位氢化物储氢。

1.2.1 高压气态储氢

高压气态储氢是一种应用广泛、简便易行的储氢方式，其具备成本低、充放快等优点。早期高压储氢容器存在容器笨重、安全性差等问题，近年来开发的纤维缠绕型储氢容器克服了上述问题，并且实现了完全产业化，主要应用于车用储氢瓶。

根据发展历程，车用储氢瓶共分为4个类型：Ⅰ型（全金属气瓶）、Ⅱ型（金属内胆纤维环向缠绕气瓶）、Ⅲ型（金属内胆纤维全缠绕气瓶）及Ⅳ型（非金属内胆纤维全缠绕气瓶）。其中，Ⅲ型、Ⅳ型储氢瓶具有承压能力高、质量轻、耐腐蚀性强等优良性能而逐渐淘汰了前两种储氢瓶。Ⅲ型、Ⅳ型储氢瓶结构与多层压力容器相似，从内向外分别为内

层、过渡层、纤维增强层、外层纤维保护层和缓冲层。内衬主要起隔绝作用防止高压氢气渗透，其中Ⅲ型内衬使用铝、钛等金属材料，Ⅳ型内衬则主要使用高密度聚乙烯材料，同时使用金属涂覆层提升防渗透效果，整体质量较Ⅲ型大幅下降；过渡层主要起黏结作用；纤维增强层使用碳纤维增强热塑性树脂（CFRTP），其作为承受压力的主要载体同时具有高强度和低密度（1.5~2.1g/cm³），可大幅降低容器的质量；纤维保护层和缓冲层主要起保护作用，可以分别采用玻璃纤维和泡沫材料。

目前，美国、加拿大、日本等国均已研制成功Ⅳ型70MPa高压氢气瓶，处于国际领先地位。日本丰田公司开发的燃料电池车"MIRAI"已于2015年投入市场，其装备的70MPaⅣ型储氢罐、储氢瓶由东丽公司与丰田公司联合开发，采用新型缠绕技术使CFRTP用量减少40%，储氢量达到5.7%（质量分数）。

美国Composites Technology Development（CTD）公司成功研制了世界首个Ⅴ型储气瓶，与Ⅳ型储气瓶相比，其完全使用CFRTP制备，不需要内衬，可进一步减重15%~20%。Ⅴ型储气瓶目前的主要客户仍为军方和航天系统，CTD公司正在努力拓展其他民用用途。未来高压气态储氢的发展方向将是开发高性能瓶体材料和新型储氢瓶，进一步减少瓶体材料用量，达到降低成本和提高储氢量的目的。

1.2.2 深冷液态储氢

深冷液态储氢技术是将纯氢冷却并使之液化，然后灌装入液氢储槽储存，由于液态氢的密度为气态氢的845倍，体积能量密度也远高于气态储氢。但是深冷液态储氢面临两个方面的问题。

（1）液化能耗问题。由于受到临界温度的限制，在常压条件下需要将温度降至−253℃（20K）才能实现氢的液化，因此氢液化制冷量大、单位能耗高。目前运行的大型氢液化系统都是在预冷型Claude循环基础上改进的流程，能量利用效率普遍较低，仅为20%~30%。另外，氢分子为双原子分子，同时存在正氢和仲氢两种自旋异构体，室温下仲氢平衡浓度为25%，而在253℃时，仲氢平衡浓度达到99.82%。液化过程中正氢向仲氢的转化会释放热量，并使液氢大量汽化，因此需要额外考虑正仲转化的耗能。据测算，氢的理想液化功远大于甲烷、氮和氦，正仲转化热可占到理想液化能量消耗的16%。

（2）储存损失问题。目前，液氢储槽采用真空绝热的双层壁不锈钢容器，层壁之间放置薄铝箔来防止辐射。但是由于储存与环境温差巨大，支撑结构仍会引起漏热，漏热使液氢汽化导致储罐内压上升，当压力增加到一定值时，须启动安全阀排出氢气，无法长期储存并造成浪费。针对上述问题，研究人员在液化和储存方面开展了大量研究，包括更高效的氢液化流程（理论效率为40%~50%）、使用先进的低温绝热材料、改进液氢储槽结构、在两层器壁间填充空微珠等。

液态储氢在所有储氢系统中储氢量最大，但是由于需要保持超低温且无法长期封闭储存使其难以满足车用储氢系统的要求，未来主要将应用于大规模储氢及输送系统，如大型船舶运输。

1.2.3 吸附储氢

1.2.3.1 碳材料吸附储氢

碳材料由于具有高比表面积、大孔体积、质轻、价廉、易于改性等优点被认为是极具潜力的储氢材料之一。碳材料的储氢量与其比表面积和孔体积成正比，其中微孔，特别是 0.7nm 左右微孔对储氢起主要作用；介孔主要起通道作用，加快吸放氢速度，同时也有一定的储存能力；大孔对储氢作用不大。另外碳材料储氢量随着温度的升高呈指数规律降低。基于上述特点，当前相关研究主要集中于碳材料在低温至常温（-196~27℃）、中高压（1~10MPa）条件下的储氢性能。据报道，可用于储氢的碳材料包括活性炭、有序介孔炭、碳气凝胶、碳纤维、纳米碳纤维、碳纳米管和石墨烯等，目前碳材料吸附储氢性能最高可达到 20%（质量分数）。

碳气凝胶具有纳米级孔洞丰富、孔隙率高、结构可控、易掺杂等优良特性。研究发现，碳气凝胶在 77K、6.89MPa 下储氢量可达到 5.87%（质量分数）。CO_2 活化后，碳气凝胶储氢量由 1.68%（质量分数）提升至 2.02%（质量分数）。通过加入氯化钯制备了钯掺杂碳气凝胶，结果显示掺杂后储氢量有所下降，但单位比表面积的储氢量得到了提升。

碳纤维除具备优良的力学性能外，经过活化后也可作为储氢材料，赵东林等使用 KOH 活化的沥青基碳纤维在 77K、4MPa 下储氢量可达到 4.75%（质量分数）。目前有序介孔炭、碳气凝胶、碳纤维虽然可以通过改性获得储氢性能的提升，但储氢量均在 6%（质量分数）以下，与活性炭仍存在一定差距。研究发现，碳纳米纤维（CNFs）吸附热和亨利系数随着吸附质分子尺寸的减少而迅速增大，可能对小分子氢具备超常的吸附能力。以二茂铁为催化剂、苯为碳源制备的 CNFs 未经活化处理，在 273K、4MPa 下储氢量为 12%（质量分数）；使用相同原料制备的 CNFs 储氢量仅为 0.7%（质量分数），经过氧化、酸洗和惰性气体热处理分别除去杂质、催化剂颗粒和含氧官能团后，储氢量提升至 10%（质量分数）。

与其他碳材料不同，碳纳米管当前主要研究在常压、室温以上条件下的储氢性能。研究发现，单壁碳纳米管（SWNTs）的储氢性能使用程序升温脱附法推测，在室温、0.04MPa 下储氢量为 5%~10%（质量分数），在室温、10MPa 下储氢量为 4.2%（质量分数），在 80K、12MPa 下储氢量为 8.25%（质量分数）。使用碱金属对多壁碳纳米管（MWNTs）进行掺杂，在 653K、常压下 Li 和 K 掺杂的 MWNTs 储氢量分别达到 20%（质量分数）和 14%（质量分数）。

石墨烯比表面积达 2500m^2/g 以上，可通过掺杂改性提升石墨烯的储氢性能，虽然部分理论值较高，但未得到实验验证。研究人员通过计算得出，Li 和 Al 修饰后的石墨烯理论储氢量分别为 7.26%（质量分数）和 10.5%（质量分数），Pd 双面修饰含氮石墨烯理论储氢量为 1.99%（质量分数），而采用 N、N-Pd 掺杂的石墨烯在室温、2MPa 下储氢量为 1.1%（质量分数）和 1.9%（质量分数）。

与传统碳材料相比，新型碳纳米材料在特定条件下储氢量可超过 10%（质量分数），其中碳纳米管在常温及更高温度条件下储氢量超过 10%（质量分数），最具应用前景。未

来高性能储氢纳米碳材料需要开发低成本、大规模制备技术以满足规模推广的需要。

1.2.3.2　金属有机骨架化合物（MOFs）吸附储氢

MOFs材料是由含氧、氮等的多齿有机配体（大多是芳香多酸或多碱）与过渡金属离子自组装而成的配位聚合物。其可以通过对金属离子和配体的改变，获得结构稳定、孔道可控的多孔材料。其中，MOF-5等由于具有纯度高、结晶度高、可批量生产等优点，在气体储存尤其是氢的储存方面具备应用前景。

对MOF-5储氢性能进行研究，结果表明，在78K、2MPa和293K、2MPa下，MOF-5储氢能力分别为4.5%（质量分数）和1.0%（质量分数），根据前者数据推算，每个配合物分子可以吸收17.2个氢气分子。之后通过对MOFs材料储氢性能进行研究发现，采用控制合成温度、气氛以及煅烧温度、时间制备的MOF-5在77K、4MPa下储氢量达5.0%～7.1%（质量分数）。通过对结构单元的改进，可获得储氢能力更高的材料，制备的MOF-177和IRMOF-20在77K、8MPa下储氢量分别达到7.5%（质量分数）和6.9%（质量分数）。目前，报道MOFs材料储氢量最高的是MOF-210，通过对孔结构的计算得出77K、8MPa条件下其理论储氢量可达17.6%（质量分数）。

目前，MOFs材料在低温高压体系下储氢量逐步得到提升，并已能够满足美国能源部（DOE）的标准，但其在常温常压条件下储氢性能并不乐观，未来需要进一步研究其储氢机理，并提升常温常压储氢能力。

1.2.4　有机液体化合物储氢

有机液体化合物储氢的优势在于：第一，储氢介质成本低廉，可通过化工装置大批量生产，脱氢产物可循环利用；第二，储氢介质凝点低、沸点高，可在较宽的温度范围内保持液态，满足夏季、冬季等极端温度条件下使用。由于芳香族化合物的氢化是一个热力学放热过程，完全催化加氢反应相对容易，因此目前研发的主要方向是选择性能更加优异的储氢介质和开发高性能脱氢催化剂。

在储氢介质方面，目前文献报道的主要储氢介质有环己烷、甲基环己烷、四氢萘、十氢萘等，其理论储氢量为7%（质量分数）左右，但是上述储氢介质存在以下问题：一是脱氢温度均在300℃以上，远高于氢燃料电池的工作温度，难以与燃料电池系统匹配；二是副反应的发生导致氢气纯度较低。为解决以上问题，液体空气公司提出了使用杂环化合物咔唑和氮乙基咔唑作为储氢介质，研究表明，咔唑化合物储氢密度可达5.8%（质量分数），脱氢温度在200℃以下，低于传统环烷烃脱氢反应，且不会产生CO、NH_3等副产物。

在脱氢催化剂方面，传统环烷烃脱氢主要使用Pt、Pd等贵金属催化剂，为降低贵金属用量同时提高催化剂分散度，通常会加入第二金属组分。研究发现，在SiO_2、TiO_2、Al_2O_3表面负载Pt-Sn催化剂后，催化剂颗粒结构对环己烷脱氢反应有影响。对于Pd催化剂咔唑化合物脱氢反应，在170℃下反应1h，氮乙基咔唑转化率达到100%，而咔唑转化率为69%。另外，非贵金属催化剂体系也取得了一定进展，研究发现，使用兰尼镍作为催化剂，可实现190～200℃的氮乙基咔唑储放氢循环。

2016 年，中国矿业大学与同济大学等合作开发的采用多元混合液态不饱和杂环芳烃作为储氢载体研发的工程样车"泰歌号"在武汉扬子汽车厂下线，标志着有机液体化合物储氢在我国已实现应用。未来研究方向将主要集中于开发高选择性、高转化率脱氢催化剂，同时通过降低催化剂贵金属用量，优选低成本储氢介质，提升储氢系统经济性。

1.2.5　合金储氢

合金储氢是利用氢分子在金属表面解离为氢原子，而后进入金属晶体间隙位置形成金属氢化物，从而达到储氢的目的。对面心立方晶系（FCC）合金，氢原子占据八面体间隙位置，而对体心立方晶系（BCC）和六方晶系（HCP）合金，氢原子则占据四面体间隙位置。储氢合金目前主要分为稀土系（AB_5 型）、镁系（A_2B 型）、钛系（AB 型）和锆系（AB_2 型）和钒基固溶体。其中，A 为吸氢能力强的元素，控制储氢量，主要为 ⅠA－ⅤB 族金属，如 Ti、Zr、Ca、Mg、V、Nb、稀土元素等；B 为吸氢能力弱的元素，但氢很容易在其中移动，可控制吸放氢的可逆性，如 Fe、Co、Cr、Cu、Al 等。

稀土系合金以 $LaNi_5$ 为代表，理论储氢量可达到 1.6%（质量分数）。其具备储氢速度快、易活化等优点，是目前大规模商业应用的储氢合金，其代表是镍氢电池。当前研究主要是以 Ti、Mm（混合稀土）等替换 La，使用 Co、Al、Mn、Zn 等替换 Ni 达到提升储氢性能的目的。通过研究不同元素替代后放电电位的变化，取代之后放电容量从大到小依次为 Nd>Pr>Ce。使用 Al、Co、Fe 以不同比例替换 $MnNi_5$ 中 Ni 元素，发现储氢合金平衡压力降低、储氢稳定性增加。

镁系合金以 Mg_2Ni、MgH_2 为代表，镁系合金制备成本低，在储氢合金中理论储氢能力最大 [Mg_2Ni 达到 3.6%（质量分数），MgH_2 达到 7.6%（质量分数）]，被认为是最具潜力的合金材料。目前，可通过掺杂（如金属卤化物、稀土卤化物等）、表面修饰（如化学镀、表面氟化处理）、元素替换（A 元素替换、B 元素替换）等多种方式提升其储氢性能。

1.2.6　配位氢化物储氢

配位氢化物是以轻金属阳离子与络合阴离子组成稳定的无机盐类化合物，通式为 $M(AH_4)_n$，其中 M 为 ⅠA、ⅡA 族元素（Li、Na、Be、Mg 等），A 为 ⅢA 族元素（B、N、Al 等），在结构上 H 位于络合氢化物四面体的角上，A 位于四面体的中心。与合金储氢相比，氢在化合物体系中的质量占比更大，配位氢化物理论储氢量明显提升，其中 $Be(BH_4)_2$ 的理论储氢量高达 20.8%（质量分数）。目前研究主要集中在铝氢化物、硼氢化物、氮氢化物及氨硼烷。

铝氢化物 $M(AlH_4)_n$ 的最大理论储氢量为 10.6%（质量分数），但需要解决可逆性能差的问题。目前主要研究通过添加含 Ti 化合物 [如 $TiCl_3$、$TiCl_4$、$Ti(OC_4H_9)_4$] 来改善性能。使用含 Ti 化合物对 $NaAlH_4$ 进行掺杂，使可逆储氢量达到 4.3%（质量分数）。通过球磨的手段将 $TiCl_3$ 引入 $NaAlH_4$ 和 $NaAl_3H_6$ 中，发现随着 $TiCl_3$ 添加量的增长，反应速率显著增加，但同时储氢量逐渐降低。在氢气和氩气保护气氛下，经过球磨处理得到的 $Ti-NaAlH_4$ 的储氢性能，氢气保护气氛的储氢能力优于氩气气氛。

配位氢合物理论储氢量巨大，常温下易于储存，是未来极具潜力的储氢材料。虽然已经克服了放氢温度较高、低温放氢量低及副产物产出的问题，但是其可逆储氢量及再生仍不理想，未来需要开发有效的加氢再生技术。

2　氢储能技术

氢储能是一种化学储能的延伸，其基本原理就是将水电解得到氢气和氧气。以风电制氢储能技术为例，当风电充足但无法上网、需要弃风时，利用风电将水电解制成氢气（和氧气），将氢气储存起来；当需要电能时，将储存的氢气通过不同方式（燃料电池或其他方式）转换为电能输送上网。氢储能技术用于储能领域，具有广阔的发展潜力和应用前景。氢储能系统的相对独立性和非地域限制等特征，可应用于分布式发电和微电网、变电所备用电源、工矿企业、商业中心等大型负荷中心应急电源，以及无电地区和通信基站供电等场合。可以说，氢储能技术是智能电网和可再生能源发电规模化发展的重要支撑，并逐渐成为多个国家能源科技创新和产业支持的焦点。

2.1　行业发展现状

2.1.1　国外发展现状

为了更好地推进氢能产业推广和技术开发，美国、欧洲和日本分别公布了氢能发展路线图，美国氢能发展主要关注氢能产业推广，对氢燃料电池车、加氢站数量有明确预测；日本氢能发展更多关注技术开发，加氢站建设及运营成本、氢燃料电池车每经过一个阶段都有较大幅度下降；欧洲则更关注氢能发展对二氧化碳减排的作用。

在国际上，欧洲、美国、日本都已制定了氢能发展战略，并迅速有序地推进，目前已取得一些新进展。

目前，欧盟的可再生能源发电发展较快，2020年可再生能源发电占总电力的比例为35%。根据计划，到2030年、2040年和2050年，欧盟可再生能源发电占总电力的比例将分别达到50%、65%和80%，并在2060年最终实现不依赖化石能源的可持续发展。而实现不依赖化石能源的可持续发展这一目标的其中重要一环就是实现Power-to-Gas（P2G）技术路线，即把可再生能源以氢气或甲烷等方式大规模储存起来并加以应用。

近年来，美国氢能和燃料电池的专项拨款不断增加，美国能源部对氢能和燃料电池的研发投入呈增长态势，主要用于低成本氢燃料电池的开发，同时美国也在大力发展加氢站和热电冷联产氢能源站，目前燃料电池已广泛应用于机场货物拖车、公交大巴、移动照明等场景。美国能源部现阶段的主要研究重点是燃料电池系统、加氢站及氢气储存。其中，燃料电池系统关注低铂或无铂催化剂、碱性膜等方面，加氢站关注先进的加压替代方法，氢气储存关注低成本碳纤维、长寿命材料的技术路线等。

近几年，日本政府正在加快氢储能的研究开发及示范，计划在2030年输送氢气至海外，形成一整套氢能产业链，实现氢储能系统的商业化运营。在二氧化碳的减排和利用方面，日本计划2040年实现完全由可再生能源供电的无二氧化碳的氢气供应及二氧化碳的综合利用。针对燃料电池汽车，日本同步开展燃料电池汽车和加氢站推广。针对氢储存系统，研发低成本、高可靠性的氢气供应系统，主要的技术路线包括制氢及合成氢化物、氢化物的运输、储存及脱氢等过程。

2.1.2 国内发展现状

我国是全球风电、光伏发电规模最大的国家，近几年弃风、弃光现象虽有较大改变，但依然难以彻底解决。造成弃风、弃光问题的主要原因在于我国新能源供应和需求呈逆向分布，风能陆上资源的80%~90%在"三北"地区，太阳能资源好的地方也在西部和北部，而用能中心位于东部，考虑到日益紧迫的环保压力和化石能源碳排放束缚，迫使我国将目光聚焦到可再生能源的产生、储存和消纳上。长远看，随着我国可再生能源占比快速增加，可再生能源的大规模储存和消纳显得尤其重要。为寻求解决之道，行业将目光投向储能技术，其中氢储能技术作为一项前瞻性储能技术正广受关注。

我国是世界第一大氢气生产国，目前氢气的生产和大宗消费用户主要集中在炼油和石油化工等领域，其高增量的氢气需求主要来自甲醇、炼油厂氢气需要。此外，煤制油、煤制气产业也将是氢气需求新的增长点。由于氢气消费量持续增长，基于风电、光伏可再生能源大规模消纳的水电解制氢技术路线，有望成为电网和制氢行业的共同选择。另外，由于城市电网负荷不断加大，峰谷差增加，使电网必须提供足够的旋转备用用量保障供电。分布式氢储能系统可配置于城市电网配电侧，形成城市多点分布式供能，在夏季高温时段提供数小时的高峰用电，有效减少电网的旋转备用量，优化电力系统的供需配置。同时，随着峰谷电价差的拉大及相关政策跟进，氢储能可利用自身技术优势及高效综合供能特点，逐渐体现经济性。

分布式氢储能系统还可作为独立的绿色供电系统，可根据负荷需求灵活配置，解决偏远地区的供电问题，节省电网建设投资；另外，也可作为城市电力系统的应急供电电源，为抢险救灾、通信维修、突发事件处理、军事作战演习等需要临时使用电能的场所提供可靠电能，替代污染大、寿命短、维护难的传统移动式供电系统，增强电网灵活性和应急性。在氢储能系统示范应用方面，我国已建设运行多个风电耦合项目，例如，中国节能环保集团公司启动的国家"863"项目"风电直接制氢及燃料电池发电系统技术研究与示范""河北沽源10MW电解水制氢系统及配合200MW风电场制氢项目"，国家电网公司在上海电力公司开展的"风光电结合海水制氢技术研究项目"，国网智能电网研究院承担的"氢储能关键技术及其在新能源接入中的应用研究项目"，均取得较大进展。

2.2 技术现状与发展趋势

2.2.1 新能源电力波动适应性的高效电解制氢技术

氢储能系统通过电解制氢环节将电能转化为氢能，电解水制氢系统要求输入功率尽量恒定。现有成熟的电解制氢设备的供电系统都是为稳定电源设计的，仅能适应50%~100%范围内的功率波动。需研究适应风电场功率快速、宽功率波动特征的水电解适应性技术，开发适用于波动性新能源电解制氢系统的电力变换器。此外，输入功率随机波动会导致电

解槽工作电压的频繁变化，急剧降低电解效率，大大缩短电解寿命。配合间歇性新能源接入的电解制氢系统，输入功率需要实时动态跟随新能源发电出力的大幅度频繁变化，现有制氢技术远不能满足新能源发电制氢的需求，需开展电解槽对新能源波动的实时响应特性分析及优化设计技术研究。

2.2.2　高效、大容量储氢技术

目前，氢的大容量储存问题尚未解决，缺少方便有效的储氢材料和储氢技术，严重制约了氢能的开发和利用，急需开发质量储氢密度和体积储氢密度高、放氢温度低的高效储氢技术。例如，利用吸氢材料与氢气反应生成固溶体和氢化物的固体合金储氢技术，不仅能够有效弥补气液两种储存方式的不足，而且体积储氢密度大、安全性高、操作容易，特别适合于体积和安全性要求较严格的大容量电网应用场合。目前，储氢材料的研究大多是以电动汽车为主要应用方向开展的，追求质量储氢密度和体积储氢密度高、放氢速度快，而电网对于储氢材料有着不同的需求，如质量储氢密度、分解温度等方面。因此，研发适用于电网的高效、长寿命、低成本、高性能储氢技术，是推动氢储能在新能源接入中应用的关键技术之一。

2.2.3　氢储能系统热、质、电高效耦合技术

氢储能系统中的电解槽和燃料电池在工作过程中会产生热，而合金储氢系统放氢过程中需要吸收热，如何实现高效的热管理是提升系统效率的关键途径之一。电解制取的氢气需要高效储存到储氢罐中，储氢罐的放氢流量需要与燃料电池发电功率相匹配，实现氢气的高效利用。电解制氢需要纯净水，水供应不足会降低制氢效率；氢储存需要脱水，脱水不及时会降低储氢效率并影响寿命；燃料电池发电会产生水，排放不及时会影响电池寿命和效率，如何实现高效的水管理也是提升系统效率的关键途径之一。新能源发电与电解槽功率需要匹配，大容量合金储氢系统氢的释放需要电加热，燃料电池发电系统自身需要消耗电能维持稳定工作，如何实现高效的电能管理也是提升效率的关键途径之一。因此，氢储能系统热、质、电高效耦合技术是提高氢储能系统效率的关键。

3　小结

氢能作为一种理想的车用燃料具备储能效率高、不产生排放等多种优势，其制备及利用技术相对成熟，制约氢能在车用能源领域规模化应用的关键是储氢技术。目前，传统高压储氢技术目前已经实现规模应用，但仅实现在少量车型上的使用，主要目标是进一步提升储氢量并降低成本；深冷液态储氢技术由于对储存系统要求高，因此在车载方面面临一定困难；有机液体化合物储氢目前已经完成样车生产并投入运行，未来研究将主要集中于对储氢介质的筛选及提升催化剂性能。其他新型储氢技术迅速进步且潜力巨大，但还停留在实验室阶段：吸附储氢大量需要深冷、高压等等极端条件以满足性能，未来需要开发低成本常温吸附材料；合金储氢由于受到合金自身密度的限制，未来将主要向轻金属合金方向发展；配位氢化物储氢具有储氢量大、易于保存等优势，但急需解决放氢反应副反应

多、可逆储氢量低等问题。未来随着科研工作者的不断努力，在攻克上述问题后，经济、高效和安全的新型储氢技术将推进氢能汽车的快速发展。

氢储能是未来消化废弃风电、光电、实现区域电力调峰以及发展氢燃料电池汽车和分布式能源的重要途径。在我国碳达峰碳中和愿景目标下，除了氢储能外，其他有助于促进碳减排的储能技术同样具有广阔的发展潜力。2021 年 4 月 21 日，国家发改委发布的《关于加快推动新型储能发展的指导意见（征求意见稿）》指出，坚持储能技术多元化，推动锂离子电池等相对成熟新型储能技术成本持续下降和商业化规模应用，实现压缩空气、液流电池等长时储能技术进入商业化发展初期，加快飞轮储能、钠离子电池等技术开展规模化试验示范；以需求为导向，探索开展氢储能及其他创新储能技术的研究和示范应用。相信随着储能技术的不断进步，包括氢储能在内的各种储能技术都将受到能源行业进一步重视，并在我国加快发展可再生能源的进程中发挥重要作用，助力我国如期实现碳达峰碳中和目标。

参 考 文 献

[1] 何盛宝，李庆勋，王奕然，等．世界氢能产业与技术发展现状及趋势分析[J]．石油科技论坛，2020，39(3)：17-22.

[2] 何盛宝，林晨．氢能发展怎么看[N]．中国石油报，2021-03-18(6).

[3] 黄格省，阎捷，师晓玉．新能源制氢技术发展现状及前景分析[J]．石化技术与应用，2019，37(5)：289-296.

[4] 姚兰．国家和地方纷纷出台扶持政策加码氢燃料电池汽车产业[J]．汽车纵横，2018(12)：30-31.

[5] 黄格省，李锦山，魏寿祥．化石原料制氢技术发展现状与经济性分析[J]．化工进展，2019，38(12)：5217-5224.

[6] 沈丹丹，林瑞．质子交换膜燃料电池铂基合金催化剂研究进展[J]．世界有色金属，2018(21)：215-217.

[7] 池滨，叶跃坤，江世杰，等．低温质子交换膜燃料电池自增湿膜电极研究进展[J]．电化学，2018(6)：628-638.

[8] 浅谈质子交换膜燃料电池构成及关键辅助系统(下)[N]．大同日报，2018-10-26(003).

[9] 李伟，李争显，刘林涛，等．质子交换膜燃料电池金属双极板表面改性研究进展[J]．表面技术，2018，47(10)：81-89.

[10] 王鸿辉，冯婕，谢志勇，等．质子交换膜燃料电池用铂基催化剂研究进展[J]．化学工程师，2018，32(9)：52-54，66.

[11] 聂鑫鑫，郭朋彦，张瑞珠，等．质子交换膜燃料电池核心组件分析[J]．汽车实用技术，2018(17)：23-24，49.

[12] 王菊，朱心怡．国内外燃料电池汽车示范与应用情况综述[J]．技术产品与工程，2017，24(1)：31-34.

[13] 廖文俊，倪蕾蕾，季文姣，等．分布式能源用燃料电池的应用及发展前景[J]．装备机械，2017(3)：58-64.

［14］袁中，周定华，陈大华 . 国内氢燃料电池汽车产业现状及发展前景［J］. 时代汽车，2018（12）：67-68.

［15］刘海镇，徐丽，王新华，等 . 电网氢储能场景下的固态储氢系统及储氢材料的技术指标研究［J］. 电网技术，2017，41（10）：3376-3383.

［16］侯明，衣宝廉 . 燃料电池的关键技术［J］. 科技导报，2016，34（6）：52-60.

［17］沈军，刘念平，欧阳玲，等 . 纳米多孔碳气凝胶的储氢性能［J］. 强激光与离子束，2011，23（6）：1157-1522.

燃料乙醇生产技术

◎李顶杰　黄格省　张家仁

燃料乙醇作为最主要的可再生交通替代燃料得到了世界范围的广泛重视和发展，美国、巴西是最早推广燃料乙醇的国家，目前燃料乙醇已经成为世界消费量最大的液体生物燃料。我国生物燃料产业在政策引导下稳步发展，推广应用已具备一定规模，在我国仍有广阔的发展空间。持续推广和使用生物燃料乙醇，为我国清洁油品供应、温室气体减排、提升食品安全水平、促进粮食市场稳定和减少汽车尾气中的 $PM_{2.5}$ 和 CO 等有害气体排放发挥了重要作用。我国应稳健发展生物燃料乙醇产业，在加大产业支持力度的同时，注重在可再生燃料推广应用中发挥市场配置资源的作用。

1　燃料乙醇发展现状

1.1　燃料乙醇和乙醇汽油总体情况

2019 年，全球液体生物燃料总产量为 $1.3×10^8 t$，其中燃料乙醇产量为 $8672×10^4 t$，同比增长 3.6%，较 2004 年增长了 3.4 倍。截至 2019 年，全球共有 66 个国家推广使用乙醇汽油，其中欧洲 29 个、美洲 14 个、亚太地区 12 个、非洲和印度洋地区 11 个，年消费乙醇汽油约 $6×10^8 t$，占世界汽油总消费的 60% 左右。2019 年世界各国生物燃料乙醇产量见表 1。

表 1　2019 年世界各国生物燃料乙醇产量

国家	产量，10^8 gal	占比，%	国家	产量，10^8 gal	占比，%
美国	161	56	泰国	3.9	1
巴西	79.5	28	印度	3.3	1
欧盟	14.3	5	阿根廷	2.9	1
中国	11.8	4	世界其他	5.5	2
加拿大	4.8	2			

1.2　我国燃料乙醇产业发展现状

1.2.1　发展历史

我国使用燃料乙醇始于抗日战争时期，由于缺乏燃料供应，乙醇替代汽油在汽车和军队得到广泛应用。抗战爆发后，河南、四川、贵州等地兴建了一批酒精企业，有力支持了国内抗日战争。1942—1944 年，全国共生产酒精燃料 68057t，而同期石油进口量仅为

2058t，国内石油产量为24641t。

2000年开始，国家正式启动车用乙醇汽油推广应用工作，"十五"期间国家发改委核准了4家以消化陈化粮为主的燃料乙醇企业，产能为102×10^4t/a，主要以储备粮中的陈化粮为原料。2002年，我国开始在黑龙江的哈尔滨、肇东市和河南的郑州、南阳、洛阳市试点推广车用乙醇汽油，通过试点证明，我国推广车用乙醇汽油无论从技术、管理、经济上都是可行的。2004年2月，经国务院同意，国家发改委等8部门联合制定颁布了《车用乙醇汽油扩大试点方案》和《车用乙醇汽油扩大试点工作实施细则》，将辽宁、河北、山东、江苏4省列为试点，2005年底扩大至8省，目前有15个省份全部或部分地级市封闭销售的E10乙醇汽油。

前期乙醇汽油和燃料乙醇的推广试点，选择在区域中心城市及相关省份省会城市使用E10乙醇汽油，为后期扩大推广起到了很好的示范作用，前期推广范围从北到南，纬度几乎覆盖全部国土范围。前期推广在政策与法规、组织与管理、生产与供应、销售与使用以及技术与服务等方面都取得了十分宝贵的经验，并形成了车用乙醇汽油生产、储运、销售及使用的成套技术措施和管理办法，为全国更大范围推广使用车用乙醇汽油提供了依据。

1.2.2 推广现状

目前，我国拥有完善的标准体系和财税扶持政策。为避免乙醇汽油在调和、运输、销售过程中发生质量问题，缩短乙醇汽油出售前的储存周期并减少周转环节，我国借鉴美国、巴西等国经验，采用了在批发环节利用符合国家标准的车用乙醇汽油调和组分和生物燃料乙醇混配后销售的方式推广车用乙醇汽油的方式。并制定了一套完整的规范标准体系，包括GB 18350《变性燃料乙醇》、GB 18351《车用乙醇汽油（E10）》、GB 22030《车用乙醇汽油调和组分油》国家标准，以及《〈石油库设计规范〉车用乙醇汽油调和设施补充规定》《〈汽车加油加气站设计规范〉车用乙醇汽油补充规定》等规范、标准、操作手册、管理规定的严格执行保证了乙醇汽油推广工作的顺利进行。

在产业发展初期，国家给予燃料乙醇产业一定的财政补贴以及增值税、消费税的减免政策，随着产业成熟度提高，逐步降低补贴，其中增值税退税税率从2011年10月的80%逐年递减20%直至取消，消费税从1%逐年递增1%。从2015年开始，国家对以粮食为原料的变性燃料乙醇生产企业按5%征收消费税，并取消了增值税退税政策。以木薯等非粮生物质为原料的生物燃料乙醇还享受"增值税先征后返"的政策。设立可再生能源发展专项资金，用于支持包括生物燃料乙醇在内的可再生能源的示范推广、规模化开发利用等有关领域。

2017年9月，国家发改委等15部委联合印发了《关于扩大生物燃料乙醇生产和推广使用车用乙醇汽油的实施方案》（发改能源〔2017〕1508号），明确到2020年在全国范围内推广使用车用乙醇汽油，基本实现全覆盖。2018年8月，国家发改委、国家能源局联合印发了《全国生物燃料乙醇产业总体布局方案》（发改能源〔2018〕1271号），确定了燃料乙醇产业总体布局，强调坚持控制总量、有限定点、公平准入，进一步在北京、天津、河北等15

个省(区、市)推广车用乙醇汽油(表2)。2019 年 2 月,国家能源局为贯彻上述两个重要文件的要求,印发了《关于建立扩大生物燃料乙醇生产和推广使用车用乙醇汽油工作信息月报制度的通知》(国能综通科技〔2019〕20 号),拟建立专项工作信息月报制度,及时掌握有关省(区、市)和中央企业在积极稳妥推进扩大生物燃料乙醇生产和推广使用车用乙醇汽油专项工作领域取得的最新进展。

表 2　我国燃料乙醇和乙醇汽油推广使用发展历史和现状

序号	省份	乙醇汽油推广情况
1	河南	2002 年 6 月,在郑州、洛阳、南阳开展试点; 2004 年 12 月,全省封闭运行
2	黑龙江	2002 年 6 月,在哈尔滨、肇东开展试点; 2004 年 10 月,全省封闭运行
3	吉林	2004 年 11 月,全省封闭运行
4	辽宁	2004 年 11 月,全省封闭运行
5	安徽	2005 年 4 月,全省封闭运行
6	广西	2008 年 1 月,全省封闭运行
7	河北	2005 年 12 月,在石家庄、保定、邢台、邯郸、沧州、衡水 6 市乙醇汽油封闭销售; 2019 年 5 月 27 日,河北省发布最新的《河北省车用乙醇汽油推广方案》,提出在河北省南部 6 市已封闭运行车用乙醇汽油基础上,自 2019 年 6 月 1 日起,对北部承德、张家口、唐山、秦皇岛、廊坊 5 市开始推广使用车用乙醇汽油
8	山东	2006 年 1 月,在济南、枣庄、济宁、临沂、聊城、菏泽 7 个地区推广使用乙醇汽油; 2016 年 6 月,省政府发布文件,可在省内 7 个地区以外的其他行政区域推广使用乙醇汽油
9	江苏	2005 年 12 月,在徐州、连云港、淮安、盐城和宿迁 5 个地级市推广使用燃料乙醇
10	湖北	2005 年 12 月,在武汉、襄樊、荆门、随州、孝感、十堰、宜昌、黄石、鄂州 9 个地级市推广使用乙醇汽油
11	内蒙古	2014 年 6 月,巴彦淖尔、乌海、阿拉善盟阿左旗 3 个盟市全面统一销售使用 93 号、97 号车用乙醇汽油,目前暂停推广
12	广东	2016 年 3 月,粤西 4 市(湛江、茂名、云浮、阳江)封闭销售乙醇汽油(并没有按计划实施)
13	天津	2018 年颁布《天津市推广使用车用乙醇汽油实施方案》,同年 10 月开始封闭运行使用
14	山西	山西省政府办公厅于 2019 年 2 月 27 日印发《关于做好车用乙醇汽油使用工作的通知》,目前在京津冀大气污染传输通道涉及的太原、阳泉、长治、晋城等市先期进行试点
15	上海	对推广使用车用乙醇汽油征求意见并发布实施方案(讨论稿),计划从 2019 年四季度开始有序推广使用车用乙醇汽油,12 月 31 日实现全市全覆盖

1.2.3　产业现状

截至 2020 年,我国燃料乙醇产能共计 585×10^4 t/a,主要集中在东北地区(图 1),较 2019 年增加了 40×10^4 t/a,分别是国投海伦 30×10^4 t/a 和江西雨帆生物能源有限公司 10×10^4 t/a 燃料乙醇项目(表 3)。随着新建产能不断投产,燃料乙醇产量逐年增加(表 4),

2020 年有燃料乙醇产量约 290×10⁴t。乙醇汽油消费量占汽油消费总量的比例也由 2000 年的零起步，到 2005 年之后基本维持在 20% 以上。

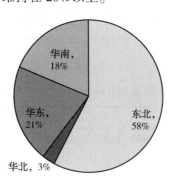

图 1　我国生物燃料乙醇产能地区分布

表 3　2020 年我国生物燃料乙醇产能情况

序号	企　业	产能，10^4t/a	序号	企　业	产能，10^4t/a
1	中粮生化	144	5	巨峰生化	50
2	国投生物	120	6	其他	121
3	中国石油	60		合计	585
4	鸿展集团	60			

表 4　中国燃料乙醇历年产量

年　　度	产量，10^4t	年　　度	产量，10^4t
2002	3	2012	207
2003	6	2013	220
2004	21	2014	227
2005	77	2015	217
2006	133	2016	202
2007	145	2017	185
2008	166	2018	205
2009	172	2019	284
2010	181	2020	290
2011	190		

目前，我国生物燃料乙醇的生产原料以玉米等农作物为主，占比 60%～70%；薯类为辅，占比 20%～30%；纤维素及其他较少，占比很低。尽管从 2006 年开始，国家就将纤维素燃料乙醇作为推进的重点，但商业化艰难，产量也极其有限。在中短期，玉米和薯类仍将是我国生物燃料乙醇的最主要原料。

2017 年，十五部委联合发文《关于扩大生物燃料乙醇生产和推广使用车用乙醇汽油的实施方案》，提出"到 2020 年，在全国范围内推广使用车用乙醇汽油，基本实现全覆盖"。

截至 2020 年底，在原有推广范围基础上，仅有天津开始全面推广 E10 乙醇汽油和河北由半封闭调整为全封闭省份外，没有新增乙醇汽油推广区域。2020 年 10 月开始，更是由于玉米价格飞涨，燃料乙醇价格与乙醇汽油价格出现倒挂，燃料乙醇企业供应亏损，导致江苏、安徽、山东、湖北等省部分地级市停止供应乙醇汽油的现象，为此国家能源局对涉事企业进行了约谈，并开展整改。

2 燃料乙醇标准

2.1 世界主要国家燃料乙醇标准

目前，已制定乙醇燃料标准的国家和地区主要有美国、巴西、德国、欧盟、中国、印度、泰国、日本等。自 1930 年巴西开始使用燃料乙醇以来，有关国家先后颁布了相关的产品标准。总体上看，各国燃料乙醇标准的主要指标有乙醇含量、甲醇含量、蒸发残余物、水含量、改性剂含量、无机氯化物、铜、酸值、pH 值、外观等。

美国是全球燃料乙醇用量最大的国家之一。自 20 世纪 70 年代以来，美国就开始将乙醇作为燃料添加在汽油中使用。美国材料与试验协会（ASTM）颁布了两项燃料乙醇的标准，分别是 ASTM D4806《用于发动机燃料调和所用的变性燃料乙醇标准》和 ASTM D5798《车用燃料乙醇（Ed75-Ed85）标准》。ASTM D4806 标准针对的是用于汽油混合的变性燃料乙醇，而 ASTM D579 标准用于特定交通工具的汽油替代燃料乙醇，其所用乙醇应满足 ASTM D4806 标准。ASTM D5798 标准还增加了燃料的挥发性指标，以防止发动机冷启动困难。

2008 年，德国率先推出了 DIN 15376《乙醇作为汽油调和组分的要求和测试方法》的乙醇燃料标准，后来由欧洲标准化协会（CEN）的技术委员会 TC19 中的乙醇工作组在德国标准的基础上起草了欧洲标准，称为"EN 15376"。该标准的技术指标与美国的 ASTM D4806 标准相当。

巴西是世界上最早进行燃料乙醇研究和应用的国家，自 1930 年以来就开始发展燃料乙醇，1970 年石油危机后，燃料乙醇更是得到迅猛发展。巴西国家石油局（The National Petroleum Agency，ANP）制定了巴西燃料乙醇标准，该标准于 2002 年 1 月 15 日发布执行。由于巴西没有使用纯汽油的汽车，因此将无水燃料乙醇和含水燃料乙醇视为两种不同燃料种类。无水燃料乙醇用于调和含乙醇 20%~25%（体积分数）的车用乙醇汽油，含水燃料乙醇（E95）用于使用纯乙醇的汽车及 FFV 汽车。

印度于 2004 年推出了车用无水乙醇标准 IS 15464—2004，在 8 个州和 3 个自治邦强制推广含乙醇 5%（体积分数）的车用乙醇汽油，标准中未明确规定变性剂的含量，将其纳入乙醇含量中，水含量限制为不大于 0.5%（体积分数）。印度政府还在考虑在某些地区将汽油中的乙醇含量从 5%（体积分数）提高到 10%（体积分数）。

2.2 我国燃料乙醇标准

我国对燃料乙醇的研发始于 21 世纪初。2001 年，参照美国 ASTM 标准制定了 GB 18350—2001《变性燃料乙醇》国家标准，2001 年 4 月 2 日由国家质量技术监督局颁布，并

于 2001 年 4 月 15 日开始实施。

GB 18350—2001《变性燃料乙醇》中有几个关键定义：一是变性燃料乙醇标准适用于以淀粉质、糖质、纤维素等为原料，经发酵、蒸馏、脱水后制得并添加变性剂使其变性的燃料乙醇；二是燃料乙醇（Fuel Ethanol）是未加变性剂的、可作为燃料用的乙醇；三是变性燃料乙醇（Denatured Fuel Ethanol）是加入变性剂后用于调配车用乙醇汽油的燃料乙醇，不能食用，它可以按规定的比例与汽油混合作为车用点燃式内燃机的燃料；四是变性剂（Denaturant）添加到燃料乙醇中，使其不能食用的车用乙醇汽油调和组分油或车用乙醇汽油。

标准规定了变性燃料乙醇的定义、要求、试验方法、检验规则和标志、包装、运输、贮存要求。标准中还规定了甲醇、实际胶质、无机氯、酸度、铜、Phe（酸强度的度量）的限量指标，目的是防止车用乙醇汽油在发动机燃烧过程中腐蚀金属部件及堵塞管路系统。《变性燃料乙醇》对水分含量有严格的限制，规定了水分含量不大于 0.8%（体积分数）。限制乙醇中水分含量的主要目的，是防止乙醇与汽油分层，进而影响燃料乙醇的使用效果，导致汽车运转故障。

3　燃料乙醇制备技术

3.1　乙醇制备技术

乙醇的生产方法主要分为化学合成法和生物转化法（图2）。化学合成法包括乙烯路线和合成气路线。乙烯路线是利用乙烯在高温、高压和催化剂的作用下，与水反应生成乙醇。合成气路线有合成气直接催化合成和间接合成工艺，其本质是通过化学催化合成乙醇的过程。生物转化法分为生物化学法和热化学法；目前工业应用的生物化学法主要是发酵法，将生物质水解生成可发酵单糖，进而通过微生物发酵生成燃料乙醇的技术，其他生物化学法还包括光合作用直接转化等；热化学法是将生物质或其他原料通过气化工艺生成合成气，再通过微生物发酵生产燃料乙醇的技术。

3.1.1　化学合成制乙醇

3.1.1.1　乙烯水合法

乙烯水合法分为间接水合法和直接水合法。间接水合法由联碳公司开发，反应分两步进行，先将乙烯在一定温度、压力条件下通入浓硫酸中，生成硫酸酯，再将硫酸酯在水解塔中加热水解而得乙醇，同时有副产物乙醚生成。间接水合法设备腐蚀严重，生产流程长，已为直接水合法取代。直接水合法由壳牌公司最先开发应用，在一定条件下，乙烯通过固体酸催化剂直接与水反应生成乙醇，工业上采用负载于硅藻土上的磷酸催化剂。乙烯水合法由于缺乏经济性，已经很少应用。

3.1.1.2　合成气法

合成气化学法合成乙醇已经具有很长的历史，1920 年就已经出现了利用化学催化的方法将 CO 和 H_2 合成乙醇。制备合成气是该过程的重要步骤之一，合成气可来源于天然气转化、煤气化或生物质气化，也可以来自钢厂废气、城市生活垃圾等。

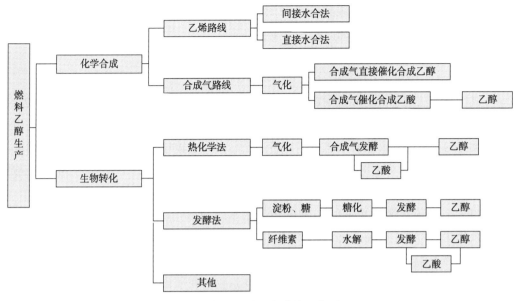

图 2　燃料乙醇生产路线示意图

目前，利用合成气为原料制乙醇主要有两条途径：一是化学催化法；二是微生物厌氧发酵法（图 3）。其中化学催化法又分为直接转化法和间接转化法。这一部分主要介绍化学催化法，合成气发酵法在生化法中详细介绍。

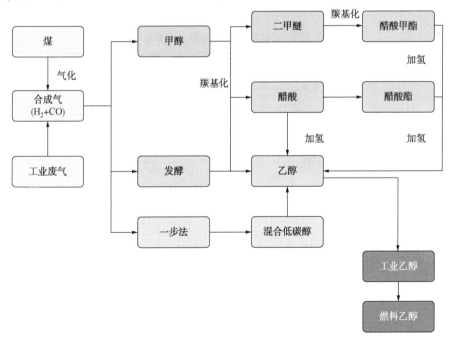

图 3　合成气制乙醇路线图

（1）合成气直接法制乙醇。

合成气直接法制乙醇具有很长的发展历史，20 世纪 20 年代就出现了以合成气为原料

通过化学催化途径生产混合低碳醇的方法。国内外均有相关研究，目前比较成熟的有 Cu-Co、MoS$_2$ 和 Rh-Mg 三种催化剂体系。

$$2CO+4H_2 \longrightarrow C_2H_5OH+H_2O$$

（2）合成气间接法制乙醇。

合成气间接法制乙醇近年发展较快，从工艺路线上主要分为两种：一种是多步法（也称为两步法）合成路线；另一种是甲醇同系化法制乙醇，甲醇同系化制乙醇本质上是甲醇羰基化反应的一个特例。两种工艺的共同特点是均利用了转化率和选择性均较高的甲醇合成过程，不同的是，间接法合成是通过甲醇的羰基化或脱水反应生成相应的乙酸、羧酸酯或二甲醚，进一步加氢脱氧得到乙醇产品。由于多步法产品收率高，近年发展较快。

1949 年，美国化学家 Wender 首次发现了烷基醇同系化可制得更高级烷基醇的反应。甲醇同系化法（甲醇还原羰基化）就是甲醇与合成气在一定条件下反应，生成乙醇、正丙醇、正丁醇等正构醇的过程。目前，甲醇同系化制乙醇主要采用含钌、铑、锰、铁、钴等金属均相催化剂。从 20 世纪 80 年代后，甲醇同系化法在催化剂固定化、非卤素助剂方面没有更多进展，乙醇的产率也普遍不高，不同时期的甲醇羰基化制乙酸技术，目前尚无工业应用。壳牌、联碳、海湾石油等公司均在此领域有相关研究发表。

$$CH_3OH+CO+2H_2 \longrightarrow CH_3CH_2OH+H_2O$$

自 20 世纪 70 年代巴斯夫等化学公司首次提出"煤—甲醇—醋酸—乙醇"的技术路线以来，多步法乙醇合成路线经过多年发展目前主要有 4 条工艺路线（表 5）。

表 5　合成气化学法乙醇生产路线

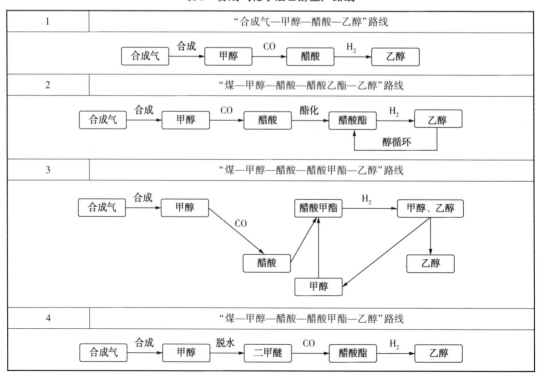

早在 1984 年，美国塞拉尼斯就开发了钌催化剂和路易斯酸金属氯化物的均相催化剂，但当时醋酸转化率较低。经过持续研究，塞拉尼斯于 2010 年进一步开发了铂、锡催化体系下的醋酸加氢生产乙醇的 TCX 工艺，该技术乙醇转化率大幅提升，单程转化率超过 90%。除塞拉尼斯外，BASF、上海浦景、江苏索普、三聚环保山西煤化所、大连化物所、北京化工研究院等企业和研究机构在此项技术上都有突破，河南、江苏和广西等地均有工业装置投产运行。

醋酸直接加氢制乙醇工艺的主要问题在于醋酸加氢过程生成大量的水，且需用贵金属催化剂，催化剂成本高，加上醋酸具有较强的腐蚀性，整个流程对工艺材质、相关设备的要求高，投资大。醋酸酯加氢路线可有效避免上述问题，醋酸酯加氢制乙醇反应、分离相对容易，且催化剂多为铜系催化剂，成本较低，同时原料及产物的腐蚀性较弱，可采用碳钢材料，投资额大大降低。另外，国内 PVA 行业副产大量醋酸甲酯，也可转化为甲醇和燃料乙醇。2016 年，唐山中溶科技建成 $30 \times 10^4 t/a$ 以焦炉煤气和乙酸乙酯为原料的乙醇装置。

"煤—甲醇—二甲醚—醋酸酯—乙醇"路线，实质上是"三步法"制乙醇，包括甲醇脱水制二甲醚、二甲醚羰基化制乙酸甲酯、乙酸甲酯加氢得到乙醇和甲醇、甲醇回用等单元。甲醇羰基化反应中用二甲醚（DME）替代甲醇为反应物时，主要得到乙酸甲酯，同时没有水生成，目前 DME 羰基化反应主要使用甲醇羰基化工艺催化剂，主要有分子筛催化剂体系和固体超强酸催化剂两类。

2017 年 3 月，陕西延长石油集团有限责任公司（简称延长石油）利用"煤—甲醇—二甲醚—醋酸酯—乙醇"路线的 $10 \times 10^4 t/a$ 合成气制乙醇工业示范项目投产，2019 年，延长石油榆神能化公司的煤基乙醇项目总投资 64 亿元，采用延长石油和大连化物所共同研发的煤制乙醇技术，设计转化煤炭 $150 \times 10^4 t/a$，生产 $50 \times 10^4 t/a$ 乙醇产品和 $5 \times 10^4 t/a$ 甲醇产品，并副产杂醇油、重组分、硫黄等产品。2020 年，新疆天业利用该技术，正在建设年产 $25 \times 10^4 t$ 超净高纯醇基精细化学品项目，以乙醇为原料乙烯再生产聚氯乙烯，成为煤制烯烃的另一条路线。

3.1.2　生物发酵法

按照目前我国 GB 18530《变性燃料乙醇》中的定义，变性燃料乙醇标准适用于以淀粉质、糖质、纤维素等为原料，经发酵、蒸馏、脱水后制得并添加变性剂使其变性的乙醇。按照该规定，只有生物乙醇且必须通过生物发酵法制取的才是符合国家标准的燃料乙醇。

3.1.2.1　第一代生物燃料乙醇

生物发酵制燃料乙醇是目前制取燃料乙醇的最主要方法，近十年以粮食和甘蔗为原料的第一代燃料乙醇产业快速发展。玉米燃料乙醇的生产过程包括预处理、脱胚制浆、液化、糖化、发酵、乙醇蒸馏和分子筛脱水等步骤。早期的粮食乙醇生产工艺存在能耗高、反应速率慢和原料利用率低的缺点，经过多年的技术改进，粮食乙醇的效率已经得到很大提高。目前，美国大部分乙醇企业的淀粉转化率已经达到 90%~95%，生产 $1 \times 10^8 gal$ 燃料

乙醇(约 $30×10^4t$)，需要 $90×10^4t$ 玉米，可同时副产 $30×10^4t$ 动物饲料和8500t玉米油。粮食乙醇的酶制剂的成本也经历了由高到低的过程，酶制剂成本占总成本的比例由30%～40%下降到了5%～10%。

玉米纤维生产乙醇技术是介于第一代淀粉乙醇和第二代纤维素乙醇之间的生物乙醇生产技术，玉米纤维即玉米籽粒种皮，占玉米籽粒的6%～8%，通常还结合一部分淀粉，主要由纤维素、半纤维素和木质素构成。在传统生产过程中，玉米纤维无法被酶制剂分解及酵母利用，经过主工艺的糖化和发酵后，最后留在酒糟中成为含有可溶固形物的干酒糟(DDGS)饲料的一部分。通过对玉米籽粒中的纤维素进行处理，然后发酵制备纤维素乙醇，可以提高燃料乙醇产量。同时由于玉米籽粒中的纤维素得到了利用，可进一步提高DDGS中蛋白含量，从而提升DDGS的价值。玉米纤维产乙醇的关键优势在于部分解决了原料的收、储、运，降低了第二代纤维素乙醇原料预处理和发酵环节的难度。

目前，拥有玉米纤维乙醇技术并获得美国环保署先进生物燃料认证的公司有ICM公司、Edeniq公司和先正达公司。ICM公司开发的Gen1.5技术，通过桨叶筛和逆流洗涤玉米粉浆中的纤维分离，然后单独进行预处理、酶解、发酵获得纤维素乙醇，提高乙醇收率7%～10%，降低DDGS干燥负荷，提高DDGS蛋白含量。Edeniq公司采用Pathway技术，使用细胞破碎技术对粉浆进行处理，并在发酵环节加入纤维素酶，生产纤维素乙醇，整体提高乙醇收率7%，其中5%是淀粉乙醇，2%是纤维素乙醇。先正达公司采用Cellerate技术，对玉米酒糟进行酶解发酵，生产纤维素乙醇，提高乙醇收率6%，DDGS蛋白含量可提升到40%。

3.1.2.2　非粮生物燃料乙醇

以甜高粱茎秆和木薯等非粮原料生产的1.5代燃料乙醇，主要是利用作物中的糖类物质，采用生化工艺，通过发酵生产燃料乙醇。目前，以纤维素和其他废弃物为原料的第二代燃料乙醇生产技术主要有生化法和热化学法。纤维素生物发酵制燃料乙醇的技术路线包括预处理、纤维素水解和单糖发酵3个关键步骤。预处理方法分为物理法、化学法、物理化学法和生物法，目的是分离纤维素、半纤维素和木质素，增加纤维素与酶的接触面积，提高酶解效率。物理方法包括机械粉碎、蒸汽爆破、微波辐射和超声波预处理；化学法一般采用酸、碱、次氯酸钠、臭氧等试剂进行预处理，其中以NaOH和稀酸预处理研究较多；物理化学法包括蒸汽爆破和氨纤维爆破法；生物法是用白腐菌产生的酶类分解木质素，这些预处理方法各有其优缺点，继续探索反应条件温和、无有毒副产物和糖化效率高的预处理技术是主要研究方向。

纤维素乙醇生产工艺流程主要分为分步水解与发酵工艺(SHF)、同步糖化发酵工艺(SSF)、同步糖化共发酵工艺(SSCF)和直接微生物转化工艺(DMC)。其中，分步水解与发酵工艺是开发时间最长和应用最广的纤维素乙醇技术，首先将纤维质原料利用纤维素酶水解后，再将 C_5 、 C_6 糖转化为乙醇；可采用 C_5 、 C_6 糖分别转化的方式，也可利用 C_5 、 C_6 共发酵菌株实现一次性转化为乙醇。该方法的缺点是随着酶水解产物的积累，会抑制水解反应完全。目前，绝大多数商业装置采用分步水解与发酵工艺。同步糖化发酵工艺是将纤维素酶解与葡萄糖乙醇发酵整合在同一个反应器内进行，由于酶解过程中产生的葡萄糖被微生物迅速利用，因此消除了糖对纤维素酶的反馈抑制作用。同步糖化和共发酵工艺是利用 C_5 糖和 C_6 糖共发酵菌株进行酶解同步发酵，可提高底物转化率，增加乙醇产量。直接微生物转化工艺也称为统合生物工艺（CBP），是将木质纤维素的生产、酶水解和同步糖化发酵过程集合为一步进行，要求此微生物/微生物群既能产生纤维素酶，又能利用可发酵糖类生产乙醇。

纤维素酶成本高长期以来是阻碍纤维素乙醇产业发展的障碍之一。20 世纪 90 年代，每加仑纤维素乙醇的酶成本约为 5 美元。为了降低酶费用，美国能源局为诺维信公司和杰能科公司提供资金研究纤维素糖化酶，2012 年诺维信公司推出酶制剂产品 Cellic CTec3，比其推出的上一代商业酶 CTec2 的转化效率提高了 50%，并且提高了温度和酸碱度的适应范围，降低了纤维素乙醇的生产成本，由 2.5 美元/gal 降至 2 美元/gal。杰能科公司 2011 年推出的纤维素复合酶 Accellerase® TRIO，该酶同时含有外切葡聚糖酶，相比上一代产品 Accellerse DUET，提高了处理高浓度底物的能力，最佳工作条件为 pH 值 4.0~6.0、温度 40~57℃，适用于同步糖化共发酵工艺（SSCF）。

国家工程院院士岳国君在其主编的《纤维素乙醇工程概论》（第三章）中就纤维素乙醇酶制备技术的发展趋势提出了明确观点："通过外购商品酶制剂来进行媒介生产乙醇，目前还无法达到商业化要求。现场生产方式，即在乙醇厂建立纤维素酶车间，用工厂中预处理后的木质纤维素进行产酶发酵，然后直接将含酶的粗发酵液与新的纤维素原料混合，一同转入酶解发酵单元，是近年来提出的降低纤维素酶成本的新办法。"瑞士科莱恩公司经过 12 年的持续研发，开发了成熟的纤维素酶现场生产工艺，即纤维酶直接在纤维素乙醇工厂中生产（工艺在线整合酶生产）。该技术可以有效消除运输、配方和物流需求，并且不需要外源糖或糖浆作为碳源，因此极大地降低了纤维素酶的生产成本。根据第三方权威机构的评估结果，结合科莱恩纤维素乙醇示范工厂的生产运营验证，科莱恩 Sunliquid® 技术方案中纤维素酶的费用仅占纤维素乙醇产品总成本的 10%。

如果能够加强副产物的综合利用，也可以部分提高纤维素乙醇的经济性。传统的纤维素乙醇企业对半纤维素和木质素等组分关注不够，如果能够充分利用木质纤维素原料的各种组分，联产乙醇和副产物，则可以大大提高经济性。一般小麦秸秆约含纤维素 39.8%、半纤维素 28.5%、木质素 20.2%，如果年加工小麦秸秆 $30×10^4$ t，则相当于有纤维素 $12×10^4$ t、半纤维素 $9×10^4$ t、木质素 $6×10^4$ t，可生产乙醇 $5×10^4$ t、$3.75×10^4$ t 二氧化碳、215 吨杂醇油、$3×10^4$ t 低聚木糖、$1.8×10^4$ t 活性炭，提高产品附加值，推动产业发展。

目前，全世界建成、在建和计划新建的纤维素乙醇项目有 10 余个（表6），2017 年 9 月，Clariant 对斯洛伐克的 Enviral 公司进行技术许可，宣布将在斯洛伐克建设一座 $5×10^4$ t 级的纤维素乙醇示范工厂。2018 年 9 月，Clariant 在罗马尼亚的首个大型商业化纤维素乙醇项目奠基，年处理约 $25×10^4$ t 小麦及其他谷物秸秆，纤维素乙醇产能为 $5×10^4$ t/a。

表 6　世界主要纤维素乙醇项目情况

公司名称	地　点	产能, 10^4t/a	原　料
Dupont 公司	美国爱荷华	9	玉米秸秆、玉米芯
POET-DSM	美国爱荷华	7.5	玉米秸秆、玉米芯
Beta Renewable	意大利	6	小麦秸秆、芦竹、甘蔗渣
Abengoa	美国堪萨斯	7.5	玉米芯、玉米秸秆
GranBio	巴西阿拉戈斯	6.5	甘蔗叶、甘蔗秆
Raizen	巴西圣保罗	3	甘蔗叶、甘蔗秆
克莱恩	德国	0.1	小麦、玉米等秸秆
河南天冠	河南南阳	3	麦秆、玉米秸秆
松原光禾	松原	2	玉米芯、秸秆
龙力生物	山东德州	5	玉米芯
济南胜泉	济南	2	玉米秸秆
安徽国祯	阜阳	5	玉米秸秆, 在建
中粮肇东	肇东	0.05	玉米秸秆
科莱恩	罗马尼亚	5	在建
中丹建业	哈尔滨	2.5	计划
国投海伦	海伦	2.5	在建

纤维素乙醇一方面受制于过程本身的经济性制约，另一方面原料来源不稳定也是重要制约方面，用于乙醇生产的木质纤维素主要来源于农作物秸秆，但秸秆种类繁多、性状不一、分布分散，收获具有季节性，因此秸秆的收集、储存和运输费用约占乙醇生产成本的1/3。并且秸秆易燃、易潮、易发霉，长期储存需要做好防雨、防潮、防火和防雷等设施建设，日常还需要进行必要的维护和管理。因此，秸秆收集、储存、运输是秸秆大规模能源化利用的一大瓶颈，构建合理的秸秆收储运体系对纤维素燃料乙醇连续化生产至关重要。

3.1.3　合成气发酵法

合成气生物转化乙醇主要由原料气化、合成气预处理和合成气发酵单元构成。生物转化所需的合成气原料与化学转化过程相同，利用能够以 CO 和 H_2 为底物生长的微生物，通过厌氧发酵将合成气转化为燃料和化学品，合成气生物转化法相比于传统化学催化法，具有反应条件温和、反应副产物少、合成气原料要求低、对原料气中的硫化物耐受性强等特点，合成气发酵的核心在于能够利用合成气中一氧化碳和氢气，并转化为乙醇等化学品的微生物。美国阿肯色州立大学、俄克拉荷马州立大学是最早开展相关研究的机构，并各自发现了相应的菌种，这些菌主要属于 *Butyribacterium* 和 *Clostridium* 菌属。

Coskata、Lanzatech 和 Inoes 分别开发了相应的合成气发酵制乙醇的技术，也分别建设了相应的示范装置。目前，Coskata 已经淡出视线，英力士合成气发酵项目出售给巨鹏生物，Lanzatech 仍然继续在该领域发展，其利用钢厂尾气发酵制乙醇技术计划在中国、新西兰、韩国、印度继续推广，目前在唐山与首钢集团成立合资公司(首钢朗泽)建设 $4.5 \times 10^4 t/a$ 钢厂尾气发酵制乙醇商业示范项目已经投产。

3.2 乙醇技术发展趋势

由于以粮食为原料生产乙醇存在"与人争粮、与粮争地"的问题，因此未来技术研发主要集中在非粮原料。秸秆纤维素在全世界范围内已经研究多年，多个示范项目也得以成功运行，在秸秆预处理、C_5糖发酵等关键技术领域也实现了较大进展，但在实际工业应用中，预处理技术还存在过程能耗高、处理过程复杂、目标产物收率不高等问题，环境友好的中性气爆预处理、两相溶剂体系等高效、温和预处理方法是目前研究的热点，通过对现有预处理技术的不断改进，提升目标产物收率、减少废液排放，是实现木质纤维素燃料产业化的关键。在 C_5 糖发酵方面，虽然目前从菌种改造和工艺优化方面开展了大量工作，转化效率已经有很大提升，但菌种代谢调控、蛋白表达不足影响转化效率等仍是制约 C_5 糖有效利用的重要因素，未来选育高性能菌株，挖掘有效代谢调控元件，进行菌株代谢工程改造仍是重点研究方向。另外，木质纤维素水解产生的抑制物对纤维素乙醇生产的影响，也需要从菌株和工艺两方面持续开展研究。

厨余垃圾作为一类含高有机质和高含水量易被细菌降解的可再生资源，是一种潜在用来制备生物燃料乙醇的生物质资源。厨余垃圾无须添加其他营养物质，就可在厌氧发酵的条件下产出乙醇，目前已经有利用香蕉皮和废弃水果生产乙醇的研究，但厨余垃圾制乙醇的研究仍处于起步阶段，在菌种选育、工艺优化等方面远不及垃圾制甲烷成熟，未来随着高性能工程菌种和工艺的不断完善，垃圾发酵制乙醇有着广阔的发展前景。

以煤等化石能源制备的乙醇不属于可再生燃料，但考虑到我国有丰富的富含 CO 的钢厂尾气、铁合金、电石矿热炉尾气，另外，合成氨、甲醇企业也有一定量的 CO 需要平衡，如果将这些废弃资源利用化学法或生物法转化为乙醇，对降低国内原油供需矛盾、促进全社会节能减排、减少耕地使用、增加市场蛋白供应等具有重要意义，应当支持。

4 小结

当前，我国燃料乙醇产能绝大部分为粮食乙醇和进口木薯为原料，随着国内储备陈粮减少，国家补贴也已经取消，粮食燃料乙醇在我国继续大规模发展目前不具备条件。纤维素具有原料丰富、来源广泛、价格低廉等优势。秸秆理论资源量为 $10 \times 10^8 t/a$ 以上，如果得到规模利用，按 $6.5 \sim 8t$ 秸秆生产 $1t$ 乙醇测算，可大幅提升我国交通能源可再生燃料比例。但当前纤维素乙醇生产技术仍有待发展和完善，需要国家在财政、税收等方面加大政策扶持力度，鼓励企业加大技术投入，构建经济、高效的秸秆利用产业体系，改变目前中国生物燃料乙醇主要以粮食为原料的生产现状，在降低粮食消耗的同时解决环保问题。

参 考 文 献

［1］Geoff C. 2019 ethanol industry outlook［R］. USA，Renewable Fuels Association，2020.

［2］Geoff C. 2020 ethanol industry outlook［R］. USA，Renewable Fuels Association，2021.

［3］中酒精信息网. 黑龙江万里润达 30 万吨燃料乙醇项目近期正式投产［EB/OL］.（2019-11-22）. http：// www. alcoholchina. com/news/show. php？itemid=77.

［4］中酒精信息网. 国投海伦能源年产 30 万吨燃料乙醇项目近期顺利投料试车［EB/OL］.（2020-12-10）. http：//www. alcoholchina. com/news/show. php？itemid=159.

［5］中酒精信息网. 江西雨帆生物能源年产 10 万吨燃料乙醇项目建成投产［EB/OL］.（2020-12-16）. http：// www. alcoholchina. com/news/show. php？itemid=165.

［6］天津市人民政府办公厅. 天津市人民政府办公厅关于印发天津市推广使用车用乙醇汽油实施方案的通知（津政办函〔2018〕37 号）［EB/OL］.（2018-06-01）. http：//gk. tj. gov. cn/gkml/000125022/201806/t20180611_78464. shtml.

［7］国家能源局. 国家能源局依法处理部分企业停供乙醇汽油等行为［EB/OL］.（2020-12-31）. http：// www. nea. gov. cn/2020-12/31/c_139633259. htm.

［8］卓创资讯能源观察. 2020 年上半年 MTBE 市场回顾［ER/OL］.（2020-07-06）. http：// finance. sina. com. cn/money/future/roll/2020-07-06/doc-iirczymm0752138. shtml.

［9］第一环保网. 湖北天冠生物能源有限公司年产 10 万吨燃料乙醇改扩建项目环境影响评价第二次公示［EB/OL］.（2016-05-09）. http：//www. d1ep. com/hpgg/show. php？itemid=22782.

［10］国投广东生物能源有限公司. 铁岭年产 30 万吨燃料乙醇项目可研报告通过评审［EB/OL］.（2017-3-28）. http：//www. sdiczn. com/newsContent. asp？id=14904.

［11］国家能源局. 关于印发《车用乙醇汽油使用试点方案》和《车用乙醇汽油使用试点工作实施细则》的通知（国经贸技术〔2002〕174 号）［EB/OL］.（2015-12-13）. http：//www. nea. gov. cn/2015-12/13/c_131051672. htm.

［12］河南省人民政府办公厅转发省计委省经贸委关于贯彻落实国家燃料乙醇及车用乙醇汽油"十五"发展专项规划实施意见的通知（豫政办〔2003〕33 号）［EB/OL］.（2013-5-15）. http：//www. 110. com/fagui/law_46846. html.

［13］内蒙古自治区人民政府办公厅关于印发自治区推广使用车用乙醇汽油试点工作方案的通知（内政办发〔2013〕84 号）［EB］. 内蒙古自治区人民政府公报，2014(12).

［14］山东省人民政府. 山东省人民政府关于修改《山东省车用乙醇汽油推广使用办法》的决定（省政府令第 302 号）［EB/OL］.（2016-6-04）. http：//www. shandong. gov. cn/art/2016/6/4/art_284_781. html.

［15］湛江市人民政府. 湛江市人民政府办公室关于印发湛江市车用乙醇汽油推广使用工作总体方案的通知［EB/OL］.（2015-11-3）. http：//www. zhanjiang. gov. cn/fileserver/StaticHtml/2015-11/d9cbb05f-8269-4caa-91e5-ba04dee517c3. htm.

［16］龙力生物. 关于公司纤维燃料乙醇税收政策的公告［EB/OL］.（2014-11-3）. http：// ggjd. cnstock. com/ggdetail/index/1200365997.

［17］博亚和讯网．关于调整定点企业生物燃料乙醇财政政策的通知［EB/OL］．（2014-08-22）．http：//www.boyar.cn/article/2014/08/22/574492.shtml.

［18］财政部．财政部关于印发《可再生能源发展专项资金管理暂行办法》的通知（财建［2015］87 号）［EB/OL］．（2015-04-02）．http：//jjs.mof.gov.cn/zhengwuxinxi/zhengcefagui/201504/t20150427_1223373.html

［19］国务院．国务院关于发布政府核准的投资项目、目录（2013 年本）的通知（国发［2013］47 号）［EB/OL］．（2013-12-02）．http：//www.gov.cn/xxgk/pub/govpublic/mrlm/201312/t20131213_66569.html.

［20］中商情报网．全球清洁汽油简介［EB/OL］．（2014-1-5）．http：//www.askci.com/news/201401/15/151541435471.shtml.

［21］燕国正．中石化江西 10 万吨燃料乙醇项目获准建设［J］．化工与医药工程，2014（2）：63-63.

［22］国务院．国务院关于印发"十三五"控制温室气体排放工作方案的通知（国发［2016］61 号）［EB/OL］．（2016-10-27）．http：//www.gov.cn/zhengce/content/2016-11/04/content_5128619.htm.

［23］凤凰财经．中央首提农产品"去库存"玉米去库存压力最大［EB/OL］．（2015-12-28）．http：//finance.ifeng.com/a/20151228/14138732_0.shtml.

生物航煤生产技术

◎雪　晶　张家仁

航空燃料是消费量仅次于车用汽油和柴油的重要运输燃料，但由于其产生的温室气体排放在平流层，因此温室效应更为显著。据统计，航空业最大的排放源来自商业航班所使用的化石航煤，2019 年全球商业航空运输所产生的碳排放量已超过 9×10^8 t。因此，使用可持续的航空燃料（SAF）已成为全球航空业碳减排的重要途径。生物航煤是以可再生资源为原料生产的航空煤油，原料主要包括椰子油、棕榈油、麻风果油、亚麻油等植物性油脂，以及微藻油、餐饮废油、动物脂肪等，还有农林废弃物等木质纤维素。生物航煤与化石航煤性能接近，可在不更换发动机和燃油系统的条件下满足航空器动力性能和安全要求，且在全生命周期内温室气体减排可达 50%～94%。因此，国际民航组织（ICAO）于 2019 年起实施国际航空碳抵消和减排计划（CORSIA），提出 2025 年国际航班生物航煤使用量达 500×10^4 t、2050 年国际航班使用比例达 50% 的目标，并要求各国以 2019 年航空碳排放量为基准，2021—2035 年保持零增长，超出部分需通过购买碳信用或使用经 ICAO 认证的生物航煤进行抵消。

1　行业发展现状

1.1　商业应用迅速崛起

生物航煤作为一种航空替代燃料，自 2008 年 2 月由英国维珍大西洋航空公司（Virgin Atlantic Airways）首次使用完成试飞以来，历经多国航空公司和美国、荷兰军方近百次试飞，现已初具市场规模。美国、加拿大、挪威、芬兰等国已建立了"原料—炼制—运输—加注"的完整产业链。据 ICAO 统计，全球航空替代燃料商业飞行现已达 20 万架次，美国洛杉矶国际机场、瑞典斯德哥尔摩阿兰达机场和韦克舍斯莫兰机场、挪威奥斯陆机场和卑尔根机场等 7 个机场已实现航空生物燃料的常规加注，8 个机场实现批次加注。挪威从 2020 年 1 月开始强制添加 0.5% 生物航煤，瑞典和芬兰计划 2030 年生物航煤用量占航煤消费总量约 30%。

目前，全球已建成 10 余套生物航煤生产装置或示范装置，9 个项目正在筹建，各大能源公司、航空公司、飞机制造商积极参与生物航煤的研发、生产或试用。全球主要加氢法生物航煤生产装置见表 1。截至 2019 年，生物航煤订单量累计已达 635×10^4 t。为满足生物航煤需求，芬兰 Neste 计划将生物燃料总产能从 270×10^4 t/a 提高到 2022 年的 450×10^4 t/a，其中生物航煤产能扩至 $100×10^4 t/a$。

表 1　全球已投产的加氢法生物航煤生产装置

企业/装置	原料处理，$10^4 t/a$	原料	投产年份
芬兰波尔沃炼厂	17	动植物油脂	2007
芬兰波尔沃炼厂	17	动植物油脂	2009
新加坡炼油中心	80	棕榈油、餐饮废油	2010
荷兰鹿特丹石化	80	菜籽油	2011
中国石化镇海炼化	2	棕榈油、餐饮废油	2011
法国 La Mede 炼厂	65	菜籽油	2019

1.2　国内外市场潜力巨大

全球民航业近 10 年来保持快速稳定发展，2019 年全球航空货运量约 $6120×10^4 t$，航煤需求量约 $720×10^4 bbl/d$。2020 年，由于新冠疫情在全球范围蔓延，民航业整体受到重挫，特别是国际航线用油量锐减，据国际航空运输协会（IATA）预测，预计 2023 年航煤需求量可恢复至 2019 年水平。尽管 IATA 正在评估新冠疫情对航空业的影响，并已将基准线改为 2019 年，使得 CORSIA 计划的实质性启动时间可能推迟，但航空碳减排始终是航空业无法回避的问题，使用经认证的生物航煤来抵消碳排放增量终将是发展趋势。

当前我国民航业正处于快速发展阶段，民航运输业航煤消费量占全国航煤表观消费量的 90% 以上。2019 年民航完成运输周转量约 7858.07 亿人·千米，化石航煤消费量已达 $3684×10^4 t$。航空公司作为航煤产品的主要用户，一旦实质性启动 CORSIA 计划，则需要购买符合认证的生物航煤或相应的碳排放额度以完成减排任务。按当前碳交易价格 10~15 美元/t 计，根据民航系统测算，自 2021 年起至 2035 年，15 年间中国民航业（大陆地区）碳交易规模可达千亿元人民币。

2　技术现状和趋势

2.1　技术现状

美国材料与试验协会（ASTM）是受国际民航业普遍认可的标准制定者，生物航煤技术和产品需经 ASTM D7566《含合成烃类的航空涡轮燃料规格标准》认证后方可应用。自 2009 年以来，已有 7 种技术路线通过 ASTM D7566 认证并完成了中试或工业示范：（1）将生物质转化为合成气，再经费托合成制备生物航煤的 FT-SPK 路线；（2）动植物油脂通过加氢脱氧异构工艺生产生物航煤的 HEFA 路线；（3）利用生物质糖发酵转化为法尼烯，再加氢转化为法尼烷的 SIP 路线；（4）在 FT-SPK 路线中引入非化石基轻质芳烃（主要是苯）的 SPK/A 路线；（5）将生物质原料转化为醇，醇脱水生成烯烃，再转化并加氢改质生产生物航煤的 ATJ-SPK 路线；（6）以油脂为原料，通过催化水热解转化为生物航煤的 CHJ-SPK 路线；（7）以微藻油脂为原料，加氢制备生物航煤的 HC-HEFA-SPK 路线。

2.1.1 费托合成制备生物航煤（FT-SPK）技术

FT-SPK 是最早通过 ASTM D7566 认可的非石油基航煤生产路线（2009 年），先将木质纤维素等生物质原料转化为合成气，再将合成气转化为费托合成油（长链烷烃），最后经加氢改质得到 FT-SPK，产品主要由异构烷烃、正构烷烃和环烷烃组成。

由于费托合成和加氢改质已是成熟技术，且早已应用于由煤基或天然气基合成气制燃料工业生产中，因此 FT-SPK 路线的技术核心在于生物质制合成气工段。目前，使用该技术路线的主要有 Dynamotive、Solena、Kior、Rentech、Fulcrum、Licella 等公司。

2.1.2 油脂加氢制备生物航煤（HEFA）技术

HEFA 是第二条通过 ASTM D7566 认可的非石油基航煤技术路线（2011 年），以非食用动植物油脂为原料，通过两段加氢工艺来生产生物航煤。

HEFA 路线的技术本质为两段加氢工艺：前段加氢脱氧，将油脂转化为长链正构烷烃；后段加氢异构，将长链正构烷烃加工成汽油、煤油和柴油产品。HEFA 路线的原则流程包括 5 个步骤：（1）原料预处理，脱除原料中的磷、钠、钙、氯等杂质；（2）加氢脱氧工段，经预处理的原料与催化剂接触，在临氢条件下，使甘油三酯和脂肪酸转化为长链烷烃和丙烷，而原料中的氧以 CO、CO_2 和 H_2O 的形式脱除；（3）相分离工段，分离出反应生成的水，以免影响下游催化剂，分离出反应生成的 CO、CO_2 和丙烷，以避免降低氢气分压；（4）加氢改质工段，使长链烷烃发生选择性裂化和异构化反应，生成异构烷烃；（5）产品分馏工段，通过蒸馏分离得到石脑油、生物航煤、生物柴油及重组分燃料等产品。

典型的 HEFA 路线包括 UOP 公司开发的 Ecofining 工艺、美国能源与环境研究中心（EERC）开发的两段加氢工艺、美国 Syntroleum 公司开发的 Bio-synfining 工艺、芬兰 Neste Oil 公司开发的 NExBTL 工艺、中国石油石油化工研究院开发的两段加氢工艺和中国石化石油化工科学研究院开发的两段加氢工艺。

按照反应工艺和原理的差异，HEFA 路线又可细分为两步法、一步法和选择性脱羧/脱羰工艺。

（1）两步法。

UOP Ecofining 工艺是典型的两步法加氢脱氧技术。技术相对成熟稳定，但存在如下问题：

①原料质量要求高（游离脂肪酸小于 20%，氯小于 $0.5\mu g/g$，磷小于 $3\mu g/g$）；

②加氢脱氧是强放热反应（反应热约 $-420kJ/mol$），工艺条件较高，反应温度为 300~400℃，操作压力为 4~6MPa，需要溶剂稀释（50%~80%）；

③氢耗较高，加氢脱氧理论氢耗为 2.7%（质量分数）（以硬脂酸甘油酯计），实际氢耗约为油脂的 4%（质量分数），气组组成复杂，氢气需进行循环回收；

④反应采用硫化镍钼、钴钼加氢脱氧催化剂，反应前需要预硫化，而且使用过程中持续补硫，反应后产生含硫废物，且产物硫含量增加，需要碱洗脱硫；

⑤使用 0.5%~0.8%Pt、Pd 等贵金属异构化催化剂，且异构化反应压力较高（约 4~

6MPa）。

（2）一步法。

中国石油石油化工研究院在前期研究中开发了将油脂加氢脱氧、裂解/异构集成在同一单元内的一步法技术。一步法技术能够缩短工艺流程，减少设备投资，避免硫化催化剂相关问题，但催化剂依然是 Pt 等贵金属多功能催化剂。

（3）选择性脱羧/脱羰工艺。

Avjet Biotech Inc. 正在开发的 Red Wolf Refining™ System 采用了选择性脱羧/脱羰工艺。该工艺先将油脂加氢饱和 C ═C 键，再通过甘油酯水解制备脂肪酸（或甲酯化制备脂肪酸甲酯），然后脂肪酸（或脂肪酸甲酯）脱羧/脱羰转化为烷烃，进而烷烃临氢裂解/异构，最终分离出多种馏程产品。

该技术可增产约 10% 甘油，同时降低氢耗［小于 0.1（质量分数）］和脱氧反应压力［H₂、N₂、5%（质量分数）Pd/C，300℃，常压］，并有效避免了强放热效应。但在反应条件下脂肪酸腐蚀性强，同时依然使用 Pd、Pt 贵金属催化剂。

2.1.3　发酵法尼烯（SIP）技术

SIP 是目前通过 ASTM D7566 认可的第 3 条非石油基航煤技术路线，由 Armyris 公司在其开发的糖发酵制法尼烯技术基础上提出的。以生物质糖为原料，先通过专有的发酵技术将糖直接转化为法尼烯，然后再通过加氢工艺将法尼烯转化为法尼烷（2，6，10-三甲基十二烷），进而通过加氢和分馏制得异构烷烃，与石油基航煤调和使用。

该技术最大的特点在于将生物航煤的原料拓宽到油脂类原料以外的领域，且可通过技术升级和产业链延伸，将初始原料拓展到木质纤维素。但同时也存在一定的局限性。例如，目前该技术原料仅限于蔗糖，适宜发展区域仅限于蔗糖等生物质糖资源丰富的地区。此外，SIP 产品的组成单一，产品实际上为纯度大于 97%（质量分数）的法尼烷。由于航煤对燃料物理性质，特别是黏度的限制，SIP 产品不能直接作为航煤使用，必须调和石油基航煤才能满足 ASTM D1655 航空涡轮燃料标准，其最大调和比例为 10%（体积分数）。目前，Armyris 公司已在巴西建成一套以蔗糖为原料的 4×10⁴t/a 生物燃料生产装置。

2.1.4　费托烷基化（FT-SPK/A）技术

FT-SPK/A 技术是目前通过 ASTM D7566 认证的第 4 条非石油基航煤生产路线（2015年），与 FT-SPK 路线相似，都是将合成气转化为费托合成油进而得到航煤产品。不同的是，FT-SPK/A 工艺增加了芳烃含量。增加的芳烃是由非化石基轻质芳烃（主要是苯）与费托合成所产的烯烃通过烷基化反应制得。FT-SPK/A 产品主要由异构烷烃、正构烷烃、环烷烃和芳烃组成，芳烃含量最高为 20%（质量分数）。

FT-SPK/A 技术由 Sasol 公司开发并应用，采用铁基催化剂经高温费托合成工艺，将合成气转化为含芳烃的航煤产品。FT-SPK 产品和 FT-SPK/A 产品与石油基航煤的最大调和比例均为 50%（体积分数）。

2.1.5 醇制航煤（ATJ）技术

ATJ 技术是目前通过 ASTM D7566 认可的第 5 条非石油基航煤生产路线（2016 年），由 Gevo 公司提出，以木质纤维素作为初始原料，先将生物质原料转化为醇，然后再通过醇脱水（生成烯烃）、聚合生成长链烯烃，最后经加氢改质工艺，生产出生物航煤产品。ATJ 的技术核心在于如何将生物质原料转化为醇中间体，而后续的脱水、聚合和加氢改质工段均可视为常规技术或常规技术的组合。目前醇中间体的转化途径主要有：（1）以木质纤维素转化的生物质糖为原料，通过生物发酵法制乙醇、丁醇以及其他的混合醇等；（2）生物质原料先气化得到合成气，然后通过直接发酵法生产醇中间体；（3）生物质原料先气化，然后再通过化学法合成醇中间体。

Gevo 公司对异丁醇发酵菌株进行了合成生物学与代谢工程改造，除了以粮食、甘蔗、甜菜等原料制得的可发酵性糖为底物外，还可以利用纤维素水解混糖发酵产异丁醇。同时，该技术最大限度地利用了现有乙醇发酵装置及其工艺条件，并且开发了专有的异丁醇连续分离技术，从而解决了异丁醇浓度过高造成的反馈抑制问题。Gevo 公司还与 Los Alamos 国家实验室（LANL）等合作，拟提升现有异丁醇制烃类的工艺催化效率，降低成本，旨在产出含有更多烃种类（如芳烃）、更高能量密度的航空生物燃料组分，有望比传统化石航煤提供更长的航程，从而可进一步提高在化石航煤中的掺混比例。

2.1.6 油脂催化水热解制航煤（CHJ-SPK）技术

CHJ-SPK 技术是目前通过 ASTM D7566 认可的第 6 条非石油基航煤生产路线（2020 年），由 ARA 与雪佛龙 Lummus 全球公司（CLG）合作开发。核心是基于 ARA 公司的生物燃料同步转化工艺，利用催化水热分解技术，将油脂转化为喷气燃料。该技术可适用于多种品质的油脂原料，产品包括正构烷烃、异构烷烃、环烷烃和芳香烃。ASTM 标准规定，CHJ 燃料在化石航煤中的掺混比例上限为 50%。

2.1.7 藻油制航煤（HC-HEFA-SPK）技术

HC-HEFA-SPK 是 ASTM D7566 认可的第 7 条可持续航空燃料技术途径（2020 年），也是第一个通过 ASTM 快速审查流程的技术路线。该技术由日本 IHI 公司与日本政府机构新能源和工业技术开发组织（NEDO）、神户大学合作开发，基于 HEFA 路线，以超长的 *Braunii* 葡萄球菌为原料制备生物航煤。该技术的亮点是开发了一种利用微藻生产航空燃料的方法，所培育的藻类 *Braunii* 葡萄球菌具有极快的生长速度和高碳氢油含量，为扩大生物航煤原料范围提供了又一种选择性。ASTM 标准规定了 HC-HEFA-SPK 在化石航煤中的掺混比例上限为 50%。

2.1.8 生物航煤技术路线对比

目前已通过 ASTM 认证的 7 种生物航煤的生产路线，原则上都可归纳为两道工序，即前脱氧、后异构工序，最大差异在于加氢异构原料的不同。生物航煤技术开发的关键在于降低成本，包括原料成本、催化剂成本以及反应过程成本等。在前述几条路线中，目前应用较多的是 HEFA 路线。各技术路线对比见表 2。

表 2　ASTM D7566 标准收录的合成生物航煤技术路线对比

技术路线	与石油基航煤最大调和比例（体积比）	优势	劣势	与同期石油基航煤价格相比	应用
FT-SPK	50%	适应城市垃圾、林木剩余物等原料	气化流程长，能耗高，设备投资大，操作稳定性有待提升	1.9~2.2 倍	Dynamotive、Solena、Kior、XRentech、Fulcrum、Licella 等公司
HEFAs	50%	技术相对稳定	对原料预处理要求较高	约 2 倍	UOP、Neste、Syntroleum 等公司
SIP	10%	可将初始原料拓展到木质纤维素	只适合糖资源丰富的地区，产品单一且 SIP 最大掺混比较低，成本高	约 8.5 倍	Armyris 公司、Total 公司
SPK/A	50%	增加了芳香烃含量	成本较高	2~3 倍	Sasol 公司
ATJ-SPK	50%	最大限度利用了现有乙醇发酵装置及工艺，有望比传统化石航煤提供更长的航程	成本高	19 倍以上	Gevo 公司
CHJ-SPK	50%	原料使用范围广，可利用现有装置同步反应，前期装置投资较少	流程稍长，最后需增加分离环节，且产品选择性较低	—	ARA 公司、CLG 公司
HC-HEFA-SPK	50%	微藻原料培育占用空间较少，发展潜力大	规模化发展技术有待突破	—	IHI 公司

2.1.9　我国生物航煤研究进展

我国主要的能源公司及高校研究院所均积极开展生物航煤技术研发，生物航煤生产技术发展势头迅猛，自 2011 年来已完成 4 次生物航煤飞行试验（表 3）。

表 3　中国历次生物航煤飞行试验

时间	生物航煤供应方	原料	机型	生物航煤与化石航煤掺混比例
2011 年 10 月	中国石油	小桐子	波音 747-400	50∶50
2013 年 4 月	中国石化	棕榈油	空客 A320	50∶50
2015 年 3 月	中国石化	餐饮废油	波音 737-800	50∶50
2017 年 11 月	中国石化	餐饮废油	波音 787	15∶85

2.1.9.1　中国石油生物航煤技术进展

中国石油石油化工研究院从 2007 年就开始进行生物航煤关键技术攻关。2010 年 5 月 26 日，中国石油与中国国航、波音公司及霍尼韦尔 UOP 联合签署了《关于中国可持续生物航煤验证试飞的合作备忘录》。石油化工研究院承担了生物航煤生产和提供的具

体任务，通过 6 个月的艰苦努力，生产提供了 15t 满足 ASTMD 7566 标准和适航审定要求的生物航煤（图 1）。2011 年 10 月 28 日，在首都国际机场，国家能源局、民航局、美国贸易发展署、美国大使馆在内的中美双方的政府机构和各参加单位共同见证了我国首次生物航煤验证飞行取得圆满成功。试飞成功验证了以小桐子为原料制备的生物航煤用于民用航空的可行性，标志着中国积极应对全球气候变化，大力发展航空替代燃料产业序幕的正式拉开。

图 1　验证飞行所使用的生物航煤

2016 年 1 月，中国石油设立重大科技专项"航空生物燃料生产成套技术研究开发与工业应用"，启动加氢法生物航煤重大科技专项，开展核心催化剂自主开发、工艺包设计、标准方法建立等一系列科技创新工作。依托重大专项，中国石油石油化工研究院攻克了毛油精炼、加氢脱氧、选择性裂化/异构等一系列技术难题，系统完成了毛油制备、原料油储运、航煤调和、分析检测等配套技术，编制了包含原料精炼、加氢脱氧和裂化异构全流程的 $6×10^4$t/a 航空生物燃料工艺包，打通了生物航煤产业链条。提出了涵盖小桐子油、棕榈酸化油、餐厨废弃油脂、蓖麻籽油等多种原料的原料供应方案，构建了中国石油首个航空生物燃料全生命周期分析模型和基础数据库，并完成了碳排放全生命周期分析。牵头制定了《航空涡轮生物燃料》国家标准，完成了《小桐子毛油》《小桐子精炼油》《柴油和喷气燃料中芳烃和多环芳烃含量的测定（超临界流体色谱法）》《SAPO-11 分子筛相对结晶度的测定（粉末 X 射线衍射法）》《SAPO-11 分子筛晶胞参数的测定（粉末 X 射线衍射法）》等行业标准，建立了《小桐子油中磷含量快速分析》《高温裂解离子色谱法测定生物燃料中的氟、氯、碘》《质谱法测定航空煤油中抗氧剂种类和含量》《全二维气相色谱分析航空煤油的烃组成测定方法》4 项分析方法。该技术研制成功，标志着中国石油掌握了具有自主知识产权的生物航煤生产成套技术，对公司实现绿色低碳可持续发展的战略目标和生物能源业务的发展具有重要意义。

（1）毛油精炼技术。

天然动植物油脂（毛油）都含有磷、硫、氮及金属等微量杂质，须通过精炼处理以满足

炼油化工技术新进展（2021）

加氢脱氧工艺对原料的要求，否则将影响催化剂的使用寿命。中国石油石油化工研究院开发了"络合—转化—吸附"组合毛油精炼工艺技术，完成了反应釜规模为100L的放大研究，小桐子精炼油各项指标(表4)均满足加氢脱氧工艺要求，其中磷含量由111.6μg/g降到0.85μg/g，金属含量由127.3μg/g降到3.9μg/g。

表4　小桐子毛油和精炼油理化性质

分 析 项 目	小桐子毛油	小桐子精炼油	加氢工艺要求
磷含量，μg/g	111.6	0.85	<3.0
金属含量，μg/g	127.3	3.9	<10
酸度，%	2.38	2.26	<20
S含量，μg/g	3.7	3.2	<10
N含量，μg/g	12.4	0.7	<60
Cl含量，μg/g	3.7	2.8	<5.0
水含量，μg/g	646.5	288	<1500
不皂化物，%	0.44	0.4	<1.0

(2)油脂加氢技术。

油脂加氢制备生物航煤技术，主要采用两段加氢工艺(图2、图3)，第一段是以精炼后满足加氢脱氧工艺要求的精炼油为原料，在高水热稳定性加氢脱氧催化剂作用下，甘油三酯和脂肪酸发生了氢饱和反应，并进一步裂化生成包括二甘酸、单甘酸及羧酸在内的中间产物，再经加氢脱氧、脱羰基和脱羧基反应后生成正构烷烃，反应的最终产物主要是C_{12}—C_{20}正构烷烃，以C_{15}—C_{18}居多，副产物有丙烷、水和少量CO、CO_2；第二段是以第一段的产物脱氧油为原料，在高端位选择性的加氢裂化/异构催化剂作用下，主要发生了正构烷烃的端位选择性裂化/异构化反应，生成高支链的异构烷烃，以改善油品的流动性能，并降低其冰点。最后，通过蒸馏分离得到C_8—C_{16}航空燃料油组分，即生物航煤(又称加氢石蜡煤油——SPK)。

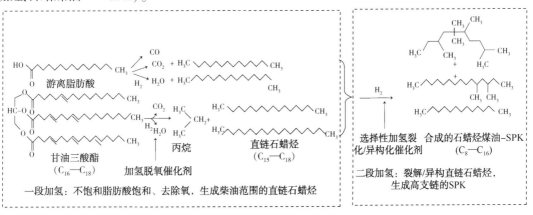

图2　油脂两段加氢制备生物航煤的反应历程

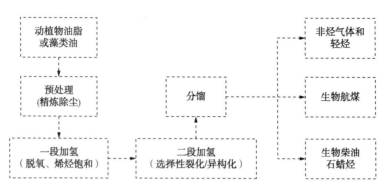

图3　油脂加氢技术原则流程

石油化工研究院开展了油脂加氢制备生物航煤技术研究，攻克了精炼油加氢脱氧和脱氧油裂化/异构化两项核心技术，并完成了立升级加氢中试放大。

①精炼油加氢脱氧技术。

油脂的主要成分是甘油三酯，氧含量高达10%以上，其在加氢脱氧过程中会生成大量的水，并放出大量的反应热，这要求加氢脱氧催化剂必须具有良好的水热稳定性。该技术已完成了催化剂2000h活性稳定性评价和20kg级放大研究工作，其脱氧油收率可达80%（质量分数）以上（产物结构组成及含量见表5），且质谱未检测到含氧物。

表5　小桐子精炼油加氢脱氧后的产物组成

组　　成		含量，%（质量分数）	
$C_{10}H_{22}$—$C_{14}H_{30}$		1.92	
$C_{15}H_{32}$—$C_{18}H_{38}$	n-$C_{15}H_{32}$	8.30	94.15（合计）
	i-$C_{15}H_{32}$	0.09	
	n-$C_{16}H_{34}$	9.92	
	i-$C_{16}H_{34}$	0.38	
	n-$C_{17}H_{36}$	40.58	
	i-$C_{17}H_{36}$	1.59	
	n-$C_{18}H_{38}$	31.18	
	i-$C_{18}H_{38}$	2.11	
$C_{19}H_{40}$—$C_{26}H_{54}$		3.93	

②脱氧油选择性加氢裂化/异构化技术。

脱氧油组成以C_{15}—C_{18}直链烷烃为主，而生物航煤的组成主要为C_9—C_{16}的支链烷烃，二段加氢要求催化剂具有良好的端位裂化性能，同时还能抑制过度裂化反应的发生。该技术已完成了催化剂2000h活性稳定性评价和20kg级放大研究工作，获得了90%以上的n-C_{16}转化率，且裂化产物中C_9—C_{15}选择性高达60%。

在开发两步法生产生物航煤技术的同时，石油化工研究院还开展了油脂一步法生产生物航煤技术探索研究，将高加氢脱氧功能和异构活性功能复合到同一催化剂上，将两步反应过程整合为一段反应过程，简化了工艺流程，减少了操作成本，形成了油脂一步法加氢脱氧异构生产生物航煤的生产工艺。以小桐子油/棉籽油为原料，在 100mL 评价装置上完成了催化剂 1100h 稳定性试验，生物航煤产品收率可达 61.9%。

此外，为了进一步提高生物航煤生产经济性，石油化工研究院还探索了劣质油脂精炼、非硫化催化剂催化油脂加氢脱氧、低成本异构降凝等生物航煤新技术，为中国石油生物航煤产业发展奠定了坚实基础。

2.1.9.2 中国石化生物航煤技术进展

中国石化于 2009 年 6 月立项研究加氢法生物航煤技术，从分子水平对原料和产品的化学组成进行识别、对涉及的含氧化合物的化学性能进行认识、反应网络进行研究，并在此基础上优选适合的反应路径，研制出新型催化剂，解决了精炼油凝固点高的问题，最终完成工艺条件优化和催化剂配方定型等研究工作，并于 2012 年底，分别以棕榈油和餐饮废油为原料生产出 72t 合格的生物航煤产品。2014 年 2 月，获得中国民航局颁发的生物航煤适航许可证，可投入商业化应用。随后，镇海炼化 10×10^4t/a 生物航煤装置开始建设，并于 2020 年 7 月建成中交。

2.1.9.3 其他生物航煤技术进展

中国科学技术大学利用 HZSM-5 催化剂，研究了生物质秸秆通过热解得到生物油，并进而催化加氢制得生物航煤的技术：先将秸秆催化裂解制得低碳烯烃，再利用 LTGO 烯烃齐聚催化剂合成高碳烯烃，最后加氢制得生物航煤。南开大学联合空军油料所开发了蓖麻油制备生物航煤技术，目前已完成"蓖麻航空生物燃料万吨级生产示范装置"的工业化设计，并组织筹建万吨级工业化装置。广州能源所于 2015 年在辽宁营口建立了百吨级生物质水相重整催化合成生物航油示范工程，并生产出合格产品。

2.2 技术发展趋势

（1）原料多元化趋势日益明朗。

随着生物航煤技术路线的发展，原料范围逐渐扩大，从最初的生物质原料到非食用动植物油脂，再到糖、乙醇，甚至微藻，原料多元化趋势日趋显著，特别是餐饮业废油等低值原料的高值化利用将受到更多关注。

（2）降低成本是生物航煤技术升级的方向。

目前，生物航煤成本至少在化石航煤成本的 2 倍以上，市场竞争力较差。随着政策性驱动向市场性驱动的逐渐转变，成本问题是生物航煤技术发展必须解决的关键问题，需要增强技术的原料适应性，产品结构更加合理，副产品品质及价值进一步提高等。

（3）多产品联产和系统集成技术将更受青睐。

副产品和联产产物将成为生物航煤具有商业价值的重要组成部分。世界上许多国家建立了示范装置生产生物航煤，并进行了空载或商业试飞，证明了生物航煤可以满足航空业对燃料性能的要求，但高成本使得生物航煤在市场上的竞争力不强，不少装置无法维持长期稳定的商业运行。目前，市场适应性较好的典型工艺包括 UOP 的 Ecofining/Renewable

Jet Process 工艺和 Neste 的 NExBTL 工艺。这两种工艺都具有原料适应性好、目标产品可在生物航煤和绿色柴油之间灵活切换的特点，可根据市场行情变化灵活调整产品结构。类似地，Gevo 公司利用了现有的乙醇发酵装置及工艺开发醇制航煤技术，ARA 公司利用其生物燃料同步转化工艺开发 CHJ 技术路线，利用现有装置，增加产品品种，都可有效降低成本，增强产业链的灵活性。未来系统集成和多产品联产理念在生物航煤技术路线设计中将发挥更大作用。

3　小结

如今，全球变暖带来的气候变化问题已经深入影响到人们的生活和整个生态系统。为了遏制住全球气温上升的势头，在 2015 年 12 月达成的《巴黎协定》中各国设定了双重目标：21 世纪全球平均气温升幅与工业革命前水平相比不得超过 2℃，同时"尽力"不超过 1.5℃。此后，越来越多的国家政府正在将其转化为国家战略，并纷纷提出了无碳未来的愿景。截至目前，欧盟、美国、加拿大、法国、奥地利等多个国家和地区已设立了净零排放或碳中和的目标。2020 年 9 月，我国提出了力争 2030 年前二氧化碳排放达到峰值、2060 年前实现碳中和的目标，并于 2021 年首次将"碳达峰、碳中和"写入政府工作报告。对于我国而言，短短 30~40 年时间实现碳中和，是一项极其艰巨的任务，不仅需要大力节能减排，也需要相当比例的清洁能源替代。特别是在"十四五"这一碳达峰的关键期、窗口期，控制化石能源总量，构建清洁低碳、安全高效的能源体系已成为我国能源革命的重要任务，生物航煤产业的发展应抓住这一历史机遇加速发展。

（1）加快构建稳定的多元化原料供应体系。

生物航煤产业的健康发展离不开稳定的原料供应。在目前的技术体系下，餐饮废油、非食用动植物油脂为较为可行的生物航煤原料。一方面，应统筹布局，依托区域特色，推动建立分布式的原料供应体系和能源体系；另一方面，应加快多部门协作，加强对餐饮业废油回收、溯源、监管体系的建立，同时，推进对微藻等潜在原料的发掘、培育和供应模式研究。

（2）大力推动多技术路线关键技术突破。

HEFA 路线技术相对成熟，成本相对较低，应用最广泛，但是原料成本高、贵金属催化剂成本高、反应放热大、产率低等问题仍有待解决。技术发展应强化问题导向，围绕"单点技术"开发"成套技术"，基于"局部整合"实现"整体优化"，从全产业链角度构建多原料、多工艺路线的成套技术。

（3）积极建立与国际接轨的我国生物航煤质量标准体系。

加快建立与国际接轨的我国生物航煤质量标准体系，推动适航审定和国际认证工作有序进行，构建我国与多国进行生物航煤商业运行合作框架，提升我国生物航煤性能评价能力、适航验证能力和国际影响力，为生物航煤技术和产业发展提供更好的平台。

（4）加快国内生物航煤工业示范进程。

随着 CORSIA 计划的实施，全球民航业减排目标及保障措施于 2021 年开始执行，参与国的航空公司须对其产生的超额排放量实施抵消，尽管初始阶段为自愿参与，但从2027年起将转为强制执行。航空公司需要以添加使用生物航煤的方式对超出额度的碳排放量进行抵消，而我国目前尚无商业化的生物航煤装置。建议加快推动我国生物航煤生产装置建设和商业化运行，践行绿色低碳发展理念，履行节能减排责任。

参 考 文 献

[1] ICAO. CORSIA and COVID-19 [EB/OL]. (2020-07) [2021-04-28]. https：//www. icao. int/environmen-tal-protection/CORSIA/Pages/CORSIA-and-Covid-19. aspx.

[2] 施翔星，宋洪川，黄瑛. 大型石化公司发展加氢生物燃料的现状及对策[J]. 生物质化学工程，2019，53(4)：59-66.

[3] 蔺爱国. 石油炼制[M]. 北京：石油工业出版社，2019.

[4] 中国新能源网. 道达尔在法国的生物精炼厂开始运作[EB/OL]. (2019-07-09) [2021-04-28]. http：//www. china-nengyuan. com/news/141928. html.

[5] IRENA. Global energy transformation [EB/OL]. (2019-04) [2021-04-28]. https：//www. irena. org/publi-cations/2019/Apr/Global-energy-transformation-A-roadmap-to-2050-2019Edition.

[6] IATA. Annual review 2019 [EB/OL]. (2019-06) [2021-04-28]. https：//annualreview. iata. org/

[7] International Civil Aviation Organization. ICAO global framework for aviation alternative fuels：aviation live feed-alternative fuels [EB/OL]. (2018-11-26) [2021-04-28]. https：//www. icao. int/environmental-protection/GFAAF/Pages/default. aspx.

[8] American Society for Testing Materials. Standard specification for aviation turbine fuel containing synthesized hydrocarbons：D7566-18 [S]. West Conshohocken：ASTM International，2018.

[9] 刘朝全，姜学峰. 2017年国内外油气行业发展报告[M]. 北京：石油工业出版社，2018：81-90.

[10] 韩文彪，王毅琪，徐霞，等. 沼气提纯净化与高值利用技术研究进展[J]. 中国沼气，2017，35(5)：55-61.

[11] 乔凯，傅杰，周峰，等. 国内外生物航煤产业回顾与展望[J]. 生物工程学报，2016，32(10)：1309-1321.

[12] 计红梅. 中国自主研发生物航煤首次跨洋飞行成功[EB/OL]. (2017-11-22) [2021-04-28]. http：//news. sciencenet. cn/htmlnews/2017/11/394807. shtm.

[13] 中国新闻网. 中国自主研发生物航煤首次商业载客飞行成功[EB/OL]. (2015-03-22) [2021-04-28]. http：//www. xinhuanet. com/world/2015-03/22/c_ 127606388. htm.

[14] 秦世平，胡润青. 中国生物质能发展路线图2050[M]. 北京：中国环境出版社，2015.

[15] 王庆申. 生物航煤发展现状分析[J]. 石油石化节能与减排，2015，5(3)：1-6.

[16] Rosillo-Calle F，Teelucksingh S，Thrän D，et al. The potential and role of biofuels in commercial air trans-port-biojetfuel [C/OL]//IEA bioenergy. Task 40：Sustainable International Bioenergy Trade. (2012-09-18) [2021-04-28]. http：//www. bioenergytrade. org/.

[17] RFA. Annual world fuel ethanol production [EB/OL]. [2021-04-28]. https：//ethanolrfa. org/statistics/annual-ethanol-production/.

新能源汽车技术

◎师晓玉　黄格省　张学军

进入 21 世纪以后，全球经济快速发展，人口迅速增加，世界面临着能源需求的巨大压力，随之而来的环境问题也愈发突出。在全球气候变化的大背景下，在"碳中和"目标的实现进程中，新能源汽车因其节能减排的优势成为汽车行业发展的必然选择。根据工业和信息化部发布的《新能源汽车生产企业及产品准入管理规定》中定义，新能源汽车是指采用新型动力系统，完全或者主要依靠新型能源驱动的汽车，包括纯电动汽车（BEV）、插电式混合动力汽车（PHEV）和燃料电池汽车（FCEV）等。据公安部交通管理局数据，截至 2020 年底，我国新能源汽车保有量达 492 万辆，占同期汽车保有量的 1.75%，其中，纯电动汽车保有量达 400 万辆，占新能源汽车总量的 81.3%。

1　新能源汽车行业发展现状

1.1　国外发展现状

世界上第一辆电动汽车于 1834 年在美国出现，后来随着内燃机技术的成熟，电动汽车逐渐退出市场。20 世纪 60 年代起，随着电能的应用日趋广泛，部分发达国家又开始重新探索新能源汽车的发展路径。美国曾推出《电动汽车和混合动力汽车的研究开发与样车试用法令》《新一代汽车合作计划》等推动新能源汽车发展的政策法案，并一直致力于新能源汽车发展探究；日本在 1965 年开始了电动汽车的研制并列入国家项目，1997 年推出了第一批量产的混合动力汽车，其在发展油电混合动力汽车方面居世界领先地位；欧洲各国十分重视节能和减排，法国在 1995 年就提出支持电动汽车发展的优惠政策，2008 年欧盟通过《关于发展新能源汽车的立法建议》，以立法的方式支持新能源汽车产业的发展。

据国际能源署（IEA）《全球电动汽车展望 2020》数据，2019 年全球电动汽车销量突破 210 万辆，保有量已达 720 万辆，其中欧洲销量为 56.1 万辆，美国销量为 32.7 万辆，日本为 4.4 万辆。据香橙会研究院统计，截至 2020 年底，全球氢燃料电池汽车保有量超过 3 万辆，全球主要经济体已建成加氢站 527 座。在运营的加氢站中，欧盟 179 座，日本 137 座。2020 年，全球受新冠疫情影响，新能源汽车增速出现放缓态势。

1.2　国内发展现状

中国新能源汽车产业始于 21 世纪初，2001 年新能源汽车研究项目被列入国家"十五"

期间的"863"重大科技课题，形成了以纯电动、油电混合动力、燃料电池三条技术路线为"三纵"，以动力蓄电池、驱动电动机、动力总成控制系统三种共性技术为"三横"的电动汽车研发格局。

2013年以来，为促进新能源汽车产业发展，国家发改委、财政部、工业和信息化部以及科技部等各大部委相继出台一系列鼓励和推广新能源汽车发展的政策，大力支持充电设施建设，有效刺激了该产业的发展。《新能源汽车蓝皮书：中国新能源汽车产业发展报告（2017）》《能源生产和消费革命战略（2016—2030）》《新能源汽车产业发展规划（2021—2035年）》等政策的发布加速驱动了以新能源和可再生能源为主体的能源供应体系的形成。

2017年我国免征车辆购置税政策退出，2019年补贴逐渐退坡，对新能源汽车市场造成了一定冲击，但新能源汽车市场仍呈现发展态势。据工业和信息化部（简称工信部）数据，2020年我国新能源汽车累计产销136.6万辆和136.7万辆，同比分别增长7.5%和10.9%。

1.2.1 纯电动汽车

纯电动汽车运行的动力为车载电源，同时纯电动汽车的装置中并没有内燃机发动装置，因此对于环境没有任何污染，并且有效降低了能耗，噪声很小。相比传统汽车的内燃汽油发动机动力系统，纯电动车电动机和控制器的成本更低，且能量转换效率更高，用电费用与传统燃料相比也较低。按比亚迪公司 F3e 纯电动车公布的数据，百千米行驶耗电 $12kW \cdot h$，依照 0.5 元 $/(kW \cdot h)$ 的电价算，百千米使用成本为 6 元。

据工信部数据，自 2014 年以来，我国电动汽车产销量持续稳定增长，成为新能源汽车的主流。2018 年，我国纯电动汽车产销量分别达 98.56 万辆和 98.37 万辆，同比分别增长 47.85% 和 50.83%。2019 年，纯电动汽车政策补贴大幅退坡，电动汽车市场消费情况并不乐观，产销量首次出现下滑，分别为 102 万辆和 97.2 万辆，产量同比增长 3.4%，销量同比下降 1.2%。2020 年，受补贴政策和新冠疫情影响，纯电动汽车产销量分别为 110.5 万辆和 111.5 万辆，同比分别增长 5.4% 和 11.6%，涨幅趋缓（图 1）。

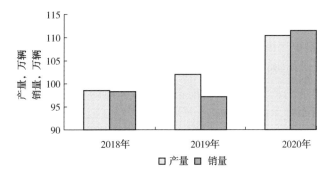

图 1　2018—2020 年我国纯电动汽车产销量

目前，国内电动汽车生产商主要有北汽、比亚迪、江淮、奇瑞、启辰、腾势、长安等

公司。其中，比亚迪公司市场销量遥遥领先，据前瞻产业研究院数据，2019年累计销量13.14万辆，同比增长40.1%；北汽新能源紧随其后，2019年销量为8.6万辆，同比下滑39.5%。根据乘联会公布的各车企纯电动汽车销量数据，2020年上通五菱、特斯拉、比亚迪公司稳居国内前三名，销量均超过10万辆。另外，蔚来、小鹏、威马等车企发展迅速，纯电动汽车销量入围国内前20名。

1.2.2 插电式混合动力汽车

插电式混合动力车的电池电量耗尽后以混合动力模式(以内燃机为主)行驶，并适时向电池充电。一方面有效地降低了能源消耗和污染排放；另一方面也避免了纯电动汽车中可能存在的电池容量不足的缺陷，将传统动力系统与纯电动动力系统结合在一起，弥补了各自的劣势，又将双方的优势最大化。

据工信部数据，2018年插电式混合动力汽车产销量分别为28.33万辆和27.09万辆，同比分别增长121.97%和117.98%。2019年，受新能源汽车产业政策补贴退坡等影响，产销量分别为22万辆和23.2万辆，同比分别下降22.5%和14.5%。2020年，产销量有所回升，分别为26万辆和25.1万辆，同比分别增长18.5%和8.4%(图2)。

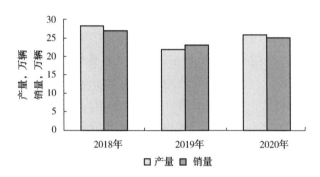

图2　2018—2020年我国插电式混合动力汽车产销量

2019年，国家发改委发布的《汽车产业投资管理规定》中，插电式混合动力汽车划归到燃油汽车投资项目中，但原本享受的免购置税、上绿牌、政府补贴等优惠措施依然存在。据工信部、财政部、税务总局2021年4月联合发布的《关于调整免征车辆购置税新能源汽车产品技术要求的公告》中规定，插电式(含增程式)混合动力乘用车纯电动续驶里程应不低于43km；电量保持模式试验的燃料消耗量(不含电能转化的燃料消耗量)与《乘用车燃料消耗量限值》(GB 19578—2021)中车型对应的燃料消耗量限值相比应当小于70%；电量消耗模式试验的电能消耗量应小于电能消耗量目标值的135%。满足以上条件的插电式混合动力乘用车可以免征车辆购置税。

2020年10月，中国汽车工程学会组织发布的《节能与新能源汽车技术路线图(2.0版)》指出，至2035年，我国节能汽车与新能源汽车年销量将各占一半，传统能源动力乘用车转为混合动力的比例逐渐加大。

1.2.3 氢燃料电池汽车

氢气来源广泛，可通过电解水、化石燃料转化、生物分解有机物等方法制取，且氢气与氧气反应只生成水，生成的水又可以循环利用。因此，氢能源的可持续发展性非常强且能量转换效率高。燃料电池没有像内燃机一样的运动部件或摩擦副，工作时无噪声、无振动，且运行温度低（80℃左右），功率响应快；燃料电池直接将燃料的化学能转化成电能，不受卡诺循环的限制，能量转换效率高，可达到60%以上；相比纯电动车搭载的动力锂电池，氢燃料电池质量轻，补充能量的时间短（加氢只需3~5min），续航里程长（大于600km）。

我国氢燃料电池汽车主要集中在客车和货车上，在乘用车领域尚未发展。2018年，燃料电池汽车产销量为1527辆；2019年，产销量分别为2833辆和2737辆，同比分别增长85.5%和79.2%；2020年，受新冠疫情和政策变动影响，整体产销量下降。截至2020年底，氢燃料电池汽车产销量均只有1000辆，同比分别下降57.5%和56.8%（图3）。

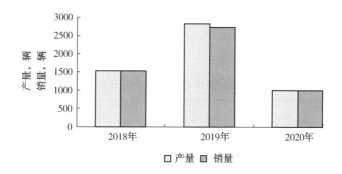

图3　2018—2020年我国燃料电池汽车产销量

目前，国内最早研发氢燃料电池汽车技术的企业是上汽集团，其发布的荣威950插电式氢燃料电池汽车，搭载有动力蓄电池和氢燃料电池双动力源系统，以氢燃料电池为主，动力蓄电池为辅。此外，同济科技、长城电工、金龙汽车等多家单位都在研制氢燃料电池汽车。

1.3　我国主要新能源汽车政策解读

我国新能源汽车的发展与国家相关补贴和支持政策密切相关。2014年，国务院办公厅印发了《关于加快新能源汽车推广应用的指导意见》，相关部门出台了免征车购税、充电设施建设奖励、推广情况公示、党政机关采购等一系列政策措施，实施了新能源汽车产业技术创新工程，发布了78项电动汽车标准，提振了汽车行业发展新能源汽车的信心。2014—2018年，新能源汽车产量从8.39万辆增至127.05万辆，产业呈快速增长态势。

2017年9月，工信部、财政部、商务部、海关总署、质检总局联合公布了《乘用车企业平均燃料消耗量与新能源汽车积分并行管理办法》，自2018年4月1日起施行。中国境内所有乘用车企业（包括新能源乘用车和传统能源乘用车）有平均燃料消耗量积分（油耗积分）和新能源汽车积分两个年度积分，即所有汽车厂商都需要生产新能源汽车。该办法要求年销售量或进口量超过3万辆的车商，自2019年起新能源车的积分比例达到10%，

2020 年起则提升到 12%。为适应我国新能源汽车产业发展需要，2020 年 6 月，工信部等部门发布了《关于修改〈乘用车企业平均燃料消耗量与新能源汽车积分并行管理办法〉的决定》，提出了 2021—2023 年新能源汽车积分比例要求，分别为 14%、16% 和 18%。"双积分政策"的实质是通过建立积分交易机制，形成促进节能与新能源汽车协调发展的市场化机制。

2017 年起，新能源汽车行业补贴政策开始退坡，补贴幅度相比 2016 年各项均下降 20%。2019 年，财政部等四部委发布《关于进一步完善新能源汽车推广应用财政补贴政策的通知》，补贴政策对于各类新能源汽车的技术要求有所提升，同时补贴金额明显下降。除了低续航里程车型的补贴大幅下降、续航里程划分更细之外，对动力电池系统的质量能量密度和百千米耗电量都提出了更高要求。根据《财政部 工业和信息化部 科技部 发展改革委关于完善新能源汽车推广应用财政补贴政策的通知》（财建〔2020〕86 号）要求，2020 年续航里程补贴起点更高，2021 年，新能源汽车补贴标准在 2020 年基础上退坡 20%（表 1）。

表 1   2016—2020 年新能源乘用车补贴方案   单位：万元/辆

时间	纯电动乘用车						插电式混合动力汽车	备注
	纯电动续航里程 R							
	100km≤R <150km	150km≤R <200km	200km≤R <250km	250km≤R <300km	300km≤R <400km	R≥400km	R≥50km	单车补贴金额=里程补贴标准×电池系统能量密度调整系数×车辆能耗调整系数
2016 年	2.5	4.5	4.5	5.5	5.5	5.5	3	
2017 年	2	3.6	3.6	4.4	4.4	4.4	2.4	
2018 年	—	1.5	2.4	3.4	4.5	5	2.2	
2019 年	—	—	—	1.8	1.8	2.5	1	
2020 年	—	—	—	—	1.62	2.25	0.9	

补贴政策的退坡对 2019 年和 2020 年新能源汽车产销量产生了一定影响，但从长期来看，随着企业平均燃料消耗量与新能源汽车积分并行管理办法不断完善，以及国家碳达峰、碳中和发展战略要求，新能源汽车行业的市场格局将会进一步优化，并保持持续增长趋势。

2020 年 10 月，国务院办公厅印发《新能源汽车产业发展规划(2021—2035 年)》，要求深入实施发展新能源汽车国家战略，推动中国新能源汽车产业高质量可持续发展，加快建设汽车强国。到 2025 年，新能源汽车新车销售量达到汽车新车销售总量的 20% 左右；2021 年起，国家生态文明试验区、大气污染防治重点区域的公共领域，新增或更新公交、出租、物流配送等车辆中新能源汽车比例不低于 80%。自我国从 2009 年起对指定范围内的新能源汽车给予购置补贴起至今，新能源汽车财税政策不断调整完善，逐渐体现出补贴政策"扶优扶强"的导向，随着无补贴时代的到来，未来新能源汽车技术在政策驱动下将不断取得突破,详见图4。

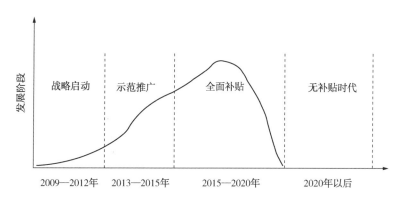

图4 我国新能源汽车补贴政策发展阶段

2 新能源汽车技术现状和发展趋势

2.1 新能源汽车技术现状

纯电动汽车是由车载可充电蓄电池(如铅酸电池、镍镉电池、镍氢电池或锂离子电池)或其他能量储存装置提供电能,以电动机为驱动系统的汽车,有一部分车辆把电动机装在发动机舱内,也有一部分直接以车轮作为4台电动机的转子。纯电动汽车由车载电源、电池管理系统、驱动电动机、控制系统、车身及底盘、安全保护系统等几部分组成。当汽车行驶时,由蓄电池输出电能,通过控制器驱动电动机运转,电动机输出的转矩经传动系统带动车轮前进或后退。

插电式混合动力汽车是介于纯电动汽车与燃油汽车两者之间的一种新能源汽车,既有传统汽车的发动机、变速器、传动系统、油路、油箱,也有纯电动汽车的电池、电动机、控制电路,而且电池容量比较大,有充电接口。它综合了纯电动汽车(EV)和混合动力汽车(HEV)的优点,既可实现纯电动、零排放行驶,也能通过混动模式增加车辆的续驶里程,既可以行驶在纯电动模式下,也可以行驶在发动机与驱动电动机共同工作的混合动力模式下。一般分为串联式、并联式和混联式。

燃料电池电动汽车与普通电动汽车基本相同,主要区别在于动力电池的工作原理不同,燃料电池电动汽车是利用氢气等燃料和空气中的氧在催化剂的作用下,在燃料电池中经电化学反应产生的电能作为主要动力源驱动的汽车。氢燃料电池是把氢输入燃料电池中,氢原子的电子被质子交换膜阻隔,通过外电路从负极传导到正极,成为电能驱动电动机;质子却可以通过质子交换膜与氧化合为纯净的水雾排出。氢燃料电池汽车作为效率高、噪声低、无污染的载运工具,是未来新能源清洁动力汽车的主要发展方向之一。目前,各种新能源汽车在技术上各有优劣,表2从驱动方式、能源来源等方面将3种新能源汽车技术发展现状进行了对比。

表2　三种新能源汽车的比较

车　　型	纯电动汽车	插电式混合动力汽车	燃料电池电动汽车
驱动方式	电动机驱动	内燃机+电动机驱动	电动机驱动
能量系统	蓄电池	内燃机+蓄电池	燃料电池
能量来源与补给	电网流电设备	加油站或充电设备	氢气
排放量	行驶过程中零排放	排放较低	近似零排放（采用绿氢时）
商业化进程	已基本形成规模	商业化较成熟	开始进入试用阶段
主要优点	排放低	续航里程较长	电池能量转换效率高，续航里程长
主要缺点	充电站不足，电池安全性有待提高	电池效率	生产成本偏高

　　我国新能源汽车已进入品质提升的关键阶段，卡脖子和短板技术的突破成为产业实现持续健康发展的关键，发展新能源汽车必须突破电池、电动机驱动及其控制、电动汽车整车控制等关键技术。

2.1.1　电池技术

　　电池技术是电动汽车的关键，直接决定其市场的核心竞争力。铅酸电池是第一代出现的电池技术，是在稀硫酸电解液的作用下，由正负极板两部分组成。这种电池比能量和比功率相对较小，电池续航能力较差，但性能良好，可回收利用，在小型电动汽车领域市场份额很大。镍氢电池是一种动力电池，具有较高的体积比和能量比，但由于金属镍的价格相对较高，无法大范围在电动汽车领域中应用。锂离子电池是目前新能源汽车中常用的储能方式，在安全性、性能、寿命及生产成本方面具备较大优势。随着时间的推移，电动汽车电池会出现老化，导致电池效率降低、续航里程缩短、加速及能量回收效率变差。为提高电池的使用效率，可从优化电池系统的结构设计、材料选择、配置方式等方面入手，减小电池体积，减轻电池重量，不断进行电池的升级改革。

　　燃料电池主要利用存储的燃料（主要为氢）发电，通过电动机驱动汽车行驶，其能量转变效率、比能量和比功率都较高，目前燃料电池汽车动力系统发展的热点主要是氢燃料电池，其技术总体上已经成熟并进入实际应用阶段，降低氢燃料电池成本是今后行业研发的重点。

2.1.2　电动机驱动及其控制技术

　　电动机驱动系统为电动汽车提供所需的动力，负责将电能转化为机械能，是新能源汽车动力系统的核心部件，基本结构为能源供给子系统、电气驱动子系统、机械传动子系统。新能源汽车的整体性能直接受电动机性能好坏的影响，适用于新能源汽车的驱动电动机有直流电动机、永磁同步电动机、交流感应电动机等，最先得到应用的是直流电动机。我国新能源汽车驱动系统的核心技术尚不具备竞争优势，数字化、集成化及永磁化是其主要发展趋势，小型轻量化、高效性、更出色的转矩特性、使用寿命长、可靠性高、噪声低、价格低廉等方面是主要发展方向。随着电力电子技术的发展及各种微处理器功能日趋强大，电动汽车的电动机驱动及控制技术的发展将日趋成熟。

2.1.3 整车控制技术

整车控制技术的主要作用包括对汽车的速度、温度等信息进行监测，将相关信息汇总处理后，向电池、电力控制等系统传达相应的控制指令，一般有硬件电路、底层驱动系统、应用层软件系统3个关键技术。当前新型的电动汽车将整车开发作为一个系统工程，既侧重对整车平台的研究和设计，同时又对汽车内运用到的各种先进电子技术进行重点关注。一方面，新型的电动汽车实现了能量存储系统的重构与集成，实现了动力电池与电池管理系统的布置集成，实现快充和慢充两种模式的智能识别。另一方面，新型的电动汽车还构建了车辆行驶的智能化监控与管理系统，能够对车辆行驶数据、电动机状态以及电池状态等多种信息进行监控，并在此基础上对监控到的数据开展分析，最后，根据分析结果生成能够与整车性能相匹配的优化控制指令。

2.1.4 国内外技术发展概况

美国的新能源汽车技术研发和政策支持一直走在世界前列。2010年，新能源汽车首次处于国家战略高度被提出，2013年美国能源部发布《电动汽车普及蓝图》，明确美国未来十年在电动汽车动力电池、电动机等关键技术领域的研发道路，提出到2022年，每户家庭都能拥有插电式电动汽车。目前，美国飞轮系统公司提出的飞轮电池的能量密度是普通铅酸电池的3~6倍，且不会产生污染，大大提高了电池的使用性能。美国新能源汽车电子控制技术智能化程度不断提高，利用各类无线传感器，结合电波控制的计算方法，实现远程控制、自动驾驶等新功能。在充电设施方面，特斯拉已逐步建立起多层次和适应性的充电设施配置和服务体系，紧密结合产业和技术特点，方法成熟，实践成果显著。

日本混合动力汽车技术较为成熟，已经实现产业化，进入商业化运营阶段，丰田、本田、日产等混合动力汽车不仅在日本国内热销，在国际市场上也超越其他国家稳居世界领先地位。日本非常重视燃料电池和生物燃料等技术开发，在燃料电池产品的研发和产业化推进方面也领先于其他国家。2014年6月，日本政府发布《氢燃料电池战略规划》，明确下一步政策重点从混合动力汽车向燃料电池车转移，提出全力打造"氢能社会"的目标。

欧洲自2008年次贷危机以来，开始将发展重心转移到纯电动汽车领域，同时从不同层面颁布了多项发展计划，刺激和指引欧洲各国新能源汽车的发展。欧洲多国提出了2035年前后禁售燃油车的时间表，注重电动汽车技术进步，积极探索和推广燃料电池汽车，在不同场所尝试采用不同的充电技术、充电方式、充电设施，并不断创新，例如，在城市与交通要道、高速公路、4S店和超市等公共场合分别尝试电动巴士闪速充电、无线充电桩和充电板充电、路灯杆改造充电等。丹麦已成为第一个实现加氢站网络全覆盖的国家。

目前，我国电池、电动机和电控"三电"技术基本成熟，在新能源汽车产业链中，核心零部件的研发与车企逐渐分离，下游的整车厂可以采购电池、电动机和电控，给予企业很

大的发展空间。在工业和信息部公布的《免征车辆购置税的新能源汽车车型目录》中，我国新能源汽车的平均续航里程和动力蓄电池组总能量不断提升，2020 年分别达到 382.4km 和 48.4kW·h。近年来，我国磷酸铁锂材料价格呈下降趋势，动力电池平均成本也随之下降。另外，新能源汽车是智能网联汽车的重要载体，在电动化、智能化、共享化和网联化的大趋势下，我国正在加快建设智能网联交通基础设施，推动新能源汽车电动化与智能化。

2.2　新能源汽车技术发展趋势

目前，我国新能源汽车材料正在向轻量化发展，对于轻质合金材料的应用较多，复合材料的应用有待加强；从铅酸电池到三元锂电池，电池的能量密度不断提升，续航里程不断提高；以大数据、人工智能等高新技术为引领的技术革命促进了新能源汽车的智能化发展。提高纯电动汽车市场竞争力需降低充电时间、延长行驶里程，开发出比能量高、比功率大、使用寿命长的电池是关键；插电式混合动力汽车在机电耦合装置、混合动力阶段油耗等方面技术有待进一步提高；氢燃料电池汽车主要探究质子交换膜燃料电池技术，完善相关产业链是推动氢燃料电池汽车发展的关键。2020 年，我国原油对外依存度达 73.5%，替代能源的重要性与日俱增，在低碳经济背景下，未来 5~10 年，新能源汽车电池技术将逐渐成熟、整车成本不断降低、基础设施不断完善，有很大的市场发展空间。

2.2.1　持续提高电池能量密度

电动汽车的电池能量密度直接影响汽车的续航里程等问题，是制约新能源汽车推广的关键因素。制约动力锂电池能量密度的关键因素在于正负极材料。以磷酸铁锂和三元锂为正极、碳材料为负极的动力锂电池在能量密度上很难再有大的突破，只有通过新材料的开发才能进一步提高电池能量密度，以硅碳复合材料作为负极是目前主要的研发方向，特斯拉 Model 3 电池就采用该种材料，但提升硅/碳负极中的硅含量，开发容量大于 500mA·h/g 以上的硅碳负极材料仍然存在诸多挑战。

由大众和比尔·盖茨支持的初创公司 QuantumScape 公开其最新固态电池研究数据显示，其电池可在 15min 内充满 80% 的电量，在续航里程 300mile 以上的车辆上搭载使用，正常使用寿命将达到 12 年左右。固态电池具有不可燃、耐高温、无腐蚀、不挥发的特性；固态电解质不易燃烧、不易爆破、无电解液走漏，将大大提升锂电池的循环性和使用寿命，是未来锂电池技术的发展方向。固态锂电池成本相对较高也是未来需要解决的问题。

2.2.2　突破氢燃料电池核心技术

氢燃料电池能量密度远高于锂离子电池，加氢时间短、续航里程长，使用氢能源作为新能源汽车燃料成为重要的技术发展方向，是构建低碳交通体系的重要组成部分。氢气体积能量密度较低，难以储存和运输，加氢站建设成本高且基础设施并不完善，直接导致氢燃料电池汽车尚未实现大规模量产。

另外，目前燃料电池中常用的催化剂是贵金属铂，成本很高，降低催化剂的铂含量是燃料电池汽车发展的必要经济条件。在技术层面上，我国已初步掌握了氢燃料电池电堆、空压机等关键材料技术，实现了部分关键部件和原材料的国产化，但质子交换膜等核心零部件未实现自主研发，基本上依赖于进口。未来，实现燃料电池关键核心技术的研发突破是推进燃料电池汽车商业化进程的主要路径。

2.2.3 充电站、加氢站等基础设施建设加快

新能源汽车的大规模推广应用，需要足够的充电设施。但我国随车配建充电设施增量依然不高，仍存在分布不均衡问题。很多充电桩都设置在酒店、医院或商场等建筑的公共停车场中，私家车车主希望的设置地点则是在小区的停车场，但是由于私家车车位会受到物业的限制，很多小区都没有设置充电桩，这就导致建成的充电桩使用率低，从而降低了消费者的购买积极性，限制了新能源汽车的推广和发展。

近年来，在中央政府督促下，充电桩、充换电站、加氢站建设已明显提速，基础设施保有量持续增长。据中国电动汽车充电基础设施促进联盟统计，2020 年，国内公共类充电桩达 80.7 万台，充电基础设施增量为 46.2 万台，公共充电基础设施增量同比增长12.4%。截至 2020 年底，我国充电基础设施累计数量达 168.1 万台，加氢站累计数量达118 座。《新能源汽车产业发展规划（2021—2035 年）》指出，要加快充换电基础设施建设，提升充电基础设施服务水平，依托"互联网+"智慧能源，提升智能化水平，积极推广以智能有序慢充为主、应急快充为辅的居民区充电服务模式；统筹充换电技术和接口、加氢技术和接口、车用储氢装置、车用通信协议、智能化道路建设、数据传输与结算等标准的制修订，开展充换电、加氢、智能交通等综合服务试点示范。

3 展望

在国家新能源战略的引领下，我国新能源汽车产业快速发展，但仍然存在关键核心技术创新能力不足、基础设施建设滞后、服务模式有待创新完善、产业生态不健全等突出问题，目前新能源汽车的推广仍因续航里程不理想、充电基础设施不足等因素受阻。为达到2060 年碳中和目标，我国必须逐渐过渡到以可再生能源为主的能源结构，新能源汽车是全球汽车产业转型升级、绿色发展的主要方向。在政策引导及低碳绿色能源发展趋势下，新能源汽车关键技术将逐渐成熟，基础设施将逐渐完善，消费者对新能源汽车的接受度也将越来越高，新能源汽车产业将保持可持续发展模式。

(1)产业发展由政策导向转变为市场驱动。

过去十年，以纯电动汽车为主导的新能源汽车产销量持续稳定增长，消费结构向以乘用车为主转变，消费主体由公共领域向私人购买转变，消费生态由被动接受向主动选购转变。2017 年起，国家补贴逐渐退坡，新能源汽车产业增长态势趋缓，不符合市场要求的新能源汽车逐渐被淘汰，市场因素对新能源汽车发展的推动作用越来越大，随着新能源汽车市场逐渐成熟，产业模式将由原来的政策导向型发展为市场驱动型。

（2）关键核心技术力争达到国际先进水平。

目前，新能源汽车续航里程短、充电时间长、车辆利用效率低等问题给产业发展带来很大挑战，我国新能源汽车已进入品质提升的关键阶段。未来，汽车各系统全电化是新能源汽车解决能源和环境问题的巨大优势所在，新能源汽车可在能量装置和整车控制、驱动、制动、转向、空调等各系统实现传感、控制和执行装置的全电化。氢燃料电池汽车将在燃料电池堆及基础材料等关键零部件、整车系统集成与控制、储氢、供氢、运氢和加氢基础设施等方面取得进一步技术突破。

（3）动力电池回收管理制度逐渐完善。

随着新能源汽车产业的发展，电池的回收利用问题将逐渐凸显。2018年2月，工业和信息化部、科技部、环境保护部、交通运输部、商务部、国家质检总局、国家能源局联合制定印发了《新能源汽车动力蓄电池回收利用管理暂行办法》，要求原始设备制造商负责新能源汽车电池的回收，并要求设立回收渠道和服务网点，用于收集、储存废旧电池并将其转移给专业回收商。汽车制造商还必须建立维护网络，方便公众维修或更换旧电池。随着新能源汽车动力电池的更迭换代，动力电池运输仓储、维修保养、安全检验、退役退出、回收利用等环节的全生命周期管理制度将建立健全，保障我国新能源汽车产业资源化、高值化、绿色化发展。

（4）智能网联技术快速发展。

国务院办公厅印发的《新能源汽车产业发展规划（2021—2035年）》提出，将坚持电动化、网联化、智能化发展方向，深入实施发展新能源汽车国家战略，以融合创新为重点。随着5G移动通信、导航系统、传感技术、智慧交通、能源基础设施等相关技术和产业优势的日益增强，未来几年智能网联和自动驾驶技术将迎来快速发展期，大幅度拓展现有汽车的产业链。"十四五"期间，我国新能源汽车科技方面的顶层设计和多学科融合程度将不断加强，将在一批关键核心部件，如车规级智能驾驶芯片、第三代功率半导体器件、车载操作系统、线控底盘等方面加大支持力度。以智能网联汽车为载体的城市无人驾驶物流配送、市政环卫、自动代客泊车等特定场景将实现示范应用。

参 考 文 献

[1] 何盛宝，李庆勋，王奕然，等．世界氢能产业与技术发展现状及趋势分析[J]．石油科技论坛，2020，39（3）：17-24.

[2] 王震坡，黎小慧，孙逢春．产业融合背景下的新能源汽车技术发展趋势[J]．北京理工大学学报，2020，40（1）：1-10.

[3] 沈驰．我国新能源汽车发展与动力电池综合测试技术[J]．内燃机与配件，2020（17）：206-207.

[4] 柯尚伟．新能源汽车电池技术创新分析[J]．农机使用与维修，2020（12）：46-47.

[5] 申伟，陆敏恂．中国新能源汽车产业的发展现状与展望[J]．汽车实用技术，2020，45（22）：239-242.

[6] 曹青．后补贴时代，新能源汽车产业及政策现状[J]．新材料产业，2020（5）：37-40.

［7］孙桂芝，郗军红．电动汽车电池关键技术的发展趋势——评《电动汽车用先进电池技术》［J］．电池，2020，50（4）：411-412.

［8］李振宇，任文坡，黄格省，等．我国新能源汽车产业发展现状及思考［J］．化工进展，2017，36（7）：2337-2343.

［9］吴琦．新能源汽车电机驱动控制系统的研究［D］．锦州：辽宁工业大学，2017：1-3.

［10］李振宇，黄格省，黄晟．推动我国能源消费革命的途径分析［J］．化工进展，2016，35（1）：1-9.

［11］顾瑞兰．促进我国新能源汽车产业发展的财税政策研究［D］．北京：财政部财政科学研究所，2013：81-93.

可降解塑料生产技术

◎王红秋　付凯妹　黄格省　李锦山

面对日趋严重的塑料废弃物污染问题，近年来，欧洲、美国、日本等发达国家和地区相继制定和出台了诸多政策法规，通过局部禁用、限用、强制收集以及收取污染税等措施限制塑料的使用。我国于 2020 年 1 月 19 日发布了新版限塑令——《关于进一步加强塑料污染治理的意见》，以 2020 年、2022 年和 2025 年为时间节点，明确规定了控制"塑料污染"的禁限范围，构建起覆盖生产、流通消费和末端处置全生命周期的政策体系。限塑政策在全国大范围铺开的同时，可降解塑料受到空前关注。目前，在我国可降解塑料市场已形成工业化规模生产，并占据较大市场份额的主要为聚乳酸（PLA）、聚己二酸对苯二甲酸丁二酯（PBAT）和聚丁二酸丁二醇酯（PBS），本文将重点介绍 PLA 和 PBAT 生产技术。

1 行业发展现状

1.1 可降解塑料的定义及发展历程

可降解塑料是指可以由自然界存在的微生物作用引起降解，并最终完全降解变成二氧化碳或（和）甲烷、水及其所含元素的矿化无机盐以及新的生物质。我国于 2020 年 11 月 12 日公布了国家标准 GB/T 20197—202X《降解塑料的定义》，截至目前（2021 年 3 月）该标准仍处于征求意见阶段，目前对于可降解材料的定义可参照国家商务部 2020 年 11 月 27 日发布的《商务领域一次性塑料制品使用、回收报告办法（试行）》第十四条中提到的"可降解塑料购物袋、可降解一次性餐饮具应分别符合 GB/T 38082 和 GB/T 18006.3 国家标准要求"。

GB/T 38082《生物降解塑料购物袋》中对生物降解塑料购物袋的定义是：以生物降解树脂为主要原料制得的，具有提携结构的，在销售、服务等场所用于盛装及提携商品的袋制品。此外，还对生物降解性能做了要求：对于单一成分材料，单一聚合物加工而成的材料生物分解率应不小于 60%。如果材料是混合物，其应满足以下要求：（1）有机成分（挥发性固体含量）应不小于 51%；（2）混合物中组分含量小于 1% 的有机成分，也应可生物分解，但可不提供生物分解能力证明，其总量应小于 5%；（3）生物分解率应不小于 60%，且材料中组分不小于 1% 的有机成分的生物分解率应不小于 60%，或混合物的相对生物分解率应不小于 90%。

GB/T 18006.3《一次性可降解餐饮具通用技术要求》中对可降解的定义是：在自然界

如土壤、沙土、水等条件下，或者是在特定条件，如堆肥化或厌氧消化条件下或水性培养液中，可最终被分解为成分较简单的化合物及所含元素的矿化无机盐、生物死体的一种性质。还对降解性能做了要求：（1）相对生物分解率应不小于90%，且材料中组分不小于1%的有机成分的生物分解率应不小于60%；（2）如果可降解餐饮具由混合物或多种材质复合组成，则组分含量小于1%的有机成分也应可生物分解，但可不提供生物分解能力证明，各组分加和总量应小于5%。

由于国家标准 GB/T 20197—202X《降解塑料的定义》尚未正式出台，对"可降解塑料"的定义仍存在争议，2021年2月9日，国管局办公室、住房城乡建设部办公厅、国家发改委办公厅三部门发布《关于做好公共机构生活垃圾分类近期重点工作的通知》（国管办发〔2021〕4号），文件特别以负面清单的形式说明，不可降解材料是指含聚乙烯（PE）、聚丙烯（PP）、聚苯乙烯（PS）、聚氯乙烯（PVC）、乙烯–醋酸乙烯（EVA）、聚对苯二甲酸乙二醇酯（PET）等非生物降解高分子材料，以负面清单的形式明确可降解塑料中不可含有 PE、PP、PS 等不可降解的高分子材料。

可降解塑料根据来源不同，分为生物基可降解塑料、石油基可降解塑料和煤基可降解塑料。生物基可降解塑料包括聚乳酸（PLA）、聚羟基脂肪酸酯类聚合物（PHAs）等。石油基可降解塑料包括聚己二酸对苯二甲酸丁二酯（PBAT）、聚丁二酸丁二醇酯（PBS）、聚己内酯（PCL）、二氧化碳基可降解塑料（一般指二氧化碳和环氧丙烷的聚合物，PPC）以及一类共聚物，如聚己二酸/对苯二甲酸丁二醇等。煤基可降解塑料主要为聚乙醇酸（PGA）。

我国从20世纪60年代开始研发可降解塑料，90年代开始规模生产，至今可降解塑料的研发应用已有近60年的发展历程。从技术更新换代的角度来看，我国可降解塑料的发展经历了以下三个阶段。

第一代淀粉改性塑料：这类可降解塑料是在传统单体聚合的过程中加入淀粉等添加剂进行改性，使塑料在一般环境中可以裂解成微小的塑料片段，但这种降解方法并不能将塑料完全降解，其剩余的塑料片段不仅难以回收，还会对生态环境造成与普通塑料同样的危害。

第二代光热降解塑料：光降解塑料的主要降解机理是在光（通常为紫外线）和热的作用下，高分子链中的某些光敏成分发挥作用，使高分子链断裂、分子量降低，从而达到降解目的。但无论是哪种光降解塑料，其降解性都不完美，很大程度上受到温度、光照强度等自然条件的约束，埋藏在地下的地膜甚至会由于没有光照而收效甚微或根本无法分解。

第三代可生物降解塑料：可生物可降解塑料是在土壤、沙土等自然条件下，与微生物（如细菌/霉菌/藻类等）作用降解成二氧化碳、水等小分子或低分子化合物的塑料，这类降解塑料是近10年来降解塑料领域的研发重点。

1.2 市场供应情况

2019年，全球可降解塑料产能为 $99.4 \times 10^4 t/a$，主要分布在中国、西欧和北美，从可降解塑料产品种类来看，PLA、PBAT 和 PBS 是目前市面上主流的生物降解材料，产能约

为 $80×10^4t/a$，产量约为 $65×10^4t/a$。近年来，受环保政策法规推动，中国可降解塑料发展迅速，2019 年产能达到 $82×10^4t/a$，同比增长 13.9%，产量为 $72×10^4t$ 左右，同比增长 11.0%。未来 5 年，可降解塑料仍处于快速扩张期，据不完全统计，已有 36 家公司宣布了在建或拟建可降解塑料项目的计划，新增产能合计 $440.5×10^4t/a$，其中 PLA 和 PBAT 占比超过 80%，中国将成为全球可降解塑料产能增长的主要驱动力。截至 2020 年底，中国现有及拟建可降解塑料万吨级以上项目见表 1。

表 1 中国现有及拟建可降解塑料万吨级以上项目　　　　单位：$10^4t/a$

产　品	企　业	现有产能	拟建产能
PLA	浙江海正生物材料科技股份有限公司	1.5	6
	深圳光华伟业	1	
	马鞍山同杰良生物材料有限公司	1	
	恒天长江生物材料有限公司	1	
	吉林中粮生化有限公司	1	
	浙江友诚控股集团有限公司		50
	安徽丰原集团有限公司		40
	山东同邦新材料科技有限责任公司		30
	山东泓达生物科技有限公司		16
	东部湾(上海)生物科技有限公司		8
	河南金丹乳酸科技股份有限公司		5
	金发科技股份有限公司		3
	吉林中粮生化有限公司		1
	河南龙都天仁生物材料有限公司		1
PBAT	金发科技股份有限公司	7.1	6
	中国石化仪征化纤	3	
	金晖兆隆高新科技股份有限公司	3	
	杭州鑫富科技有限公司	1	
	南通龙达生物新材料科技有限公司	1	
	甘肃莫高聚和环保新材料科技有限公司	2	
	重庆鸿庆达产业有限公司	3	
	新疆蓝山屯河化工股份有限公司	9	
	珠海万通化工有限公司/金发科技股份有限公司	5	
	新疆望京龙新材料有限公司		130
	浙江华峰新材料股份有限公司		30
	重庆鸿庆达产业有限公司		10
	海创德润新材料科技有限公司		10
	彤程新材料集团股份有限公司		10

产　品	企　业	现有产能	拟建产能
PBAT	山东瑞丰高分子材料股份有限公司		6
	万华化学集团股份有限公司		6
	德国巴斯夫广东智慧一体化(Verbuind)基地		4.8
	北京化工集团华腾沧州有限公司		4
	新疆美光化工股份有限公司		3
	河南恒泰源聚氨酯有限公司		3
	江苏科奕莱新材料科技有限公司		2.4
	南通龙达生物新材料科技有限公司		1
	江苏和时利新材料股份有限公司		1
PBS	内蒙古东源科技有限公司		20
	营口康辉石化有限公司		3.3

1.3　市场需求情况

《巴塞尔公约》修订(将废塑料纳入管控范围)的通过,以及各国"限塑令""禁塑令"等相关法律法规密集出台,2019年全球可降解塑料需求量激增,超过90×10^4t。其中,淀粉复合材料占比最大,达到38%,PLA与PBAT分别排第二、第三,二者合计占比接近50%。淀粉属于天然材料,但性能缺陷明显,使用范围受限。PLA具有独特的硬度与透明度,PBAT在软质材料中成本具相对优势,这两种材料或将成为未来可降解塑料中发展最快的品种。此外,PHA因具有良好的生物相容性,可用于医疗等高端用途,虽目前占比较小,但发展潜力不容忽视。

2019年,全球可降解塑料需求量为92×10^4t,仅占塑料总消费量的0.25%。中国可降解塑料需求量从2015年的32×10^4t增长到2019年的52×10^4t,年均增速为12.3%。随着《关于进一步加强塑料污染治理的意见》颁布实施,中国可降解塑料市场需求增速将会进一步提升。包装、餐具、袋子和农膜市场是可降解塑料需求增长的主要动力。中国每年约消耗购物袋400×10^4t、农膜246×10^4t、外卖包装260×10^4t,且随着快递、外卖业务的快速发展,塑料需求持续增长。将法规的执行力度分为高低两种情景,未来5年中国可降解塑料需求量为$(90 \sim 300) \times 10^4$t,如果规划的产能如期投产,届时国内产能不仅可以满足我国需求,而且还需寻求出口等途径消耗过剩产能。目前来看,可降解塑料产业发展尚处于探索阶段,工艺技术、产品种类、标准制定、生产成本、下游应用以及末端处置等方面还需做大量工作。

2　技术现状及发展趋势

2.1　生物基可降解塑料

聚乳酸(PLA)又称为聚丙交酯,截至2019年底,国内产能为12.9×10^4t/a,占我国可

降解塑料总产能的 16%，是最主要的生物基可降解塑料。聚乳酸以乳酸为单体，脱水聚合而成，具有良好的力学性、可加工性和生物可降解性。其以玉米、木薯、秸秆等可再生生物质为原料，来源广泛且可再生。聚乳酸制品使用后可以堆肥降解成 CO_2 和水，实现在自然界中的循环。

PLA 生产技术主要有生物合成一步法和生物—化学合成两步法（生物质→乳酸→PLA）。

一步法制备 PLA 过程中，乳酸分子之间直接脱水聚合合成 PLA，主要分为三个阶段：脱除自由水，低聚物缩聚，熔融缩聚得到聚乳酸。乳酸直接缩聚制备聚乳酸的过程是可逆反应，反应过程中存在未反应的乳酸、水、PLA 和丙交酯的平衡。随着反应进行到末期，体系的黏度不断增加，导致传热传质变差，使得除去体系中的水变得困难，进而导致获得的聚乳酸分子量较低，且分布难以控制。

两步法制备 PLA 主要是先将乳酸单体缩聚脱水并由两分子乳酸脱水环化得到丙交酯，再将丙交酯开环聚合制得聚乳酸。由于在开环聚合反应时不会产生副产物水，可以精确控制聚合反应的分子量达到 10 万以上，而且可以在丙交酯的制备纯化上，除去乳酸原料内的杂质及少量的消旋乳酸，提高化学纯度及光学纯度，因此两步法是制备高分子量聚乳酸的最常用方法，适用于大规模工业化生产。

目前，国内仅使用同济大学技术的同杰良公司采用一步法制聚乳酸，其余均采用两步法工艺路线。我国自主两步法 PLA 工艺路线尚未实现工业化，目前工业化生产聚乳酸主要采用丙交酯开环聚合工艺，所需核心原料高纯度丙交酯依赖进口，生产成本较高，已成为制约国内聚乳酸产业发展的瓶颈。

在下游应用方面，聚乳酸的应用已经渗透到食品包装、医用材料、通用塑料、人造纤维等多个领域，并有不断扩大的趋势（表2）。聚乳酸的改性方法一般有化学改性和物理改性。化学改性主要是通过对聚乳酸的表面改性、共聚、接枝交联等途径改变其主链化学结构或表面结构来改善其加工特性；物理改性主要是通过加入改性剂等材料来改变 PLA 的加工性。由于化学改性相对复杂以及较难控制，与化学改性相比，共混改性工艺更为简单经济，实际生产过程中也以共混改性最为常见。

表2　PLA 下游应用情况

应用领域	代表产品	典型形态
塑料及食品包装	购物袋、一次及多次性餐具，如刀叉、碗、饮料及食品包装等	薄膜、注塑、吸塑、发泡等
农林环保	地膜、育苗钵/托盘、林用薄膜/布、土工布等	薄膜、注塑、吸塑、无纺布等
纺织服装	服饰衣袜、棉被枕头填充物及一次性纺织品，如手术衣、尿布、卫生巾等	纤维、混纺纤维、无纺布等
3D 打印	聚乳酸塑料、聚乳酸/ABS 混合塑料等	线材
复合/工程塑料	与其他材料复合用于电器、汽车、建材等	树脂、纤维等

PLA 是具有良好的生物降解性、生物相容性和无毒的可降解材料，但因其成本高、脆

性大、抗降解性较差而限制了其在各领域的应用。制备 PLA 基复合材料是克服上述缺点的一种有效方法，近年来成为国内外研究人员的研究热点。主要通过与其他可降解聚合物（如 PBAT、PHB、PCL 等）共混、与无机材料（碳纳米管、石墨）共混等方式合成复合材料，以提高 PLA 的力学性能，并保证其良好的可降解性。

2.2　石油基可降解塑料

石油基可降解塑料种类较多，截至 2019 年底，石油基可降解塑料 PBAT 国内产能为 $24×10^4t/a$，占我国可降解塑料总产能的 30%，是最主要的石油基可降解塑料。PBAT 的合成方法主要有直接酯化法和酯交换法。直接酯化法合成 PBAT 主要是以己二酸（AA）、对苯二甲酸（PTA）、丁二醇（BDO）为原料，在催化剂作用下直接进行酯化和缩聚反应而制得。酯交换法合成 PBAT 主要是以聚己二酸丁二醇酯（PBA）、PTA、BDO 为原料，在催化剂作用下，先进行酯化反应或酯交换反应生成对苯二甲酸丁二醇酯预聚体（BT），再与 PBA 进行酯交换熔融缩聚而制得。目前，实现工业化的生产技术均采用直接酯化法工艺。

国外 PBAT 工艺发展较早，BASF 公司于 1998 年推出可降解塑料 PBAT（Ecoflex），并得到迅速推广，目前产能为 $7.4×10^4t/a$。近期，BASF（广东）一体化项目一期将新建 6 条 PBAT 生产线，合计产能为 $16×10^4t/a$。意大利 Novarnont 公司是世界上最早进行生物降解塑料产业化的企业，2004 年 Novamont 公司收购了美国伊士曼公司的"Eastar-Bio"共聚酯系生物降解塑料业务，生产的 PBAT 商品名是 Origo-Bi，产能达到 $10×10^4t/a$。

我国 PBAT 生产技术起步较晚，但水平并不落后，应用较为广泛的技术主要来自聚友化工、中国科学院理化技术研究所（简称中科院理化所）、仪征化纤等研究院校或企业。

（1）聚友化工 PBAT 生产技术。

聚友化工前身是中国纺织科学研究院聚合工程部，从 2008 年起开始 PBAT 项目的研发设计与建设，于 2009 年成功开车运行了国内第一条一步法 PBAT 连续聚合生产线。主要工艺流程为：将原料连续加入第一酯化釜进行酯化反应，得到共聚酯低聚物后进入第二酯化釜进一步进行酯化反应，所得酯化物先后连续进入第一、第二缩聚釜进行缩聚反应后，通过加入扩链添加剂后，最终得到分子量高、熔融指数小于 5 的 PBAT 产品。针对生产过程中会产生副产物四氢呋喃（THF），采用 3 座填料塔进行分离和提纯，所得 THF 纯度高，可进一步回收利用，现已经建成 5 套连续 PBAT 装置。

（2）中科院理化所 PBS/PBAT 生产技术。

2000 年，中科院理化所工程塑料国家工程研究中立项开发新型 PBS 聚合工艺，全生物降解塑料 PBS 类聚酯。其 PBS/PBAT 合成主要流程与聚友化工工艺流程类似，不同的是，通过开发并使用新型 Ti-Si 纳米复合高效聚酯合成催化体系，取消了在生产线中加入扩链添加剂的步骤，可生产分子量超过 200000 的 PBS/PBAT 产品。通过引入深冷装置和低温深冷技术，对反应副产物四氢呋喃（THF）进行回收利用，同时减少了对设备的腐蚀，实现了整套装置的零排放，形成了具有自主知识产权的 PBS/PBAT 生产工艺包、成套生产及应用专利技术，并已授权给 3 家企业。

（3）中国石化仪征化纤公司 PBAT/PBST/PBSA 生产技术。

1997 年，仪征化纤通过技术引进建成了世界上第一条 PTA（对苯二甲酸）连续酯化法生产 PBT 的生产线。2019 年 5 月，成功实现了 PBST、PBAT 两种可降解塑料工业化生产，2020 年 10 月推出了第 3 种可降解塑料 PBSA。主要流程为原料进行酯化、缩聚，最终加入添加剂后得到目标产品。通过对现有 PBT 生产装置进行改造，可灵活切换生产 PBAT、PBST 和 PBSA。通过对现有 PBT15×10⁴t/a 生产装置进行改造，可灵活调整生产 PBAT、PBST 和 PBSA。

通过对比分析，可以看出国内 PBAT 生产技术属于成熟技术，以聚友化工为代表的 PBAT 生产技术具有工艺流程连续、副产物处理高效、产品质量好等优点，并已广泛推广应用。中科院理化所开发的一步法生产 PBS/PBAT 技术在同样具有单一化生产 PBAT 技术优点的同时，通过开发并使用纳米复合高效聚酯合成催化体系取消了扩链步骤，减少了设备投资和材料损耗。另外，柔性装备的成功开发，避免了其他生产线只能生产专一产品的局限性，可适应市场对不同产品的需求，也为企业灵活应对市场变化、实现效益最大化奠定了基础。中国石化仪征化纤公司通过对其现有 PBT 生产装置进行改造，也具备了灵活生产 PBAT、PBST 和 PBSA 产品的能力。

按照目前国内最具有代表性的直接酯化法生产工艺计算，生产 1t PBAT 需要约 0.3t 对苯二甲酸（PTA）、0.3t 己二酸（AA）、0.6t1，4-丁二醇（BDO），按照 2020 年原料及水电气价格测算，生产 1t PBAT 的总成本约为 10700 元/t（表 3）。

表 3　直接酯化法生产 PBAT 成本测算

类别	名称	理论单耗，t	原料价格（含税），元/t	单吨成本，元
原料及助剂消耗	PTA	0.3	4840	1452
	BDO	0.6	9585	5751
	己二酸	0.3	8066	2419.8
	助剂	1	600	600
原料及助剂消耗成本				10222.8
公用工程消耗成本				483.5
生产成本合计				10706.65

采用直接酯化法生产 1tPBAT，约有 0.1t 的四氢呋喃副产品可供销售，PBAT 售价按 18000 元/t、四氢呋喃按 12000 元/t 计，生产 1t PBAT 及其副产品的销售单价（含税）为 19200 元/t，在不考虑投资折旧、财务成本及管理费用的前提下，1t PBAT 产品税前利润可达 8500 元，经济效益可观。

在应用方面，PBAT 是基于化石燃料合成出来的高分子化合物，具有很高的断裂延伸性和很强的韧性，可应用于包装材料（垃圾袋、食品容器和薄膜包装）、卫生用品（尿布和棉签等）和生物医药领域等。PBAT 可以采用注塑、挤塑、吹塑等多种形式进行加工，广泛用于片材、地膜、包装及发泡材料的生产。PBAT 的生物降解作用主要取决于其化学结构和降解环境，几乎生物完全可降解，一些可通过自然界微生物的发酵作用(细菌、真菌和藻类)，一些可通过化学水解和热降解使聚合物链断裂发生解聚作用，还有一些通过微生物的新陈代谢来解聚中间体。

PBAT 除了具备可完全降解特性外，还具有优异的柔韧性，其拉伸强度及断裂伸长率均高于大多数可降解塑料。PBAT 的性能与低密度聚乙烯(LDPE)相似，PBAT 与 LDPE 的性能对比见表4。从表4可以看出，PBAT 的熔点和拉伸强度与 LDPE 相当，但与传统塑料相比，弹性模量代表的力学性能较差，氧气、水汽阻隔性能差以及成本偏高等问题限制了其更广泛的应用。因此，需要针对提高综合性能、降低成本等问题开展 PBAT 改性研究。

表4 PBAT 与 LDPE 的综合性能对比分析

产品	熔点 ℃	拉伸强度 MPa	延伸率 %	弹性模量 N/mm²	氧气阻隔性	水汽阻隔性	降解速率	价格 万元/t
PBAT	120	32~36	750	140	差	差	适中	2~3
LDPE	110	12	148	>200	差	高	不	0.5~1

在 PBAT 中加入填料是增强其综合性能、降低整体成本和保证可完全降解的有效途径。复合材料主要采用熔体混合、溶剂浇铸和原位聚合3种方法制备。混入的填料包括其他可降解材料(PLA、PGA 等)、纳米材料(纤维素纳米晶体、蒙脱石纳米颗粒等)以及天然高分子材料(淀粉、木质素、竹纤维等)合成 PBAT 基复合材料，复合材料与纯聚合物相比表现出了改善的综合性能，填料的使用对 PBAT 基体提供了潜在的增强作用。PBAT 较差的机械阻力限制了其在包装或生物医学等领域的应用，因此，机械强度的提高扩展了 PBAT 聚合物在现代商业和高级应用中的使用范围。

3 国内外产业政策分析

3.1 全球"限塑"产业政策概况

近年来，欧洲、美国、日本等发达国家和地区相继制定和出台了有关法规(表5)，通过局部禁用、限用、强制收集以及收取污染税等措施限制不可降解塑料的使用，大力发展全生物降解新材料，以保护环境、保护土壤。

据联合国环境规划署(UNEP)2019 年的调查显示，全球共有 127 个国家通过立法进行塑料袋管理，27 个国家针对特定的塑料产品、材料或生产水平颁布了禁令，27 个国家对塑料袋的生产和制造征税，30 个国家采取塑料袋有偿使用，63 个国家颁布了生产者延伸责任(EPR)措施，如押金退款、产品回收计划以及废物收集和回收担保，8 个国家通过国家法律法规禁止塑料微粒的使用。面对日趋严重的塑料废弃物的污染问题，全球已有众多国家积极响应并推进"限塑"措施，未来将会有越来越多的国家加入全球"限塑"中，"限塑"将成为全球大势。

表5 2018 年以来全球主要"限塑"产业政策

国家或地区	时　间	产业政策内容简介
澳大利亚部分州	2018 年 7 月	零售商禁止向购物者提供一次性超薄塑料袋
英国	2018 年 1 月	2041 年前，消除所有可避免的塑料垃圾
西班牙	2018 年 1 月	全国性禁止免费提供污染型可降解塑料袋
韩国	2019 年 1 月 1 日	《关于节约资源及促进资源回收利用法律修正案》，全面禁止一次性塑料袋的使用
智利	2019 年 2 月 3 日	超市及商场禁止向购物者提供塑料袋，对每个违法提供的塑料袋，最高罚款 370 美元
坦桑尼亚	2019 年 6 月 1 日	除医疗服务、工业产品、建筑业、农业、食品、卫生及废物处理的塑料制品及包装外，禁止进出口、生产、销售、储存、供应及使用所有厚度的塑料袋
美国纽约市	2019 年 7 月 1 日	纽约市内的餐饮店将不能再使用一次性的泡沫塑料餐盒
哥斯达黎加	2019 年 7 月	《"废物综合处理"法律修正案》，禁止使用聚乙烯泡沫塑料。禁止使用塑料吸管，零售场所不能向消费者提供塑料袋
新西兰	2019 年 7 月 1 日	商场、超市、服装等零售业，将全面禁止使用一次性塑料购物袋，对于违规情节严重、劝说无效者，最高罚款 10 万纽币
巴基斯坦	2019 年 8 月	在首都伊斯兰堡及其周边地区，生产、销售、使用各种一次性塑料袋的行为将被禁止，在旁遮普省、信德省等地陆续实施这类法规
法国	2020 年	禁止使用一次性餐具，并要求碗、杯、碟等一次性餐具必须用基于生物的原料制作
美国华盛顿州	2020 年	除了禁止使用一次性塑料袋以外，还要求再生纸袋至少含有 40% 的再生材料
希腊	2020 年 6 月	禁止使用一次性塑料制品
加拿大	2020 年 4 月	禁用塑料吸管，2021 年元旦起禁用塑料袋
冰岛	2021 年	将不允许企业分发任何塑料袋，无论是免费还是付费
欧盟	2021 年	禁止或限用棉签棒、吸管等十多种一次性塑料制品

3.2 我国"限塑"产业政策分析

2020 年 1 月 19 日，国家发改委、生态环境部公布《关于进一步加强塑料污染治理的意见》，提出要有序禁止、限制部分塑料制品的生产、销售和使用，对不可降解塑料袋、一次性塑料餐具、宾馆酒店一次性塑料用品、快递塑料包装等多领域塑料使用进行分阶段的明确规定，提出要积极推广替代产品，规范塑料废弃物回收利用，建立健全塑料制品生产、流通、使用、回收处置等环节的管理制度。新版限塑令规定在 2020 年要率先在部分地区、部分领域禁止、限制部分塑料制品的生产、销售和使用；2022 年要做到一次性塑料制品消费量明显减少，替代产品得到推广，塑料废弃物资源化、能源化利用比例大幅提升，在塑料污染问题突出领域和电商、快递、外卖等新兴领域，形成一批可复制、可推广的塑料减量和绿色物流模式；2025 年基本建立塑料制品生产、流通、消费和回收处置等环节的管理制度，基本形成多元共治体系，进一步提升替代产品开发应用水平，大幅降低重点城市塑料垃圾填埋量，使塑料污染得到有效控制。

我国"禁塑令"出台后，省级"禁塑"政策出台明显加快，据不完全统计，目前 24 个省份也陆续发布了当地的"禁塑令"（表 6）。各省的禁塑节奏类似，均为 2020 年在几个主要城市试点，2022 年推广全省，2025 年达成全省禁塑的目标。根据中央及地方政策内容，未来 2~5 年，禁塑政策即将在全国大范围铺开，可降解塑料行业有望实现高速发展。

表 6　中国各省市"禁、限"塑产业政策

地区	颁发时间	政策名称
安徽	2020 年 3 月 1 日	《安徽推进邮政行业绿色环保工作实施方案》
吉林	2020 年 3 月 30 日	《关于进一步加强塑料污染治理的实施办法（征求意见稿）》
广西	2020 年 4 月 1 日	《广西壮族自治区进一步加强塑料污染治理工作实施方案》
宁夏	2020 年 4 月 3 日	《关于进一步加强塑料污染治理的意见》
青海	2020 年 4 月 17 日	《关于进一步加强塑料污染治理的实施办法》
天津	2020 年 4 月 22 日	《天津进一步加强塑料污染治理工作实施方案》
内蒙古	2020 年 5 月 6 日	《内蒙古自治区塑料污染治理实施办法》
云南	2020 年 5 月 15 日	《云南进一步加强塑料污染治理实施方案》
广东	2020 年 5 月 26 日	《关于进一步加强塑料污染治理的实施意见（征求意见稿）》
海南	2020 年 5 月 28 日	《关于进一步加强塑料污染治理的实施意见（征求意见稿）》
河南	2020 年 6 月 3 日	《加快白色污染治理促进美丽河南建设行动方案》
浙江	2020 年 6 月 8 日	《进一步加强塑料污染治理的实施办法（征求意见稿）》
山西	2020 年 6 月 18 日	《关于进一步加强塑料污染治理的实施办法》
重庆	2020 年 6 月 29 日	《进一步加强塑料污染治理的实施意见（征求意见稿）》
江西	2020 年 7 月 7 日	《江西加强塑料污染治理的实施方案》
四川	2020 年 7 月 8 日	《四川进一步加强塑料污染治理实施办法》
江苏	2020 年 7 月 9 日	《关于进一步加强塑料污染治理的实施意见》
上海	2020 年 7 月 22 日	《上海关于进一步加强塑料污染治理的实施方案》
福建	2020 年 7 月 24 日	《福建省关于进一步加强塑料污染治理实施意见（征求意见稿）》
山东	2020 年 7 月 28 日	《济宁关于进一步加强塑料污染治理实施方案》
西藏	2020 年 7 月 29 日	《西藏自治区关于进一步加强塑料污染治理的实施办法》
甘肃	2020 年 7 月 31 日	《关于进一步加强塑料污染治理的实施方案》
河北	2020 年 8 月 3 日	《关于进一步加强塑料污染治理的实施方案》
贵州	2020 年 8 月 11 日	《关于进一步加强塑料污染治理的实施方案》
海南	2020 年 8 月 20 日	《海南省全面禁止生产、销售和使用一次性不可降解塑料制品补充实施方案》
江苏	2020 年 8 月 24 日	《关于进一步加强塑料污染治理的实施意见》
云南	2020 年 8 月 26 日	《云南省进一步加强塑料污染治理的实施方案》

续表

地区	颁发时间	政策名称
江西	2020年8月28日	《关于印发江西省加强塑料污染治理的实施方案的通知》
河南	2020年10月12日	《洛阳市加快白色污染治理实施方案》
浙江	2020年10月13日	《关于进一步加强塑料污染治理的实施办法》

　　需要特别注意的是，《关于进一步加强塑料污染治理的意见》中除了禁止、限制等字眼外，可循环、易回收、可降解这些词语也给塑料行业未来的发展提出了明确的要求和方向，表7汇总了我国针对可降解塑料的相关政策。

表7　中国可降解塑料相关产业政策汇总

政策名称	颁发时间	颁发机构	主要内容
《淘汰落后生产能力、工艺和产品的目录(第一批)》	1999年1月	国家经贸委	规定2000年底前全面禁止生产和使用一次性发泡塑料餐饮具的文件
《中华人民共和国固体废物污染环境防治法》	2004年12月	全国人大常委会	鼓励再生生物质能的利用和降解塑料推广应用
《关于限制生产销售使用塑料购物袋的通知》	2007年12月	国务院	自2008年6月1日起，在所有超市、商场、集贸市场等商品零售场所实行塑料购物袋有偿使用制度，一律不得免费提供塑料购物袋
《石化和化学工业"十二五"发展规划》	2012年2月	工业和信息化部	提出发展聚乳酸(PLA)、聚丁二酸丁二醇酯(PBS)可降解塑料
《中国塑料加工业"十二五"发展规划指导意见》	2012年5月	中国塑料加工工业协会	提出在普通塑料包装薄膜、袋上，推进生物可降解材料及系列产品、个性化包装薄膜设计、功能性材料及产品等
《产业结构调整指导目录（2013年修正)》	2013年2月	国家发改委	将生物可降解塑料及其系列产品开发、生产与应用列为鼓励类
《循环发展引领行动》	2017年4月	国家发改委等14个部门	制定主要废弃物循环利用率目标，巩固"限塑"成果
《"十三五"材料领域科技创新专项规划》	2017年4月	科技部	全生物降解材料入围
《关于协同推进快递业绿色包装工作的指导意见》	2017年11月	国家发改委等10个部门	提出到2020年，可降解的绿色包装材料应用比例将提高到50%
《农用薄膜行业规范条件（2017年本）》	2017年11月	工业和信息化部	鼓励研发生产使用生物降解地膜

续表

政 策 名 称	颁 发 时 间	颁 发 机 构	主 要 内 容
《快递封装用品系列国家标准》	2018 年 2 月	国家发改委、生态环境部	要求从 2018 年 9 月 1 日起，快递包装袋宜采用生物降解塑料，减少白色污染，并相应增加了生物分解性能要求
GB/T 38082—2019《生物降解塑料购物袋》	2019 年 1 月	国家标准委、国家市场监督管理总局	本标准规定了生物降解塑料购物袋的术语和定义要求、试验方法，检验规则及包装、运输、贮存方式
《关于进一步加强塑料污染治理的意见》	2020 年 1 月	国家发改委、生态环境部	有序禁止、限制部分塑料制品的生产、销售和使用，积极推广替代产品
《关于扎实推进塑料污染治理工作的通知》	2020 年 6 月	国家发改委等 9 部门	2020 年 8 月中旬出台省级实施方案，细化分解任务。加强对禁止生产销售塑料制品的监督检查，加强对零售餐饮等领域禁限塑的监督管理，推进农膜治理，规范塑料废弃物收集和处置，开展塑料垃圾专项清理

4　展望

随着中国环保政策的不断收紧以及人们环保意识的日益增强，可降解塑料受到广泛关注，但目前仍处于初级阶段，在发展过程中依然存在一些问题和风险。

（1）技术不够成熟，产品性能还有较大的提升空间。

目前，市场上已有的可降解塑料品种综合性能还存在某些不足。现有技术还不能生产出使用性能优异、降解性能可控的可降解塑料，以 PBAT 为例，力学性能、耐氧化性能等均不及传统塑料。这限制了可降解塑料的应用范围，也影响到可降解塑料产业的发展。

（2）各环节成本高，尚难与传统塑料竞争。

目前，由于可降解塑料的组分构成、生产工艺更为复杂，且原材料利用率、产能利用率、技术水平等均较低，生产成本高，是传统塑料的 2~3 倍。若无政策补贴，短期内难以盈利。另外，可降解塑料的末端处置成本也更高，由于不同种类、不同用途的可降解塑料降解速率和降解条件不同，因此对于废弃可降解塑料的回收和分拣环节要求更为复杂和苛刻，这也是可降解塑料产业发展的难题之一。

（3）相关政策法规行业标准不完善，可降解塑料行业有序发展受阻。

目前，陆续出台的"限塑令"多以意见或通知的形式下达，在法律强制力上仍与法规存在差距。此外，仍未出台限制用量增长最快的外卖、快递等行业一次性不可降解塑料使用的具体措施，相关政策法规的执行力度仍有待观望。在行业标准方面，对于不同用途的可

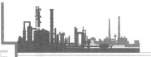

生物降解塑料的配方，目前国内还没有统一的标准或行业、团体标准。配方标准缺失或滞后将对末端处置带来不利影响，制约可降解塑料行业可持续发展。

针对以上分析，对可降解塑料行业未来发展提出以下建议：

（1）审慎建设新项目，避免一窝蜂投资浪费。

目前，可降解塑料行业发展主要依赖政策驱动，缺乏系统性规划及引导。据不完全统计，未来 5 年已有 $440×10^4t/a$ 的产能建设计划，产能增速已远超需求增速，行业发展急需规范。建议相关部门加强规划引导，各企业根据自身实际情况理性对待，深入开展项目可行性论证，避免一拥而上。

（2）完善法规政策、行业标准，促进产业健康发展。

绿色低碳发展为可降解塑料发展提供了空间和机遇，政策执行力度、相关鼓励、监管措施的制定和落实以及行业标准的规范是可降解塑料健康发展的重点。为此，建议相关部门完善相关政策法规、行业标准，加强监管，提倡绿色消费，促进行业可持续健康发展。

（3）加强研发投入，力争突破核心技术降低成本。

目前，可降解塑料行业在政策扶持下进入快速发展期，但受到技术尚不成熟、生产成本高等因素制约。建议国家和行业层面尽快制定可降解塑料科技发展战略，进行研发布局，通过技术进步降低成本，提高产品性能，形成可与传统塑料性能相媲美的可降解塑料系列产品成套技术。

参 考 文 献

［1］陶怡，柯彦，李俊彪，等. 我国生物可降解塑料产业发展现状与展望［J］. 化工新型材料，2020，48（12）：1-4.

［2］王红秋，付凯妹. 可降解塑料的春天来了？［N］. 中国石油报，2020-11-17（006）.

［3］王红秋，付凯妹. 可降解塑料行业发展需解决三大问题［J］. 中国石化，2020（12）：27-30.

［4］刘国伟，庹解语，王之远. 中国石油和化学工业联合会副秘书长庞广廉：理性看待塑料和塑料污染［J］. 环境与生活，2020（7）：34-43.

［5］赵辰，倪吉. 可降解塑料进入行业快速增长期［J］. 中国石油和化工，2020（7）：28-31.

［6］Goldberger J R，DeVetter L W，Dentzman K E. Polyethylene and biodegradable plastic mulches for strawberry production in the United States：experiences and opinions of growers in three regions［J］. Hort Technology，2019，29（5）：619-628.

［7］刘春. 生物可降解塑料的开发进展［J］. 现代塑料加工应用，2020，32（3）：60-63.

［8］汪少朋，黄曦辰，郝兴武，等. 一种连续制备生物降解塑料的方法：CN201110401503.6［P］. 2012-07-11.

［9］谢鸿洲，卢文新，商宽祥. 几种可生物降解塑料的性能与应用比较研究［J］. 化肥设计，2020，58（4）：1-3，7.

［10］庞道双，潘小虎，李乃祥，等. PBAT 合成工艺研究［J］. 合成技术及应用，2019，34（2）：35-39.

［11］张双双，李仁海，高甲，等. PBAT 合成方法及其应用的研究现状［J］. 现代塑料加工应用，2018，30（5）：59-63.

[12] 王有超. 新型生物降解材料——PBAT 的连续生产工艺[J]. 聚酯工业, 2016, 29(1): 28-29.

[13] 辛颖, 王天成, 金书含, 等. 聚乳酸市场现状及合成技术进展[J]. 现代化工, 2020, 40(S1): 71-74, 78.

[14] 杨菊香, 曾莎, 贾园, 等. 聚乳酸改性及其应用进展[J]. 塑料, 2020, 49(5): 102-107.

[15] 孙浩程, 崔玉磊, 王宜迪, 等. 生物基可降解塑料物理改性研究进展[J]. 现代塑料加工应用, 2021, 33(1): 56-59.

[16] 史可, 苏婷婷, 王战勇. 可降解塑料聚乳酸(PLA)生物降解性能进展[J]. 塑料, 2019, 48(3): 36-41.

[17] 全生物降解塑料聚丁二酸丁二酯类聚酯(PBS/PBAT)研制、产业化及应用. 北京: 中国科学院理化技术研究所, 2015.

废塑料回收利用技术

◎付凯妹　王红秋　黄格省　李锦山

塑料是化工行业最重要的产品之一，1950 年全球塑料产量仅有 200×10^4 t，到 2019 年这一数字已飙升至 3.76×10^8 t。塑料作为一种不可替代的高分子材料，具有耐用、价廉和防水等优点，在国民经济发展中发挥着举足轻重的作用。根据联合国环境规划署报告，全世界 90×10^8 t 塑料垃圾中，仅有 12% 左右被回收利用，塑料在给人类提供便利的同时，也因其在自然条件下难以降解，带来日益突出的环境问题。世界经济论坛的一份报告预测，如果全球继续以目前的速度生产塑料，并且继续无法正确处理废塑料，到 2050 年，海洋里的塑料将比鱼还多。被人类丢弃的废塑料在海洋上经海浪拍打、风化等作用形成极其细微的颗粒易被海洋生物摄入，进而侵入整个海洋生态系统和包括人类在内的整个生物圈，对人和动物的健康带来极大危害。因此，开展废塑料回收利用，解决废塑料污染问题刻不容缓，如何正确处理塑料废弃物已成为人们关注的热点问题。

1 行业发展现状

目前，全球每年产生的数亿吨塑料废弃物中，40% 被填埋，25% 被焚烧，19% 未采取任何措施就被排到自然中，只有 16% 的废塑料被回收利用，且其中约 4% 的废塑料会在回收过程中损失，因此只有 12% 的废塑料真正得到了回收利用。

美国环境保护局（EPA）统计数据显示，美国 2015 年的塑料回收率为 9.1 %（含废塑料出口）。由于美国的塑料废弃物处理主要依靠出口，因此随着中国 2018 年颁布实施"禁废令"以及 2019 年《巴塞尔公约》修正案通过，美国塑料回收率从 2015 年的 9.1 % 下降到 2018 年的 4.4 %，预计未来回收率会进一步降低。

根据欧洲塑料制造商协会统计数据显示，2018 年为欧盟塑料产量为 6180×10^4 t，共回收处置 2910×10^4 t 废塑料。其中：焚烧处置 1260×10^4 t，占比 42.6%；回收处置 946×10^4 t，占比 32.5%；填埋处置 720×10^4 t，占比 24.9%。对比欧盟国家和我国废塑料处置方式，欧盟国家废塑料回收和焚烧处置较填埋处置占比更高。此外，欧盟委员会提出目标，到 2040 年，欧盟市场上的所有塑料包装都必须可回收与可重复使用。

根据中国物资再生协会数据，2019 年我国塑料制品产量达 8184.17×10^4 t，共产生废塑料 6300×10^4 t，回收 1890×10^4 t，总体回收利用率超过 30%。回收处置的废塑料中，填埋 2016×10^4 t，占比 32%；焚烧 1953×10^4 t，占比 31%；遗弃 441×10^4 t，占比 7%。2019 年总

回收量较 2018 年增加 $60×10^4$ t，增幅 3.3%。近年来，伴随国内环保意识的增强，国内废塑料回收量的增长幅度逐渐放缓，但废塑料质量在同步提高，符合国内循环经济的发展方向。我国的废塑料规模居世界首位，2013—2017 年我国每年进口废塑料约 $700×10^4$ t，美国、欧盟等发达国家或地区作为废塑料的主要出口地，随着禁废令的颁布实施，2018 年我国进口废塑料量锐减，2019 年几乎可以忽略不计，也因此倒逼欧洲升级再生产业。

2 技术现状和发展趋势

2.1 废塑料回收方法

塑料全生命周期包括塑料原料生产、塑料制品生产、塑料消费以及废塑料回收利用等环节，其中回收利用是最关键也是最薄弱的环节。国内外对废塑料的回收处理方式主要有填埋、能量回收、物理回收和化学回收。按照分级来看，分为初级回收、二级回收、三级回收和四级回收。表 1 对比了不同种回收利用方式的优劣势。

（1）初级回收。

初级回收是指将废塑料（如工厂生产过程中产生的边角料等）直接回收，并加工成性能与原塑料制品相似的产品。该方法的回收和再利用都在工厂中完成，不涉及消费者和废品回收及再生公司，回收的也是未污染的单一品种塑料。

（2）二级回收（物理回收）。

物理回收是指通过将回收的废塑料经分拣、清洗、切粒、成型等环节再生为塑料制品。该方法在国内主要受困于回收分拣环节，人们对环保意识还有待持续提高，垃圾有效分类执行并不彻底，因此存在分拣难度大、成本较高等问题。此外，废塑料经过物理回收后还是塑料，俗称"降级塑料"，很多情况下性能会大打折扣，例如饮料塑料瓶可能只能降级变为建材、化纤等。

（3）三级回收（化学回收）。

化学回收则是指通过热分解或催化分解（解聚）将废塑料转化为燃料、化学品和单体等，再通过分离、提纯等过程重新聚合利用，从而形成"塑料制塑料"的循环闭环。化学回收的优点在于可回收利用其他回收方式无法处理的劣质废塑料，并可生产出原始级的再生材料。

（4）四级回收（能量回收）。

能量回收是指通过废塑料的燃烧，将其放出大量的热进行再利用。废塑料的成分主要由 C、H 两种元素组成，质量含量约 95%，燃烧过程可释放大量的热，其热值与燃油几乎持平，可利用热能回收法高效获取能量用于发电或供热。该处理方法具有处理量大、成本低、效率高等优点，也被国内外广泛应用。废塑料的燃烧需要解决好两个问题：一是控制燃烧过程，以减少或避免产生有害物质；二是燃烧后的尾气排放必须做无害化处理。

（5）填埋。

填埋是指将废塑料与城市生活垃圾一同运送到垃圾填埋场进行深埋处理。该处理方法简

单，设备投资少，但是没有产生任何回收价值，同时会对土同地资源产生压力，处理不当或将妨碍地下水流通。目前，国内外基本停止填埋处理，未来不会再出现该种处理方式。

表1 不同回收方法的优劣势对比

分级	回收方法	优势	劣势
初级回收		再生塑料性能与原塑料制品相似	主要针对工厂内废料的直接回收，是未污染的单一品种塑料
二级回收	物理回收	工艺简单，成本较低	性能差，附加值低
三级回收	化学回收	可处理混杂回收品，回收产品性能好，附加值高，可多次回收	投资高，工艺要求高
四级回收	能量回收	减少填埋场的占地面积，回收类型不受限制	焚烧后产生的大气污染物处理困难
	填埋	建设投资少，运行费用低	占地面积大，增加了土地资源压力；废塑料难以降解，严重污染地下水和土壤

2.2 技术进展和趋势

城市生活垃圾中，废塑料是不同种类聚合物的混合物，通常由高密度聚乙烯（HDPE）、低密度聚乙烯（LDPE）、聚丙烯（PP）、聚氯乙烯（PVC）和聚对苯二甲酸乙二酯（PET）组成，其中聚烯烃类塑料约占城市生活垃圾的80%。早在20世纪60年代，欧美等一些工业发达国家就已进行了大量的废旧塑料回收利用研究。近年来，世界上许多企业（包括石油化工企业、可持续燃料生产企业以及塑料制品企业等）和研究机构在废塑料回收利用方面的研究均投入了大量的人力、物力。

2.2.1 针对废聚乙烯的回收利用技术

物理回收是处理废聚乙烯的主要方法之一，占聚乙烯年产量的37%。通过清洗、粉碎、熔化和重塑的直接再生法需要解决再生材料性能降级的问题。除了将废聚乙烯再生外，国外研究人员还通过在废塑料中混入混凝土形成共混体系后进行再生，性能与传统混凝土保持一致，可代替沙子生产的混凝土。中国石油大学（华东）研究发现，废聚乙烯与沥青共混后的改性沥青性质佳，大幅延长了改性沥青道路的耐久性，增加了使用寿命。北京林业大学研究人员利用发泡技术制备的发泡木塑复合材料，相对于加入填充剂的木塑材料，成本更低且具备更好的抗击性能和耐久度。

重庆交通大学研究人员利用高密度聚乙烯和低密度聚乙烯共混废塑料为原料裂解制得裂解蜡，采用该裂解蜡对沥青进行改性。实验结果表明，废聚乙烯裂解蜡具有良好的降黏效果，可提高沥青的高温性能和抗车辙性能。中国科学院上海有机化学研究所与美国加州大学尔湾分校合作开发了聚乙烯废塑料温和可控降解为燃油和聚乙烯蜡技术，该工艺可在温和条件下将聚乙烯废塑料通过催化裂解选择性生成可作为柴油的 C_9—C_{22} 烷烃或生成分子量分布较窄的聚乙烯蜡，计划在聚乙烯生产装置上进行该技术的工业化应用，使用聚乙烯装置产生的废料生产高价值聚乙烯蜡。

在废聚乙烯生产高值化学品方面，以废聚乙烯为原料还可用于制备碳纳米管。英国北爱尔兰皇后学院的研究人员采用固定式两级反应器对废聚乙烯进行热裂解，在800℃的反应温度下利用负载镍的球形催化剂生产碳纳米管。武汉大学研究人员以废聚乙烯为原料，采用硝酸铁和硝酸镍原位催化裂解法制备了碳纳米管，碳纳米管的收率达20%（质量分数），其直径和长度分别为20~30nm和几十微米。美国加州大学、伊利诺伊大学、康奈尔的研究人员提出了一种在低温下将废聚乙烯转化为更高附加值的长链烷基芳烃的工艺，该工艺通过将氢解和芳构化两个化学反应耦合，在$Pt/\gamma-Al_2O_3$催化剂的作用下，280℃的反应温度下将废聚乙烯转化为烷基芳烃，与其他回收利用技术路线相比，具有反应条件温和、反应步骤仅需一步、产品附加值更高等优点，但是在当前废塑料分拣能力和效率下该技术的应用尚存局限性。

2.2.2 针对废聚丙烯的回收利用技术

通过对国内外文献、专利调研发现，针对废聚丙烯单一原料的回收利用技术以物理回收为主，通过粉碎、改性、成型过程生产为聚丙烯再生颗粒。以废旧汽车保险杠用聚丙烯材料为例，通过分离、除漆、清洗、破碎、改性、新旧料共混协同处理方法实现该类材料的同级再利用。此外，PureCycle Technologies公司与宝洁公司（P&G）研发专有塑料回收技术，成功将废旧地毯转化为超纯再生聚丙烯（UPRP）树脂，PureCycle工艺能去除废塑料的颜色、气味和杂质，生产出原生级树脂。回收后的聚丙烯可应用于包括食品和饮料包装、消费品包装、汽车内饰、电子产品、家居用品和许多其他产品中。

对于无法通过物理回收过程分离去除如添加剂等杂质，或涉及多层膜或塑料组合物无法完全分离的情况，将采用化学回收方法，即采用油化—脱杂质—成型等多级操作，实现废聚丙烯的纯化和再生。此外，废聚丙烯（PP）在700℃条件下热解可得到49%（质量分数）的气体。马来西亚研究人员研究了废聚丙烯纤维在600℃高温下对PAFRC（一种新型阻燃混凝土材料）力学性能和微观结构性能的影响。结果表明，聚丙烯纤维是制备PAFRC的理想材料。南非约翰内斯堡大学研究了以废聚丙烯为原料，采用NiMo双金属负载MgO为催化剂，通过一步化学气相沉积法（CVD）合成出不同直径的碳纳米管。印度研究人员以丝光沸石载体上的镍基金属为催化剂，在70bar压力和350℃反应温度下对废聚丙烯裂解油进行加氢处理，产品中含有芳烃、正构烷烃和异烷烃，每种组分与工业柴油的匹配率为90%，满足欧洲柴油标准要求。

2.2.3 针对混合废塑料的回收利用技术

受限于当前国内外废塑料回收分拣技术尚无法针对某一种单一废塑料进行回收，国内外行业领先企业、科研院所围绕混合废塑料原料处理技术开展了大量研究工作，其中废塑料裂解油化制聚合物技术在国外已建立示范装置，其余技术处于实验室研究探索或中试阶段。

在混合废塑料制聚合物方面，针对PET等缩聚类塑料，主要采用醇解法的处理方式。伊斯曼公司采用甲醇醇解工艺解聚废PET，废PET首先被加入溶解器，在温度为180~

270℃、压力为0.07~0.15MPa条件下进行初步解聚反应，而后在反应器中与热的甲醇在220~285℃、2~6.2MPa进行深度醇解反应，醇解产物经精馏装置进行分离提纯，获得最终产物DMT。杜邦公司采用乙二醇醇解工艺，将过量乙二醇、聚酯和催化剂混合，在一定条件下发生反应，得到纯度较高的对苯二甲酸乙二醇酯单体。SABIC公司采用化学解聚方式将使用后的PET（主要是一次性饮料瓶）转化为性能更强、更耐用的高价值PBT材料。裂解油化制聚合物技术。针对非缩聚类聚合物则采用裂解油化制聚合物的方式。巴斯夫、BP、陶氏、伊斯曼等国外石油化工领先企业纷纷宣布通过将废塑料油化，从分子层级上实现回收，并用于生产聚合物，生产的聚合物品质与化石原料生产的聚合物材料品质相当，且碳足迹更低。巴斯夫公司和伊斯曼公司已建成示范装置，并将在短期内实现商业化应用。国内，中国石化北京化工研究院开发了一套连续化混合废塑料微波裂解制取单体的工艺，可将不含PVC的混合废塑料裂解成烯烃单体。该技术具有连续化、成本低、产品价值高等优点。

在混合废塑料制油方面，比较有代表性的是日本富士回收法，该方法包括预处理—裂解—催化改质三段反应，该方法最早于1992年6月工业应用于6000t/a废塑料炼油装置，可处理PE、PP混合废塑料，出油率达到80%以上。近期，巴斯夫与挪威废塑料裂解油公司QuantaFuel合作投资2000万欧元，共同致力于进一步开发QuantaFuel的化学回收技术，包括热解和提纯的一体化工艺。加拿大JBI公司提出一种直接炼油Plastic2Oil技术（P2O），使废塑料转化为超低硫清洁燃料，转化率可达85%~90%。中国石化石油化工科学研究院与福海兰天环保科技公司签订了《废塑料热裂解制油及塑料粗油深加工项目战略合作协议》，合作开发废旧塑料资源化利用成套技术，并在河北沧州建成了中试装置。但是受政策法规管控以及原料来源不稳定等影响，该中试装置目前处于停滞状态。

在混合废塑料气化方面，中国五环集团开发的废塑料气化生产CO和H_2，资源化利用率达到95%以上，并已在意大利Fondotoce工厂、德国Karlsruhe工厂、日本长崎Nagasaki工厂等地完成技术工业化推广。此外，在湖北仙桃建立了示范装置，产品性能稳定并具有良好的经济效益。但是由于气化后的产品最终用于燃烧发电，存在CO_2排放问题，因此是否属于回收利用范畴仍然存在争议。

在混合废塑料制化学品方面，牛津大学联合剑桥大学的课题组开发了一种简单且快速的一步法催化分解废弃塑料的技术。该技术将机械粉碎的塑料混合物与作为添加剂的铁氧化物/铝氧化物复合催化剂相混合，经微波处理获得氢气。目前，该技术仅处于实验室探索阶段，未来是否有可能发展到工业应用仍是未知数。

3 国内外废塑料回收再利用相关产业政策分析

3.1 国外废塑料治理相关产业政策

《巴塞尔公约》是一项控制有害废弃物越境转移的国际公约，1992年，公约缔约国第二次会议通过决议，立即禁止危险废物从主要由发达国家组成的经济合作组织（OECD）国家向非 OECD 国家做处置目的的越境转移。但《巴塞尔公约》中对废弃塑料的贸易没有清晰的规则。2019 年 5 月，全球 187 个国家一致通过了一项关于限制向非富裕国家输出塑料垃圾的提案，作为对《巴塞尔公约》的一项修正案。至此，各国代表达成一个具有法律约束力的框架，使塑料垃圾的全球贸易更透明化和规范化，同时保证对垃圾的处理对人类和环境、健康都更安全。

在限塑、禁塑方面，目前全球已有 40 多个国家和地区对塑料袋的使用做出规定，包括禁用、部分禁用和限制性使用三种政策。美国《资源保护及回收法》确立了"3R"原则（Reduce、Reuse、Recycle），从单纯的废塑料清理向回收、减量和循环利用综合管理转变。加拿大于 2019 年 6 月宣布，将从 2021 年开始禁止使用一次性塑料用品，包括塑料吸管、棉签、饮料搅拌器、盘子、餐具等塑料制品等。2019 年 3 月，欧洲议会表决通过一次塑料制品禁令，规定 2021 年起全面禁用一次性塑料产品，同时鼓励塑料生产和加工企业创新回收利用技术。

在循环利用方面，2018 年 1 月，欧盟委员会在欧盟范围内实施首个《循环经济中的欧洲塑料战略》，主要措施包括回收塑料质量标准、修订塑料包装的相关标准、发布塑料分选和回收新指南、推动各成员国加大对废塑料处理产业的投资和科技创新等，旨在保护环境免受塑料污染、推动塑料产品可循环利用，同时促进经济增长和科技创新。

3.2 我国废塑料治理相关产业政策

我国在 2008 年颁布实施了《国务院办公厅关于限制生产销售使用塑料购物袋的通知》，主要内容包括：一是在全国范围内禁止生产、销售、使用厚度小于 0.025mm 的塑料购物袋；二是所有超市、商场、集贸市场等商品零售场所一律不得免费提供塑料购物袋。据 2013 年国家发改委公布的《"限塑令"实施以来的主要成效》显示，从 2008 年到 2013 年，超市、商场塑料袋使用量减少 2/3 以上，累计减少了 670 亿个，累计减少塑料消耗 $100 \times 10^4 t$。不过，近年来，随着商场等执行"限塑令"力度减弱，加上快递、外卖等使用塑料大户兴起，"限塑令"效果逐渐弱化。为此，2020 年初由国家发改委和生态环境部联合印发升级版"限塑令"，2020 年 7 月，九部门联合印发了《关于扎实推进塑料污染的通知》，制定了明确的塑料污染治理目标（表 2）。

表 2 塑料污染治理目标

全国禁止生产销售	部分地区、场所禁止使用
厚度小于 0.025mm 的超薄塑料袋	直辖市、省会城市、计划单列市城市的商场、超市、药店、书店等场所，餐饮打包外卖服务，各类展会活动中禁止使用不可降解塑料购物袋
厚度小于 0.01mm 的聚乙烯农用地膜	地级以上城市的餐饮堂食服务中禁止使用不可降解一次性塑料刀、叉、勺
一次性塑料发泡餐具	全国餐饮行业禁止使用不可降解一次性塑料吸管

我国"禁塑令"出台后，省级"禁塑"政策出台明显加快，据不完全统计，目前 24 个省

份也陆续发布了当地的"禁塑令"（表3）。各省的禁塑节奏类似，均为2020年在几个主要城市试点，2022年推广全省，2025年达成全省禁塑的目标。根据中央及地方政策内容，未来2~5年，禁塑政策即将在全国大范围铺开，可降解塑料行业有望实现高速发展。

表3 中国各省市"禁、限"塑产业政策

地区	颁发时间	产业政策名称
安徽	2020年3月1日	《安徽推进邮政行业绿色环保工作实施方案》
吉林	2020年3月30日	《关于进一步加强塑料污染治理的实施办法(征求意见稿)》
广西	2020年4月1日	《广西壮族自治区进一步加强塑料污染治理工作实施方案》
宁夏	2020年4月3日	《关于进一步加强塑料污染治理的意见》
青海	2020年4月17日	《关于进一步加强塑料污染治理的实施办法》
天津	2020年4月22日	《天津进一步加强塑料污染治理工作实施方案》
内蒙古	2020年5月6日	《内蒙古自治区塑料污染治理实施办法》
云南	2020年5月15日	《云南进一步加强塑料污染治理实施方案》
广东	2020年5月26日	《关于进一步加强塑料污染治理的实施意见(征求意见稿)》
海南	2020年5月28日	《关于进一步加强塑料污染治理的实施意见(征求意见稿)》
河南	2020年6月3日	《加快白色污染治理促进美丽河南建设行动方案》
浙江	2020年6月8日	《进一步加强塑料污染治理的实施办法(征求意见稿)》
山西	2020年6月18日	《关于进一步加强塑料污染治理的实施办法》
重庆	2020年6月29日	《进一步加强塑料污染治理的实施意见(征求意见稿)》
江西	2020年7月7日	《江西加强塑料污染治理的实施方案》
四川	2020年7月8日	《四川进一步加强塑料污染治理实施办法》
江苏	2020年7月9日	《关于进一步加强塑料污染治理的实施意见》
上海	2020年7月22日	《上海关于进一步加强塑料污染治理的实施方案》
福建	2020年7月24日	《福建省关于进一步加强塑料污染治理实施意见(征求意见稿)》
山东	2020年7月28日	《济宁关于进一步加强塑料污染治理实施方案》
西藏	2020年7月29日	《西藏自治区关于进一步加强塑料污染治理的实施办法》
甘肃	2020年7月31日	《关于进一步加强塑料污染治理的实施方案》
河北	2020年8月3日	《关于进一步加强塑料污染治理的实施方案》
贵州	2020年8月11日	《关于进一步加强塑料污染治理的实施方案》
海南	2020年8月20日	《海南省全面禁止生产、销售和使用一次性不可降解塑料制品补充实施方案》
江苏	2020年8月24日	《关于进一步加强塑料污染治理的实施意见》
云南	2020年8月26日	《云南省进一步加强塑料污染治理的实施方案》
江西	2020年8月28日	《关于印发江西省加强塑料污染治理的实施方案的通知》
河南	2020年10月12日	《洛阳市加快白色污染治理实施方案》
浙江	2020年10月13日	《关于进一步加强塑料污染治理的实施办法》

此外，在 2017 年颁布《进口废塑料环境保护管理规定》，于 2018 年 1 月 1 日起正式实施，禁止进口废塑料等"洋垃圾"。近年来，我国对塑料污染治理不断升级，未来还将出台一系列政策法规，如国家标准化管理委员会准备立项 8 个塑料再生颗粒质量标准、全国人大常委会加紧筹划固废法修订与资源综合利用立法工作等，从而进一步完善塑料污染治理体系。

4 展望

目前，国内在废塑料回收利用、解决废塑料污染问题较欧美等发达国家尚存在差距，研发步伐相对缓慢，为此，废塑料回收利用行业的未来发展应围绕以下四个方面开展：

（1）对塑料进行全生命周期综合治理。

首先，石油化工企业和塑料制品生产企业应密切合作，共同开发和生产可回收、易回收的塑料材料制品，例如饮料包装的瓶身、瓶盖和商标标签均开发采用同类聚合物材料，减轻回收和分拣难度；其次，在限塑、禁塑等政策的驱动下，消费者从源头少用或不用非必需塑料制品，提高环保意识，对必需塑料制品使用后做到应回收尽回收。另外，完善回收体系，将废塑料回收网点进行全覆盖，提升废塑料回收率和分拣率，同时还应与再生公司密切联系，将回收和分拣后的废塑料作为原料提供给再生公司进行再生，从而形成塑料的全生命周期各环节闭环管理。

（2）持续开发物理回收、化学回收新技术，引领塑料循环经济新方向。

当前，国内外许多石油化工企业都推出了车用、日用消费品等高端再生塑料制品。而我国受限于当前物理回收技术生产的再生塑料质量不及原生塑料以及消费者尚未树立再生产品消费理念等因素，在再生塑料产品的高端化开发利用方面还有很大的发展空间。因此，石油化工企业和研究院所应充分发挥其在材料科学方面的研发优势，持续开发物理回收和化学回收新技术，一方面用于生产高端塑料制品；另一方面也可拓展生产高附加值化学品，降低废塑料分拣苛刻度和处理成本，提高产品品质和附加值，与塑料制品生产商密切合作将产品价值最大化，以提高经济性来引领塑料循环经济健康、蓬勃发展。

（3）制定行业标准，促进塑料循环有序发展。

不同的聚合物材料和塑料制品都有较为完善的行业标准，但是废塑料的回收、分拣、再生塑料产品的相关标准目前尚存空白，政策及标准制定者需要对塑料全生命周期涉及的所有环节、所有产品制定政策法规和相关质量标准，明确市场准入条件。此外，根据目前国内法规要求，再生塑料不能直接用于食品接触、药物接触、个人用品的包装，对拓展再生塑料消费市场以及满足人们对日用消费品、食品包装的需求均有不利影响。因此，随着废塑料回收利用研究的深入开展、再生塑料品质的不断提升，建议修订相关标准和政策法规，促进塑料循环产业各环节有序、协同发展。

（4）加速发展可降解塑料，从源头治理废塑料污染问题。

可降解塑料在一定条件下，在微生物的作用下完全降解，最终转化为二氧化碳和水，

可以大幅减少废塑料对环境造成的影响。此外，可降解塑料的应用也较为广泛，常见的制品有包装膜、垃圾袋、农用地膜以及土木材料等。因此，研发可降解塑料为解决废塑料环境污染开辟了新的有效途径，国内研究机构应加速研发多品类、高性能的可降解塑料，尽早实现规模化工业生产，替代传统塑料制品，从源头治理废塑料污染问题。

参 考 文 献

［1］徐海云．认清塑料污染问题 寻找解决塑料污染的途径［J］．中国环保产业，2020（10）：6-12.

［2］赵娟．废塑料回收利用的研究进展［J］．现代塑料加工应用，2020，32（4）：60-63.

［3］Liu Xiaotong, He Su. Investigation of spherical alumina supported catalyst for carbon nanotubes production from waste polyethylene［J］. Process Safety and Environmental Protection, 2020, 146：201-207.

［4］Li Kezhuo, Zhang Haijun. Catalytic preparation of carbon nanotubes from waste polyethylcne using FeNi bimetallic nanocatalyst［J］. Nanomaterials, 2020, 10（8）：1517.

［5］United Nations Environment Programme. The state of plastics：World environment day outlook 2018 ［R/OL］. URI：http：//hdl. handle. net/20. 500. 11822/25513.

［6］汪嘉诚，石添文．废旧汽车用聚丙烯材料的回收与同级再利用研究［J］．表面工程与再制造，2020，20（Z2）：32-37.

［7］Hossein Mohammadhosseini, Fahed Alrshoudi. Performance evaluation of novel prepacked aggregate concrete reinforced with waste polypropylene fibers at elevated temperatures［J］. Construction and Building Materials, 2020, 259：120418

［8］Modekwe H U, Mamo M. Synthesis of bimetallic NiMo/MgO catalyst for catalytic conversion of waste plastics （polypropylene）to carbon nanotubes（CNTs）via chemical vapour deposition method［J］. Materials Today：Proceedings, 2020, 38（2）：549-552

［9］Mangesh V L, Tamizhdurai P. Greenenergy：Hydroprocessing waste polypropylene to produce transport fuel ［J］. Journal of Cleaner Production, 2020

［10］中国五环．废塑料高温气化处理综合利用解决方案［C］．二氧化碳制高价值产品与塑料化学回收论坛，2020.

［11］Jie Xiangyu, Li Weisong, Daniel Slocombe. Microwave-initiated catalytic deconstruction of plastic waste into hydrogen and high-value Carbons［J］. Nature Catalyst, 2020（10）：902-912.

［12］韩晓洁．从专利视角看废旧聚丙烯回收技术发展现状［J］．城市建设理论研究（电子版），2019（7）：181.

［13］Hundertmark T, Mayer M, McNallg C, et al. How plastics waste recycling could transform the chemical industry［J］. Hydrocarbon processing, 2019（4）.

［14］Geyer R, Jambeck J R, Law K L. Production, use, and fate of all plastics ever made［J］. Sci Adv, 2017, 3（7）：e1700782.

［15］Fernandez C. Proof humans are eating plastic：experts find nine different types of microplastic in every sample taken from human guts with water and drinks bottles blamed as the source［EB/OL］. （2018-10-23）［2021-05-23］ https：//www. dailymail. co. uk/sciencetech/article-6303337/Experts-ninedifferenttypes-microplastic-stool-samples-water-bottlesblamed. html？ito=link_ share_ article-factbox#mol-ecc48a90-d663-11e8-b9da-9de42e9737ce.

［16］Albertsson A C，Hakkarainen M. Designed to degrade［J］. Science，2017，358(6365)：872-873.

［17］Zhang Xuesong. From plastics to jet fuel range alkanes via combined catalytic conversions［J］. Fuel，2017，188：28-38.

［18］唐勇. 聚乙烯废塑料温和可控降解为燃油和聚乙烯蜡［J］. 高分子学报，2017(1)：1-2.

［19］Thorneycroft J，ORR J，et al. Performance of structural concrete with recycled plastic waste as a partial replacement for sand［J］. Constrcut Build Mater，2018，161(10)：63-69.

［20］王涛. 废旧塑料改性沥青相容性研究［D］. 青岛：中国石油大学(华东)，2010.

［21］张求慧，张晶，刘婧. 我国发泡木塑复合材料的研究现状及趋势［J］. 材料导报，2014，28(5)：85-88.

［22］Kunwar，Cheng B，Chandrashekaran H N，et al. Plastics to fuel：a review［J］. Renewable and Sustainable Energy Reviews，2016，54：421-428.

3D 打印技术及材料

◎李顶杰　陈商涛　王　莉

3D 打印是以零件三维 CAD 数据为基础的一种增材式直接制造工艺。随着计算机技术的快速发展和相关制造设备的不断完善，应用领域和范围正逐步扩大。由于无须模具制造等中间过程，3D 打印技术与传统材料成型技术相比具有设计制造周期短、自由度高、材料选择范围大、应用领域广等特点，使得该技术在小批量定制化开发方面具有一定优势，尤其在工程制造设计、医疗器械、科研开发、航天航空等领域应用前景广阔。

3D 打印材料是 3D 打印技术发展的物质基础和重要内容，材料的发展在某种程度上决定着 3D 打印产品的应用范围。目前已有 300 多种材料可用于 3D 打印制造，主要包括工程塑料、光敏树脂、可再生材料、金属材料和陶瓷材料等。未来随着 3D 打印技术和相关材料的进步、标准体系的不断完善和产业规模的进一步扩大，3D 打印技术的应用领域将更加广阔，并与传统制造业实现更加深入的融合。

1　3D 打印技术介绍及应用

3D 打印的基本原理是以数字模型文件和 3D 打印设备为基础，利用合成树脂、光敏树脂、金属粉末等可堆叠材料，通过逐层增材的方式构造物体。自 20 世纪 80 年代 3D 打印技术出现以来，目前全球已有上千个品牌的 3D 打印设备，近 10 年全球 3D 打印产业规模年均增速超过 10%。

1.1　3D 打印技术的应用范围

近年来 3D 打印产业快速发展，2020 年全球 3D 打印市场规模约为 150 亿美元，较 2016 年增长近 60%。据 Wohlers Associates 发布的"Wohlers Report 2018"报告，预计到 2025 年全球 3D 打印市场规模将达到 300 亿美元。

从技术上看，3D 打印可满足大量工业应用场景需要，并实现金属和塑料零件以及成品的制造，性能与传统制造工艺相当，金属零件的强度甚至优于铸件。虽然 3D 打印技术成本较高，但在航空、航天、军工、医疗等对定制化要求较高的领域具有较好的商业应用前景。

（1）模型制作。3D 打印成型技术可用于产品模型的制作，提高设计速度，在进行产品结构设计及评估、样件功能测评等领域发挥重要作用，除一般工业模型外，3D 打印还可成型彩色模型，特别适合用于制作生物模型和建筑模型等。

（2）快速模具。3D 打印成型可用于制作母模、直接制模和间接制模。将 3D 打印成型的制件经过处理后作为母模，浇注出硅橡胶模，然后在真空浇铸机中浇注聚亚胺酯复合物，可批量复制零件。聚亚胺酯复合物与大多数热塑性塑料性能大致相同，产品可满足绝大部分场景下的功能测试和验证需要。此外，将3D打印的模型作为母模，经表面打磨后，再进行金属喷镀，形成模具型腔，也可用于注塑成型。

（3）快速制造。3D打印技术可灵活高效地加工金属、陶瓷等复合材料。例如，利用3D打印技术将金属和树脂粉末用逐层喷射光敏树脂黏结成型，成型制件二次烧结后，可一次性加工生成合金件，采用该方法，可供选择的金属粉末材料范围很广，包括低碳钢、不锈钢、碳化物以及混合金属都可加工。由于陶瓷材料具有优良的高温性能、高强度、高硬度、低密度、良好的化学稳定性，是制造模型的首选之一，但传统方式加工流程长、精度低，3D打印技术可有效弥补传统技术在陶瓷成型方面模具加工成本高、开发周期长等问题。

（4）医学模型。3D打印技术在人体假肢与移植物制造方面具有明显优势，3D打印技术极大地提高了假肢和移植物的制造周期和精确度。此外，3D打印技术在辅助手术策划、改善外科手术方案、协助医学诊断等领域也有很好的应用前景，可大幅度减少手术前、手术中和手术后的时间和费用，如上颌面修复、膝盖、骨盆的骨折，脊柱的损伤，头盖骨整形等手术。

（5）药物制备。3D打印技术尤其适合用于生物活性组分的加工处理，能够快速制备具有复杂药物释放曲线、精确药量控制的药物，与传统压片技术相比优势明显。利用3D打印技术制备的缓释药物可有效减少药物毒副作用，优化治疗效果，提高病人舒适度，是目前的研究热点。例如，麻省理工学院采用3D打印技术，利用PMMA材料制备的药物，实现了有效成分的可控释放。

（6）微纳制造。3D打印中的液滴喷射技术能够在微观尺度上精确控制反应物，逐层制造任意形状的微细部件。在喷射过程中通过调整溶液的配比，可得到成分/功能梯度材料或阵列样品。近年来，随着高分子功能材料的发展，以聚合物材料制作半导体器件已成为热门课题，同制作聚合物光电器件的其他方法相比，液滴喷射技术具有在柔性基底上大面积直接喷射部件的潜力，喷射过程中原料浪费小于2%，优势明显。

1.2　3D打印材料市场现状

目前，全球3D打印材料行业处于成长初期阶段。随着全球3D技术的发展和推广，对3D打印材料的需求不断增加，3D打印行业技术的特殊性对材料行业的依赖性较大。目前90%的3D打印设备为"桌面级"产品，ABS、PLA等合成树脂产品占整个3D打印耗材用量的比例超过50%。

3D打印设备使用的材料一般都与打印机配套供应，世界知名3D打印设备生产商都有相配套的材料供应，也有一些专门供应打印材料的企业，可针对用户需要开发不同类型的3D打印材料。其中，Arcam公司和Hoganas公司以生产金属粉末材料为主。

2017年以来，世界3D打印材料市场规模年均增长率约20%，2019年世界3D打印材

料市场规模约为 42 亿美元，北美和欧洲是最主要的 3D 打印市场。由于 3D 打印技术从模型制造逐步转向最终产品，金属打印耗材的市场份额有所扩大，预计到 2022 年金属材料的占比将超过 50%。

2019 年，我国 3D 打印产业规模为 157.5 亿元，同比增加 31.1%。其中，3D 打印设备产业规模为 70.86 亿元，打印服务产业规模为 45.67 亿元，3D 打印材料产业规模为 40.94 亿元。预计到 2022 年，国内 3D 打印产业规模将达到近 220 亿元，3D 打印设备产值约将达到约 95 亿元，3D 打印服务产业规模达到 68.2 亿元，打印材料产业规模达到 57.2 亿元。

2　3D 打印技术进展

2.1　3D 打印的技术原理及流程

3D 打印过程主要包括三个步骤：一是利用计算机设计建模（与传统制造技术相同）；二是将建成的三维模型分解为逐层的截面（切片）；三是利用这些数据和配套的 3D 打印设备、材料逐层打印得到半成品，通常对半成品还需要进行后期处理，如去除多余支撑、抛光、上色等。

2.1.1　设计建模

目前，用于 3D 打印模型设计的软件与传统材料成型技术所使用的软件基本相同，如 ProE/Creo、CAD、Maya、Sketchup、3Ds Max、Solidworks 等，有的软件公司专门针对 3D 打印技术对软件进行了优化，也有部分公司推出了适合不同功能场景的 3D 打印建模软件，如 Zbrush、Fusion360 和 OnShape 等。此外，还有一些 3D 打印辅助类软件，如 3D-tool、Meshfix、Octoprint 等。

2.1.2　切片处理

切片处理是利用切片软件将一个完整的三维模型分成很多层，并设计好打印路径，即规划好打印机 XYZ 轴的行走路径以及挤出机的挤出量（填充密度、角度等），并将切片及路径信息存储成一定文件格式，以便于 3D 打印设备能直接读取并使用。常见的通用切片软件有 Cura、S3d、Repetier Host 等，这些软件中有大量可调整参数，如修复模型、按面放平、模型切割、手动添加和删减支撑、快速生成浮雕照片模型，以及设置打印每一层的温度等。其中，S3d 生成的切片数据支持所有的打印设备，Cura 适用于所有使用 G 代码的打印机。规模较大的 3D 打印设备生产商为最大化发挥设备特点，一般还会开发与其设备配套的专用切片软件，如 Makerware 和 Flashprint 等，Makerware 是 MakerBot 打印设备的切片软件适用于使用 MakerBot 主板的机型。

2.1.3　逐层打印

打印机通过读取切片处理好的文件中的横截面信息，用液体状、粉状或片状材料将这些截面逐层地"打印"出来，再将各层截面以各种方式黏合起来（通常与打印同步进行），从而制造出一个实体。打印机打印的截面厚度（Z 轴）及平面方向（XY 轴）分辨率是以 dpi（像素每英寸）或微米计算，一般打印机的打印精度可达到 0.1mm（理论分辨率为 100μm，即材料液滴最小直径），比较精确的打印设备（如 DLP 和 SLA 等），精度则能达到 0.025mm。虽然目前 3D 打印机已经能达到微米级打印精度，但受各种设备、材料、工作条件等因素限制，实际精度仍有待进一步提高。

2.2　3D 打印技术分类

3D 打印技术作为增材制造技术既与传统的减材加工技术不同，又与传统的模具成型技术不同，随着近年 3D 打印设备的不断进步，产品的设计生产周期大幅缩短，低成本和快速定制化生产成为可能。

由于增材制造工艺及其材料尚处于快速发展期，国内外对增材制造工艺分类标准方式均有不同，有的基于原料进行分类，有的基于打印方式进行分类。2015 年 1 月 15 日，国际标准化组织（ISO）制定的标准 ISO 17296-2，对增材制造工艺分类、原材料概览及其基本原则进行了具体描述。2015 年 12 月 15 日，ISO 联合 ASTM 发布了 ISO/ASTM 52900 标准，对相应的增材制造相关术语以及主要工艺分类进行了定义。我国 GB/T 35351—2017《增材制造术语》国家标准 2017 年 12 月发布实施，GB/T 35021—2018《增材制造工艺分类及原材料》2018 年 5 月 14 日发布实施，两个标准根据成型原理对 7 种增材制造工艺进行了分类，分别为立体光固化、材料喷射、黏结剂喷射、粉末床熔融、材料挤出、定向能量沉积和薄材叠层。

2.2.1　立体光固化

立体光固化，通过光致聚合作用选择性地固化液态光敏聚合物的增材制造工艺。由 Charles W. Hull 于 1984 年提出并获得美国国家专利，是最早出现的 3D 打印技术之一，1988 年世界上第一台商用 3D 打印机 SLA—250 进入市场。SLA 是目前世界上研究最为深入、技术最为成熟、应用最为广泛的 3D 打印技术。

氦—镉激光器或氩离子激光器发射激光束，按工件的分层截面数据在液槽中对光敏树脂表面进行逐行逐点扫描，扫描后树脂薄层发生聚合反应而固化，从而形成工件的一个薄层。当一层树脂固化完毕后，工作台将下移一个层厚的距离，在固化好的树脂表面上再覆盖一层新的液态树脂，刮板将黏度较大的树脂液面刮平后再进行新一层的激光扫描固化。

立体光固化工艺的优点是成型过程自动化程度高、尺寸精度高、表面质量优良，该工艺打印的模型尺寸精度可达到±0.02mm，可制作结构比较复杂的模型或零件。缺点是打印设备的运转及维护成本相对较高，可使用的材料种类也比较少，且光敏树脂一般都有异味和毒性，需要避光保护；打印的模型强度不高，易弯曲变形和断裂。

光固化工艺运行费用高昂。首先，光固化工艺原材料价格较贵，且可选择种类不多，光固化设备的零件制作完成后，还需要在紫外光的固化箱中二次固化，以进一步增强零件的机械强度。另外，液槽内的光敏树脂不可长期闲置；否则会过期失效。应当保证液槽内的树脂连续、及时使用，否则新旧树脂混用会导致零件整体机械强度下降、容易发生变形，如需更换不同牌号的材料则需要将液槽中的光敏树脂全部更换，工作量大且原料浪费巨大，且不能进行多彩打印。除此以外，紫外激光发射器的寿命一般为 10000h，寿命到期

后激光器更换成本也很高，振镜系统也属于易损零件，如果磨损老化，更换投入也很高。

CLIP（Continuous Liquid Interface Production technology）是在 SLA 技术的基础上开发的一种 3D 打印技术，可将 3D 打印速度提高 100 倍，CLIP 采用光投影，而非激光束的逐点扫描，在非固化部分通过控制条件，抑制光固化反应，实现固化反应的连续性。

2.2.2 材料喷射

材料喷射是指将材料以微滴的形式按需喷射沉积的增材制造工艺。该技术将液态光敏树脂或熔融状态的蜡，通过化学反应黏结或熔融材料固化黏结。以色列 Objet 公司于 2000 年初开发的聚合物喷射技术（PolyJet 技术），是将光敏树脂喷射后，用紫外线固化成型得到 3D 打印产品。该技术具有同时加工两种及两种以上材料组合件的优点，因此适用于需要表现细节和复杂纹理的打印产品，如制作皮革纹理、内饰件试制（方向盘、扶手、排档等）、密封条、密封圈试制等，但受材料强度限制，产品用途并不广泛。

2.2.3 黏结剂喷射

黏结剂喷射的基本原理是选择性喷射沉积液态黏结剂黏结粉末材料的增材制造工艺，而非粉末材料和熔融的烧结或化学结合，由于用黏结剂黏结的零件强度较低，产品需要后处理。该工艺采用粉末材料为原料，如陶瓷粉末、金属粉末。当上一层黏结完毕后，成型件下降一段距离，由供粉设备推出若干粉末，用铺粉辊将粉末平铺在已成型的部分并被压实，喷头在计算机控制下，按下一建造截面的成型数据有选择地喷射黏结剂建造层面。铺粉辊铺粉时多余的粉末被集粉装置收集。如此周而复始地送粉、铺粉和喷射黏结剂，最终完成一个三维粉体的黏结。未被喷射黏结剂的地方为干粉，在成型过程中起支撑作用，在成型结束后去除。通常用采用石膏粉作为成型材料，从喷头喷出黏结剂（彩色黏结剂可以打印出彩色制件），将平台上的粉末黏结成型。这种 3D 打印技术在全彩 3D 打印及砂模铸造方面应用最为广泛。

2.2.4 粉末床熔融

粉末床熔融是通过热能选择性地熔化/烧结粉末床区域的增材制造工艺。选择性激光烧结工艺（Selective Laser Sintering，SLS）是一种典型的粉末床熔融技术，该技术最初由美国得克萨斯大学奥斯汀分校 C. R. Dechard 于 1989 年提出，并于 1992 年开发了基于 SLS 技术的工业级商用 3D 打印机 Sinterstation。选择性激光烧结技术是利用铺料辊将一层粉末材料平铺在已成型零件的表面，并加热至恰好低于该粉末烧结点的某一温度，控制系统控制激光束按该层的截面轮廓在粉末上扫描，使粉末的温度升至熔点进行烧结，并与下面已成型的部分实现黏结。当一层截面烧结完成后，工作台下降一个层的厚度，铺料辊在上面继续铺一层均匀密实的粉末，进行新一层截面的烧结，直至完成整个模型。

选择性激光烧结（SLS）的优点是无须设计 SLA 模式那样的支撑，成型材料可选择范围广，成型产品强度高，可使用金属粉末材料生产金属件，产品性能介于铸造与锻造之间。缺点是设备购置和产品制造成本非常高，成型过程中会产生有毒的气体，成型表面较粗糙，需要二次处理。

2.2.5 材料挤出

材料挤出是将材料通过喷嘴或孔口挤出的增材制造工艺，该工艺所采用的材料主要是热塑性和结构陶瓷材料。熔融沉积成型（FDM）技术是最常见的材料挤出技术，该技术通过微喷嘴将加热熔化的热熔性材料挤出，与前一层已经固化的材料黏合在一起后增材成型。该技术的优点是操作简单，维护成本低，系统运行安全，可使用无毒的原材料，设备系统可在办公室环境中安装使用，生产过程清洁、简单、易于操作，材料选择范围广，如各种色彩的工程塑料 ABS、PA、PP、PE、PC、PPSF、医用 ABS，以及可再生的聚乳酸等。该技术的缺点是成型精度相对 SLA 工艺较低，成型表面光洁度不如 SLA 工艺，成型速度相对较慢。

2.2.6 定向能量沉积

定向能量沉积是利用聚焦热将材料同步熔化沉积的增材制造工艺，其工艺原理类似于焊接。该工艺通常使用金属粉材或丝材为原材料，在激光、电子束、电弧或等离子束的加工下，经熔化和固化得到相应的打印材料。该工艺产品强度相对较高，但表面粗糙，后期需要采用机加工、打磨、抛光等二次加工工艺，如需进一步提高产品强度，还需要进行二次热处理。

2.2.7 薄材叠层

薄材叠层是将薄层材料逐层黏结以形成实物的增材制造工艺。该技术与其他"增材制造"技术略有区别，其成型原理以"减材"为主，该工艺通常使用薄片材料，如纸、塑料薄膜、金属箔或无机薄层材料，在分层切割后，通过热反应、化学反应或超声波等结合力，将薄层黏贴成型。初次成型后，需要进一步加工得到比较精细的产品。该工艺分为连续薄材叠层工艺和非连续薄材叠层工艺。美国 Helisys 公司于 1986 年推出 LOM-1050 和 LOM-2030 两种型号的商业用机，采用事先涂覆上一层热熔胶的纸、塑料薄膜等薄片为原材料，利用热压辊热压片材，使之与下面已成型的工件黏结；用 CO_2 激光器在刚黏结的新层上切割出零件截面轮廓和工件外框，并在截面轮廓与外框之间多余的区域内切割出上下对齐的网格；激光切割完成后，工作台带动已成型的工件下降，并与带状片材（料带）分离；供料机构转动收料轴和供料轴，带动料带移动，使新层移到加工区域，工作台上升到加工平面，热压辊热压，工件的层数增加一层，高度增加一个料厚。如此反复，直至零件的所有截面黏结、切割完，得到分层制造的实体零件。

2.3 3D 打印材料

目前，3D 打印材料主要包括工程塑料、光敏树脂、金属材料和陶瓷材料等。除此以外，彩色石膏材料、人造骨粉、细胞生物原料及砂糖等食品材料也在 3D 打印领域有所应用。3D 打印材料需要对传统材料进行加工处理，以适用于不同的 3D 打印设备和工艺，如合成材料、无机材料需要加工为粉末状、丝状等。根据打印设备的类型及操作条件不同，材料形态有所区别，如所使用的粉末状 3D 打印材料的粒径为 $1 \sim 100 \mu m$ 不等。

目前有 300 多个种类的材料用于 3D 打印制造，常见的有热固性合成树脂、热塑性合成

树脂、可降解合成树脂、金属材料(铁、铝、金、银、合金)、无机材料(石膏)、橡胶类材料。打印材料必须与加工工艺相适应(表1)，不是任何一种材料都适用于所有工艺，也并非所有工艺都可使用同一种材料，通常对于耐热性、灵活性、稳定性以及敏感性有不同要求，均是专门针对3D打印设备和工艺而研发，在商业上也通常采用材料与工艺配套出售。

表1 3D 打印技术使用的材料

3D 打印技术	原材料	结合机制	结合方式
立体光固化	液态或糊状的光敏树脂，可加入填充物	化学反应固化	光源辐射
材料喷射	液态光敏树脂或熔融态的原料	化学反应固化，熔融材料固化	光源辐射，温度变化
黏结剂喷射	粉末、粉末混合物或特殊材料，液态黏结剂、交联剂	化学反应固化，热反应固化	黏结或交联
粉末床熔融	热塑性聚合物、纯金属或合金、陶瓷，粉末材料可同时添加填充物和黏结剂	热反应固化	激光、电子束等产生的热能
材料挤出	热塑性合成材料和结构陶瓷材料	化学反应固化，热黏结	温度变化，黏结
定向能量沉积	典型材料是金属丝或粉	热固化	激光、电子束、电弧等离子束
薄材叠层	纸、金属箔、聚合物、无机物片材	热结合，化学反应结合	大范围加热，化学反应

2.3.1 合成树脂

合成树脂作为当前应用最广泛的一类3D打印材料，占3D打印材料市场份额的90%以上，主要应用于FDM、SLS设备等。根据不同打印制作需要，对强度、耐冲击性、耐热性、硬度及抗老化性能等具体指标也有异，常用的合成树脂主要包括热塑性材料和热固性材料。目前，常见的工程塑料主要有ABS、PA、PC、PC-ABS和PSU。

ABS：FDM工艺使用最广泛的热塑性塑料之一。原材料通常被加工为丝状或线状，ABS具有强度高、韧性好、耐冲击等优点，正常变形温度超过90℃，具有良好的热熔性，制件后期可进行机械加工(钻孔、攻螺纹)、喷漆及电镀。打印的产品机械强度好且稳定性高，还可与可溶性支撑材料一起使用，方便后期加工，可选择的颜色也很丰富。

PA(聚酰胺)：机械强度高，且具有一定柔韧性，耐热、耐摩擦，制品强度和抗疲劳性好，并可抗中度腐蚀性化学品，适用于打印重复闭合、卡扣式和抗振动部件，在汽车、航空航天、消费品和工业制造领域应用较广。

PC：与ABS塑料相比，PC材料具有更好的强度、耐高温性、抗冲击性等优点，其强度比ABS材料高出60%左右。利用PC打印制造的模型力学性能和耐久度相对较高，制品可直接用作装配件，用于汽车制造、航空航天、医疗器械等领域。经过医学认证的PC材料，不仅可用于食品及药品包装领域，在医用手术模拟、颅骨修复、牙科等专业领域也有应用。

PC-ABS：同时兼具 ABS 材料的韧性和 PC 材料的高强度及耐热性，在汽车、家电及通信行业有广泛应用。用 FDM 技术制作的部件强度较 ABS 高 60% 左右，用 PC-ABS 能打印出包括概念模型、功能原型、制造工具及零部件等产品。

PSU（聚砜）：是一种琥珀色的材料，热变形温度为 189℃，性能稳定，强度、耐热性、抗腐蚀性优异，打印的制品在航空航天、交通工具及医疗行业有一定应用。

（1）ABS。

ABS 分子链中既有刚性苯环，又有增加分子链柔性的 C＝C 双键和 C—C 键，具有强度高、韧性好、耐磨性好、冲击性能高、化学稳定性好的特点。产品具有高强度、低重量、易于回收利用的特点（表 2）。ABS 的成型温度为 180~250℃，但当温度超过 240℃ 时就开始发生部分分解，加热时，ABS 的表面会由于热应力产生卷曲现象，其耐热变形性较差。ABS 在进行 3D 打印时会存在精度障碍，给打印带来困难。

由于 ABS 流动性中等，吸湿大，使用前须充分干燥，对表面光洁度要求较高的制件，需在 80~90℃ 下干燥 3h。打印过程需调高料温和模温设置，高模温，但料温过高易分解（分解温度为 >270℃），对精度较高的塑件，模具温度一般控制在 50~60℃，对高光泽，耐热塑件，模具温度则一般控制在 60~80℃。

从制备需要看，ABS 更适合做对硬度要求较高的小型产品，一般不使用 ABS 打印超过 $100mm^2$ 的部件，因为 ABS 冷却时非常容易收缩，因此打印大的部件时，部件的几何构型容易发生变化，容易卷翘。

表 2　ABS 主要物理化学性质

项目	主要指标	项目	主要指标
密度，kg/m^3	1.03~1.11	熔融温度，℃	230
成型收缩率，%	0.4~0.7	拉伸强度，MPa	33~52
成型温度，℃	200~240	杨氏模量，GPa	1.7~3
干燥条件	80~90℃/2h	伸长率，%	30
热变形温度，℃	85		

改善 ABS 树脂的热变形温度，可有效降低 ABS 材料在 3D 打印中的卷曲现象，提高产品精度。混炼改性是提高打印材料性能的一种途径，通过聚碳酸酯和 ABS 混炼改性，使得材料不仅具有 ABS 的高韧性，还兼具 PC 的高强度和高耐热性。也可通过改变分子结构，增加 ABS 树脂的耐热性，提高玻璃化转变温度及良好的力学性能，有研究人员合成出一种 N—苯基马来酰亚胺—丙烯腈—苯乙烯—二烯橡胶（NPMI-AN-SM-BR）四元共聚物，这种 ABS 树脂的热变形温度和维卡软化点大幅度提高，在 3D 打印过程中表现出良好的加工性能。

（2）PA。

聚酰胺俗称尼龙（Nylon），于 1938 年由美国杜邦公司开发成功并实现工业化。PA 的

大分子主链中含有重复结构单元(酰胺集团，—NHCO—)。PA 具有良好的综合加工性能，具有优异的力学性能、耐热性、耐磨损性、耐化学药品性等，同时该材料还有自润滑性、摩擦系数低，且材料有一定阻燃性，易于加工(表 3)。

表 3　PA 的物理化学性质

项目	指标
密度，g/cm³	1.0~1.01
分子量	$2×10^4~7×10^4$
结晶度，%	40~60
吸水性	大，疏水集团增加，吸水率降低
性状	质地坚韧，不透明的角质材料，无味、无毒，燃烧时有羊毛烧焦气味
熔点，℃	>200
气密性	较 PE、PP 好

PA 的品种繁多，常见的有 PA6、PA66、PA11、PA12、PA46、PA610、PA612、PA1010，以及近年开发的半芳香族尼龙 PA6T 和特种尼龙等，在此基础上改性产品则多达上千种，其中 PA6 和 PA66 使用最为广泛。由于酰胺基团上的氢键作用力很大，PA 的聚集形态呈晶态结构，PA6 与 PA66 的氢键最密，因此机械强度很大，随着 PA 分子链中碳原子数增加，强度逐渐降低。

尼龙在 3D 打印中应用广泛，较其他合成材料，在强度、韧性、细节度、耐温性和精度等方面具有明显优势，在汽车制造、航空航天、艺术创作、医疗等领域有很大的使用空间(表 4)。

尼龙材料打印的制品表面呈磨砂质感，有细微颗粒，有细微孔结构，且尼龙吸水性较高，潮湿的尼龙在成型过程中，表现为黏度急剧下降并混有气泡，表面会出现银丝，制品机械强度下降，因此加工前所使用的原材料需要进行干燥。除透明尼龙外，尼龙大都为结晶高聚物，结晶度高，制品拉伸强度、耐磨性、硬度、润滑性等性能有所提高，热膨胀系数和吸水性下降。与其他结晶塑料相似，尼龙树脂存在收缩率较大的问题，尼龙收缩律与结晶度关系紧密，当结晶度较高时收缩问题也比较明显。尼龙 FDM 成型时，尼龙较大的收缩率是造成"制品翘边"的主要原因。PA6 的成型收缩率为 0.8%~2.5%，PA66 的成型收缩率为 1.5%~2.2%。

表 4　几种常见的 3D 打印的 PA 材料性能对比

PA 种类	优点	缺点
PA6	弹性好，冲击强度高	吸水率大，打印前需要干燥处理
PA66	耐磨性好，拉伸强度高	熔点高，打印条件要求高
PA610	强度高，耐磨性好	打印产品刚度低，耐冲击性差
PA1010	耐寒性，吸水小	打印制品半透明，美观度不足

尼龙的 FDM 打印成型工艺与注塑成型工艺参数相似，在使用中可参考注塑工艺的相关数据。根据尼龙的熔融温度，打印头喷嘴温度一般设为 230~280℃。尼龙材料在 FDM 成型中的主要问题是，由于尼龙收缩率为 0.8%~2.2%，由于较大的收缩率同时打印机底板温度不均，导致尼龙材料难以黏附在底板上，打印产品出现严重的翘曲，打印产品不能达到要求的形状和精度。为了使尼龙材料更容易在底板附着，同时减缓材料的收缩速度，底板温度可适当调高一些，一般在 100℃ 左右。

尼龙消除收缩带来的模型"变形和翘边"问题，进一步提高打印精度，一般采用尼龙改性的方法对材料进行处理。如：用玻璃纤维增强或矿物填充的 PA6 和 PA66 可适当降低 PA 的成型收缩率，如一般注塑级的 PA6 的收缩率为 1.4%~1.8%，而 20% 的玻纤增强 PA6 的收缩率就可降低至 0.4%~0.6%；一般注塑级的 PA66 的收缩率为 1.5%~1.8%，而 20% 的玻纤增强 PA66 成型收缩率则可降低至 0.5%~0.8%。

在 PA 中加入一定量的 PVA，可有效改善 PA 的 3D 打印性能，聚乙烯醇颗粒接触到水会膨胀溶解，舒展开的分子链与 PA 分子链发生缠结，水分完全挥发后，PVA 形成的网络结构对 PA 可起到包覆作用，进而提高产品的内聚力和黏结强度，从而提高 PA 的弯曲强度，提高 PA 的加工性能。当 PVA 含量过高时，会引起打印零件时精度误差变大，故应保持合适比例。

用于激光粉末烧结(SLS)工艺的尼龙材料多利用溶剂沉浮法制取，粉末呈圆球状，流平性好，粉末表面光滑细腻，粒径 50μm 左右，粒径分布窄。尼龙 3D 打印的制品具有较高的强度和一定的柔韧性，可以承受一定的冲击力、耐轻微弯折。模型表面呈现出磨砂、颗粒状外观，有轻微的渗透性。主要使用的材料有 PA66、PA2200、尼龙玻纤等。SLS 所使用的 PA 需具有较高的球形度及粒径均匀性，通常采用低温粉碎法制备得到，由于 PA 作为半晶态聚合物，经 SLS 成型后能得到高致密度且高强度的制品，通过加入玻璃微珠、黏土、铝粉、碳纤维等无机材料可制备出 PA 复合粉末，这些无机填料的加入可显著提高材料的部分性能，如强度、耐热性能、导电性等。

2.3.2　光敏树脂

光敏树脂(UV 树脂)是光固化成型材料，光敏树脂一般为液态，由低聚物、活性稀释剂和光引发剂组成。当特定波长的紫外光(250~300nm)照射光固化材料表面时，光引发剂吸收其能量，形成激发态分子，分解为活性基团，引发单体聚合固化。

光引发剂的作用是在一定波长的光照下引发体系进行聚合，根据引发机理，可将光引发剂分为自由基光引发剂和阳离子光引发剂。良好的光引发剂具有引发效率高、热稳定性好、无暗反应、在单体和预聚物中具有较好的溶解性、经过光照后黄变少或无黄变、低毒环保等特性。通常 3D 打印光敏树脂的固化体系可分为自由基固化体系、阳离子固化体系和混合固化体系。自由基固化体系由光引发剂受光照射激发产生的自由基引发单体和预聚物聚合交联，固化速率快，但固化收缩率大；阳离子固化体系由光引发剂受光照射后产生的强质子酸引发聚合反应，固化速率慢，固化收缩率小；混合固化体系中阳离子引发剂和

自由基引发剂共同发挥作用。

低聚物在光敏树脂中具有加快固化、减少收缩、调节黏度等作用，是光敏树脂的主要成分，在一定程度上决定着打印制品的力学性能。常用的低聚物可分为丙烯酸树脂和环氧树脂两大类，分别对应于自由基固化体系和阳离子固化体系。

活性稀释剂通常称为单体或功能性单体，它是一种含有可参与聚合反应官能团的有机小分子，能够参与光固化交联反应，具有溶解稀释低聚物和引发剂、调节体系黏度的作用。根据光固化的机理不同，可以把活性稀释剂分为自由基型和阳离子型。

实际使用的光敏树脂中除了低聚物、活性稀释剂和光引发剂三个主要成分外，还包含一些其他助剂。目前，光敏树脂常用的助剂有填料、流平剂、阻聚剂、颜料、分散剂、光稳定剂、表面活性剂、消光剂等。根据光敏树脂所用场合的不同，助剂也有所不同。加入填料可对提高树脂的力学性能及降低固化后的收缩率有一定作用，但会增加树脂的黏度，所以不宜大量加入；流平剂可增加树脂的流动性，可适量加入，有助于光敏树脂的液面平整光滑；阻聚剂可提高光敏树脂的储藏稳定性，延长使用寿命，保证光敏树脂在有效期内不会自动固化。虽然这些助剂在光敏树脂的配方中含量相对较低，但是对于产品最终的品质也十分关键。

进入商业化使用的光敏树脂主要有环氧丙烯酸酯、聚氨酯丙烯酸酯、不饱和聚酯等几类。环氧丙烯酸酯固化后硬度较高、体积收缩率较小、化学稳定性较好，但其黏度较大，不利于产品的成型加工。聚氨酯丙烯酸酯的韧性、耐磨性以及光学性较好，但也存在聚合活性及色度难以控制的缺陷。不饱和聚酯的优势是黏度适中、容易成型，但固化产品的硬度大、强度差、易收缩。因此，目前使用的 UV 树脂常将多种光敏聚合物进行组合，从而达到取长补短的效果，获取所需性能的树脂材料。总体上看，光敏树脂制作的 3D 打印产品表面精度高，成型后表面光滑，细节展示优异，适用于模具制造、精密铸造等领域。

3D 打印光敏树脂的性能评价指标主要有临界曝光量、透射深度、黏度、固化收缩率和力学性能等。临界曝光量为使光敏树脂发生凝胶时的最低能量；透射深度为光敏树脂中光的能量密度衰减到入射能量密度的深度。一般来说，临界曝光量主要受光引发剂的影响，而透射深度主要影响打印过程中的分层厚度，当分层厚度大于透射深度时，相邻的固化层不能很好地黏结在一起，无法制成完整的具有较好力学性能的零件。如果设定的分层厚度太小，虽然相邻的固化层能非常好地黏结在一起，但是打印制品的 z 轴方向误差比较大。光敏树脂的固化收缩率过大，会影响 3D 打印制品的成型精度，同时也会产生较大的内应力，引起制品翘曲、开裂等不良现象。固化后制品的力学性能也是光敏树脂的一个重要的评价指标，这主要受基体低聚物树脂的类型影响，其次是受其相配伍的活性稀释剂的种类及用量的影响，需要反复试验和调整，直到其满足使用要求。

光敏树脂黏度过高时，需要很高的压力才能使其从喷头喷出，能耗高，而当黏度过低时，则容易形成拖尾、漏液和飞溅。表面张力过高时，需要较大的表面能才能形成液滴，从而导致光敏树脂较难从喷头喷射出来；而当表面张力过低时，喷出来的树脂在工作面上铺展过快，无法形成有效的分层厚度，导致制品的尺寸精度变差。

3D打印光敏树脂应用广泛，既可以用于SLA成型，又可以用于DLP成型，还可以用于3DSP成型，其成分主要有光引发剂、低聚物、活性稀释剂和辅助添加剂等。选择合适的光引发剂和低聚物，以及与之相适应的稀释剂和添加剂，通过不断优化，才能得到性能优异的3D打印光敏树脂。

目前，3D打印光敏树脂的发展还存在一些问题。例如，采用SLA和DLP技术成型的制品颜色单一，不能够达到全彩色，一般需要后处理上色和组装等工序，使研发周期相对较长。而以光敏树脂为原料的3DSP全彩打印，具有速率快、精度高、后处理简单、周期短等突出优势，虽然其打印设备和材料价格相对较高，但随着时代的发展，就像彩色显示器取代黑白显示器，全彩色必然会取代单色3D打印，开发出环保、低成本、通用、高强度的彩色光敏树脂将成为必然趋势。

目前，光固化3D打印技术正朝向更高精度的微纳米级尺度方向发展，该技术将在微机械制造方面具有极广阔的应用前景。其是最近几年出现的连续液面制造技术、双光子聚合3D打印技术及其他关于光敏树脂的改性技术，已将光固化成型精度提升到小于50μm，成型速率也高出其他3D打印技术数十倍，已推动3D打印技术向着成型微纳米级尺度的结构发展。但大多数光敏树脂原料的毒性与气味的问题仍需进一步解决，成型制品的精度及性能也需要进一步提升。

2.3.3 聚乳酸

聚乳酸(PLA)作为脂肪族热塑性高分子材料，其力学性能和聚对苯二甲酸乙二醇酯(PET)、聚苯乙烯(PS)等相当，在部分领域可替代石油基高分子材料。PLA具有良好的加工性能，可注塑、热塑、挤出成型、吹膜成型、发泡成型等，广泛应用于纺织纤维、包装材料和医疗卫生领域。但PLA是一种非结晶材料，聚乳酸耐水，但是不耐高温，强度较低，尺寸稳定性差，容易变形。PLA制品长时间放置微生物可将其降解为二氧化碳和水，聚乳酸制品强度较差，在实际应用中大多需要改性后使用。

1954年，杜邦公司开发了环化丙交酯开环聚合二步法聚乳酸制备工艺。目前，聚乳酸的合成方法主要有直接缩聚法、开环聚合法、共聚法和扩链聚合法等，其中丙交酯开环聚合法是目前主流的方法。国内采用丙交酯开环聚合法的企业，大部分采用锡盐类催化剂(如辛酸亚锡)作为开环聚合的催化剂，但金属催化剂会产生细胞毒性，且聚乳酸的分子量难以有效控制，限制了该方法应用。因此，研发高效的催化剂，探索能有效控制分子量且操作工艺简单的合成方法，是聚乳酸合成领域中亟待解决的问题。

在FDM工艺中，聚乳酸是应用最广泛的材料。然而，PLA也具有明显的缺点，如耐热性差、韧性差、打印制品脆性较大等问题。因此，为了提高PLA材料的性能和应用范围，在PLA改性以及3D打印参数对PLA性能的影响方面有很多研究工作。

目前，3D打印用PLA材料的改性方法主要有物理改性和化学改性。其中，物理改性方法主要有共混改性和复合改性，因其工艺相对简单和经济，是目前PLA改性应用最广

泛的方法。PLA 均聚物和 TPU 共混，制得的高韧性 PLA/TPU3D 打印线材，综合力学性能良好，与纯 PLA 材料相比，韧性、冲击强度和拉伸强度都有较大提高。日本 JSR 公司开发的"FABRIAL"系列产品，是一种共混的高韧性的 PLA 类树脂材料，解决了 PLA 类材料普遍存在的打印制品脆性大、强度低等问题，扩展了制品的用途。在复合改性方面，目前较多的是天然纤维增强 PLA 复合材料、复合材料改性等。

化学改性是指通过改变乳酸或丙交酯与其他单体的比例来调节共聚物的性质。共聚改性可在 PLA 大分子链中引入具有其他功能的分子链段或基团，从而有效改善 PLA 的多种性能，主要有共聚改性和接枝改性。通过接枝可有效提高 PLA 的玻璃化转变温度和冷结晶温度，采用环氧类大分子对 PLA 进行改性，使 PLA 链的端羟基、羧基与扩链剂中甲基丙烯酸环氧丙酯(GMA)的环氧基团发生反应，提高了 PLA 的分子量，用于 3D 打印技术时，PLA 的强度和尺寸稳定性均得到不同程度提高。也可以加入热稳定剂，提高 PLA 的结晶度，克服 PLA 尺寸稳定性差的缺点，改善 PLA 作为 3D 打印材料的加工精度，扩大 PLA 的应用范围。

2.3.4　其他 3D 打印材料

2.3.4.1　金属材料

近年来，3D 打印技术逐渐应用于实际产品的制造，其中金属材料的 3D 打印技术发展尤其迅速，欧美发达国家非常重视 3D 打印技术的发展，而 3D 打印金属零部件是研究和应用的重点。3D 打印所使用的金属粉末一般要求纯净度高，球形度好，粒径分布窄，氧含量低。目前，应用于 3D 打印的金属粉末材料主要有钛合金、钴铬合金、不锈钢和铝合金材料等。此外，还有用于打印首饰用的金、银等贵金属粉末材料。3D 打印金属材料以金属粉末、金属箔以及金属丝的形式存在，虽然金属材料现阶段市场份额较小，但扩张速度最快。

金属材料可以用于选择性激光烧结(SLS)、直接金属激光烧结(DMLS)、电子束熔炼(EMB)等工业级别的 3D 打印机。若把金属材料加入某些工程塑料材料(如 ABS)中，则可制成适用于 FDM 机型的具有一定金属属性的线材。

在 3D 打印金属材料的过程中，需要考虑金属的固液相变、表面扩散和热传导等因素，而金属粉末的形态直接影响 3D 打印产品的质量。如今常见的金属材料包括钛合金、不锈钢、钴铬合金和铝合金等材料。金、银等贵金属粉末材料偶尔也会被用于打印首饰或艺术品等。

钛是一种重要的结构金属，钛合金因具有强度高、耐腐性好、耐热性高等特点而被广泛应用于制作飞机发动机压气机部件，以及火箭、导弹和飞机的各种结构件，钴铬合金是一种以钴和铬为主要成分的高温合金，它的抗腐蚀性能和力学性能都非常优异，用其制作的零部件强度高、耐高温。采用 3D 打印技术制造的钛合金和钴铬合金零部件，强度非常高，尺寸精确，能制作的最小尺寸可达 1mm 且其零部件力学性能优于锻造工艺。

不锈钢以其耐空气、蒸汽、水等弱腐蚀介质和酸、碱、盐等化学侵蚀介质腐蚀而得到广泛应用，不锈钢粉末是金属 3D 打印经常使用的一类性价比较高的金属粉末材料。3D 打印的不锈钢模型具有较高的强度，而且适合打印尺寸较大的物品。

2.3.4.2 陶瓷材料

硅酸铝陶瓷粉末可用于 3D 打印陶瓷产品，一般呈粉末状，通常用于选择性激光烧结（SLS）打印机。3D 打印用的陶瓷粉末是陶瓷粉末和某种黏结剂粉末所组成的混合物。陶瓷粉末和黏结剂粉末的配比，会直接影响到陶瓷零部件的性能。黏结剂分量越多，烧结比较容易，但在后处理过程中零件收缩比较大，会影响零件的尺寸精度。黏结剂分量少，则不易烧结成型。陶瓷材料具有高强度、耐高温和耐腐蚀等优点，具有应用于航空航天和汽车等领域的潜能。同时，陶瓷材料可以选择的颜色很多，可打印出形态逼真、色彩丰富的产品，是工艺品、建筑和卫浴产品的理想选择。

2.4 3D 打印材料未来发展趋势

随着 3D 打印应用场景的不断扩大，3D 打印高分子材料也将向着性能进一步提高、打印过程耗时更短、成本更加低廉、效果更加美观的方向发展。

针对 ABS 材料，需要重点解决其收缩率较大、收缩变形和制品翘曲的不利因素，开发复合材料、相容剂和增韧剂配方优化以及 ABS 生产工艺优化是未来提升 3D 打印 ABS 材料性能的重要手段。

尼龙具有良好的力学性能和热稳定性，是良好的 3D 打印材料，未来需要根据各种不同 PA 的理化性能开展改性研究，有针对性地开发功能性尼龙产品，如阻燃尼龙、导电尼龙、磁性尼龙等新型尼龙材料，以适应在汽车、电子、机械、交通等领域以及生物医药领域的应用需求。

对于 3D 打印用聚碳酸酯材料，未来重点是克服材料熔体黏度高、不利于成型加工、制品缺口敏感性差、易于应力开裂等主要问题，利用改性技术改善 PC 性能是未来发展的主要途径之一，随着 PC、PC/ABS、PC/PS 为基体的改性研究不断深入，材料的力学性能、耐热性能、熔体流动性等主要性能指标将会进一步提升，且随着加工和打印条件的不断优化，PC 在 3D 打印中的应用范围将进一步扩展，产品的稳定性也将得到显著提升。对于聚乳酸等可降解材料，则重点需要克服其强度及韧性较差的问题，加入增韧剂和协同增韧剂以及刚性粒子等助剂仍将是未来提升 PLA 性能的主要手段。此外，与 ABS、PC、聚酰胺等其他高分子材料的共混挤出改性也是研究热点。

对于光敏树脂，未来在 3D 打印中需要重点解决低碳环保、低成本、高引发效率、高精确度、高强度、生物相容性的问题，功能化、高精度、快速成型、无毒环保等光敏树脂的开发，将成为今后 SLA 技术的研究热点。对于医用领域，多孔性骨骼和生物组织工程支架用光敏凝胶材料，硬组织修复用光敏树脂材料发展前景广阔，快速固化光敏树脂对提升加工精度和降低加工成本具有重要意义，同时针对光敏树脂气味和毒性的问题，开发新型无溶剂、低黏度的绿色环保光敏树脂也是亟待解决的问题。

对于金属打印材料，高强度、高性能，易加工和适用不同场景的合金材料是研究热点。由于 3D 金属打印加工精度的不断提高，小粒径、高规整度 3D 打印金属粉末的制备

技术对于 3D 打印技术的发展和应用也至关重要。

3 小结

近年来，我国 3D 打印技术在航空航天、汽车、船舶、核工业、模具等领域均得到了越来越广泛的应用，成为产品设计、快速原型制造的重要实现方式。目前，3D 打印材料形态上主要包含液态光敏树脂材料、薄材（纸张、塑料膜）、低熔点线材和粉末材料，成分上则几乎涵盖了目前生产生活中的各类材料，包括树脂、蜡、复合材料等高分子材料、金属和合金材料、陶瓷材料等。从 3D 打印的特点出发，结合各种应用要求，发展全新的打印材料，特别是纳米材料、非均质材料、其他方法难以制作的复合材料、直接打印制作高致密金属零件的合金材料、功能材料、生物材料等将是 3D 打印材料的发展方向。对于有机高分子材料，重点是工程塑料、生物降解塑料、热固性塑料、光敏树脂和预聚体树脂、高分子凝胶、碳纤维及复合材料等，对材料进行流动性改性、增强改性、快速凝固改性、功能化改性、灵活改性等技术开发对 3D 打印技术的应用具有重要意义。

从产业发展来看，3D 打印作为一项战略性新兴产业，应当从技术、产品、商业模式、人才培育和配套政策等方面协同发力，进一步明确产业定位，真正实现与传统制造技术协同发展、互补发展；注重材料工业和 3D 打印工业的协同发展，通过加强上中下游的各个环节的密切合作，真正推动我国 3D 打印产业的可持续发展。

参 考 文 献

[1] 周廉，常辉，贾豫冬，等. 中国 3D 打印材料及应用发展战略研究咨询报告[M]. 北京：化学工业出版社，2020.

[2] 陈继民，杨继全，李涤尘，等. 3D 打印技术概论[M]. 北京：化学工业出版社，2020.

[3] 杨慧萍，林鑫，常辉，等. 3D 打印金属材料[M]. 北京：化学工业出版社，2020.

[4] 闫春泽，郎美东，连岑，等. 3D 打印聚合物材料[M]. 北京：化学工业出版社，2020.

[5] 沈晓冬，史玉升，伍尚华，等. 3D 打印无机非金属材料[M]. 北京：化学工业出版社，2020.

[6] 王晓燕，朱琳. 3D 打印与工业制造[M]. 北京：机械工业出版社，2019.

[7] 陈中中，朱惠玉. 3D 打印技术及 CAD 建模[M]. 北京：化学工业出版社，2018.

[8] 王维. 3D 打印材料发展现状研究[J]. 新材料产业，2019(2)：7-11.

[9] 陈为平，林有希，黄捷，等. 3D 打印发展现状分析及展望[J]. 工具技术，2019，53(8)：10-14.

[10] Vishal W，Darshit J，Akshata J，et a1. Experimental investigation of FDM process parameters using Taguchi analysis[J]. Materials Today：Proceedings，2019，27(3)：2117-2120

[11] 于天淼，高华兵，王宝铭，等. 碳纤维增强热塑性复合材料成型工艺的研究进展[J]. 工程塑料应用，2018，46(4)：139-144.

[12] 韩昌骏. 激光选区熔化成形多孔金属及其复合材料骨植入体研究[D]. 武汉：华中科技大学，2018.

[13] Chen K，Jia M，Sun H，et a1. Optimization of initiator and activator for reactive thermoplastic puitrusion[J]. Springer Netherlands，2019，26(2)：40.

[14] 史晓辉. 基于热压成型工艺的热塑性复合材料在民机上的应用[J]. 科技视界，2019(9)：4-6.

[15] Stepashkin A A, Chukov D I, Senatov F S, et al. 3D-printed PEEK-carbon fiber(CF)composites: Structure and thermal propmties(Article)[J]. Composites Science and Technology, 2018, 164: 319-326.

[16] 杨延华. 增材制造(3D 打印)分类及研究进展[J]. 航空工程进展, 2019, 10(3): 309-316.

[17] Rankouhi B, Javadpour S, Delfanian F, et al. Failure analysis and mechanical characterization of 3D printed ABS with respect to layer thickness and orientation[J]. Journal of Failure Analysis and Prevention, 2016, 16(3): 467-481.

[18] 余旺旺, 张杰, 吴金绒, 等. 打印方式对熔融沉积(FDM)产品力学性能的影响[J]. 塑料工业, 2016, 44(8): 41-43.

[19] Liu B, Wang Y X, Lin Z W, et al. Creating metal parts by fused deposition modeling and sintering[J]. Materials Letters, 2020, 263: 127252.

[20] Fina F, Goyanes A, Gaisford S, et al. Selective laser sintering(SLS)3D printing of medicines [J]. International Journal of Pharmaceutics, 2017, 529(1-2): 285-293.

[21] 余振宇. 金属丝材电弧焊 3D 打印工艺及应用研究[D]. 武汉: 华中科技大学, 2016.

[22] 余旺旺. 聚乳酸基生物质 3D 打印材料的研究[D]. 南京: 南京林业大学, 2017.

[23] 何岷洪, 宋坤, 莫宏斌, 等. 3D 打印光敏树脂的研究进展[J]. 功能高分子学报, 2015, 28(1): 102-108.

[24] 朱丽莎, 陈宇明, 李鹤飞, 等. 3D 打印用光敏树脂材料及其在口腔医学领域的应用[J]. 中国纺织工程研究, 2018, 22(6): 979-984.

[25] 曹嘉欣. SLA-3D 打印光敏树脂的改性及其性能研究[D]. 西安: 西安科技大学, 2020.

[26] 王成成, 李梦倩, 雷文, 等. 3D 打印用聚乳酸及其复合材料的研究进展[J]. 塑料科技, 2016, 44(6): 89-91.

[27] 蔡云冰, 刘志鹏, 张子龙, 等. 聚乳酸材料在 3D 打印中的研究与应用进展[J]. 应用化工, 2019, 48(6): 1463-1468.